综合生态系统管理理论与实践

——国际研讨会文集

江泽慧　主编

中国林业出版社

图书在版编目（CIP）数据

综合生态系统管理理论与实践：国际研讨会文集／江泽慧 主编.—北京：中国林业出版社，2009.11
ISBN 978-7-5038-5522-1

I. 综… II. 江… III. ①生态系统－系统管理－世界－国际学术会议－文集②土地退化－防治－世界－国际学术会议－文集 IV. X321-53 F313-53

中国版本图书馆CIP数据核字（2009）第200904号

中国林业出版社·环境景观与园林园艺图书出版中心

策划、责任编辑：吴金友 李 顺

电话：83286967 83229512 传真：83286967

出 版：中国林业出版社（100009 北京西城区德内大街刘海胡同7号）

网 址：www.cfph.com.cn

E-mail：cfphz@public.bta.net.cn 电话：（010）83224477

发 行：新华书店北京发行所

印 刷：北京中科印刷有限公司

版 次：2009年11月第1版

印 次：2009年11月第1次

开 本：889mm × 1194mm 1／16

印 张：17.75

字 数：460千字

印 数：1～3000册

定 价：120.00元

凡本书出现缺页、倒页、脱页等质量问题，请向出版社图书营销中心调换。

编 委 会

前　言

土地是地球生态系统最基本的环境要素，也是人类赖以生存的基础。人们常把土地喻为“孕育人类的母亲”。长期以来，由于土地不合理的过度开发和利用，导致全球土地退化日益严重，部分陆地生态系统脆弱，农牧业生产能力急剧下降，直接威胁到世界粮食安全和生态安全。土地退化作为危及全人类生存与发展的重大环境问题，越来越受到国际社会的高度关注。防治土地退化，维护生态安全，实现可持续发展，是广大民众的急迫愿望，各国政府的神圣职责，更是全人类的共同责任。

中国是世界上土地退化最为严重的国家之一，特别是在西部干旱、半干旱地区土地退化问题尤为突出。防治西部干旱生态系统土地退化，不仅是中国实施西部大开发战略，实现经济社会可持续发展的基础工程和重大举措，同时也是维护全球生态安全，加快推进可持续发展国际化进程的重要组成部分和关键环节。

“中国-全球环境基金干旱生态系统土地退化防治伙伴关系”是全球环境基金在土地退化防治领域实施的第一个伙伴关系，旨在以综合生态系统管理理念为指导，创立一种跨部门、跨行业、跨区域的可持续的自然资源管理框架，探索从根本上解决土地退化问题的新途径。伙伴关系启动以来，中国财政部、国家林业局等部门高度重视，加强领导，统一协调，全球环境基金、亚洲开发银行以及中外项目专家全力支持，密切配合，经过中央项目协调办公室、执行办公室以及项目六省（区）的不懈努力和广大农牧民的积极参与，已经取得了令人可喜的成果，有力地推动了我国传统防治技术与生态建设模式的变革，对世界其他国家的土地退化防治具有重要的借鉴作用。

为充分展示和宣传中国土地退化防治伙伴关系所取得的成果，交流各国在环境资源管理，尤其是土地退化防治方面的经验，推进伙伴关系的发展，加强与其他伙伴关系的协作，在全球环境基金和亚洲开发银行的支持下，中国财政部和国家林业局于2008年11月6～7日在北京召开了“综合生态系统管理理念与应用国际研讨会”。来自中国政府相关部门、项目六省（区）的领导和专家、全球环境基金、世界银行、亚洲开发银行等国际组织的代表以及国内外科研机构的知名学者共200余人围绕会议主题进行了深入研讨，收到了良好效果。

为与大家分享研讨会的成果，我们将会议文献资料整理汇编成《综合生态系统管理理论与实践国际研讨会文集》。本《文集》收录了在研讨会上交流的主要研究成果，包括领导和国内外专家的主题报告和学术论文，涵盖了土地退化防治相关法律政策、战略与规划、监测与评估技术、示范点建设以及土地退化防治与气候变化等多领域、多层面的理论与实践内容。《文集》共分为5个部分：第一篇为领导致辞及主旨报告；第二篇为全球环境基金土地退化防治伙伴关系；第三篇为土地退化防治能力建设项目成果；第四篇为综合生态系统管理的实践与应用；第五篇为气候变化与土地退化。

本《文集》是国内外众多决策者、管理者、实践者和专家学者智慧的结晶，也是世界各国土地退化防治的成效和实践经验的集成。希望《文集》的问世，能够对综合生态系统管理理论的传播和应用起到促进作用，能够为中国其他地区以及全球土地退化防治提供有益的参考和借鉴。

编　者

2009年11月19日

目　录

前　言

第一篇　领导致辞与主旨报告

1 财政部领导的讲话
张　通 …… 2
2 国家林业局领导的讲话
李育材 …… 4
3 全球环境基金代表的贺信
Monique Barbut …… 6
4 亚洲开发银行代表的致辞
Kunhanboo Kannan …… 7
5 吉尔吉斯斯坦共和国代表的致辞
Kambarali Kasymov …… 8
6 世界银行代表的致辞
Sari Söderström …… 10
7 携手推动中国-GEF伙伴关系持续健康发展
江泽慧 …… 12

第二篇　全球环境基金土地退化防治伙伴关系

8 综合生态系统管理在中国西部土地退化防治中应用的成功范例
胡章翠 …… 17
9 中亚各国土地管理倡议（CACILM）
Kambarali Kasymov …… 22
10 土地和水资源可持续管理：非洲国家面对土地退化压力推动农业发展
Elijah Phiri　Bwalya Martin …… 24
11 可持续土地管理伙伴关系行动在加勒比海小岛国土地退化防治中的作用
Leandra Sebastian …… 32
12 中国生物多样性合作伙伴关系框架
孙雪峰 …… 41

第三篇　土地退化防治能力建设项目成果

13 西北六省（区）土地退化防治战略行动计划概述
张克斌 …… 44

14 中国-全球环境基金干旱生态系统土地退化防治伙伴关系能力建设项目的法律和政策成果在国际上的应用
Ian Hannam …… 66
15 中国土地退化防治立法面临的挑战与对策
王灿发 冯嘉 …… 75
16 基于土地利用规划与制度的荒漠化防治立法研究
于文轩 周冲 …… 91
17 我国土地退化防治的法律框架及其完善建议
周珂 曹霞 谭柏平 …… 96
18 新起点、新实践、新成果：综合生态系统管理在甘肃省土地退化防治立法中的实践和应用
万宗成 …… 104
19 综合生态系统管理理念和方法在青海省土地退化防治中的实践
李三旦 …… 109
20 新疆土地退化现状及防治对策
崔培毅 高亚琪 刘晓芳 …… 113
21 全球环境基金项目理念在中国社区土地退化防治中的新体现：内蒙古奈曼旗满都拉呼嘎查（村）透视
高桂英 …… 118
22 青海省湟源县胡丹流域示范点建设成效与启示
蔡成勇 …… 126
23 建立信息平台，服务生态建设
汪泽鹏 …… 130
24 社区能力建设的理论与实践
温臻 …… 132
25 在地中海沿岸地区O. Rmel流域利用侵蚀测绘法开展土地退化评估与防治：突尼斯个案研究
R. Attia, S. Agrébaoui and H. Hamrouni …… 136
26 黄河三角洲植被群落和土壤酶活性对湿地退化的响应
张建锋 邢尚军 …… 141
27 基于CA模型的土地荒漠化动态模拟与预测
丁火平 陈建平 高晖 …… 148
28 退耕还林工程的系统动力学研究
吴爽 黄桂恒 陈六君 …… 155
29 中国林业重点工程对农民收入影响的研究
刘璨 吕金芝 刘克勇 …… 160

第四篇　综合生态系统管理的实践与应用

30 防治土地退化促进可持续土地管理全球战略
Michael Stocking …… 175

31 运用综合生态系统管理原理做好我国荒漠化防治实践
刘 拓 …… 186
32 中亚土地退化和土地可持续管理
Umid Abdullaev …… 189
33 中国土地退化监测数据协调与共享研究
吴 波 张克斌 刘若梅 田有国 卢欣石 王文杰 …… 191
34 土壤和水资源综合生态系统管理法律政策框架－新西兰模式
David P Grinlinton Kenneth A Palmer …… 202
35 综合生态系统管理在甘肃GEF草地畜牧业发展项目中的应用和实践
花立民 …… 209
36 亚洲开发银行宁夏生态及农业综合开发项目
马闽霞 …… 217
37 在中国西部应用系统框架执行全球环境基金的目标
Victor R. Squires …… 219
38 应用综合生态系统管理方法保护旱地生态系统生物多样性及防治土地退化
郑 波 …… 222
39 长江/珠江流域水土流失治理项目(CPRWRP) 对减缓长江上游流域水土流失的途径与挑战
Piet van der Poel …… 225
40 关于在中国运用和推广综合生态系统管理的思考
蔡守秋 …… 231

第五篇 气候变化与土地退化

41 气候变化对中国的影响及中国应对气候变化的行动
高 云 …… 237
42 综合生态系统管理及在中国的发展机遇
Ian R. Swingland …… 240
43 气候变化与固碳林业
刘世荣 蒋有绪 史作民 …… 253
44 保护性农业在减缓气候变化和提高农业对气候变化适应性中的作用
Des McGarry …… 259
45 共同参与防治草原退化
Brant Kirychuk …… 269
46 REDD和木质林产品碳储量变化
白彦锋 姜春前 …… 273

第一篇

领导致辞与主旨报告

1 财政部领导的讲话

2 国家林业局领导的讲话

3 全球环境基金代表的贺信

4 亚洲开发银行代表的致辞

5 吉尔吉斯斯坦共和国代表的致辞

6 世界银行代表的致辞

7 携手推动中国-GEF伙伴关系持续健康发展

1

1 财政部领导的讲话

张 通 财政部部长助理

女士们、先生们：

大家上午好！非常高兴来参加综合生态系统管理理念与实践国际研讨会。首先，我代表中华人民共和国财政部对这次研讨会的举行，以及中国-全球环境基金干旱生态系统土地退化防治伙伴关系项目的顺利实施和取得的阶段性成果表示热烈祝贺！向长期以来关心、支持我国生态建设和环境保护事业的全球环境基金、亚洲开发银行、世界银行等国际组织和有关国家政府以及中外各届友好人士表示衷心感谢！

大家都知道，近一两百年来，随着全球人口的急剧增长和生产力的不断发展，人类虽然取得了经济发展的巨大成就，但对自然资源的掠夺、破坏和无节制消耗却不断加剧，最终造成了自然资源迅速枯竭和生态环境日趋恶化，能源危机、环境污染、水资源短缺、气候变暖、荒漠化、动植物物种大量灭绝等灾难性恶果直接威胁到人类的生存与发展，人与自然和谐也面临着有史以来最严峻的挑战。因此，加强生态建设，促进环境保护，构建和谐社会，已越来越得到世界各国的高度重视，成为实现一个国家或地区经济社会可持续发展的重要内容。

中国是一个最大的发展中国家，资源和环境问题一直是制约经济社会可持续发展的重要瓶颈。中国政府一直高度重视生态环境的保护和经济社会的可持续发展，进入21世纪以来，按照科学发展的理念，相继提出了建设资源节约型和环境友好型社会、建设创新型国家、构建社会主义和谐社会、建设社会主义新农村等一系列重大战略决策。特别是在中国共产党第十七次全国代表大会上，我国站在国家和全球战略的高度，又做出了建设生态文明的重大战略决策，并明确提出到2020年要建成为生态良好的国家。生态文明是人类文明发展史上的一种新型文明形态，它以尊重和维护自然为前提，以人与人、人与自然、人与社会和谐共生为宗旨，以建立可持续的生产方式和消费方式为内涵，引导人们走上持续和谐的发展道路为着眼点。建设生态文明是贯彻落实科学发展观的战略举措，是中国政府为改善全球生态环境、促进人类社会进步和人类文明发展的实际行动，也是履行国际公约、实施联合国千年发展目标的具体措施。

在中国当前面临的各种生态环境问题中，干旱地区特别是西部干旱地区土地退化是最为严重的问题之一。根据第三次全国荒漠化土地普查结果，我国现有荒漠化土地总面积263.62万平方千米，占整个国土面积1/3；沙化土地173.97万平方千米，占国土面积的1/5。一些地区沙化土地仍在扩展，每年因土地沙化造成的直接经济损失高达500多亿元，全国有近4亿人受到荒漠化、沙化的威胁，贫困人口的50%生活在这些地区。土地荒漠化已成为我国继水灾、旱灾之后又一大心腹之患。

中国政府高度重视土地退化和荒漠化防治工作。早在20世纪70年代末，就开始实施了“三北防护林体系建设工程”，20世纪90年代后期以来，又先后启动实施了天然林资源保护、退耕还林、京津风沙源治理、草原建设保护、保护性耕作和旱作节水农业等国家重点生态工程。为此，中国政府投入了大量的资金支持工程建设。比如退耕还林工程，截止到2007年年底，国家财政累计投资1600多亿元，其中西部地区约占资金总量的62.5%，在今年已经拨付的230多亿元财政资金中，西部地区占61%。再比如，在国家扶贫开发项目安排中，我国政府也是重点向西部地区倾斜，仅在2006～2008年安排的440多亿元扶贫资金中，西部地区所占比例达到62%以上。这些重大工程和扶贫项目的实施，取得了显著的成效，使重点沙区沙化扩展得到有效遏制，生态环境明显改善，有力地促进了区域经济和社会发展。但由于中国退化土地分布广、面积大，再加上气候变暖和人类活动等各种因素的影响，我国土地退化形势依然十分严峻，防治土地退化和荒漠化的任务仍然十分艰巨。

干旱生态系统土地退化的成因极其复杂，既有自然因素，也有人为因素。因此，防治土地退化是一项长期的、复杂的系统工程，既需要高度发达的科学技术手段，也需要完善的法律、政策手段；既需要国内农业、林业、环保、水利、国土资源等多部门的共同努力和密切配合，同时也需要国际社会的大力支持。为此，中国政府十分重视在防治土地退化领域开展国际间的合作与交流，并于2002年与全球环境基金建立了在土地退化防治方面的合作伙伴关系，即中国-全球环境基金干旱生态系统土地退化伙伴关系。

中国-全球环境基金干旱生态系统土地退化伙伴关系是全球环境基金在生态领域与政府建立的第一个伙伴关系，其目的是要建立跨部门、跨区域的综合管理体制，通过有关部门的共同努力，把政策、法律、规划与行动等有机地统一和协调起来，对西部土地退化地区尤其是生态脆弱区进行综合治理，最终实现减少贫困、维持生态可持续性、促进经济社会可持续发展的目标。

“土地退化防治能力建设项目”是伙伴关系的核心项目，项目实施四年来，在项目指导委员会的指导下，在财政部、国家林业局和中央项目成员单位及项目省（区）共同努力下，项目取得了显著成效，为建立和完善中国西部干旱区土地退化防治的技术、政策、法律和机构的框架发挥了积极作用，为土地退化防治伙伴关系进一步深化和拓展，以及全球土地退化防治树立了典范。

土地退化防治伙伴关系改变了全球环境基金传统的、以项目为基础的做法，是一次大规模、分步骤、有计划的合作，标志着中国政府与全球环境基金的交流与合作在更广和更新的领域跨出了成功一步。伙伴关系的顺利实施促进了综合生态系统管理理念和方法在中国的应用与发展，通过促进参与部门和项目实施省（区）对综合生态系统管理方法的认识和运用，从政策、法律、技术、信息、示范等多个层面完善土地退化防治的框架体系，加快了中国西部干旱地区土地退化防治的进程，有效促进了中国西部干旱地区脆弱生态系统的恢复和干旱区生物多样性的保护，为全球生态环境的改善做出了贡献。

目前，综合生态系统管理在中国还是一个新的理念、新的途径，尚需深入的实践、发展和创新，在前一期能力建设项目取得的成果基础上，进一步完善综合生态系统理念和方法，使其在国内外防治土地退化实践中能够得到更广泛地推广和应用至关重要。财政部正在按照全球环境基金新的战略目标和方向定位，将土地退化防治与保护生物多样性和应对气候变化更好的衔接和协调，通过中国政府和全球环境基金的进一步合作，推进、扩大和强化中国-全球环境基金伙伴关系。

今天的研讨会为我们提供了一个非常好的国际交流机会，以及探索防治土地退化实践和做法的有益平台。希望通过本次研讨会达到相互交流、相互学习，分享知识、信息和经验的目的，共同提高我们防治土地退化的能力，从中吸收与探索更适合中国特点、符合中国国情的综合生态系统管理模式。

女士们、先生们，中国-全球环境基金干旱生态系统土地退化伙伴关系项目的顺利实施和取得的阶段性成果，标志着中国政府与全球环境基金的合作上了一个新的台阶。我相信，在全球环境基金、亚洲开发银行、世界银行等国际组织和中国政府各有关部门以及项目实施省（区）等各方面的大力支持和相互协作下，干旱生态系统土地退化伙伴关系一定能够向更深的层次、更广的领域发展，为我国乃至全球土地退化防治工作做出更大的贡献。

最后，预祝本次研讨会取得圆满成功！

谢谢大家！

2 国家林业局领导的讲话

李育材　国家林业局副局长

女士们，先生们：

大家好！经过各个方面的共同努力和精心筹备，由国家林业局和财政部共同举办的综合生态系统管理理念与实践国际研讨会，在这美丽的金秋时节隆重开幕了。首先，我代表国家林业局对研讨会的召开表示热烈祝贺！向出席今天会议的各位领导、各位来宾和朋友们表示热烈欢迎！向长期以来关心、支持我国生态建设和林业发展事业的国际组织和有关国家政府以及各届人士表示衷心感谢！

这次会议是在中国-全球环境基金干旱生态系统土地退化伙伴关系已经顺利实施四年并取得重大阶段性成果的关键时期召开的一次十分重要的会议，也是伙伴关系实施过程中继往开来、承前启后的一次重要会议。伙伴关系实施四年来取得的经验和成果充分说明，以综合生态系统管理理念为指导的伙伴关系，是防治土地退化最有效的途径之一。伙伴关系确立的国家规划框架与国家长期规划的结合，确保了复杂的土地退化问题能够得到长期、持续和综合的治理；法律法规和政策环境的改善，从根本上解决了人为因素造成的土地退化问题；综合的土地退化防治战略和行动计划，加强了部门之间的协调和资金的有效使用；完善的公众参与机制和激励政策、基于社区的参与式土地利用规划，调动了广大农村社区居民及私营部门投入土地退化防治的积极性。这次研讨会，就是要通过相互学习、相互交流，相互借鉴、相互启发，进一步总结运用综合生态系统管理防治土地退化先进的范例和成功的经验，进一步探索综合生态系统管理理念在防治土地退化中应用的模式和方法，为综合生态系统管理的理论发展和方法创新做出贡献，为我国西部干旱地区土地退化防治和西部地区生态状况的持续改善发挥更大作用。

女士们，先生们，中国实行改革开放30年来，在经济快速发展的同时，也面临着生态环境的巨大压力。特别是由于受气候变化和人类活动等各种因素的影响，我国一直是世界上荒漠化面积大、分布广、受荒漠化危害最严重的国家之一。目前，全国荒漠化土地总面积达263.62万平方千米，占国土面积1/3；沙化土地173.97万平方千米，占国土面积的1/5。土地沙化不仅直接危及我国1亿多人口的生存和发展，影响着4亿多人口的生存环境和质量，而且每年造成的直接经济损失高达540多亿元，严重制约了我国经济社会的全面、协调、可持续发展，威胁到国土保安和生态安全，成为我国继水灾、旱灾之后又一大心腹之患。

中国政府历来高度重视土地退化防治及荒漠化治理，始终将防治土地退化特别是防沙治沙作为一项重要战略任务来抓。围绕干旱半干旱地区林草植被的恢复与重建工作，在20世纪50年代，就组织开展了农田防护林和防风固沙林建设，80年代启动实施了“三北”防护林体系建设工程，90年代开始，实施了全国防沙治沙工程；进入新世纪以来，又启动了退耕还林、天然林资源保护、京津风沙源治理、退牧还草、小流域综合治理等一系列重大生态防治工程。同时，中国政府还颁布实施了《防沙治沙法》《全国防沙治沙规划》，出台了《国务院关于进一步加强防沙治沙的决定》，召开了全国防沙治沙大会；受国务院委托，国家林业局还首次与防治任务较重的省（区）签订了防沙治沙目标责任书。这一系列重大举措的推行，使我国土地退化防治及荒漠化治理取得了重大成效，为我国生态状况的改善发挥了重要作用。

但是，由于受自然因素和人为活动的影响，土地退化甚至沙化的形势仍然十分严峻，突出表现在沙化土地局部扩展依然严重，治理难度依然很大，治理成果依然脆弱，人为隐患依然较多。因此，防止土地退化，加快荒漠化治理，任务依然十分艰巨，需要我们继续采取强有力的重大措施，坚持不懈、持之以恒地抓紧抓实抓好。

防治土地退化，加快荒漠化治理，是一项长期的任务，也是一项复杂的系统工程，既需要以工程为载体，有足够的资金作保障，更需要有科学的理念作指导和先进的技术作支撑；既需要整合国内各个方面的力量，加大工作力度，也需要国际组织和外国政府的大力支持，加强合作与交流。这些年来，中国政府在开展与国际社会合作方面进行了积极探索，取得了显著成效。一是认真履行《联合国防治荒漠化公约》（简称“公约”）。作为《公约》的缔约国之一，我国高度重视履约工作，一方面通过组织实施一系列重大工程不断加大对荒漠化的防治力度；另一方面积极承担国际义务，努力促进区域合作，分别与德国、日本、荷兰、澳大利亚、加拿大、瑞典等国政府在荒漠化防治相关领域开展了一系列双边合作，为促进《公约》进程做出了重要贡献。二是与全球环境基金建立了土地退化防治第一个伙伴关系。伙伴关系项目自2004年正式启动实施以来，按照综合生态系统管理的方法，建立了有效的项目执行与协调机制；开展了省（区）土地退化防治法规政策框架的制定、省(区)土地退化综合防治战略和行动计划的编制、“国家土地退化数据共享协调机制”的研究和省（区）综合生态系统管理信息中心的建设；参与了“《联合国防治荒漠化公约》国家行动方案”的修订；开展了基于社区的参与式规划的编制。通过这些工作，有效地促进了综合生态系统管理理念的传播和方法的应用，提高了国家和地方开展土地退化防治行动的能力，培养了一批具备综合生态系统管理知识的人才队伍，为我国西部干旱半干旱地区土地退化防治和荒漠化治理发挥了重要作用，也为伙伴关系的进一步发展奠定了良好的基础。借此机会，我代表国家林业局向几年来为伙伴关系项目实施给予大力支持的全球环境基金、亚洲开发银行、世界银行等国际组织和中国政府各有关部门表示衷心感谢！向参与项目组织、实施的全体同志致以崇高的敬意！

女士们，先生们，林业是生态建设的主体，承担着建设森林生态系统、保护湿地生态系统、改善荒漠生态系统和维护生物多样性的重要职能，肩负着建设生态文明的重大历史使命。林业在我国国家建设全局中的地位越来越重要，作用越来越突出，任务越来越繁重。当前，我们正按照中国政府关于加强生态建设、加快林业发展的重大决策部署，以科学发展观为指导，以改革为动力，全力推进现代林业建设。建设现代林业，就是要着力构建完备的林业生态体系、发达的林业产业体系、繁荣的生态文化体系，实现林业又好又快发展，努力提升林业三大功能，充分发挥林业三大效益，最大限度地满足社会对林业的多样化需求。

防止土地退化，加快荒漠化治理，是构建完备的林业生态体系的重要内容。我们将进一步加强与全球环境基金、亚洲开发银行、世界银行等国际组织的合作，在全面总结综合生态系统管理理念在我国土地退化防治中取得的成效和经验的基础上，进一步扩大应用，加大土地退化防治力度，加快荒漠化治理速度，争取到2010年，使荒漠化地区生态环境恶化的趋势基本遏制，重点治理地区的生态状况得到明显改善；到2020年，生态防护体系更加完善，使全国一半以上可治理的荒漠化土地基本得到治理，荒漠化地区生态状况得到较大改善；到本世纪中叶，全国可治理的沙漠化土地基本得到治理，建立比较完备的生态防护体系、比较发达的沙产业体系和比较繁荣的生态文化体系，使荒漠化地区的生态系统有明显改善。

加强防沙治沙，加快荒漠化治理，不仅能阻止和减缓土地退化，也能为应对气候变化做出重要贡献。土地退化本身是碳释放的过程，而治理土地退化，恢复林草植被，则是增加碳的吸收，有利于减少空气中二氧化碳的含量，减缓温室效应。同时，随着林草植被的恢复，还将不断丰富生物多样性，改善生态状况，维护生态平衡。

女士们，先生们，金秋时节是收获的季节，希望大家珍惜这次研讨会的难得机遇，充分利用好这个相互学习、相互交流的平台，加强沟通，相互启迪，共同为进一步推动综合生态系统管理理念在土地退化防治领域中的推广应用，加快土地退化防治，促进全球生态环境改善做出积极贡献。

最后，预祝研讨会取得圆满成功！

谢谢大家！

3 全球环境基金代表的贺信

Monique Barbut　全球环境基金理事会执行总裁

尊敬的各位同仁和支持中国-全球环境基金干旱生态系统土地退化防治伙伴关系的朋友们：

2008年4月，全球环境理事会（GEF）理事会通过了中国-GEF干旱生态系统土地退化防治伙伴关系二期项目。该伙伴关系一期项目成功实施并积累了丰富的经验，我感到非常的高兴，并愿意继续支持中国政府与GEF对此进行重要的联合投资。

你们此次国际研讨会邀请到了一大批该项目的利益相关者和合作伙伴，使他们共聚一堂。我预祝会议圆满成功，希望大家能够进行富有成效的对话，分享交流经验教训以及可能会扩大项目预期成果的新想法。GEF能与中国政府共同实施这项将中国农村的可持续发展与造福全球环境的伟大成就联结在一起的鸿图大业，我感到非常自豪。众所周知，中国政府正致力于以可持续的方式对其自然资产进行经营管理以为子孙后代奠定健康生产的基础。我还打算在今后与中国政府开展紧密合作，使之梦想成真。

下周，GEF理事会将召开2008年11月会议。会议其中一项最为重要的议题就是启动GEF第五次增资项目（GEF-5）。我们将与GEF捐资国一起制定一个具有吸引力的GEF战略，为GEF明确在针对全球环境保护的国际金融结构动荡的环境下什么才是具有吸引力的远景目标。届时我将建议对GEF推行必要的改革，将其建设成为一个网络型机构，并争取开展前所未有的最大规模的增资活动。我希望土地退化重点领域的增资至少能达到比目前的规模翻一番，以更好地满足受土地退化影响的国家的需求。我将提倡采用综合方法对自然资源进行管理，使相关国家可以应付自然资源受到的多重威胁并实现改善生计和创造全球环境效益的协调一致。我确信，就中国而言，自2002年通过中国-GEF伙伴关系对这一综合方法进行了试点研究，GEF将来的任何投资都能进一步地从中获得巨大的效益。

在这个具有挑战性的作为GEF支持自然资源综合管理的试点项目中，中国已经站在了最前沿。谢谢你们进行了理念创新并在GEF支持下鼓起勇气对此进行试点，并对一期项目取得了今天可以呈献的令人印象深刻的成就表示祝贺。

再次预祝大会圆满成功。对于GEF秘书处不能出席此次会议，我十分抱歉，但我相信大家能够理解马上就要召开GEF理事会会议的重要性。

谢谢大家。

4 亚洲开发银行代表的致辞

Kunhanboo Kannan　亚洲开发银行东亚局农业环境自然资源处处长

女士们和先生们：

中国政府组织召开本次重要会议并给予我在开幕式上致辞的机会，我谨代表亚洲开发银行（简称“亚行”）表示诚挚的谢意！

首先，能与众多来自不同组织和地区的嘉宾专家共聚一堂并交流分享土地退化防治领域的知识和经验，我感到非常高兴。全球干旱生态系统面临的压力正日益加重，需要不断加强区域与国际组织之间的合作，以最有效地解决表面上是当地本身的但实际上具有全球性重要意义和影响的环境问题。

在全球环境基金（GEF）的支持下，亚行积极地参与了中国-GEF干旱生态系统土地退化防治伙伴关系（简称“伙伴关系”）的发展实施工作。伙伴关系于2002年启动，目的是促进国内外组织开展合作，在中国西部地区的土地退化防治、减贫和干旱生态系统恢复中引进和支持综合生态系统管理。伙伴关系还认识到解决土地退化问题及其相关的全球性环境问题如生物多样性流失、气候变化和荒漠化等是一项长期任务。

根据会议提供的其他信息，我们非常高兴地看到，项目的实施在过去几年里有效推广了IEM理念和方法的应用，提高了国家和地方防治土地退化的能力，促进了国家和地方在防治土地退化方面的能力。多层次多部门的协调机制有效地促进了中央和省（区）各部门的协调，打开了从中央到县级自然资源管理部门的合作渠道，改善了不同行业规划计划之间的协调、中央与省（区）资金预算的协调。通过制定省（区）一级的土地退化法律框架并修订相关的国家法律和省（区）政策，促进了法律法规之间的协调一致。土地退化问题已经被纳入省（区）第11个五年规划、省（区）土地退化防治战略和行动计划以及参与式社区发展规划当中。土地退化信息共享机制已经建立，将零散的信息资源综合起来，实现了跨行业、跨省（区）的信息共享。示范点各项活动的实施改善了农村基础设施并赋予社区群众解决当地的土地退化问题。此外，项目取得的经验和教训也得到了广泛宣传。

伙伴关系的发展目前正处于关键时期。虽然它大力将IEM方法引入中国，但仍然面临着新的挑战，关于这些我们将会在本次会议中了解更多。中国政府表示，将来的伙伴关系工作将逐渐把重点放在一些以加深对IEM方法的理解、宣传推广相关政策体制改革的经验并与国内外其他现行项目开展进一步的合作与整合为目标的活动上。

在GEF的支持下，亚行将继续积极地给予合作，目前我们正讨论如何通过2009年启动的新的能力建设项目进一步为伙伴关系提供支持。加强与伙伴关系的合作符合最近获批的作为亚行总体规划文本的2008～2020年长期战略框架（战略2020年）。亚行把侧重点放在3个补充的战略性议事日程上以实现其远景和任务：综合全面的增长、环境可持续性增长和区域整合。所有这一切均与伙伴关系活动有着最为密切的关联。

因此，亚行认为此次研讨会为进一步讨论伙伴关系的合作支持方式提供了最合时宜的机会。会议稍后还将为大家展示政府起草好的未来合作蓝图文件。很明显，本次会议聚集了众多专家，我们希望能分享他们丰富宝贵的知识和经验，并欢迎大家对如何加强亚行与伙伴关系的合作畅所欲言、多提建议。

我代表亚行再次感谢中国政府举办本次重要会议，预祝研讨会成功！

谢谢大家！

5 吉尔吉斯斯坦共和国代表的致辞

Kambarali Kasymov

吉尔吉斯斯坦共和国农业、水资源和加工工业部国务秘书

女士们、先生们：

今天，能代表哈萨克斯坦、吉尔吉斯斯坦、塔吉克斯坦、土库曼斯坦和乌兹别克斯坦等中亚五国和中亚国家土地管理倡议即众所周知的CACILM在会上致词，我感到非常高兴。

中亚地区是世界上最古老的农业地区之一，这里的居住人口超过5000万人。我们拥有丰富多样的农业文化，包括先进精密的灌溉系统和生产了谷物、饲料、水果、坚果和蔬菜等丰富作物的雨水灌溉土地，还有放牧饲养牛、绵羊、山羊、马甚至骆驼的大面积的山脉、丘陵、草原和沙漠牧场。

虽然中亚地区的农业生产活动已有两千多年的历史，但目前的一些耕作和放牧方式并不具有可持续性，导致了土地、土壤、植物和水资源的退化。

目前，中亚各国正面临着巨大的挑战，必须要改变生产方式，才能使农业发展在保障粮食安全和促进环境的可持续发展方面获得成功。

为了中亚国家农业的成功和可持续发展，我们必须解决由以下因素引起的棘手问题：人口增长，农村人口向城市迁移，劳动力、燃料、设备、肥料、种子等生产成本上涨；同时，我们的一些农业生产方式不具有可持续性，比如，落后的灌排方式导致了土壤盐渍化、土壤侵蚀和水涝，农耕方式效率低下，如过度耕种旱地，过度使用除草剂、杀虫剂和肥料，农机设备老化低效，牧场过牧情况普遍。

此外，我们还面临更加巨大的挑战，那就是大自然的力量，尤其是气候变化——降雨量和降雪量减少、冬季寒冷时间更长、夏天炎热、刮风厉害等，改变了我们的农业生态系统。

为了成功的、可持续的农业，我们必须明智地管理好土地和水资源。

那么，我们采取了哪些措施来改善土地和水资源管理呢？

过去10年间，通过中亚国家的各种合作框架，主要包括拯救咸海国际基金会（IFAS）、国际水协调委员会（ICWC）和其他的国际和政府间委员会，我们在解决合理化跨国水资源利用问题上取得了一些进步。

成立了中亚可持续发展政府间委员会，制定并倡议实施“中亚国家次区域可持续发展战略”，确定合理利用可持续资源的工作重点和相关的经济发展计划。

通过上海合作组织和欧亚经济共同体，中亚各国还参与各种框架，解决本区域以外的各种问题。

各成员国农业工业复合体开发的相关问题列入了上海合作组织的实业家委员会日程，包括与旅游业和水电工程进程合作的整体连接。

中华人民共和国和中亚各国在联合国防治荒漠化公约（UNCCD）的框架下开展合作，中国和中亚各国隶属亚洲小组，在单个增补的公约附录下开展具体合作。

2002年，中华人民共和国和吉尔吉斯斯坦共和国签署了睦邻友好合作条约。2006年，吉尔吉斯斯坦共和国法律通过了中-吉2004～2014年合作规划，根据双方签署的谅解备忘录，在规划框架下成立了中-吉农业合作联合工作组。

中国和其他中亚国家也签署了类似的合作协议。

我们相信，通过中亚国家可持续土地管理倡议（CACILM），我们会有极好的机会与中国开展合作。

中亚国家可持续土地管理倡议（CACILM）

是一个中亚国家和十个致力于防治土地退化和改善农村生计的开发合作伙伴之间的伙伴关系。

全球环境基金（GEF）是CACILM的主要伙伴和支持者之一。我们希望与亚洲地区的其他GEF 倡议特别是中国的GEF倡议积极开展合作。

CACILM各种项目活动均在国家规划框架和每个中亚国家成立的国家协调委员会的指导下进行。

目前中亚各国正通过CACILM来实施各种多国合作项目，领域包括可持续土地管理信息系统、知识管理与宣传系统、应用研究和能力建设。

CACILM在中亚五国实施了山地、沙漠和草原牧场以及人工灌溉和雨水灌溉农田等农业生态系统的可持续土地管理示范项目。我们还在乌兹别克斯坦、吉尔吉斯斯坦共和国和塔吉克斯坦实施了由亚行和GEF共同资助的大型可持续土地管理投资项目。

我们最感兴趣的是中国同行在土地管理方面积累的经验，热切希望今后有机会与中国在这方面开展合作。

我代表中亚各国预祝中方政府举办的本次会议圆满成功并实现其预期目标。

6 世界银行代表的致辞

Sari Söderström

世界银行东亚和太平洋地区中国可持续发展部农村处协调员

女士们、先生们：

首先我要向李育材副局长、江泽慧主任、张通部长助理、各相关部门机构（财政部和环境保护部）的合作伙伴、海外发展合作伙伴（亚行、GEF和欧盟等），特别还有来自各省、县、科研团体的与会代表致以热烈的问候。

世界银行(简称“世行”)非常高兴能参加本次综合生态系统管理研讨会，这次会议十分重要，因为正如诸位所知，我们通过甘肃和新疆的草原发展项目与水利部和欧盟共同资助的长江盆地的集水区管理活动也参与了中国-GEF伙伴关系，我们准备稍后通过本次会议了解更多有关信息。

我非常高兴今天能在这里见到这么多老朋友，我相信会议将会开展富有成果的各种讨论。

4年前，我在中国参加了和今天会议相似的IEM研讨会。在发言中，我指出了综合生态系统管理（IEM）方法的重要性和在其应用过程中将会遇到的挑战。按照定义，综合生态系统管理可以解决多个焦点问题。它最大的优势不仅是促进经济的可持续发展，同时还作为一个机制优化配置有限的生态、社会和经济资源，促进各个层面的可持续发展。

转眼4年过去了，今天我们将有机会在此共同探讨IEM在中国和其他地区的应用情况及其为当地带来的变化，探讨人类倡议带来的变化，同时了解综合生态系统管理方法在哪些地方发挥了作用，哪些地方行不通。

过去一年即2008年是中国实行改革开放政策的30周年。这30年间，中国实现了农业经济向工业化、城市化经济的转型，以双位数的速度发展。更重要的是，中国成功地使四亿赤贫农村人口摆脱了贫困，目前正朝着其千年发展目标迈进。

也是在同一时期，中国政府逐渐把综合自然资源管理方法引进各种发展战略之中，重点在于运用科学方法实现和谐发展。在构建和谐社会、建立节约能源的环境友好型市场经济的思想指导下，中国已经在水土保持、植树造林、荒漠化防治、可替代能源、草原管理、生态恢复等方面启动了一大批项目，其中中国-GEF土地退化防治伙伴关系为这些项目的成功做出了贡献。

另一方面，中国经济快速增长对自然资源的数量和质量都产生了重要影响，引发了不少国内国际环境问题，如水资源的减少、水污染、沙漠化、土地退化、空气污染、生物多样性流失等。中国有近40%的土壤被侵蚀，10%的可耕地面积受到污染，60%受监测的河流因污染严重无法饮用。中国还是世界上最大的肥料生产国和消费国，第二大杀虫剂生产国和消费国。而且，中国已经成为世界上最大的温室气体源之一。

在这种背景下，应用综合生态系统管理方法更为重要。为了解决一系列复杂的多方面问题，我们要坚定不移地采用综合的、系统的、跨行业方法考虑生态、人类和经济问题。我们要共同努力、吸取过去的经验教训，择优留存并在新的项目中推广应用，然后在中国乃至全球推广综合生态系统管理方法。

我们看到了中国政府实现经济可持续发展的决心和为实现此目标采取的重要措施。中国共产党第十七次全国代表大会重申了政府考虑实现人与自然和谐相处这一构建和谐社会的重要内容。为此，大会通过了决议，承诺农民能够转让土地权利，进一步发展农村经济和促进土地的可持续利用。同样地，最近国务院新闻办公布了一份白皮书，提出了一系列针对气候变化问题的政策、原则和计划。

在这种情况下，我们希望中国-GEF干旱生态系统土地退化防治伙伴关系在生态系统保护和管理上继续发挥重要作用。我刚才说了，根据定义，综合生态系统管理可同时解决许多问题，但是，要落到实处，还必须要有各个部门之间密切有效的协调。这在实际应用中对于各个层面而言都仍是一个巨大的挑战。综合方法需要协作、合作、参与以形成合力。综合方法需要新的思维方式，也就是改变心态，还需要各个层面采取新的工作方式。综合方法特别需要当地领导、官员和群众的积极参与，因为可持续的自然资源管理就是一个在高效利用土地、水资源和植被资源与人类生存需求之间达成平衡的过程。今天我们将有机会了解身边已经形成了哪些新的思维方式。

继往开来！现在是我们总结成功经验、展望未来的时候了。

女士们、先生们，我相信本次研讨会为我们提供了极好的机会，总结过去在应用综合生态系统管理方法中取得的成功经验和教训，提出实用可行的方法以进一步推进该方法在中国的应用并将其经验传递给其他发展中国家。

最后，我祝愿本次研讨会圆满成功！

7 携手推动中国-GEF伙伴关系持续健康发展

江泽慧 教授

全国政协人口资源环境委员会副主任

国际竹藤组织董事会联合主席

中国林学会理事长

中国-GEF伙伴关系中央项目指导委员会主任

女士们、先生们：

今天，“综合生态系统管理理念与应用”国际研讨会在北京隆重召开。首先，请允许我代表中国-GEF干旱生态系统土地退化防治伙伴关系(以下简称：中国-GEF伙伴关系)中央项目指导委员会，向出席会议的各位领导、各位来宾和朋友们表示热烈欢迎！向财政部、国家发展和改革委员会、科技部、国家林业局等部门和单位对项目的高度重视、大力支持以及各项目省（区）对项目的通力合作表示衷心感谢！向长期以来关心、支持中国土地退化防治事业的全球环境基金、世界银行、亚洲开发银行等国际组织以及各届友好人士表示诚挚的感谢！

当前，以荒漠化为主的土地退化，已成为危及全球人类生存与发展的重大生态问题。防治土地退化，维护生态安全，实现可持续发展，是21世纪人类可持续发展共同面临的重大生态环境问题之一。借此机会，我重点从挑战、成效与展望三个方面，就中国-GEF伙伴关系项目在运用综合生态系统管理理念，推进中国土地退化防治中的一些新的科学认识和体会，与大家共同交流分享。

一、中国防治土地退化的机遇与挑战

“减少土地退化、缓解贫困和恢复干旱生态系统”，既是伙伴关系的发展目标，也与中国土地退化防治的目标相一致。中国的土地退化防治事业，经过几十年、几代人坚持不懈的努力，取得了举世瞩目的伟大成就，为保障中国经济社会可持续发展做出了重大贡献。同时还需要清醒地看到，中国防治土地退化面临的机遇前所未有，但面临的挑战也前所未有，中国防治土地退化任重道远。

一方面，中国防治土地退化取得了举世瞩目的成就。长期以来，中国政府始终将解决土地退化问题作为一项重要战略任务，并采取有效措施予以解决。进入21世纪，中国相继制定实施了《防沙治沙法》《森林法》《草原法》《水土保持法》等一系列法律、法规，实施了林业六大重点工程、草原保护和建设工程、水土保持、内陆河流流域综合治理等一批有关防治土地退化的工程项目。自2001年以来，年均治理沙化土地面积达192万公顷，为实现沙化土地整体好转发挥了重要作用。目前，中国已有20%的沙化土地得到不同程度治理，重点治理区林草植被盖度增加20个百分点以上，一些地方生态状况明显改善。经过坚持不懈的努力，中国在防治农地、林地和草地等各种类型土地退化方面取得了举世瞩目的成就，为保障经济社会可持续发展做出了重大贡献。

另一方面，中国的土地退化依然十分严重。中国是世界上人口最多的发展中国家，也是世界上水土流失、土地沙化最为严重的国家之一。全国水土流失面积达356万平方千米，占国土面积的37%，全国沙化土地面积仍高达173.97万平方千米，占国土面积的18.12%。西部地区是中国土地退化的重灾区，这一地区的贫困人口超过3千万人。土地沙化不仅直接危及中国1亿多人口的生存和发展，而且影响着4亿多人口的生存环境和质量，每年造成的直接经济损失高达540多亿元。土地退化问题既是生态建设的重点和难点，也是经济社会可持续发展的一个重要制约因素。

值得强调的是，中国防治土地退化事业有着全球广泛关注、全社会普遍重视、投资力度大和基础工作扎实等十分宝贵的机遇和有利的条件。对中国乃至全球的防治土地退化而言，要抓住机遇，迎接挑战，稳步推进，就必须解放思想，更新观念，创新思路。令人欣慰的是，GEF倡导和推动的综合生态系统管理（以下简称IEM），为中国和全球防治土地退化提供了新的理念和方法，搭建了有效的行动平台。

二、IEM在中国退化土地防治中的实践与创新

中国-GEF伙伴关系项目在学习和运用综合生态系统管理理念中，结合中国的国情和中国经济社会发展的时代特点，富有创造性地应用于实践，在取得土地退化防治重要阶段性成果的同时，丰富了IEM的内涵，为中国乃至全球防治土地退化积累了宝贵的知识和经验。

（一）IEM在中国的实践取得了显著成效

几年来，通过中国-GEF伙伴关系项目的实施，中国在土地退化防治中引入了综合生态系统管理的理念和方法，取得了令人欣慰的进展。

首先，项目通过创新性地建立多部门、多层次参与的组织协调机制，不仅很好地解决了项目实施过程中的各种问题，也有力地促进了部门间的沟通和协调，体现了结构合理、运转高效，既符合中国国情，也是对GEF项目管理方式的创新。其次，项目应用IEM理念与方法，对各省（区）现有土地退化防治政策法规进行评价，提出相应的完善建议，构建省（区）土地退化政策法规框架，促进了各项政策、法规之间的协调。第三，在《省（区）土地退化综合防治战略和行动计划》的编制中，充分考虑了包括人在内的生态系统各个要素间的相互联系，进行整体设计、系统规划和多层次实施，实现了资源和资金的优化配置。第四，通过省（区）IEM信息中心建设和信息共享机制创新，大大提高了现有数据资源的利用效率，为管理部门科学决策提供了重要依据。第五，通过示范点建设，大大提高了基层社区防治土地退化综合能力，探索出一条在保护生态、防治土地退化的同时，带动当地农民脱贫致富的新路子。另外，项目的重要成果还表现在，通过强化能力建设，培养了一批了解和运用综合生态系统理念和方法的政府决策者、技术专家。

经过不断探索和实践，中国-GEF伙伴关系项目已经形成了生态保护与减少贫困相结合，围绕双重目标开展多元项目活动，建立长期稳定的资金投入机制，建设自下而上的参与式管理方法，多部门参与、合作和管理以及引入竞争激励机制，促进项目区生态保护和资源可持续利用等一整套比较完善的实施方法，并且积累了丰富的知识和管理经验，为其他国家和地区的土地退化防治，为GEF其他伙伴关系提供了典范。

（二）中国-GEF伙伴关系项目对IEM发展做出了新贡献

中国-GEF伙伴关系项目之所以能得以顺利实施并取得突出的阶段性成果，在受益于IEM理念对项目规划与实施的具体指导的同时，还得益于中国传统生态文化、和谐发展和生态文明等新理念、新战略对IEM发展的贡献。

第一，中国-GEF伙伴关系项目的实施，为IEM融入了“和谐发展”思想。构建和谐社会，实现和谐发展，是中国可持续发展的主要目标。和谐发展在很大程度上取决于社会生产力的发展水平，取决于资源环境的保护水平，取决于发展中的协调性。中国－GEF伙伴关系项目在实施过程中，将IEM注重保护与发展相协调的理念与中国的经济、社会、环境和谐发展的思想有机相结合，在退化土地防治过程中，注重人与自然的和谐协调，注重人与社会的和谐协调，注重部门间和各级政府间的和谐协调，注重资源环境保护与经济社会发展的和谐协调，在使项目得以顺利推进并取得显著成效的同时，使IEM的理念得到进一步的充实。融入和谐发展思想的IEM，将在中国乃至全球退化土地的治理中，更加积极的处理好人与自

然的关系，更好地引导社会关心，鼓励公众参与，开展部门协调，推动中国乃至全球退化土地治理事业的快速发展。

第二，中国-GEF伙伴关系项目的实施，为IEM注入了“生态文明”理念。人类文明发展的历史经历了原始文明、农业文明和工业文明，目前正处于从工业文明向生态文明过渡的重要阶段。建设生态文明是中国政府在对经济社会发展规律深刻认识和对生态环境保护进行深刻反思的基础上作出的重大战略决策，对促进中国经济社会可持续发展具有重大意义，对维护全球生态安全、推动人类文明发展具有深远影响。建设生态文明的一项重要任务，就是要在建设资源节约型、环境友好型社会中，一方面重点加强水、大气、土壤等污染防治，改善城乡人居环境；另一方面加强水利、林业、草原建设，加强荒漠化、石漠化治理，促进生态修复。不言而喻，中国政府大力推动的生态文明建设，与IEM的发展方向和发展重点是相吻合的，通过中国-GEF伙伴关系项目平台，进一步丰富和充实了IEM的内容。我深信，在IEM的实践中，积极树立生态文明理念，就一定可以使“资源节约”和“环境友好”逐渐成为土地退化地区人们的共同价值观和自觉行动，再经过不懈努力，最终为子孙后代留下一个美好的生态家园。

第三，中国-GEF伙伴关系项目的实施，为IEM丰富了“生态文化”内涵。著名生态思想史家唐纳德·沃斯特指出：“我们今天所面临的全球性生态危机，起因不在生态系统本身，而在于我们的文化系统。”弘扬生态文化，强化人文力量，是我们应对包括土地退化在内的全球生态危机的重大战略抉择。何谓“生态文化”？我们的研究认为，生态文化是人与自然和谐相处、协同发展的文化。具体讲，生态文化是探讨和解决人与自然之间复杂关系的文化；是基于生态系统、尊重生态规律的文化；是以实现生态系统的多重价值来满足人的多重需求为目的的文化；是渗透于物质文化、制度文化和精神文化之中，体现人与自然和谐相处的生态价值观的文化。这里要特别提到的是，2008年10月8日，中国生态文化协会在北京正式成立，遵循“弘扬生态文化、倡导绿色生活、共建生态文明”的宗旨，我们期待着中国生态文化事业的兴旺发达。在良好的生态文化氛围中，中国-GEF伙伴关系项目已经融入了中国，并得到了社会的广泛关注、公众的积极参与；在中国生态文化体系建设平台上，IEM的文化内涵得到了进一步的丰富。我相信，中国生态文化与IEM理念的融合，也必定在中国以及全球土地退化防治中发挥更大的作用，做出更大的贡献。

三、推动中国-GEF伙伴关系持续健康发展

土地退化导致的生态环境恶化和贫困在较长时期内仍将成为制约干旱半干旱地区经济社会发展的主要因素,因此，我们必须通力合作，共同推动伙伴关系在中国的持续健康发展，坚持不懈地应对这一长期的艰巨挑战。

（一）中国 -GEF 伙伴关系有着广阔发展空间

（1）中国“十一五”规划的实施，为中国-GEF伙伴关系创造了更加有利的发展环境。统筹城乡发展、统筹区域发展、统筹经济社会发展、统筹人与自然和谐发展、统筹国内发展和对外开放，既是中国政府倡导的科学发展观的基本要求，也是中国-GEF伙伴关系确立的基本原则。按照全面、协调、可持续的科学发展观的总体要求，“十一五”规划明确了建设和谐社会、建设社会主义新农村、继续推进西部大开发的发展目标，明确了继续推进包括荒漠化和石漠化治理等在内的生态工程建设任务。这一系列重点生态建设工程的持续推进，将为中国-GEF伙伴关系提供更大的发展空间。中国-GEF伙伴关系第二阶段的实施也必将为国家重大生态建设工程提供支持和服务。同时，中国-GEF伙伴关系第二阶段的实施，对于落实“十一五”规划关于“促进区域协调发展”的战略目标具有重要意义，这也是GEF发展优先原则的基本要求。

（2）国际社会应对气候变化、保护生物多样性和消除贫困的努力，为中国-GEF伙伴关系提供了更加广阔的发展空间。气候变化、土地沙化、物种灭绝等生态环境问题越来越受到国际社会的高度关注，其中气候变化成为问题的焦点，并成为全球政治议程的重大主题。气候变化使干旱和土地荒漠化问题更加严重，土地退化、森林的破坏和水资源减少直接威胁到生物多样性，又进一步加剧全球气候变化。消除贫困、环境可持续能力和全球合作是联合国千年发展目标中的3个主要目标，这也是与中国-GEF伙伴关系防治土地退化、保护生物多样性及消除贫困的目标相一致的。这要求我们在推进中国-GEF伙伴关系第二阶段发展中，积极应对国际、国内新形势，把中国-GEF伙伴关系项目的实施与防止气候变化、保护生物多样性等国际热点问题结合起来，与联合国千年发展目标结合起来，与建设生态文明社会、建设社会主义新农村等中国的国家发展目标结合起来，使中国以及非洲等相关国家和地区土地退化防治的能力得到进一步提高，在推动区域社会经济可持续发展的同时，为缓解全球气候变化和实现联合国千年发展目标做出更大的贡献。

（3）GEF重点领域工作的深入开展，为中国-GEF伙伴关系奠定了更加坚实的发展基础。在亚洲开发银行的积极配合下，2002年中国政府和全球环境基金在生态领域建立了全球第一个伙伴关系，开展了对土地退化防治有效途径的积极探索，取得了良好的实践效果。2007年10月召开的GEF第四次成员国大会，将气候变化、生物多样性、国际水域、臭氧层损耗、土地退化、持久性有机污染物确定为重点领域。中国-GEF伙伴关系项目作为GEF在土地退化领域与国家政府层面建立的第一个伙伴关系，是GEF为实现未来发展战略的重要尝试，为全球土地退化防治提供了典型示范。中国-GEF伙伴关系第二阶段的实施，通过进一步发挥GEF资金效应，加大中国退化土地综合治理的投入力度，将使第一阶段的初步成效得到进一步扩大，从而更加有利于推动GEF重点领域工作的全面开展。

（二）推动中国-GEF伙伴关系发展的初步构想

面向未来，中国-GEF伙伴关系所建立的有效机制、培养的人才队伍和综合生态系统管理理念的普及传播，为伙伴关系在中国的继续实施奠定了坚实的基础；同时，国际社会对生态环境危机的共同应对，中国经济社会可持续发展的战略与行动，也必将为伙伴关系在中国的实践提供更为有利的环境。在后续行动中，我们将从以下四个层面进一步深化中国-GEF伙伴关系的发展：

一是积极应对国际生态环境保护的新挑战，把伙伴关系的实施与减缓气候变化、保护生物多样性、消除贫困等国际热点问题结合起来，进一步发挥土地退化防治行动在全球生态环境保护中的积极作用。

二是进一步促进中国-GEF伙伴关系发展同国家发展优先内容的结合，与建设生态文明社会、建设社会主义新农村等国家发展目标结合起来，为区域土地退化防治方案的编制、完善和实施提供有效服务，巩固和发展伙伴关系下的协同合作机制。

三是不断总结实践经验，丰富和发展综合生态系统管理理论和方法，进一步改善政策、法律环境，促进项目省（区）土地退化防治战略和行动计划纳入到区域中长期发展规划之中，并努力贯彻到各级政府的决策之中。

四是继续开展IEM示范点建设，采取有效途径积极推广22个示范点应用IEM的成功经验和模式，继续推进和扩大投资示范项目，持续提高防治土地退化的能力和水平。

女士们，先生们：

应对全球环境变化，防治土地退化，是我们的共同挑战，共同责任，共同使命。让我们携手合作，进一步强化中国-GEF伙伴关系，应用和发展IEM理念，建设生态文明，促进和谐发展，为全球防治土地退化事业做出更大贡献！

最后，预祝各位来宾、各位代表在北京生活愉快、身体健康。

谢谢大家！

第二篇

全球环境基金土地退化防治伙伴关系

8 综合生态系统管理在中国西部土地退化防治中应用的成功范例

9 中亚各国土地管理倡议（CACILM）

10 土地和水资源可持续管理：非洲国家面对土地退化压力推动农业发展

11 可持续土地管理伙伴关系行动在加勒比海小岛国土地退化防治中的作用

12 中国生物多样性合作伙伴关系框架

2

8 综合生态系统管理在中国西部土地退化防治中应用的成功范例

胡章翠

国家林业局科学技术司副司长

中国-GEF土地退化防治项目执行办公室主任

女士们、先生们：

土地退化作为危及全人类生存与发展的重大环境问题，越来越受到国际社会的广泛关注。如何从根本上消除土地退化的诱因，提高治理的效果和效率，仍是一个需要不断探索的问题。“中国-GEF干旱生态系统土地退化防治伙伴关系”(以下简称伙伴关系)在这方面进行了有益的尝试。该项目将综合生态系统管理（以下简称IEM）的理念和方法应用于土地退化防治中，取得了良好的成效。

一、伙伴关系的基本概况

“中国-GEF干旱生态系统土地退化防治伙伴关系”是GEF在全球实施的第一个防治土地退化的伙伴关系，也是中国政府与GEF在生态领域第一次以长期规划的形式将IEM引入中国西部退化土地治理事业的项目。项目的主要目标就是创立一种跨部门、跨行业、跨区域的可持续的自然资源综合管理框架，从生态系统的整体上综合考虑各个因素间的相互联系，制订土地退化防治规划，把来自中央政府、地方政府以及国际组织的资金整合起来，实现资源和资金的优化配置，创新管理体制，完善运行机制，探索从根本上解决土地退化问题的新途径。

为有效实现伙伴关系的总体目标，中国政府和GEF之间建立了为期10年的国家规划框架（CPF）。该规划框架包括以下4个组成部分：①改善法律、政策等支持干旱生态系统可持续土地利用的基础条件；②改进运行机制和方法，增强机构的综合生态系统管理能力；③建立土地退化的监测和评估系统；④实施示范项目，试验和示范土地综合管理方法。

目前伙伴关系框架下正在实施的项目，包括：①土地退化防治能力建设项目；②新疆-甘肃草原发展项目；③宁夏-贺兰山综合生态系统管理项目；④干旱区生态系统的保护和恢复项目。其中，“土地退化防治能力建设项目”是伙伴关系第一阶段的核心项目，下面，重点就能力建设项目取得的成效做一简要介绍。

二、土地退化防治能力建设项目的实施成效

“土地退化防治能力建设项目”是伙伴关系下执行的第一个项目，主要目的是采用综合生态系统管理的方法，加强基础条件和机构能力建设，为有效遏制土地退化，减少贫困，恢复西部地区干旱生态系统奠定基础。项目在国家层面和内蒙古、陕西、甘肃、青海、宁夏、新疆等土地退化最为严重的西部6个省（自治区）开展了一系列卓有成效的工作。经过4年多的实施，在各方面的共同努力下，项目取得了显著成效。

1. 项目首创的组织管理体系，为政府各部门之间协调机制的建立提供了典范

在中央层面成立了由财政部、全国人大法制工作委员会、国家发展和改革委员会、科技部、国土资源部、水利部、农业部、国家环境保护总局、国家林业局、国务院法制办和中国科学院等11个部门和单位组成的项目指导委员会、项目协调办公室（设在财政部）和项目

执行办公室（设在国家林业局）。与此相应，在六个项目省(区)也分别成立了由多个部门和单位参与的领导小组、协调办和执行办，领导小组的组长均由主管农业的副省长（副主席）担任。如此高层次、多部门的项目组织机构，在国内和国际上都是前所未有的。既体现了中国政府对伙伴关系的重视，也体现了综合生态系统管理的理念；既符合中国国情，也创新了GEF的项目管理模式。通过定期和不定期召开项目指导委员会、协调办、执行办和项目成员单位会议，很好地解决了项目实施过程中的有关问题，有力地促进了部门间的沟通和协调。

目前，这种机制不仅在项目实施过程中发挥了积极的作用，而且在各项目省(区)已经形成了一种比较普遍的长效性工作机制。例如，新修订的《新疆维吾尔自治区实施〈中华人民共和国防沙治沙法〉办法》中规定，县级以上人民政府组织、领导、协调本行政区域内的防沙治沙工作，具体工作由林业行政主管部门负责；林业、农业、畜牧、水利、财政、发展和改革、国土资源、环境保护等行政主管部门和气象主管机构，在各自的职责范围内，负责防沙治沙的相关工作。《陕西省湿地保护条例》规定，林业行政部门主管全省湿地保护工作，水利、农业、国土资源、环境保护、发展和改革、建设等有关部门，按照各自职责做好湿地保护工作。这两个案例中，都强调了相关部门之间的相互协调和配合。

2. 将IEM理念引入土地退化防治立法过程，有效地提高了各项法律、法规、政策之间的协调性

在省（区）政策法规框架的制定中引入IEM的理念和原则，是能力建设项目的重要内容之一。在借鉴国际经验的基础上，结合中国立法实际情况提出了19项能够反映综合IEM理念的法律评价指标，选取了国土资源、防沙治沙、水土保持、草原资源、森林资源、水资源、农业、野生动植物保护和环境保护等9个领域的法规政策作为评价对象，按照相应程序和方法，开展了省（区）法规政策能力评价。通过评价，明确了现行政策法规中存在的问题，特别是与IEM理念不相适应的问题，提出了相应的修改和完善建议。到目前为止，六省（区）已制定或修订了33部有关土地退化防治的地方性法规、政府规章等。甘肃省已将IEM理念在立法中应用的经验与方法写入了由省人大编辑出版的系列丛书《甘肃立法》中。

关注生态系统的结构、功能和相互作用，是IEM的基本要求。在六省（区)涉及土地退化防治的地方性法规、单行条例和地方政府规章中，植物、动物、微生物与整个生态系统之间的内在关联性受到了充分的重视。例如，《青海省实施〈中华人民共和国草原法〉办法》就从草原生态系统以及赋存其中的动物、植物等不同层面做出了义务性和禁止性规定。这就充分体现出对生态系统整体性和各生态要素之间内在关联性的充分关注，从而为落实生态优先理念奠定了法律制度基础。

3. 土地退化综合防治战略和行动计划，已成为各省（区）土地退化综合防治的指南和行动纲领

编制省（区）土地退化综合防治战略规划和行动计划，是实现IEM理念的重要手段。根据项目设计，各省（区）分别成立了由农业、林业、水利、国土等多个部门和专业领域的专家组成的战略规划及行动计划工作组。省（区）土地退化综合防治战略规划和行动计划的编制以防治土地退化的成本效益评估结果为依据，全面引入了IEM的理念和方法，把人类活动作为综合生态系统管理中的一项重要内容，坚持自下而上的以利益相关者为基础的方法，将经济和社会因素整合到生态系统管理的目标中，同时确定了所需政策、投资和其他一系列活动的优先领域和行动。

省（区）土地退化综合防治战略规划和行动计划的编制，改变了过去各种项目相互独立、相互分割、相互重叠的现状。各省（区）政府对此给予了高度的重视，并积极协调林业、农业、水利、交通等多部门参与，将土地退化防治项目与林业、水利、交通、扶贫、教育等多项政府投资建设工程相结合，充分体现了土地退化防治的综合性。目前，各省（区）土地退化综合防治战略规划和行动计划的很多内容，已经被纳入了省（区）十一五规划，成

为当地国民经济与社会发展的重要目标和任务。青海湖综合治理计划就是一个很好的例证。

4. 省（区）IEM信息中心的建立，实现了土地退化基础数据与信息的共享

建立“国家土地退化数据共享协调机制”是伙伴关系和综合生态系统管理的一项重要内容。通过建立全面、协调的土地退化监测与评价体系，改变了部门分割、信息不一致的现状，为防治土地退化提供科学的决策依据。为了提高省（区）在土地退化监测与评价、综合分析与决策支持方面的能力，加强对土地退化数据的综合管理，项目支持每个省（区）建立一个IEM信息中心，从技术层面推动运用综合生态系统管理的方法解决土地退化问题。

项目支持各省（区）建设了省（区）土地退化数据的元数据库，签订了的土地退化数据共享协议。这种跨行业、跨部门的土地退化数据共享机制在国内尚属首创，大大提高了现有数据资源的使用效率，很好地满足了各方面对土地退化数据和信息的需求。例如，宁夏IEM信息中心通过地理信息系统和文献情报信息系统的建立，使全区各相关部门在土地退化防治方面形成的资料实现了共享。在元数据库建设中，各协议厅局按中心的统一要求整理数据，并将在自治区政府网站上发布，为国家和省（区）级决策部门提供了生态系统变化、土地退化态势数据、信息和决策支持。

5. IEM示范点建设，提高了基层社区防治土地退化的综合能力

开展综合生态系统管理试点示范，是能力建设项目的重要内容之一。综合考虑生态系统类型、土地退化类型、土地利用状况、经济社会发展水平和民族差异等多种因素，项目在六个省（区）选择了22个示范点，全面开展了以综合生态系统管理理念为指导的土地退化防治的实践。一是开展了社区参与式规划的编制，引导社区制定和执行自己的可持续生计和土地退化防治规划；二是创办了农民田间学校，用理论与实践相结合、现代科学技术与乡土知识相结合的方法，提高了农牧民运用综合生态系统管理的能力；三是开展了参与式土地退化监测与评价试点，通过吸收社区农牧民参与各项监测评价活动，既提高了他们的认识，也调动了他们的积极性；四是开展了最佳田间实践活动，通过保护性耕作、节水灌溉、草地保护与植被封育、经济林栽培、农田防护林、荒山造林、机械固沙、植物固沙、清洁能源利用、改善农业生产与生活基础设施、盐碱地治理、设施栽培等丰富多样的技术示范，着力从生产方式和生活方式两个方面消除土地退化的各种诱因，同时为农牧民增收致富提供新的途径。

通过示范点建设，大大提高了社区防治土地退化的能力，也为其他地区积累了经验，提供了示范。从以下几个典型案例中，不难看出能力建设项目给农村社区带来的实惠：①内蒙古乌海市乌达区项目示范点大力发展设施农业，利用日光温室生产绿色有机蔬菜，引进新品种，推广新技术，人均蔬菜生产收入达到了4500多元/年。②内蒙古奈曼示范点开发了沼气、暖舍、人厕三位一体的家庭新能源利用模式，使种植业和养殖业的能源合理流动，达到了增产、增效、环境友好的目的。③甘肃崆峒示范点将小流域治理与循环经济相结合，大力推广农业节水技术、黄土高原果蔬栽培技术、退耕还草技术和秸秆养畜过腹还田技术，改变了黄土高原地区单一的种植结构，减轻了对土地的过度利用，增加了土壤肥力，有效缓减了水土流失。④甘肃景泰项目示范点在盐碱弃耕地中发展枸杞600多亩，亩产干果50千克以上，有效地控制了土地次生盐碱化，取得了显著的经济效益。

6. 通过能力建设项目的实施，培养了一批具备IEM知识的土地退化防治人才队伍

通过能力建设项目的实施，培养了一批具备综合生态系统管理知识的土地退化防治人才队伍，几乎覆盖了从事自然资源管理的所有政府机构、科研和教学单位、农村社区，这些人员是今后中国干旱地区土地退化防治的主要力量。据初步统计，已有千余名各级政府官员和不同领域的国内专家直接参与了项目活动。大量使用当地专家，使他们在项目实施过程中，结合实际，对综合生态系统管理理念进行本土化理解，是项目的一个显著特点，也是最为成

功的做法。通过示范和培训，许多示范点的农牧民也接受了IEM的理念。此外，项目专家还首次将IEM引入了有关大学的环境法、自然资源法等相关课程的教学中，如武汉大学、中国人民大学、清华大学、西北政法大学和兰州大学等都进行了这方面的尝试。综合生态系统管理理念的广泛传播，对指导未来的土地退化防治具有重要意义，这一影响是非常深远的。

7. 伙伴关系的建立，加强了各国际伙伴的协同合作，提高了项目成本有效性

伙伴关系的建立，为各国际合作伙伴之间、中国各级政府部门与各国际合作伙伴之间加强沟通，实现土地退化防治信息共享搭建了平台，疏通了渠道，促进了协同合作和角色分工，更有效地发挥各自的优势和作用，因而使不同资金支持的土地退化防治项目得到了良好的协调，项目资金使用的成本有效性得到了明显提高。

项目实施以来，ADB和中央项目执行办已经召开了多次捐资机构协调会议，与其他国际捐资机构（如WB、FAO、UNEP、UNDP、Kfw、IFAD、UNIDO、EU、AUS-AID、CIDA、CI、TNC、WWF、JICA等）开展了广泛的合作与交流，充分显现出伙伴关系国家规划框架所具有的协调作用，受到各国际合作伙伴的欢迎和支持。通过这些活动，不仅扩大了伙伴关系的影响，学到了丰富的项目执行经验，同时在资金整合方面也取得了良好的效果。在伙伴关系的带动下，已经有更多的资金投入到了西部土地退化防治中。

三、实施伙伴关系的几点经验

在伙伴关系的实施过程中，我们认为有以下几点经验可与大家共享：

（1）建立从中央到地方的多层次、跨部门的协调机制，有利于实现政策的协调、资金的整合、信息的共享，提高资源的利用效率，调动各方面的积极性，对于土地退化防治事业的推进具有极其重要的意义。

（2）综合生态系统管理是防治土地退化的有效方法，只有将其运用到法律、政策、规划、技术等各个方面，才能产生最佳的实践效果。

（3）培养一批能够掌握和运用综合生态系统理念和方法的人才队伍，特别是当地的管理人员、技术人才以及生产实践者，是确保IEM理念与实际结合，使政策、技术、资金在土地退化防治中发挥更有效作用的关键。

（4）土地退化防治是一个长期过程，必须立足长远，编制土地退化综合防治战略规划和行动计划，并将其纳入当地经济社会发展规划，才能在区域可持续发展框架下，实现土地退化防治的目标。

（5）土地退化防治必须与农牧民的生产、生活需求相结合，无论是规划的制定、政策的出台，还是治理工程的实施，必须吸引当地农牧民的参与，只有调动起他们的积极性，才能保证防治工程、计划的可持续性。

四、伙伴关系下一步的设想

伙伴关系第一阶段所取得的成效为伙伴关系在中国的继续实施奠定了坚实基础。同时，中国面向未来的国家发展战略，以及国际社会共同应对全球变化的挑战，也为深化和拓展伙伴关系在中国的实践提供了极为有利的发展机遇和环境。

伙伴关系第二阶段的总体目标是：按照中国政府提出的落实科学发展观的战略部署，以及促进和谐发展与生态文明建设的总体要求，结合国家“十一五”和中长期发展规划、新农村建设以及中国西部地区实施的重大生态建设工程，进一步完善和扩大综合生态系统管理的试验示范，促进中国西部干旱地区农牧民脱贫致富，促进生物多样性保护，增加碳吸收能力，减缓气候变化，获得更大的全球效益。

伙伴关系第二阶段的基本思路是：

（1）进一步完善政策和法制环境，提高决策者对IEM的运用能力，着重促进将IEM纳入到各级政府制定的区域经济社会发展规划之中，并付诸实施。

（2）进一步整合人力、财力和技术资源，开发区域性和综合性的跨部门、跨领域的防治土地退化的IEM集成体系，并将保护生物多样

性、增加碳吸收和防治土地退化有效地结合起来，同时取得多目标的综合生态环境效益。

（3）进一步提高监测和评估土地退化防治对生态和社会经济影响的能力，完善数据信息共享机制，以此来预见和缓解土地退化的影响。

（4）继续推进和扩大示范点建设，增强基层社区和农牧民参与IEM的实践能力，推广土地退化防治的技术和模式，提高社区可持续发展能力和农牧民的经济收入。

（5）应对全球环境问题，运用综合生态系统管理的理念，开发和推动后续投资示范项目的设计和实施。

（6）在国内外广泛宣传和推广运用伙伴关系取得的经验，为世界其他国家和地区应用IEM开展土地退化防治提供可资借鉴的知识、信息、模式和管理经验。

伙伴关系实施期已经过半，伙伴关系所倡导的综合生态系统管理理念和方法已经得到普遍接受和认可，能力建设成果显著，对中国西部土地退化防治也初现成效。但中国西部干旱地区的土地退化问题仍然十分严峻，目前取得的进展也仅是一个良好的开端。我们将通过推进伙伴关系第二阶段的实施，进一步总结经验、深入探索，为改善全球环境做出新贡献。

谢谢大家！

9 中亚各国土地管理倡议（CACILM）

Kambarali Kasymov

吉尔吉斯斯坦共和国农业、水资源和加工工业部国务秘书

摘要

本文介绍了全球及中亚地区土地退化的现状，介绍了中亚各国土地管理倡议（CACILM）成立的背景、宗旨、组织机构、项目经费、活动计划、预期环境效益，以及中国在项目框架内与中亚各国的合作关系等。

一、土地退化的全球规模

土地退化是全球环境面临的最重要挑战之一，使土地的生产力遭受灾难性下降，破坏生态系统完整性，特别是遭受干旱的国家。UNEP评估显示干旱地区 73% 的牧场目前发生退化。由于盐渍化，地球上每分钟丢失3公顷可耕地，相当于每年丢失160万公顷可耕地(FAO)。

二、土地退化的基本类型

土地退化的基本类型包括：水土流失、盐渍化和渍水；牧场肥力下降；可耕地生产力下降；森林面积和森林生产量减少；采矿产生的内部和外部影响；滑坡和水灾风险增加；生态系统稳定性降低。

三、中亚面临的生态问题

中亚的生态问题包括：水供应量下降；农药和城市垃圾导致的水污染；灰尘和降水的矿化作用、冰川融化；水土流失、盐碱化、水渍土壤、荒漠化；生物多样性、咸海渔业产业崩溃；乡土植物丢失、能适应气候变化的基因型的丢失。

区域现状：农业产量下降 20%～30%。

哈萨克斯坦60% 表土遭受退化的影响；吉尔吉斯斯坦40% 可耕地已退化；塔吉克斯坦占总面积 85%的山区已经遭受灾难性毁林；土库曼斯坦70%的土地已变成沙漠；乌兹别克斯坦50%的灌溉土地遭受盐渍化影响。

四、中亚各国土地管理倡议 (CACILM)

CACILM是第1个旨在防治土地退化和提高农村人口生活水平的多国项目；始于2004年的一个战略伙伴关系协议；是一个单一伙伴关系，以在多国层面实现UNCCD的目标；宗旨是解决中亚各国土地可持续经营国家计划框架中确定的问题。

CACILM的目标是恢复、维持和增强中亚土地的生产功能，促进经济和社会福利的改善，或者更简单的说：防治土地退化，改善生计。

包括5 个中亚国家：哈萨克斯坦、吉尔吉斯斯坦、塔吉克斯坦、土库曼斯坦和乌兹别克斯坦；包括战略伙伴关系协议的12个国际开发伙伴：ADB、CIDA、GTZ CCD、GEF、GM、ICARDA、IFAD、SDC、UNDP、UNEP、WB、FAO。

CACILM项目启动于2006年11月；制定了中亚国家的国家层面上和多国层面上的10年项目活动计划；项目总资金近14亿美元，期限为2006～2016年。

CACILM 国家规划框架：加强项目区有利环境的能力建设；土地利用综合规划与管理的能力建设；雨养土地的可持续农业；灌溉土地的可持续农业；森林可持续经营；牧场可持续经营；综合资源管理；保护地管理和生物多样性保护；咸海生态系统的重建。

CACILM 的组织结构

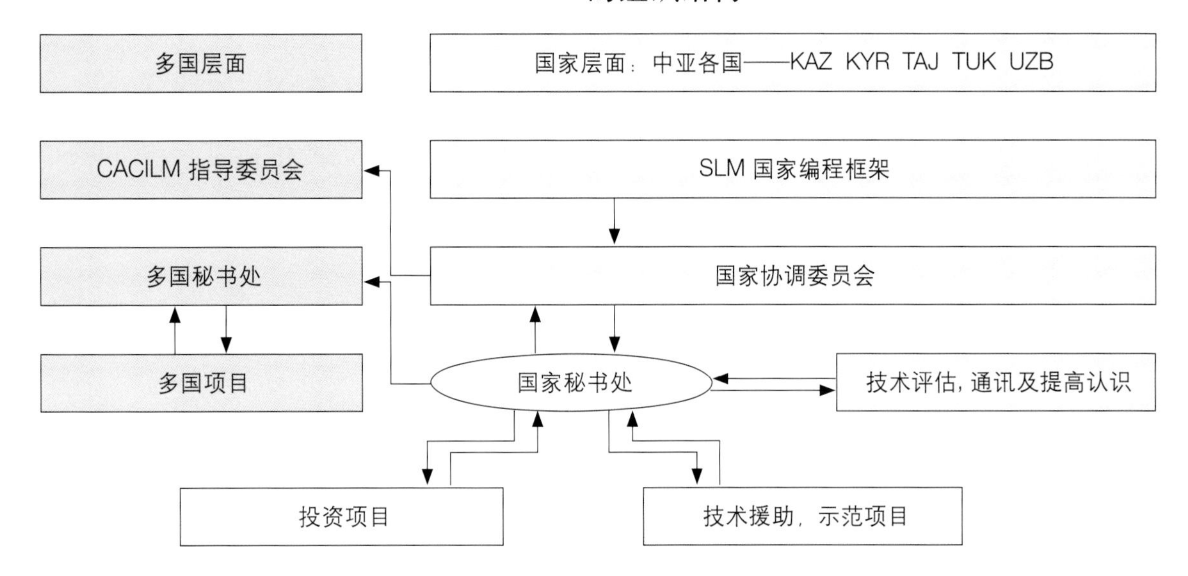

CACILM 多国行动：哈萨克斯坦、吉尔吉斯斯坦、塔吉克斯坦、土库曼斯坦、乌兹别克斯坦。

SLM 研究：(ICARDA + 国家研究院、所)；SLM 信息系统：(FAO/ADB + NSIUs)；SLM 知识管理：(ADB + NSECs)；SLM 能力建设：(UNDP + SLM 利益相关者)。

CACILM 国内行动：GEF 资助的 SLM 项目（UNDP）。哈萨克斯坦：牧场生态系统管理；吉尔吉斯斯坦：Suusamyr河谷山区牧场可持续经营示范；塔吉克斯坦：塔吉克斯坦西南地区农村发展以及土地退化防治与改善土地可持续经营的地方效果示范；土库曼斯坦：能力建设与土地综合经营及可持续经营的实地投资；乌兹别克斯坦：实现裸露咸海海床土地和Kyzylkum沙漠生态系统稳定与土地改良。

CACILM 国内行动：ADB的 SLM 投资项目（GEF 共同出资）。吉尔吉斯斯坦：南部农区发展项目 (Osh, Jalalabad, Batken)；塔吉克斯坦：农村发展项目；乌兹别克斯坦：土地改良 (Bukhara, Navoi, Kashkadarya) 。

中亚国家从CACILM 项目10年期间获得的效益：土地资产维护与改良方面的投资效率更高；采用综合方法进行土地利用规划和管理，正确采用了可持续实践；土地和牧场的生产力和盈利能力提高，水渍地和盐碱地减少，森林覆盖增加；土地可持续经营活动得到持续的资金支持。

CACILM项目的全球环境效益：沙尘暴所致重要土壤的丢失明显减少；土壤中以及通过径流进入河流的农药减少；水资源供应量增加；土壤或森林吸收的碳贮存量损失下降，因而减少温室气体排放；生物多样性损失下降。

CACILM框架内中国与中亚国家的合作：中国和中亚国家在 UNCCD框架内合作 ；中国和中亚国家之间的合作协议；通过CACILM 与中国开展合作的前景广阔。

10 土地和水资源可持续管理：非洲国家面对土地退化压力推动农业发展

Elijah Phiri[1]　Bwalya Martin[2]

摘要

21世纪伊始，各国政府和国际社会面临的一个重大挑战是如何做到在减轻贫困的同时又不破坏生态环境，以实现经济可持续增长。这是一项具有全球意义的工作，但是将会给非洲尤其是撒哈拉以南地区的农业部门带来一些特殊问题，因为当地社会生产与自然资源的基本状况存在着直接联系，群众收入和就业对农业具有高度的依赖性。对非洲耕地的评估结果表明，非洲国家的广大地区容易发生土地退化，资源环境脆弱，易退化。土地资源对非洲大陆大部分地区的社会、文化、精神、政治以及经济生活起着决定性作用。

非洲能否保护和管理好自己的土地资源是其保持可持续发展的关键。土地退化和农业生产的主导趋势是减少农业用水以作它用、土壤和水资源质量下降以及耕地的减少。在非洲农业发展综合方案(CAADP) 的指导下，经非洲联盟 (AU) /非洲发展新伙伴关系计划 (NEPAD) 倡议，当前正在针对整个非洲大陆制订框架，以帮助各国政府更好地经营自己的土地资源和水资源，使他们特别关注那些与土壤肥力、农业用水、土地政策/管理等相关的问题。可以预见，通过各个政府的政治承诺和共同追求，非洲能够在解决土地退化问题的同时，实现以农业为主导的经济发展目标。

关键词

扶贫，政策举施，粮食安全

一、背景

非洲联盟指出，非洲农业由于无法为其人民提供充足的粮食，已成为发展经济、改善福利的障碍。过去，许多非洲国家和国际发展援助机构的关于发展非洲经济的中心思想是通过非农业投资来提高购买力。现在，越来越多的非洲国家领导人意识到农业才是经济增长、减轻贫困的重要推动力，对于购买力最弱、粮食安全问题最严重的农村人口来说更是如此。土地、土壤资源、水资源和生物资源是粮食生产的根基，因此如何管理好这些自然资源是提高粮食生产的关键要素。但是，非洲大陆并不是得天独厚地拥有所有这些资源。特别是土壤资源，由于常常受到严重风化，因而缺乏植物生长需要的养分。其水资源，不论是以降水或河流、湖泊、地下水的形式存在，空间分布都很不均衡，且较大程度上依赖气候条件。非洲确实有丰富的生物资源，不但有着丰富的乡土基因资源，还能种植和畜养全球所有的作物种类和家畜。但是，管理好土地和水资源仍然是提高产量的先决条件。

在撒哈拉以南的非洲国家，各种农业生产和非农业活动是农村生计的基本途径，也是农村经济发展的推动力。农业对GDP的贡献率达30%～40%，它为80%的人口提供就业机会。

[1] 赞比亚大学农学院土壤科学系主任（赞比亚卢萨卡）

[2] 非洲发展新伙伴计划(NEPAD)秘书处官员（南非比勒陀利亚）

在撒哈拉以南的非洲地区，大部分经济实体依托农业，2/3非洲人的生活依赖农业，大部分农民仅拥有0.5～2公顷的田地，每天收入不足1美元，每年有3～5月的时间挨饿。非洲家庭人口较多，但普遍营养不良，因此，农业直接影响非洲的经济增长、贫困减少和社会福利。该地区人口不断迅速增长（每年以3%的速度增长），远远超出世界上其他地区的人口增长速度，农用地的承载力越来越弱，接近农用地面积的限制。

在非洲，基岩主要是花岗岩和片麻岩，是世界上最古老的岩石之一， 这一地质原因从本质上决定了非洲的土壤肥力较差。由于土地表层已经历经了植被和气候的各种变迁，因而土壤母质与土壤的形成因素之间的关系变得非常复杂。非洲中部高原地区接近1/3的地区形成于6亿多年前，其余地区属于沙漠和形成于更新世期的冲积层（距今不到两百万年）。近年来，东部和南部非洲火山有火山活动，主要在埃塞俄比亚和维多利亚湖之间。因此，非洲土壤的特点是粘土含量少，虽然种地不费力，但也容易发生土壤流失。非洲地质构造古老且遭受到各种恶劣气候；此外，在很多地方，有人类活动的时间比其他大陆久远。人类用火烧丛林等办法获得猎物、采集食物，这是土地退化的最初的原因。人类为了获取食物、衣物、燃料和栖身地展开各种活动，极大地蚀变了土壤。土地退化主要是人为造成的，因此，在人口压力攀升的地方，其退化的速度也加快。这一原因加上各种不定期的自然灾害如干旱等，使土壤退化不断恶化。对这一片贫瘠土地的开发利用已经达到了上限。农民为了满足不断扩大的粮食需求，对土地进行密集的利用，但是在没有或只有很少的外界参与的情况下，他们不可能采用正确的管理方式。

结果是原本贫瘠的土壤中的有机物质继续减少，养分严重消耗，许多非洲国家的粮食生产因此停滞或下降。在一些地方，土壤养分耗竭严重，以至于即使采用一些极端的方法，如使用双倍化肥或农家肥或即使把土壤侵蚀量减半，也无法弥补失去的养分。但是，如果非洲各国政府在国际社会的支持下，能主动解决好引起养分损耗和土地退化的各种原因，撒哈拉以南地区的农业生产力不断下降的趋势将得到缓解，同时粮食安全有保证，农业生产在可持续经济增长中的作用也将得到加强。

二、丰富的自然资源

广袤的非洲大陆蕴含着极为丰富的自然资源，具有提高农业生产力的巨大潜力（联合国粮食与农业组织，1993）。非洲的土地总面积为3070万平方千米，人口超过7.46亿，人口增长速度为3.3%。所以，虽然有非常丰富的自然资源，但是由于人口增长过快，近几十年来农业发展逐渐落后，人均粮食产量不断下降（图10-1）（WRI，1994）。此外，旱灾发生频繁也是非洲许多地区耕地和牧地退化的一个主要原因。这两个方面通常是相互联系的。干旱加剧了土壤退化问题，而土壤退化使干旱更加严重（Ben Mohamed, 1998）。对于很多人来说，饥饿仍然是一大威胁。特别是在撒哈拉以南地区，大约有2亿人长期挨饿，3千万人随时都需要紧急粮食和农业援助。撒哈拉以南的非洲（南非除外）是最欠发达地区，34个国家中有29个属于世界上最贫困的国家（联合国粮食与农业组织，1993）。

虽然非洲土壤从根本上讲是脆弱的，而且非洲的气候变化多端，地表水和地下水资源分布不均衡，很多地方不能获得足够的水源。但是非洲有充足的未开发的水土资源，能满足提高农业生产的需要。

联合国粮食与农业组织估计，目前非洲水土开发总面积为1260万公顷，只相当于可耕地总面积的一小部分。如果公共和私有部门加大投资，用于开发和改善这些水土资源，到2015年，非洲将有望提高农业生产水平，实现其减少贫困、粮食生产和经济复苏的目标。提高农田土壤肥力及其水分涵养能力、迅速扩大灌溉面积，不仅可为农民提供机会，使其能持续地提高产量，也能提高农户收入，保证粮食安全。

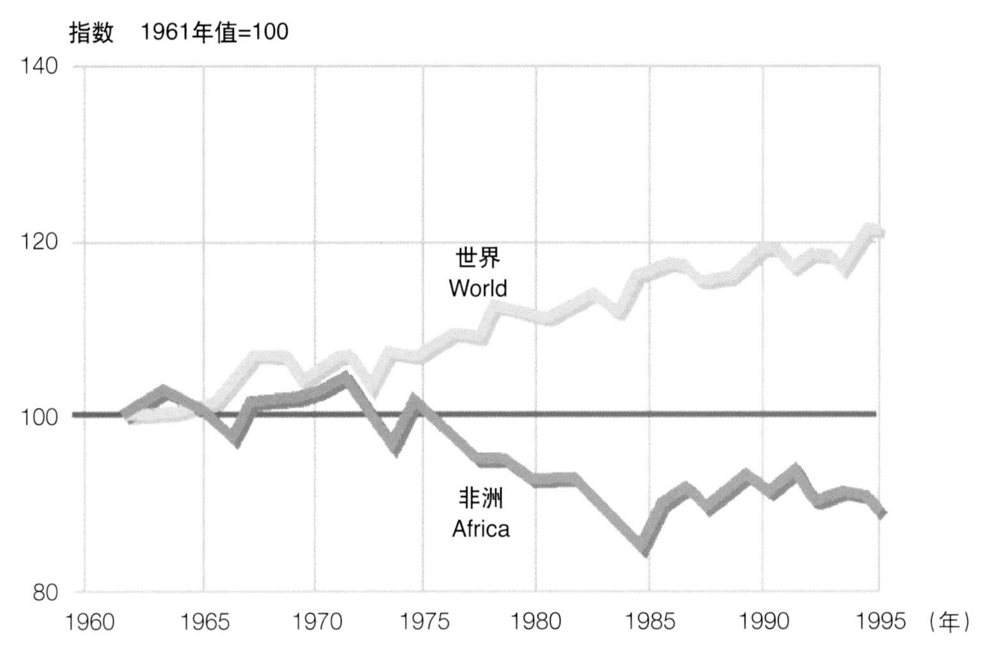

来源：世界资源研究院，UNEP, UNDP和WB，1998

图10-1 人均粮食产量

三、土地退化

土地退化是非洲需要应对的一个重大挑战，它是贯穿于贫困、健康、环境和经济发展之中的一个问题。在非洲，有2/3生产性土地已经退化，而且几乎所有的土地都容易退化。由于非洲农业生产是一个低投入低产出的体系（Badiane 和Delgado，1995），因此土地退化情况较普遍。研究也显示土地生产力正逐渐下降，其原因是没有根据土地质量去利用土地(Beinroth *et al*., 1994)。统计数据显示，全球各地土地退化的程度和速度差异巨大。然而，相比之下，非洲已退化的土地面积相当大（表10-1）。非洲半干旱和弱干旱地区的土地特别容易退化，因为这些地区的土质脆弱，而人口密度大，农业开发通常是低投入的。大约55%的非洲土地面积并不适合农业生产，只有11%的土地有优质的土壤，如果通过有效管理，可以为双倍于目前的人口提供充足的粮食

表10-1 全球干旱土地退化面积 （单位：百万平方千米）

大陆	总面积	退化的土地面积 *	所占比率（%）
非洲	14.326	10.458	73
亚洲	18.814	13.417	71
澳洲及太平洋	7.012	3.759	54
欧洲	1.456	0.943	65
北美	5.782	4.286	74
南美	4.207	3.058	73
合计	51.597	35.922	70

来源：Dregne and Chou, (1994)。*包括土地和植被。

(Eswaran *et al*., 1997)。其余大部分可利用的土地只具有中低等开发潜力，或多或少制约了农业生产。在低投入的土地利用体系中，土地有很高的退化风险。到1990年，受土地退化影响的土地面积达5亿公顷，占非洲土地面积的17%(UNEP, 1997)。容易受影响的干旱地区（包括干旱、半干旱、亚湿润干旱区）占非洲土地面积43%，是受影响最严重的地区，受影响的人口达4850万 (Reich *et al*., 2001)。据估计，在1990年，大约65%的农用地、31%的永久草场和19%的森林和林地均出现不同形式的土地退化(Oldeman, 1994)。目前的局势毫无疑问更加糟糕。在非洲，高达86%的土壤本身受土壤水分胁迫的制约，其生产能力也因此受到限制(Eswaran *et al*., 1997)。此外，人为造成的土壤肥力退化，也进一步抑制了生产力。

四、非洲撒哈拉以南地区土地退化状况

据国际科学委员会（2004）估计，非洲撒哈拉以南地区土地退化的原因依次为土壤侵蚀（占46%），风蚀（占36%），养分流失（占9%），自然衰退（占4%）和盐渍化（占3%）。农村地区土地退化的首要原因依次为过牧（占49%），农耕活动（占24%），森林砍伐（占14%）以及过度开发利用植被。土地退化使原本缺乏肥力的非洲土壤进一步恶化。仅仅16%的土地有优质土壤，而13%的土地含有中等水平的土壤，中高等水平的土壤只有大约900万平方千米，却要养活着占非洲人口的45%的4亿人口（Bationo *et al*., 2006）。实际上，非洲有2/3的生产性土地已经退化，并且几乎所有的土地都容易退化(Bationo *et al*., 2006). 土地退化和土地管理不善一直以来是撒哈拉以南地区面临的主要挑战，而与此同时非洲对更高生产力的土地一直都有需求。这几个因素相互交织，使局势进一步恶化。土地需求不断增加、土地持续退化以及对水的竞争加剧，意味着，到2025年时，非洲2/3的农田将丧失有效生产力(MEA, 2005)。目前，75%的非洲贫困人口仍然居住在农村地区，其中最贫困人口通常只能耕种生产力最差、最贫瘠的土地。如果不采取有效行动，土地将进一步恶化，农村生计和生态系统将进一步受影响。

要恢复与保持土壤的生产力和生态系统服务功能，必须先解决关于土地退化的瓶颈问题，要做的工作包括：①诊断问题，进行影响评估；②实施土地综合管理；③土壤生态系统服务的管理；④制定并实施土地综合管理的流程与政策。

五、非洲农业综合发展计划

非洲发展新伙伴关系是非盟制定的支持农业的一个机制。该机制明确指出，在将国家预算的10%分配给农业的情况下，农业生产如果

框图10-1 非洲撒哈拉以南地区土地退化的主要原因

导致土地退化的最重要自然因素：

- 水侵蚀——陡坡，暴雨，土壤易被侵蚀；
- 风蚀——强风，属于半干旱/干旱气候地区，植被稀少；
- 土壤肥力下降——土壤养分严重流失，土壤有机物迅速分解和矿化，高度风化的酸性土壤中的土壤有机物和养分含量少；
- 土壤物理性状退化——土壤结构减弱，有机物含量少；
- 盐渍化——半干旱/干旱气候，蒸发率高，下渗强度低；
- 植被退化——降雨量少且不稳定，植被破坏后自行恢复能力弱；
- 气候变化——水质和水量下降，降水量因季节不同（雨季、旱季）或自然的气候循环而不同(El Niño/La Niña)。

土地退化的直接（人为）原因或土地面临的压力，包括：

- 对耕种一年生杂粮作物、灌溉作物或多年生植物的土地的管理不当（休耕的时间短，土壤裸露等）；
- 天然林、植树造林/小片林地管理不到位；

（续）

- 植被砍伐以及/或者因森林砍伐、地方品种过度开发，天然植被退化；
- 天然草场和人工草场过牧；
- 地表水和地下水资源管理不当和开发过度；
- 城区建设和工业开发缺少规划、管理不善（结果是良田、草场和森林面积减少，还在当地和周边地区形成污染）；
- 森林火灾；
- 人口增长。

撒哈拉以南地区退化的主要原因或驱动力是：

- 贫困/经济落后（贫困人口无法为了长期可持续发展而放弃能立即产生短期效益的生产和资源开发）
- 对土地退化后果认识不足，其原因是虽然土地一直不断地退化，但是其症状并没有立即显现；
- 人口增长使人均拥有土地面积减少，人们为满足需要必须不断耕种土地，因此抛弃了传统的休耕方法，这就增加了土地退化的风险；
- 高成本投入、低产品价格、市场失灵等不利于土地管理的改善；
- 营养不良和疾病是相连的，没解决温饱的农户通常更容易患上各种疾病，如疟疾、艾滋病、肺结核等，而疾病反过来降低了他们自给或外出务工维持生计的能力；
- 农户对农田、草场、森林资源等的使用权不能得到保证，由于他们没有把握自己是否能获取收益，因此不愿意对这些生产资料投资，以提高其生产力；
- 发展政策不当，只追求短期利益而忽视长期持续发展；
- 顾问支持服务不力或者根本没有顾问支持服务，土地使用者无法获得与其他土地利用方式和土地管理实践有关的农业投入和信息。

框图10-2 土地退化现状及后果

土地退化现状

- 撒哈拉以南地区67%的土地面积受土地退化影响，其中25%为严重退化，大约4%～7%不可开垦；
- 非洲每年出口17亿吨的泥沙，导致土地丧失其生产力，并使水资源受到污染；
- 据估计，自第二次世界大战以来，因土地退化农田丧失了25%的生产力，农田和草场共丧失了8%～14%的生产力；
- 撒哈拉以南地区农田的养分不平衡。在收获作物时，至少带走400万吨的养分，而以农家肥或化肥的形式返回到农田的只有100万吨。土壤肥力退化是影响撒哈拉以南地区粮食安全的惟一重要因素。
- 非洲大约86%的土壤缺乏水分。

后果

- 土壤及其养分流失每年给非洲农业GDP造成的直接损失超过3%，相当于90亿美元；
- 到2015年，撒哈拉以南地区的贫困人口将占世界贫困人口的一半；
- 世界粮食规划署已经在非洲投入了125亿美元(该机构成立以来总投资的45%)，其中50%的投入在2001年到位；
- 仅在2000年，非洲就花了187亿美元进口粮食；
- 2000年，非洲获得280万吨的粮食救助，超过世界粮食救助总计的1/4；
- 2001年，非洲有2800万人因旱灾、洪灾和战争面临粮食危机，其中2500万人需要紧急粮食救助和农业援助；
- 撒哈拉以南地区的饥饿、营养不良和水资源退化降低了抵御威胁生命的各种疾病的能力；
- 到2030年，次撒哈拉地去15%的人口即1830万人仍然营养不良，远远超出任何其他地区的总合，仅比1997～1999年少1100万人；
- 土地退化迫使人们要么独自地，要么是整个农户或者整个社区迁移；
- 定居的农民、牧民和森林居民为争得土地资源而冲突，这种冲突在农户和社区寻找农牧业生产土地时发生。

框图10-3 非洲撒哈拉以南地区土地退化的主要类型 非洲

土壤退化—土壤资源因其生物、化学、物理、水文性状逆向变化生产能力下降，进而增加了易受土地侵蚀地区的脆弱性，这些地区在水蚀和风蚀的共同作用下，土壤流失速度加快；

植被退化—草地、林地和森林中的草类、草药和林木物种数量减少、质量下降，以及由这些植物构成的地表植被覆盖面积的减少。

生物多样性退化—野生动物栖息地丧失，基因资源、物种和生态系统多样性减少。

水资源退化—地表水和地下水资源减少，水质下降，河流下游发生洪灾破坏的风险增加。

气候恶化—微观的和宏观的气候条件发生不利变化，增加了农作物和畜牧业无收的风险，对牧场、林地和森林中的植物生长有不利影响。

土地利用改变—由于土地用于城市建设、工业发展、采矿和基础设施建设，用于栽植农作物、发展畜牧业和森林的土地总面积或可供利用的土地面积在减少。

能实现每年增长6%的宏伟目标，就必须对自然资源管理作出重大改进。在非洲，特别是在撒哈拉以南非洲地区，水土资源的可持续开发是一个宽泛的主题，涉及到多个科学领域，适用于自然科学以外的各种社会、政治和经济框架。实际上，人们认为，由于采取学科分类的方法来解决自然科学问题（如土壤、水文、农艺等）的这种做法已经失败，因此这些学科对可持续发展的实施的影响极其有限。此外，通常难以把成功的示范项目推广到社区，这进一步证明了以上结论。非洲伙伴关系是非洲最近作出的共同努力，旨在把农业作为一个经济增长点，以减轻非洲贫困，到2015年（或更实际地说2015年之后）实现千年发展目标。

为了持续地提高农业、林业、渔业和畜牧业生产力，非洲各国政府以“非洲农业综合发展计划”为指导，共同确定了4个涵盖全非洲的投资与行动切入点（支柱），包括：①扩大实施土地和水资源可持续管理的面积（支柱1）；②通过改善农村基础设施建设和相关贸易干预来改善市场准入（支柱2）；③通过提高小土地生产者的生产力及提高粮食危机应对能力来增加非洲的粮食供应，减少饥饿（支柱3）；④提高农业研究水平，推广适宜的新技术，帮助农民采用新技术（支柱4）。以上4个支柱均与政策、机构改革和能力建设相融合，并且通过一个框架高效地解决由“非洲农业综合发展计划”提出的应优先解决的各种挑战。其主要目标有：①主要战略是以农业为主导促进发展，提供粮食安全，减轻贫困；②争取实现全国农业平均每年以6%的速度增加；③10%的国家预算分配给农业部门。

六、“非洲农业综合发展计划”支柱1框架：非洲水土资源可持续管理

非洲水土资源可持续管理远期目标文件和相应的参与水土资源可持续管理的国家支持工具是非洲水土资源可持续管理框架的基础。这些文本详细介绍了扩大非洲水土资源可持续管理面积的这一战略目标，并且详细说明了各国为了实现这一战略目标需要采取的实际工具和方法。国家支持工具的制定是为提供一个清楚明白的工具，以保证非洲农业综合发展计划日程和各国在国家圆桌提出的需求能清晰具体地联系起来 。另外，非洲撒哈拉以南地区为减少贫困和增长经济对农业用水增加投资的项目文件确定了主要问题和切入点，以通过可持续水土资源管理来实施农业用水议程。

支柱1框架旨在是把非洲农业综合发展计划的原则、价值观和目标融入到发展议程。它具体表现为一套工具，从事农业综合发展的人员可以用这一套工具达到以下目的：①指导国家战略和投资规划的制定；②允许在该地区的其他人员学习和评审；③调整、平衡各种发展工作。

非洲农业综合发展计划支柱1包含自然资源可持续管理的3个相互联系的方面，包括：①土壤肥力和土地可持续管理；②农业用水，它

的重要性质决定了它是实施自然资源可持续管理的重要切入点；③属于土地可持续管理范畴的土地政策/土地管理，强调了土地政策/土地管理对实现土地和水资源可持续管理目标的重要意义。

土地和水资源可持续管理是可持续农业的基础，是可持续发展、粮食安全、减少贫困和生态系统健康的一个战略组成部分。土地和水资源可持续管理可定义为：利用土地资源包括土壤、水、动物和植物资源来生产满足人类不断变化的各种需求的产品，同时保证这些资源的长期生产潜能，保持其环境功能（联合国全球峰会，1992）。土地和水资源可持续管理是一个知识程序，综合了土地、水资源、生物多样性和环境管理（包括投入和产出的外部性），以满足不断增长的衣食需求，维持生态系统服务功能和人类生计（世界银行，2006）。土地和水资源可持续管理是可持续发展的必要内容，在平衡农业生产与环境保护这一对既相互补充又彼此矛盾的目标中发挥重要作用。因此土地和水资源可持续管理一个重要内容就是农业生产与环境保护相融合。为此必须实现以下两个目标：①维护生态系统功能（土地、水、生物多样性）的长期的生产力；②提高产品和服务的生产力（质量、数量和多样性），特别要保证粮食安全与健康。

土地和水资源可持续管理与其他已经形成的方法如农业和农村的可持续发展、自然资源综合管理、生态系统管理等（如上文所述）相联系，采用的是整体方法，将社会、经济、物理、生物需求和价值综合起来以获得有生产能力的健康的生态系统。因此首先必须理解以下几点：

(1) 生态系统和生态系统进程（气候、土壤、水、植物、动物）的自然资源特征；

(2) 居住在生态系统里的人或者以生态系统里的自然资源为生的人的社会经济和文化特征（人口、家庭结构、文化信仰、生计方式、收入、受教育水平等）；

(3) 健康的生态系统提供的环境功能和服务(保护流域、维持土壤肥力、碳汇、改善微气候、保护生物多样性等)；

(4) 可持续地利用生态系统自然资源来满足人民福利和经济需求(如粮食、水、燃料、住所、医疗、收入、休憩活动等）的一系列制约条件和机会。

土地和水资源可持续管理承认：人们（人力资源）及其赖以为生的自然资源有直接或间接的不可分割的联系。不能孤立地看待各类生态系统要素，而是把它们当作一个整体，这样才能实现生态和社会经济多重效益。土地可持续管理被视为可持续发展的重要内容，在平衡农业生产与环境保护这一对既相互补充又彼此矛盾的目标的过程中发挥重要作用。土地可持续管理的一个重要内容是农业生产与环境保护相融合。为此必须先实现以下两个目标：①维护生态系统功能（土地、水、生物多样性）的长期的生产力；②提高产品和服务的生产力（质量、数量和多样性），特别要保证粮食安全与健康。要保证这两个目标的持续结合，土地可持续管理必须考虑到目前和即将出现的各种风险。

七、结论

在全球、地区及全国各层面已采取各种措施，解决非洲土地退化问题，其中包括：

(1) 非洲农业综合发展计划，该计划由非洲发展新伙伴关系于 2002 年启动，是非洲主导的致力于解决农业、农村发展和粮食安全问题的承诺；

(2) 环境行动计划，由非洲发展新伙伴关系于 2003 年发起，是一个综合性的行动计划，旨在应对环境挑战、减少贫困、促进社会经济发展；

(3) 非洲联盟地区经济共享，确定了到 2005 年应优先进行的投资活动以及应立即采取的行动，并就实施和管理（农业活动和利益相关人参与）该共享计划的基本原则和程序达成了一致。实施该计划的同时，其成员国在国内独立地实施非洲农业综合发展计划；

(4) 非洲绿色革命联盟，比尔和梅林达·盖茨基金会和洛克菲勒基金会于 2006 年联合发起，目的是建立一个繁荣的农业体系，把农民的产量提高两倍或三倍，其重心在经济、社会和环境的发展；

（5）绿色长城项目，于2005年在Ouagadougou启动，目的是通过实施保护和恢复自然资源及推进经济活动（农业、畜牧业、渔业、手工业等）等项目促进抗沙漠化能力弱的目标区域的社会经济发展；

（6）土壤肥力项目，于1996年世界粮食峰会期间发起，是第一次地区性的共同努力，目的是扭转土壤退化和养分枯竭的不利影响。

（7）全球环境基金（GEF）于2002年10月在北京举行的第二届GEF理事会上把土地退化列为其核心议题，以应对不断扩大的沙漠化和森林砍伐。

参考文献

Badiane, O. and Delgado, C.L., eds. 1995. *A 2020 Vision for Food, Agriculture, and the Environment in Sub-Saharan Africa.* Food, Agriculture, and the Environment Discussion Paper 4. Washington, D.C.: IFPRI.

Beinroth, F.H., Eswaran, H., Reich, P.F. and Van den Berg, E. 1994. Land related stresses in agroecosystems. In: *Stressed Ecosystems and Sustainable Agriculture,* eds. S.M. Virmani, J.C. Katyal, H. Eswaran and I.P. Abrol. New Delhi, India: Oxford and IBH.

Douglas, M.G. 1994. Sustainable Use of Agricultural Soils. A Review of the Prerequisites for Success or Failure. Development and Environment ReportsNo. 11, Group for Development and Environment, Institute for Geography, University of Berne, Switzerland

DREGNE, H.E. and CHOU, N.T. 1994. Global desertification dimensions and costs. In: *Degradation and Restoration of Arid Lands*, ed. H.E. Dregne. Lubbock: Texas Technical University

Eswaran H, Almaraz R, van den Berg E, Reich P. 1997. An assessment of the soil resources of Africa in relation to productivity. Geoderma 77:1–18

FAO, 1993. Agriculture: Towards 2010. FAO Conference report C93/24. Food and Agriculture Organization of the United Nations, Rome

Hammond, A. L. 1998. Which World? Scenarios for the 21st Century. Island Press, Washington DC, United States

Interacademy Council. 2004. Realizing the promise and potential of African agriculture. Amsterdam: Interacademy Council

MEA (Millennium Ecosystem Assessment), 2005. Living Beyond Our Means: Natural Assessment and Human Well-being. Island Press, Washington, DC

NEPAD, 2002. New Partnership for Africa's Development, Comprehensive African Agriculture Development Programme. Johannesburg: New Partnership for Africa's Development and Food and Agriculture Organization of the United Nations

Oldeman LR. 1994. The global extent of soil degradation. In: Greenland DJ, Szaboles T, eds. Soil Resilience and Sustainable Land Use. Wallingford: CAB International

Reich PF, Numbem ST, Almaraz RA, Eswaran H. 2001. Land resource stresses and desertification in Africa. In: Bridges EM, Hannam ID, Oldeman LR, Pening FWT, de Vries SJ, Scherr SJ, Sompatpanit S, eds. Responses to land degradation. Proceedings of the 2nd International Conference on Land Degradation and Desertification, Kon Kaen,Thailand. New Delhi: Oxford Press

UNEP, 1997. United Nations Environment Programme, World Atlas of Desertification. 2nd ed. London: Arnold

World Bank, 2006. *Sustainable Land Management.* Washington, DC: World Bank.

WRI, 1994. World Resources 1994-95. Oxford Univ. Press, pp. 400.

11 可持续土地管理伙伴关系行动在加勒比海小岛国土地退化防治中的作用

Leandra Sebastian

加勒比海农村综合发展网络土地可持续管理伙伴关系办公室，

土地可持续管理伙伴关系协调员

摘要

可持续土地管理伙伴关系行动(PISLM)是目前加勒比海地区解决土地退化问题的惟一一个创新性措施，是应实施《联合国防治荒漠化公约》要求而启动的。在加勒比海小岛国，土地退化是一个严峻的问题。由于各国情况不同，目前还没有一个区域性的机制来协调各国的土地管理，PISLM的目的就是要弥补这一不足。实施《联合国荒漠化防治公约》（简称“公约”）需要各国的共同努力，而目前加勒比海小岛国面临的主要问题是如何顺利实施各种“多边环境协议”。

实施荒漠化公约需要一个系统的方法，这一点已经达成共识。这也是建立PISLM的依据。PISLM的目的是将土地退化与生物多样性保护、气候变化、灾难管理和可持续的农村/农业实践（与粮食安全和减少贫困密切相关）等领域相联系，采取各种综合性的方法来解决土地退化的问题。PISLM包含各种不同的子项目，可持续土地管理能力建设项目是其中一个，目的是提高各利益相关者规划、实施各种土地退化防治活动的能力，实现土地资源的可持续管理。

关键词

土地可持续管理伙伴关系，联合国防治荒漠化公约，土地退化，可持续土地管理，能力发展，加勒比海小岛国，实施

一、可持续土地管理伙伴关系成立的背景

大部分加勒比海小岛国由于国土面积有限，因此把更多的精力放在经济发展活动上而忽略了土地综合利用管理的重要性。“加勒比海小岛国可持续发展行动规划”清楚地指出，加勒比海小岛国环境管理的各方面直接依赖于并受影响于土地资源的规划与利用，而土地资源的规划利用又与海滨、海域管理与保护密切相关。加勒比海小岛国既要实施“可持续发展行动计划”中的“土地资源”这一要素，同时还要履行《联合国荒漠化防治公约》这一解决土地退化和可持续土地管理问题的全球框架。此外，《联合国荒漠化防治公约》从名称来讲强调的是“防治沙漠化”，由于可持续土地管理相比防治沙漠化而言与加勒比海岛地区的联系更为直接，因此政策制定者对防治沙漠化这一议题心生疑问。

从操作层面来看，《公约》和“可持续发展行动计划”的实施未能相统一，为了解决这一困境，2003年11月在巴拿马召开的拉丁美洲和加勒比地区环境部长论坛第14次会议决定制定一个加勒比海小岛国计划，以促进可持续发展行动计划的实施。这就是建立伙伴关系的背景。正是基于这一背景，加勒比土地退化次区域研讨会于2004年2月3～6日在特立尼达的西班牙港召开。会议决定成立可持续土地管理伙伴关系行动，发表了加勒比海小岛国和低地的海滨国伙伴关系宣言，并且要求根据宣言成立次区域临时性工作组，2008年7月在特立尼达和多巴哥共和国召开的PISLM工作组会议暨联合国荒漠化防治公约国家联络员第一次会议上，工作

组正式成立。为确保互补性和协作力，该伙伴关系被纳入加勒比海小岛国技术计划之中。技术计划在2003年环境部长论坛纳入到“决议4”之中，旨在支持加勒比海小岛国的可持续发展。

伙伴关系的另一创新做法是它为加勒比地区负责解决土地管理问题的各部门提供了一个框架，以协调各种土地管理方法，整合资源。因此伙伴关系为相关机构建立了合作关系，包括联合国荒漠化防治公约全球机制、联合国环境规划署、联合国粮食与农业组织、荒漠化防治公约秘书处、加勒比共同体秘书处、西印度群岛大学以及民间社团如GTZ（德国技术援助机构）和联合国荒漠化防治公约加勒比海缔约国。因此，可持续土地管理伙伴关系行动（PISLM）将联合国荒漠化防治公约和“加勒比海小岛国可持续发展行动计划” “土地资源”中的目标予以具体化。

对加勒比海小岛国土地管理的机构现状进行了评估分析之后，制定了发展阶段以进一步促进PISLM的发展。2005年5月30日～6月1日在巴巴多斯召开了PISLM次区域临时性工作组第1次会议暨促进加勒比海小岛国和拉丁美洲南南合作的推广工作组会议。工作组在会上提议成立一个办公室来协调PISLM下的各类活动，后来建议由特立尼达和多巴哥共和国政府通过位于本国的农村综合发展网络主持成立该办公室。选择农村综合发展网络为依托的原因首先是该网络同意这样做。其次，农业综合发展网络是加勒比海小岛国惟一一个在国家、地区和国际层面已经并将继续积极参与联合国荒漠化防治公约实施工作的一个地区性机构。所以该网络是负责实施可持续土地管理伙伴关系行动的最适合的地区性机构。在加勒比地区，实施这样的行动通常是政府的职责，但现在这一职责已经赋予给了一个民间社团，因此被视为创新之举。

二、立法委任权

加勒比海小岛国可持续土地管理伙伴关系行动（PISLM）立法委任权有不同的来源（表11-1）。

表11-1 可持续土地管理伙伴关系行动（PISLM）和立法委任权的演变过程

年份	事件	重点/决议/行动
1977 年8～9月	联合国荒漠化会议，肯尼亚内罗毕	第一次将荒漠化定性为全球性问题，制定了防治荒漠化行动计划
1992年	联合国环境与发展大会，巴西里约热内卢	通过21世纪行动议程，号召成立一个防治荒漠化公约
1994年	发展中小岛国可持续发展全球大会，巴巴多斯	制定发展中小岛国行动计划，作为实施21世纪行动议程的一个重要全球战略
1996年	联合国荒漠化防治公约开始生效，在德国波恩设立秘书处	开始生效（第50个成员国政府批准后第90天）
2002年10月	GEF可持续土地管理运行期计划（第15号运行期计划），北京	对可持续土地管理活动提供更多的资金支持
2003年11月	拉美国家环境部长论坛14次会议，巴拿马	制定加勒比海小岛国计划
2004年2月	加勒比土地退化次区域研讨会，特立尼达西班牙港	启动可持续土地管理伙伴关系行动（PISLM），并将此纳入加勒比海小岛国计划；成立PISLM次区域工作组（参阅方框1：伙伴关系宣言与决议）
2005年5～6月	PISLM工作组会议暨及促进拉美及加勒比海小岛国南南合作的推广工作组会议，巴巴多斯	成立可持续土地管理伙伴关系行动办公室来协调PISLM的各项活动；进行机构安排，确定PISLM各种关系；确定工作组的运行模式；起草《PISLM办公室运行指南》；审议伙伴关系行动各个组成部分；制定PISLM工作计划

（续）

年份	事件	重点/决议/行动
2005年8月	联合国荒漠化防治公约拉丁美洲缔约国第10次地区性会议，巴西São Luís, Maranhã（地名）	第1（b）（2）号决议——承认加勒比海地区PISLM的程序体现了协调新旧行动的加勒比分区行动计划的概念性框架
2005年10～11月	技术交流和加勒比海地区环境部长论坛第15次会议，委内瑞拉，加拉加斯	在2003年第4号决议的基础上提供新的指导 会议敦促进一步推进、实施加勒比海小岛国计划，继续审议、评估该计划，使计划更好地反映MSI目标，反映该地区发展的新需求
200年 1～2月	拉丁美洲和加勒比海地区环境部长论坛第16次会议，多明哥共和国，圣多明哥	会议感谢以下政府和地区性及国际机构为PISLM (现已成为加勒比海小岛国计划的一组成部分)所做出的贡献：特立尼达和多巴哥共和国政府、UNCCD全球机制，UNCCD秘书处，联合国粮食与农业组织，联合国环境规划署/拉丁美洲和加勒比海地区办公室 请求UNEP，UNCCD全球机制，FAO，UNCCD秘书处继续支持已成为加勒比海小岛国计划主要内容的PISLM，使之成为促进相关多边环境协议的共同实施的驱动力
2008年4月	贸易与经济发展理事会，圭亚那乔治城	部长们为PISLM提供进一步的指导： (1）强调了拉美及加勒比地区环境部长论坛第16次会议相关决议，特别是关于发展中岛国可持续发展的第5号决议 (2）承认并感谢特立尼达和多巴哥共合国政府依托加勒比农村综合发展网络在本国成立伙伴关系行动办公室，鼓励他们继续给予机构支持和技术支持 (3）同意利用PISLM作为联合国荒漠化防治公约、巴巴多斯行动计划土地管理和加勒比海小岛国MSI/可持续发展行动计划的实施框架，同时敦促所有成员国和相关的地区性和国际机构积极支持并参与伙伴关系行动，特别是解决加勒比海小岛国的农村发展问题和减轻贫困的各项活动
2008年7月	PISLM工作组会议暨UNCCD国家联络员第一次会议	根据会议的第4号决议成立了PISLM工作组，共有14个成员

三、机构委任权

PISLM从不同的来源获得许多政策指导，并且有责任应对这些来源（图10-1）。

1. 部长级监管

对CNIRD/PISLM办公室的政策指导来自：①拉美及加勒比地区环境部长论坛；②加勒比共同体环境部长（贸易与经济发展理事会-环境）和联合国荒漠化公约缔约国大会通过如公约实施评审委员会等地区性进程；拉美及加勒比区域和次区域会议，包括技术计划网络等。来自各种部长级机构的政策指导通常体现在这些机构制定的各种决议中。

2. 特立尼达和多巴哥共和国政府与加勒比农村综合发展网络/可持续土地管理伙伴关系行动办公室

特立尼达和多巴哥共和国政府通过加勒比农村综合发展网络成立了PISLM办公室。办公室与规划、住房与环境部之间的关系问题就凸现出来。他们在不同层次都产生了关系，其中包括政策和监管层面、项目分配和办公室支持国家层面的可持续土地管理实施、参加各类土地管理委员会和参加国际会议时所采用的方法

框图11-1 PISLM宣言

包括联合国荒漠化防治公约加勒比缔约国国家联络员以及来自代表加勒比共同体秘书处、联合国多边机构、次区域发展伙伴、非政府机构、RIOD网络和学术机构的代表在内的与会者一致同意通过加勒比海小岛国和低地海滨国伙伴关系宣言，与会者：

"认识到有机会也有必要在加勒比地区建立一个防治土地退化与干旱的战略伙伴关系并使之成为加勒比海小岛国和低地海滨国可持续发展进程的一个组成部分"。

我们坚持联合国荒漠化防治公约各项原则，坚持荒漠化防治公约与联合国气候变化框架公约和联合国生物多样性公约的根本联系，在制定国家行动计划时与波恩宣言保持一致。坚持2003年11月巴拿马拉美国家环境部长论坛第14次会议第4号决议发展中岛国行动计划的综合审议结果。

为此，会议还通过了以下几项决议：

（1）成立次区域临时性工作组次区域临时工作组；

（2）在以下部门/机构当中建立伙伴关系：UNCCD秘书处，全球机制，CARICOM秘书处，FAO，UNEP，UWI，非政府机构（RIOD），GTZ以及UNCCD加勒比缔约国；

（3）成立正式的次区域协调平台。

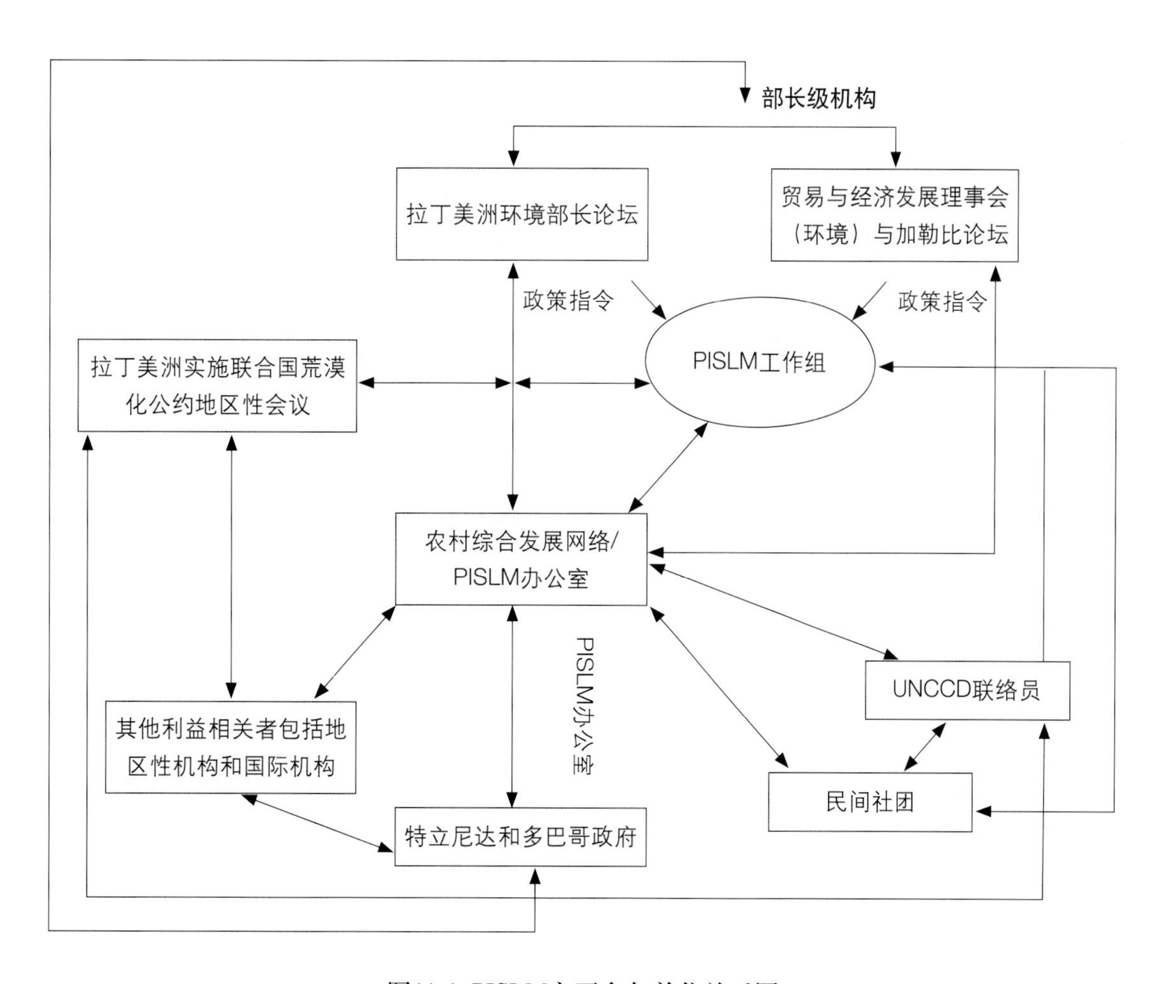

图11-1 PISLM主要参与单位关系图

和途径。特立尼达和多巴哥共和国政府还为办公室提供运行经费。

规划、住房与环境部提供政策监管，保证办公室按国际准则运行，同时使各地区成员国政府及时了解PISLM的实施进度。特立尼达和多巴哥政府的政策监管责任包括各种部长级活动中支持PISLM，如政府部长论坛和加勒比共同体环境部长论坛等。

3. 次区域工作组

工作组的主要功能是根据各部长级机构提供的政策指令为PISLM的运行提供政策指导（图10-1）

4. 联合国荒漠化防治公约和发展中小岛国可持续发展行动计划联络员网络

该网络是PISLM制度安排中的关键要素，由联合国荒漠化防治公约缔约国联络员和发展中小岛国可持续发展行动计划联络员组成。网络肩负实施发展中小岛国可持续发展行动计划土地资源部分的重任。联络员通常由环境部或农业部委派，但不论这些联络员身处何方，至关重要的是他们在国家和地区层面有着有效的协调和沟通。

5. 民间社团机构区域网络

最佳实践显示目前民间社团机构是在加勒比海小岛国农业领域开展活动最有效的机构，特别是那些社区机构和非政府机构（图10-1）。因此PISLM体制结构必须以民间社团机构网络为补充，使PISLM得以涵盖加勒比海小岛国农村最弱群体。

6. 地区与国际机构网络

该网络由参与实施PISLLM的地区和国际机构组成（图10-1），这些机构主要是联合国体系中的地区性机构，其重要作用是提供技术援助，包括资助PISLM的实施。

四、实施PISLM

1. PISLM办公室的运行

在特立尼达和多巴哥政府支持下，加勒比农村综合发展网络与公共工程与环境部开展各种必要的讨论，将PISLM秘书处设在加勒比农村综合发展网络办公室。秘书处的设立获得内阁批准。PISLM办公室从2007年12月5日开始运行，Leandra Sebastien女士担任协调员。

2. 制定5年业务计划

加勒比海小岛国PISLM工作组会议暨联合国荒漠化防治公约国家联络员第一次会议于2008年7月15～17日在特立尼达和多巴哥举行，在会议筹备阶段，PISLM秘书处与一独立顾问共同起草了《PISLM 2009～2013五年业务计划草案》并提交会议审议，该业务计划目前正在定稿。

3. 建立联系，交流经验

为在土地退化防治方面建立联系、交流经验，PISLM协调员将参加2008年11月在北京举行的综合生态系统方法与应用国际研讨会，希望借此机会与中国-全球环境基金干旱生态系统土地退化防治伙伴关系和其他相关人员建立关系，为进一步巩固PISLM的实施、实现其发展目标而努力。

中国-全球环境基金干旱生态系统土地退化防治伙伴关系的目标是在中国西部利用综合生态系统方法（IEM）整合生态、经济和社会目标，同时开展扶贫、土地退化防治、生物多样性等示范活动并推广应用，实现多层级、跨部门、跨区域、跨国家利益和全球效益。

4. PISLM筹资

在制定五年业务计划时，其中一个重要内容是保证PISLM资金来源的稳定。PISLM“企业资金预算”的资金主要来自两方面：特立尼达和多巴哥政府，和参与负责加勒比海小岛国可持续发展行动计划实施的联合国机构，特别是UNCCD秘书处、UNCCD全球机制、FAO、UNEP、联合国经济与社会事务局。他们将根据其承诺来出资。

“计划预算”从国家层面或地区层面动员的资源中获得资金。目前为2009～2013年筹措项目资金的目标是1500万美元，资源动员要求所有PISLM利益相关人保持合作，特别是参与PISLM的政府、各部门和机构的合作。将制定融资战略来加强各种资源的动员。

五、加勒比海小岛国现状

全球干旱地区土地退化评估项目（LADA）对土地退化作出以下定义：状况由LADA确

定，内容是土地在发挥支持社会发展的生态系统功能及服务（包括农业生态系统合和城区城市系统）支持社会发展的能力（土地能力）减弱。拉丁美洲和加勒比地区的1/4土地面积为沙漠或旱地。根据全球机制，据估计，拉丁美洲和加勒比地区每年因沙漠化引起的经济损失达10亿美元，如果包括因干旱造成的损失，这个数字可以增加到48亿美元。

表11-2列出了加勒比海小岛国沙漠化和土地退化的5类不同成因。

除表11-2列举的原因之外，土地退化还有其他间接原因，如机构能力不足、法律不健全、缺乏对现行法律的监督和执行和国家、私有部门和民间社团合作不到位。在加勒比海小岛国，土地退化是一个严峻的问题，土地退化类型和原因基本一样，但是程度和规模却各不相同。加勒比海小岛国的土地退化可细分为：

近年来受气候变化影响，加上不合理的土地利用方式，古巴东部地区已经开始沙化。气候变化导致土地退化，如2004年的飓风伊万摧毁了格林达纳岛，随后土地严重退化。此外，其他活动如伐树、修路、采砂、采石、倾倒垃圾、过牧、火灾、不合理的农业活动等都是格林达纳岛土地退化的原因。

在赫伯兹、安提瓜岛和巴布达岛，住房开发和采砂是土地退化的原因。在多米尼加，土地退化的原因是由于土壤和植被条件的改变。基础设施建设、人口增长、工业活动如采矿和采石等也是土地退化的原因。多米尼加的土地退化体现为上游流域和给水管理区的土壤的退

表11-2 土地退化成因

类型	原因
人为因素	• 农林畜牧生产缺乏可持续管理 • 没有充分开发自然资源，各种土地利用方式不协调 • 资源有限 • 人口增长，住宅增加 • 贫困 • 土地使用权没有保障 • 缺少粮食和燃料 • 采矿、采石 • 基础设施维护差 • 垃圾处理不到位
物理原因	•土壤风蚀或水蚀 •压实作用和水涝 •裂缝填塞和结板
自然原因	•自然灾害 •气候变化（气温上升，降雨模式改变） •火灾
化学原因	•酸化 •盐渍化/钠质化 •污染（过度施用化肥，工农业废料） •养分消耗
生物退化	•生物量减少，生态系统生产力丧失 •生物种类和数量（生物多样性）下降 •家畜和野生动物的营养价值下降 •富氧化现象

资料来源：联合国粮食与农业组织（2007）。

2004年飓风伊万过后的格林达纳岛
图片来源：LADA 区域研讨会 (2007)

巴尔布达的采砂活动
图片来源：LADA 区域研讨会 (2007)

化，上游流域土壤退化的主要原因是伐树。由于伐树，1940～1998年间该国的森林减少了41.5%。

在牙买加，土地退化的主要原因是采矿，采矿遗留了严重的问题。因采石、挖矿留下无数‘坑洼’，并且因采伐石灰岩和石膏，山丘被破坏或整座山丘被夷平。2003年调查结果显示，整个岛屿有近600个住宅区，而且还在不断增加。大量的房屋修建在山脚、山腰、海滨和流域里，使土地严重退化。

UNCCD秘书处指出，贫困和过度依赖土地资源是这些地区土地退化的主要原因。该地区共有4.65亿人口，其中有1.1亿人还生活在贫困线以下。但是荒漠化防治公约有强大的政治支持，该地区的所有国家均已加入了公约，荒漠化防治已经列入国家可持续发展和扶贫议程。2008年4月14～18日在圭亚那举行的贸易与经济发展理事会第25次特别会议上，可持续土地管理伙伴关系行动被授予更多权力，以解决加勒比海小岛国农村发展和减少贫困问题，现有的所有文献都指出了问题的严重程度，强调了用战略方法来解决问题的必要性。

在圣卢西亚，由于土地退化，干旱季节河流基础流量减少，地下水和地表水水量减少，水质下降。圣文森特和格林纳达岛的土地退化问题与其岛屿相似，但可能爆发的地震和火山也会导致土地退化。加勒比东部地区由于土壤侵蚀、缺乏水资源等问题正日益严重，多米尼加共和国、古巴、海地和牙买加已经出现干旱区。

在海地，沙漠化进程和干旱主要源于①土地利用方式的改变。种植森林、恢复性次生林、草场、树荫咖啡等土地已作它用。如果用森林覆盖率为衡量生态系统稳定性的指标，海地的森林覆盖率已经从80年前的60%下降到现在的大约1.4%；②在陡坡上采取不当的农业生产和放牧活动（炼山、坡耕地、除草）；③农村以柴木作为主要能源来源，超过70%的农村人口以柴木、木炭为主要燃料（每年消耗450～600万立方米）；④居住区建设无规划；⑤农民缺乏相关技术，对可持续土地管理的认识不足；⑥极度贫困，对自然资源的依赖性很强，谋生手段缺乏可持续性。

六、PISLM在加勒比海小岛国中的作用

由于各国情况不同，还没有一个区域性的机制来协调土地管理问题，也还没有一个区域机制来实施3个里约公约—联合国气候框架公约、联合国生物多样性公约和联合国荒漠化防治公约，更无法验证这几个公约的协同作用拉对加勒比海小岛国的影响。PISLM正是要弥补这一空缺（表11-3）。

因此，可持续土地管理伙伴关系行动（PISLM）提供了一个合作平台，帮助提高加勒比地区可持续土地管理方面的合作，促进可持续土地管理活动开发与实施的。PISLM旨在推动土地可持续管理与其他如生物多样性保

表11-3 加勒比地区面临的可持续土地管理方面的挑战及PISLM的作用

挑战	PISLM的角色	即将开展的活动
1. 多边环境协议和联合国荒漠化防治公约的协同作用	实施UNCCD的区域/次区域利益相关者平台，包括建立同多边环境协议相互补充的机制。	1. 建立区域利益相关者平台，包括农村发展的所有利益相关者，目的是根据影响可持续土地管理的各种多边环境协议所规定的各种义务，确定各种需求和优先投资项 2. 探索、开发多边环境协议与UNCCD的协同作用区域，并根据这些协同作用制定行动 3. 建立机制，促进利益相关者参与PISLM的实施，并推动PISLM与多边环境协议相互补充 4. 建立各种机制，促进和保护传统知识和文化，特别是原住民的知识和文化 5. 把土地可持续管理建设成为减少灾害的机制工具
2. 土地退化研究开发、评估与监测	制定方法和工具	1. 制定土地可持续管理基准和指标，用来评估加勒比海小岛国的土地退化现状，建立一个区域数据库，保存和检索土地可持续管理数据 2. 促进测量土地利用变化的工具和方法的利用
3. 土地管理问题的评估	加勒比海小岛国次区域行动计划	1. 参与战略规划的制定，设计和实施加勒比海小岛国土地可持续管理各种行动 2. 以各国国家行动计划为基础，制定次区域行动计划 3. 在宏观层面上解决土地退化和可持续土地管理问题
4. 能力建设	能力开发	1. 开发、加强和共享土地管理能力，提供其他谋生方法 2. 提高加勒比海小岛国的制度能力，加强干旱管理和土地管理 3. 帮助获取适宜的技术、知识和技能 4. 发展各种伙伴关系，提高利益相关者的能力，以推动UNCCD的实施 5. 提高教育和公众意识
5. 技术合作	南南合作	1. 促进加勒比海小岛国之间的南南合作 2. 促进加勒比发海小岛国与拉美国家之间在土地可持续管理方面的南南合作 3. 推动实施PISLM的加勒比发海小岛国与世界上其他开展土地可持续管理的国家建立联系
6. 缺乏协调性	公众政策相互协调	1. UNCCD成为公共政策的重点 2. 改善涉及到并影响加勒比海小岛国可持续土地管理的公共政策
7. 农村发展与贫困	农村发展和减少农村贫困人口	1. 制定农村干预机制，解决贫困问题 2. 寻找其他谋生手段，减轻农村经济发展对自然环境的压力 3. 在农村地区推行土地可持续管理 4. 加强对环境恢复的投资，在改善环境资源的基础上，提供更好的环境产品和服务 5. 加强农村地区的粮食安全
8. 青年参与环境	青年、土地管理与环境	1. 利用加勒比海小岛国针对青年的现有的各种资源，制定相关行动，促进青年人踊跃参与土地和自然资源管理 2. 鼓励年轻人改变对待环境的态度 3. 瞄准失业的年轻人，提高他们参与土地可持续利用的力度 4. 发展其他的谋生手段 5. 帮助学生认识到土地可持续利用和环境的重要性

资料来源：PISLM办公室（2008）PISLM 5年业务计划。

护、气候变化、灾害管理、农村/农业可持续实践等领域的协作发展，特别是与粮食安全和减少贫困建立特别的联系。伙伴关系行动还为加勒比海小岛国提供一个框架，全面地履行UNCCD，实施可持续发展行动计划中的土地资源管理活动。通过实施PISLM五年业务计划制定的各个计划，以上目标将得以实现。

最具挑战性的工作是为项目寻找资金。通常，相较其他国家而言，这些发展中小岛国要获得充足的资金来履行多边环境协议的难度更大。PISLM旨在为加勒比海小岛国提供一个方法，更好地协调各方关系，帮助这些小岛国动员各种资源，解决土地可持续管理的问题。此外，PISLM与多个联合国机构建立了合作关系，可以整合各种资源，促进其实施。从联合国机构的视角来看，这种合作反过来能促使这些机构共同努力，保证该地区的各种计划的互补性。

伙伴关系行动已经建立了一个政府-民间、社团-国际机构的模式，这一模式可供其他项目借鉴，以加强能力建设。

总而言之，通过共同努力，该地区已找到一个解决土地退化问题的独一无二的机会。只要齐心协力，一定能够实现土地可持续管理。应该充分利用这一机会，通过提高利益相关者的能力，采取系统的方法，一定会在整个地区特别是在当地社区取得良好的效果。

参考文献

FAO (2007) LADA Brochure and information from the Regional Workshop on Land Degradation Assessment Methodologies in the Caribbean Barbados, 9 – 12 Oct. 2007

CNIRD/PISLM Support Office (2008), “Draft Five Year Rolling Business Plan for the PISLM for Caribbean SIDS 2009-2013’ for consideration by the Interim Sub-Regional Task Force/PISLM.” PISLM 2009-2013

www.global-mechanism.org

www.lada.virtualcentre.org

www.pislmcnird.org

12 中国生物多样性合作伙伴关系框架

孙雪峰

环境保护部对外经济合作中心处长

1．我们为什么需要CBPF？

中国拥有丰富的生物多样性资源，为中国乃至全球经济以及可持续发展提供了丰厚的物质资源和生态服务功能。尽管中国政府已采取多项措施实施生物多样性保护，建立了自然资源保护的立法框架和自然保护区体系，开展了许多生物多样性相关研究以及《生物多样性公约》的履约行动，但种种挑战依然存在。许多国家的和国际的合作伙伴正在采取行动保护中国的生物多样性。由于缺少协调与合作，生物多样性保护工作常常存在缺口、交叉和重复现象。具有创新意义的“中国生物多样性伙伴框架”概念就是在这种背景下形成的。

2．CBPF是什么？

面对生物多样性保护的挑战与机遇，中国政府从2003年开始推动建立一种新的改革措施，即“中国生物多样性伙伴关系和行动框架”(CBPF)。该措施的目的是希望通过该框架的逐步实施，建立有效的交流,协调与合作平台，指导协调尽可能多的在中国开展生物多样性保护的活动，包括政府部门,国内外投资者,科研单位,地方政府决策者,生物多样性管理者,基层群众,国际伙伴和非政府组织，以期实现共同、有效、一体的保护目标。

CBPF主要由来自主要利益相关方共同参与的伙伴关系和面向结果的“行动框架”两个部分组成。通过联合各方的共同参与和咨询过程，框架将指导伙伴的行动和投资行为，使他们能够关注中国生物多样性保护的优先问题。框架的总目标是“显著降低中国生物多样性的丧失率，为中国的可持续发展做出贡献”。

2007年9月，在国家发展和改革委员会,财政部,国土资源部,环境保护部,住房与城乡建设部,农业部,国家林业局,国家海洋局，以及联合国开发计划署,全球环境基金,欧盟,意大利,美国大自然保护协会等专家的共同努力下，达成了目标一致的行动框架，并确定了5大专题27项相关领域。这5大专题分别是：加强生物多样性管理，生物多样性在社会经济部门计划和投资决策中的主流化，保护区内减少生物多样性丧失的有效投资和管理，保护区外减少生物多样性丧失的有效投资和管理，以及跨领域和履约新问题。

3. CBPF的目标

（1）推动合作伙伴的项目活动，促进生物多样性保护和可持续利用；

（2）让所有合作伙伴都利用“成果框架”设计他们在中国的生物多样性倡议；

（3）更好地规划，减少重复，增强透明度，提供一种手段使不同机构能够协调行动、共同进行项目投资、分享经验、复制创新技术等；

（4）降低生物多样性损失速度，为可持续发展做贡献。

4. CBPF的当前工作和主要合作伙伴

（1）中国生物多样性保护伙伴关系框架和几个示范项目已经得到政府、国际主要合作伙伴和2007年11月召开的第32届国际合作伙伴会议的批准。

（2）中国政府和GEF承诺在框架范围内对示范行动进行投资；

（3）CBPF成果框架已经被财政部和GEF委员会会议批准，作为GEF项目的规划工具。

（4）GEF选择CBPF作为其“模式伙伴计划”。

目前共有20个合作伙伴：

（1）中国的8个部委——环境保护部、国家林业局、农业部、国土资源部、国家海洋局、交通运输部、国家发展和改革委员会和财政部；

（2）5个国际政府间组织——全球环境基金（GEF）、联合国开发计划署（UNDP）、世界银行、联合国环境规划署（UNEP）和亚洲开发银行(ADB)；

（3）3个双边发展计划（欧盟、意大利政府和挪威政府）；

（4）3个国际非政府组织（NGOs）——大自然保护协会、保护国际和世界自然基金会；

（5）1个政府间成员组织“国际自然保护联盟”（IUCN）。

5. 未来工作

（1）CBPF能力建设项目（IS项目）将于今年11月由GEF审批；

（2）IS项目计划于明年初执行；

（3）将开展与IS项目实施有关的管理、鼓励机制和平台建设等方面的相关工作。

（4）为了保持行动的统一性，其他合作伙伴的相关项目和计划也将同步开展。

第三篇

土地退化防治能力建设项目成果

13 西北六省（区）土地退化防治战略行动计划概述

14 中国-全球环境基金干旱生态系统土地退化防治伙伴关系能力建设项目的法律和政策成果在国际上的应用

15 中国土地退化防治立法面临的挑战与对策

16 基于土地利用规划与制度的荒漠化防治立法研究

17 我国土地退化防治的法律框架及其完善建议

18 新起点、新实践、新成果：综合生态系统管理在甘肃省土地退化防治立法中的实践和应用

19 综合生态系统管理理念和方法在青海省土地退化防治中的实践

20 新疆土地退化现状及防治对策

21 全球环境基金项目理念在中国社区土地退化防治中的新体现：内蒙古奈曼旗满都拉呼嘎查（村）透视

22 青海省湟源县胡丹流域示范点建设成效与启示

23 建立信息平台，服务生态建设

24 社区能力建设的理论与实践

25 在地中海沿岸地区O. Rmel流域利用侵蚀测绘法开展土地退化评估与防治：突尼斯个案研究

26 黄河三角洲植被群落和土壤酶活性对湿地退化的响应

27 基于CA模型的土地荒漠化动态模拟与预测

28 退耕还林工程的系统动力学研究

29 中国林业重点工程对农民收入影响的研究

3

13 西北六省（区）土地退化防治战略行动计划概述

张克斌[1]

一、简介

中国干旱区约占国土面积的一半并经历严重的土地退化。中国干旱区土地退化包括风蚀、水土流失、土壤养分流失、盐渍化、河流泥沙沉积、毁林、草原退化以及生物多样性损失等。土地退化不仅影响当地居民生活，并且通过沙尘暴、下游河流泥沙沉积等影响其他地区，如黄河下游河床泥沙沉积源于中游水土流失。

中国干旱区生活着约25 000万人口，其中包括几大少数民族。与此同时，中国西部地区蕴藏丰富的矿产资源（包括石油、天然气及煤等）。西部地区人口以从事农业生产为生（包括旱作农业、灌溉农业及畜牧业），农牧民仍然需要适应干旱气候、水资源短缺、土壤贫瘠以及植被不稳定等严酷的自然条件。

土地生产力低下及易于退化是干旱区生态系统存在的固有问题。因此，贫困与干旱生态系统相互交织，许多国家级贫困县分布在干旱区。相对于东部地区，中国西部地区生物多样性相对较少。但特有种，尤其是在全球极为重要及世界上稀有种相对丰富。而且这些种正受到灭绝的威胁。

作为中国重要的、并富有丰富生物多样性的中国干旱区生态系统，正在受到土地退化严重威胁。研究表明，在过去50多年里，中国沙漠化土地由20世纪50～70年代年扩展1560平方千米，到70～80年代2100平方千米/年，90年代初期2460平方千米/年，直到90年代末的3436平方千米/年。严重的沙尘暴不仅影响北京以及中国东部地区。

土地退化造成严重的经济损失，同时对基础设施产生严重影响。据我国第三次全国荒漠化监测资料，到2004年底，全国荒漠化土地面积达到264万平方千米，占国土面积的27.46%，影响人口达到4亿多，造成的年直接经济损失540多亿元。在北方地区，有1300多万公顷耕地、1亿多公顷草场，数千千米的公路、铁路以及5万多个村庄受到风沙威胁。全国90%左右的贫困人口生活的荒漠化地区。

面对如此严重的土地退化问题，20世纪90年代末，中国政府实施西部大开发战略。在此精神指导下。于2004年开始，中国－全球环境基金综合生态系统管理（OP12）“干旱生态系统土地退化伙伴关系项目”由亚洲开发银行负责开始实施。项目的总体目标是在西部地区减少土地退化、消除贫困和恢复退化的干旱生态系统。“加强基础条件和机构能力建设”是PRC-GEF伙伴关系的第1个技术援助项目。项目将有6项产出：①土地退化防治相关政策和法律框架体系得到改善；②防治土地退化国家级和省级协调能力得到改善；③制定省以及县级水平的项目运作方案；④土地退化防治机构能力得到提高；⑤土地退化监测和评估体系得到改进。项目选择我国土地退化问题相对严重的陕西、甘肃、宁夏、青海、新疆和内蒙古作为实施区域。

在此，应用综合生态系统管理（IEM）理念和方法，制定项目省（区）“土地退化综合防治战略和行动计划”是项目一项主要产出。据此，实施项目的陕西、甘肃、宁夏、青海、新疆和内蒙古等省（区）项目办，成立了相应的项目机构及规划专家组、在国际及国内专家指导帮助下（包括举办培训班、提供模板及技

[1] 北京林业大学水土保持学院教授，PRC-GEF/ADB 中国防治土地退化伙伴关系项目（OP12）项目咨询专家，Email: ctccd@bjfu.edu.cn

术指导等），分别完成了相应省区的“土地退化综合防治战略和行动计划”，并经各自省区项目办组织的专家论证。

需要指出的是，此次应用综合生态系统管理（IEM）理念和方法，制定项目省（区）“土地退化综合防治战略和行动计划”，采用参与式方法、通过资料收集分析、各自生态系统特征分析、土地退化现状评价、与土地退化相关政策法律及机构评价、土地退化防治及限制因素分析、土地退化综合防治战略和行动计划初步方案制定、战略和行动计划组织实施、监测与评价等一系列方法和途径，在我国尚属首次。

本报告为上述六省（区）报告的综述。

二、项目区背景

中国－全球环境基金综合生态系统管理（OP12）“干旱生态系统土地退化伙伴关系”项目：加强土地退化防治基础条件和机构能力建设项目涉及陕西、甘肃、宁夏、青海、新疆和内蒙古六省（区），项目区土地总面积为428.2万平方千米，占国土面积的44.6%。项目区总人口22 080万，占全国总人口的17.0%（图13-1）。

根据相关统计资料，项目实施六省（区）是我国经济最不发达地区。2003年项目区GDP仅为8441.9亿元，仅占全国GDP的7.23%。2006年全国人均GDP为16 084元，而项目区人均GDP为11 960元，仅为全国平均水

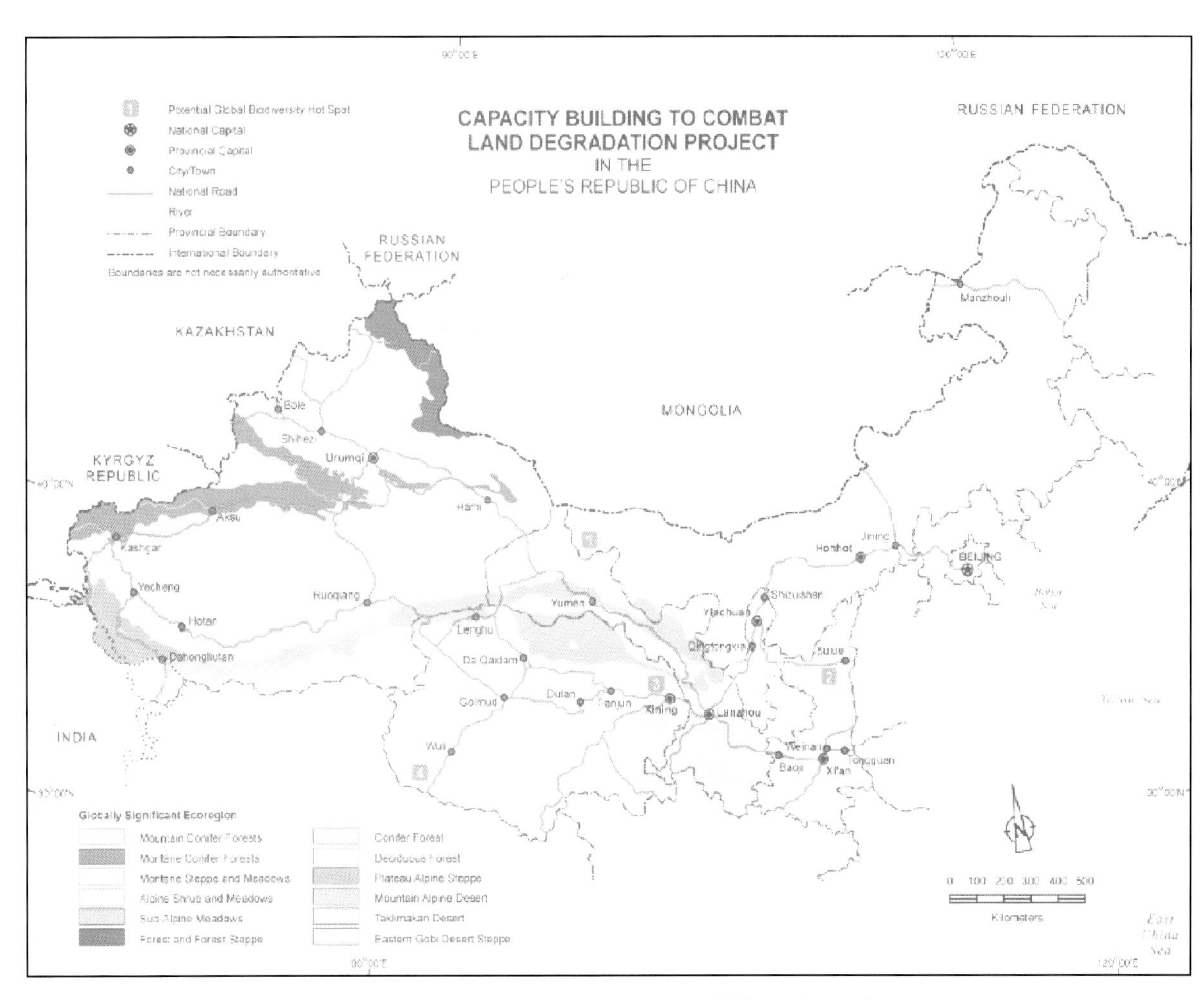

图13-1 中国－全球环境基金综合生态系统管理（OP12）项目区

表13-1 GEF－OP12项目六省（区）GDP与全国GDP对比（1980～2005年） 单位：亿元

年代	陕西	甘肃	宁夏	青海	新疆	内蒙古	分计	中国	%
1980	94.91	73.9	15.96	17.79	58.24	68.4	392.2	4545.62397	8.628
1985	180.87	123.39	30.27	33.3	112.24	163.83	643.9	9016.03658	7.142
1990	404.3	242.8	64.84	69.94	274.01	319.19	1375.1	18667.8224	7.366
1995	1000	553.35	169.8	165.3	825.12	832.77	3546.3	60793.7292	5.833
2000	1660.9	983.36	265.6	263.6	1364.4	1401	5938.8	99214.5543	5.986
2005	3772.7	1934	606.3	543.3	2604.2	3895.6	13356	183867.883	7.274

平的74%。其中内蒙古为20 053元，陕西11 762元，甘肃7232元，宁夏8933元，青海10 085元，新疆13 652 元（表13-1），而且这种差距有逐步拉大的趋势。

前述土地退化与贫困密切相关，贫困导致土地退化，土地退化进一步加剧贫困。根据2004年全国贫困人口统计资料，项目区贫困人口总数为828万，占全国贫困人口的31.7%。项目区贫困县总数为191个，占全国的 57.7%（表13-2）。

经过近20年立法，中国已经基本上建立起比较完善的防治荒漠化法律体系，我国已经出台的与土地退化相关法律包括：《防沙治沙法》《森林法》《土地承包法》《土地管理法》《水土保持法》《水法》《环境保护法》《草原法》等，涉及土地退化防治、森林保护与管理、防沙治沙、水土保持、农田保护、水资源保护与配置等方面内容。

在制定和完善有关防治荒漠化法律体系的同时，中国政府近年来还制定一系列促进荒漠化防治的规章制度、条例及纲要等。包括《全国生态环境建设规划》《全国生态环境保护纲要》《中国21世纪议程》《中国21世纪议程林业行动计划》《中国环境保护21世纪议程》《中国履行联合国防治荒漠化公约行动方案》《退耕还林条例》《国务院关于加强草原保护与建设的若干意见》《关于鼓励企业及个体承包治沙规定》《营利性治沙管理办法》《国务院关于进一步加快林业发展的决定》《国务院进一步加快防沙治沙的决定》等文件。

与此同时，一些地方政府也颁布了大批配套法规（包括实施条例），例如，甘肃省颁布了27项与土地退化防治相关的地方性条例、12项政府规章、7项文件。青海省也对应相关法律，制定相应的实施条例，陕西省榆林地区制定了“谁治理、谁受益”，允许继承的优惠政策，内蒙古乌兰察布盟后 “进一退三”即种一亩地膜玉米，退耕三亩荒漠化土地的治沙牧草政策，极大地调动了广大群众防治荒漠化的积极性，加快了荒漠化防治速度（详细参见项目组分1报告）。

我国与土地退化防治相关的政府机构涉及农、林、水、国土、环境、财政、发展改革、税务、科技、扶贫、气象等部门。1994年我国政府签署《联合国防治荒漠化公约》后，在中央成立

表13-2 项目区贫困人口及其贫困县统计表

省区	陕西	甘肃	宁夏	青海	新疆	内蒙古	合计
贫困人口(万)	2.32	1.485	0.53	1.19	1.88	0.87	8.28
占农村人口比例（%）	8.3	7.2	7.0	30.6	14.88	6.5	–
贫困县	50	43	12	25	30	31	191

了“中国履行《联合国防治荒漠化公约》秘书处”，涉及17个中央部委办局。在省（区）层次，涉及土地退化防治的机构基本上与中央一致，包括农、林、水、国土、环境、财政、发展改革、税务、科技、扶贫、气象等部门。

三、项目区土地退化状况

（一）项目区土地退化现状及动态

中国-GEF土地退化防治伙伴关系项目六省（区）是我国荒漠化（干旱区土地退化）最为严重的地区。考虑到我国目前对土地退化类型也没有系统的划分方案。依据国家林业局全国荒漠化监测数据（包括干旱、半干旱区及亚湿润干旱区的风蚀、水蚀、盐渍化及冻融侵蚀，中国荒漠化监测中心2005，图13-2，图13-3），项目六省（区）土地退化总面积为209.77万平方千米，约占全国荒漠化总面积的79%（图13-3为全国各省荒漠化土地面积分布状况）。

监测表明，自新中国成立到20世纪90年代末，我国的荒漠化基本上呈现扩大的态势，进入新世纪以来（西部大开发以来），经过治理，项目区多数荒漠化严重省（区）荒漠化得到有效治理（图13-4），对比第三次全国荒漠化监测数据与第二次全国荒漠化监测数据，除青海省外，项目区其他省（区）荒漠化均得到有效治理，其中内蒙古荒漠化土地面积减少16059平方千米，新疆荒漠化土地面积减少14226平方千米，宁夏荒漠化土地面积减少2329平方千米，甘肃荒漠化土地面积减少1900平方千米，陕西减少1257平方千米。与此同时，全国荒漠化继续扩大的态势得到有效控制，与1999年对比，5年内全国荒漠化面积减少37924平方千米，其中沙漠化面积共计减少6416平方千米，与以往对比呈现递减态势（图13-5）。

与1999年第二次全国荒漠化监测数据对

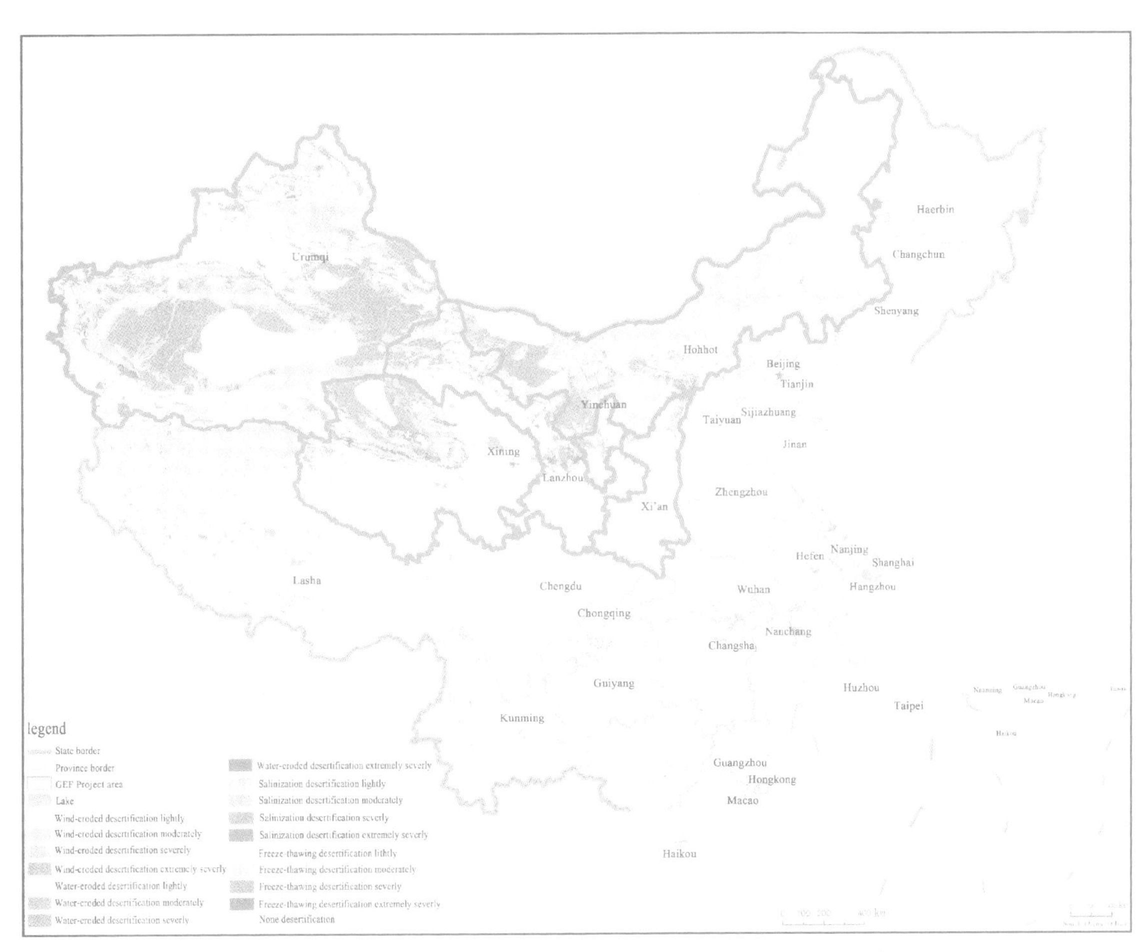

图13-2 中国荒漠化土地分布示意图（国家林业局 2005）

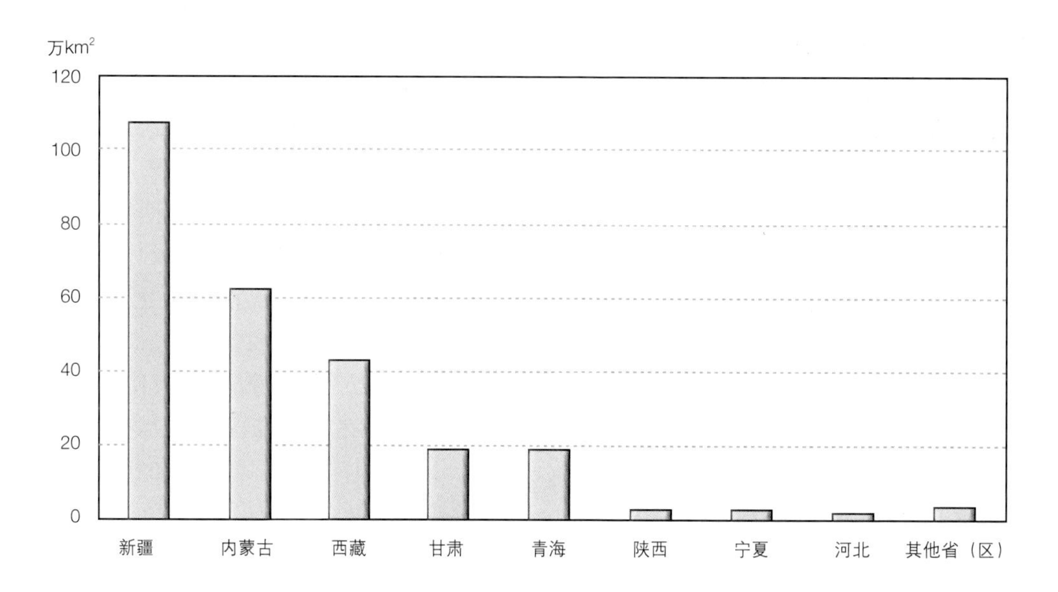

图13-3 中国荒漠化土地分省（区）分布状况

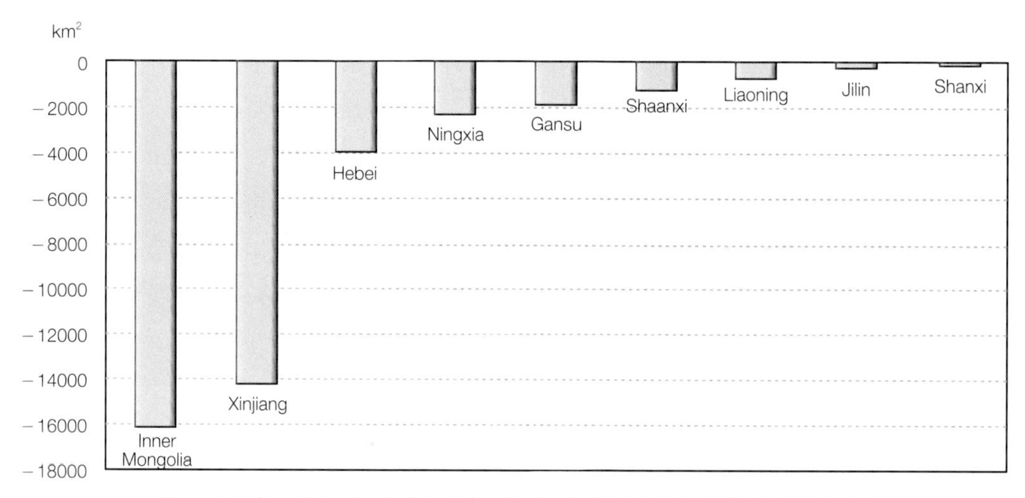

图13-4 中国主要荒漠化省（区）荒漠化土地动态（1999～2004）

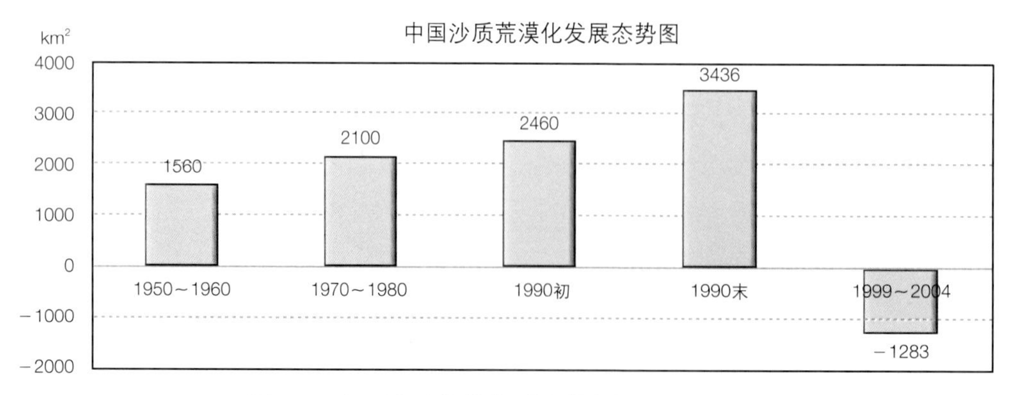

图13-5 中国沙质荒漠化（沙漠化）土地态势图

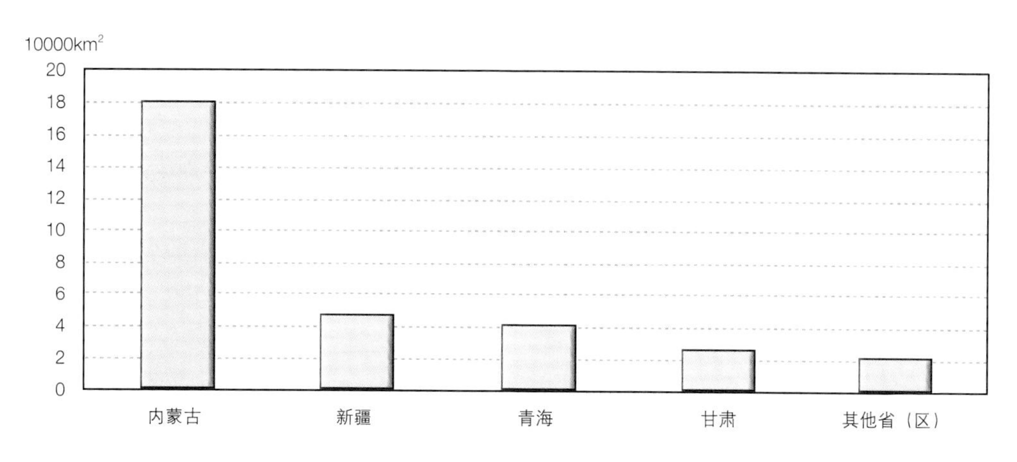

图13-6 中国具有明显沙化趋势土地分布状况

比，除青海省外，项目区其他5省（区）沙漠化土地呈现下降态势，其中内蒙古沙漠化土地面积减少4882平方千米，宁夏沙漠化土地面积减少254平方千米，甘肃沙漠化土地面积减少863平方千米，陕西减少208平方千米。

与此同时，全国具有明显沙化趋势的土地主要分布在项目区，约占全国具有明显沙化土地总面积的93.09%（图13-6），其中内蒙古为180 800 km^2，新疆40 810 km^2，青海42 000 km^2，甘肃25 800 km^2。

（二）土地退化成因分析

土地退化是自然因素和人为因素共同作用的结果，并受气候变化影响。就自然因素而言，地表丰富的、缺乏植被保护的松散物质以及干旱、大风等造成土地退化的主要因子。土地资源过度开发（开荒）、过度放牧、过度樵采及毁林（草）开荒、干旱区内陆河流水资源过度及不合理开发等活动均可能导致土地退化，是造成土地退化的人为因素。而政策不到位（诸如治理投入不足、配套措施不落实、干

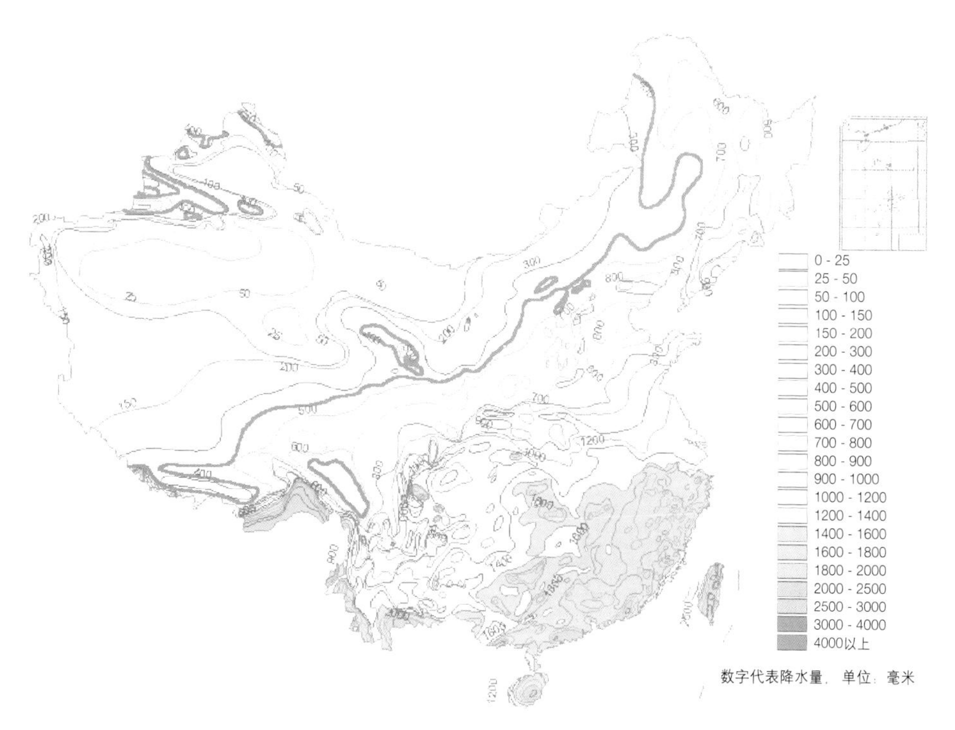

图13-7 中国降水量分布图

部环境考核制度不落实、人才及技术问题）、法制不健全（立法、执法及普法）、体制不完善（部门职能分割、职责不分、工作效率不高等）是造成土地退化的深层次原因。

受地质因素影响，我国主要沙漠和沙地主要分布在项目六省（区），项目区地表具有丰富的易于侵蚀（包括风蚀和水蚀）的物质；同时受干旱气候影响，项目区降水稀少，绝大部分地区年降水量小于400mm（图13-7），干旱造成植被覆盖极少；伴随的大风（沙区）和特殊的降雨（黄土高原）等综合因素，极易造成土壤侵蚀，进而导致土地退化。

在人口急剧增加的情况下，土地资源过度开发（开荒）、过度放牧、过度樵采及毁林（草）开荒、干旱区内陆河流水资源过度及不合理开发等活动均可能导致土地退化，是造成土地退化的人为因素（图13-8人为因素在土地沙漠化过程中的作用）。

一是滥开垦。随着人口激增，人均占有耕地数量骤减，为了满足日益增长的人口对基本食物的需求，在落后的生产技术条件下，不断扩大耕地的规模与范围，垦殖了大量非宜农地，尤其是许多优质天然草场因此而遭到破坏。大量非宜农土地被垦，破坏了地表原生植被和土壤结构，极大地加剧了土壤风蚀，形成大量沙漠化土地。

二是过度放牧。一面是农垦使草原面积缩减，一面是长期以来施行的只追求发展牲畜头数，忽视效益的“头数牧业”，使草原牲畜迅速发展，草原超载严重。草场严重退化，产草量减少，草场反过来更加超载，草、畜和土地陷入反复的恶性循环之中。内蒙古甘宁青新五省（区）的牲畜数量由1949年的7671.96万个羊单位增加到1990年的20992.13万个羊单位，年平均增率达29.3%（表13-3）。

三是滥樵采。我国西部地区农村生活燃料基本上以生物质燃料为主，主要靠作物秸秆、荒漠灌木等为燃料。燃料需求导致天然植被破坏，进一步导致以固定沙丘活化和沙质草原风蚀，直接导致流沙的出现，特别是在干旱沙漠地带，绿洲边缘灌丛沙堆植被的破坏往往成为绿洲周围土地沙漠化的重要原因。柴达木盆地从1954年到1984年底，累计樵采梭梭、柽柳、锦鸡儿、白刺、沙棘等沙生植物总计达650万～700万t，樵采破坏植被面积累计为133万多hm^2，现今以格尔木市为中心的公路沿线东西长240km，南北宽25～35km范围内的沙生植被几乎全被砍光挖净。南疆天然胡杨林在1956～1980年间减少了17.4万hm^2，北疆梭梭林向沙漠腹地回缩20～30km，而同期全疆累计造林保存面积仅19.7万hm^2。内蒙古额济纳旗每年因樵采毁林达1000 hm^2以上。植被破坏，使本来就缺乏植被保护的沙质地表进一步裸露，加剧了风力对地表的直接吹蚀作用，土壤风蚀加

表13-3 中国北方草场历年载畜情况（万只羊单位）

年代/省（区）	内蒙古	甘肃	宁夏	青海	新疆
1950	2447.30	1746.46	292.43	1851.46	2309.41
1955	4658.90	2435.77	491.87	2728.24	3238.83
1959	5189.20	2222.78	472.36	1817.00	3307.12
1969	6431.60	2580.73	566.32	3713.80	3897.63
1979	6800.60	2975.53	597.19	4379.18	4350.47
1990	6460.14	3563.34	689.25	4669.80	5609.60
合理载畜量	4837.00	1511.84	288.47	3625.45	3621.78
1990年超载率	33.56	135.70	138.93	28.81	54.89
退化草场比例利用草场百分比	41.00	44.00	97.00	20.00	19.00

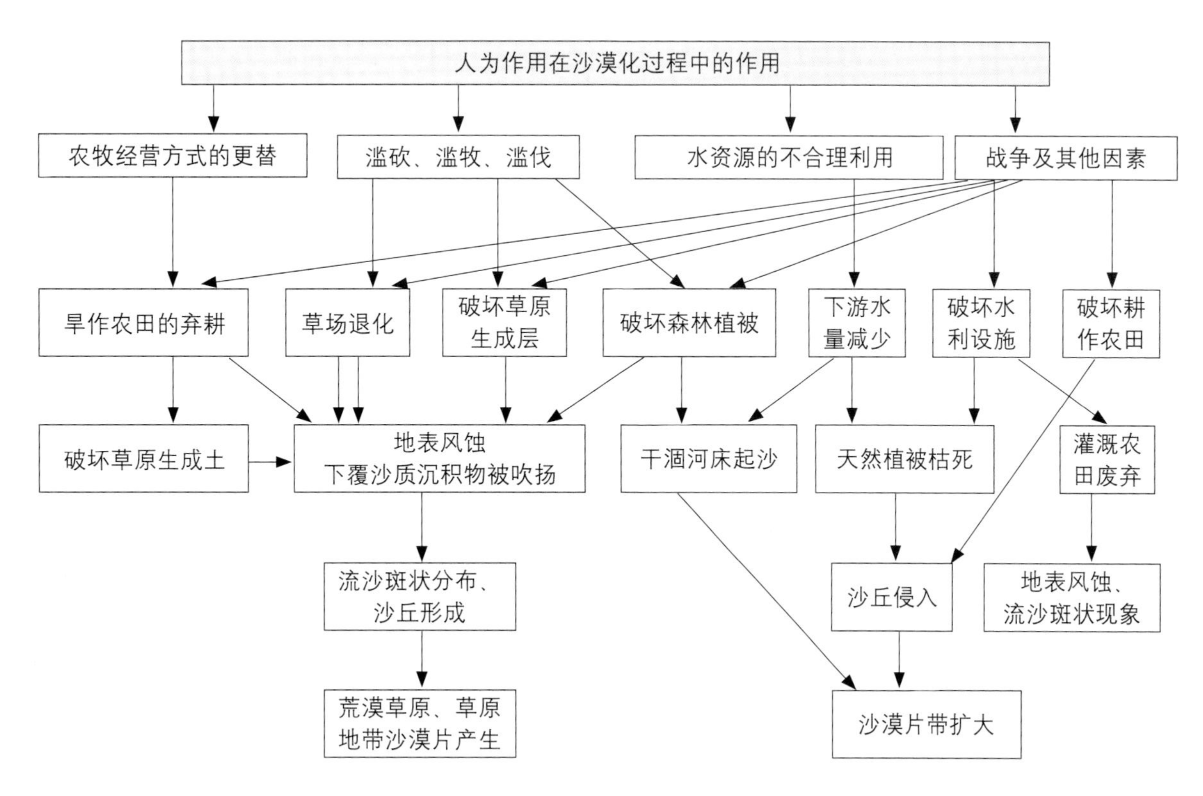

图13-8 人为因素在土地沙漠化过程中的作用

剧并造成固定沙丘活化（图13-8）。

四是滥用水资源。水资源利用不当，导致内陆河下游地段水资源减少，植被衰退与破坏，引起干旱区内陆河沿岸及下游地段绿洲土地沙漠化的发生与发展。石羊河上游武威绿洲、下游民勤绿洲的盛衰，是河流上下游不能统筹兼顾、水资源制约绿洲发展的实例。民勤绿洲在1950年代是全国治沙典型，当时石羊河流入该地的水源为每年5亿立方米，现在年均输水量仅为1亿立方米左右，致使植被因缺水而枯萎、衰败，沙化加剧。现在年均增加沙化土地7～8km^2。在黑河流域，上游绿洲过渡使用水源，使黑河下泄给内蒙古额济纳旗的水甚至不能维持起码的生态平衡，造成湖泊干涸、胡杨林大面积死亡，土地沙漠化严重发展。新中国成立后，南疆塔里木河上游绿洲的大量用水，使塔里木河断流，罗布泊干涸，台特马湖干涸，塔里木河下游，地下水位由20世纪50年代的3～5m降至80年代的11～13m。1958～1978年，下游5.4万hm^2天然胡杨林减少到1.64万hm^2。在北疆也因河流上游的开垦灌溉，使河水减少，下游湖泊萎缩乃至干涸，湖周围土地迅速土地沙漠化。

进一步分析造成土地退化的深层次原因，政策法律体系薄弱及不合理的政策机制、管理机构职能分散、对过去土地退化经验总结不够、参与式土地退化防治机制未能很好应用、土地退化治理投入不足等是造成土地退化的深层次原因，这也是GEF-OP12能力建设项目关注的重点和主要内容（见组分1、2、3其他报告）。

与此同时，我们还要认识到全球气候变化对土地退化的影响。应当看到随着全球气候变化的加剧，我国面临的土地退化形势会更加严峻，治理任务会进一步加剧。

（三）土地退化的后果

我国西北地区的土地退化，导致严重的生态（资源环境）、经济和社会后果。

首先在土地资源方面：土地退化导致土地的有形损失。据1996年全国沙漠化普查资料（林业部治沙办，1997），1949～1994年，全国共有1000万亩耕地发生了不同程度的沙漠化，占该沙漠化地区耕地面积的40.1%，年平均丧失耕地22.3万亩。造成粮食损失每年高达

30亿多千克，相当于750万人的年口粮。在土壤和植被方面：土地退化造成土壤生产力下降，其主要后果是植物生长减缓，土壤植被覆盖减少，有机质减少，肥力下降，雨水渗透减少和径流增加。所有这些都会对土壤产生有害的影响，进而增加侵蚀和水流失的危险，因此退化进一步加剧。在水资源方面，土地表面植被破坏对水域和河流的水文状况会产生不良影响。青海三江源地区的土地退化直接影响中华水塔安全。在大气方面，每年冬春季节频繁发生的沙尘暴，造成严重的大气污染，危机全球生态环境。同时，在生物多样性方面，土地退化的最终结果是造成生物种类的减少、许多特有种群的消失。虽然陕西的生物种类繁多，但土地退化已使许多物种受到了威胁。

在经济方面，土地退化造成巨大经济损失。前述全国因荒漠化造成的年直接经济损失高达541亿元[2]（20世纪90年代初期）—642亿元[3]（90年代末）—1281亿元[4]（21世纪初期），约占全国GDP年1.41%（1999年）。以陕西省为例，据初步估算，2004年全省因土地退化而造成的经济损失大约为115.54亿元（直接损失和间接损失），占全省当年GDP的3.64%。甘肃省每年因土地退化而造成的直接经济损失占GDP的1.663%。青海省每年因土地退化而造成的直接经济损失占全省GDP的6.5%。新疆土地退化造成的直接经济损失总量每年为92.4亿元人民币，其中风蚀每年造成的直接经济损失为58.3亿元人民币，水蚀每年造成的直接经济损失为11.6亿元人民币，土壤盐渍化每年造成的直接经济损失为22.5亿元人民币。内蒙古仅2004年因农田及草场的退化造成的直接经济损失达187.29亿元，间接经济损失达936.45亿元，总计1123.74亿元，占全年GDP的41.43%。

与此同时，土地退化产生严重的社会问题。土地退化导致贫困并进一步加剧贫困，土地退化威胁粮食安全，导致生态难民，甚至威胁国土安全。前述中国大部分贫困县和贫困人口分布在西部土地退化严重的地区。

因此，在中国土地退化不仅是一个严重的生态环境问题，影响人类居住环境，同时还是一个严峻的经济问题，制约经济发展和腾飞。与此同时，土地退化还是一个严重的社会问题，影响社会稳定，土地退化还是一个严峻的政治问题，影响民族团结和边疆稳定。

四、项目区以往土地退化防治情况

（一）发展规划及实施的项目

自新中国成立以来，中央政府十分重视土地退化防治工作，特别是改革开放以来，实施了一系列有关土地退化防治项目。1992年联合国环境与发展大会后，中国政府制定了《中国21世纪议程白皮书》以及相关文件。1993年出台了“全国水土保持纲要”，在国民经济第九和第十个五年计划中，土地退化防治得到有效重视。2000年国家实施西部大开发战略，国务院先后出台了《关于进一步加快林业发展的决定》和《关于进一步加快防沙治沙的决定》。在国家层面实施了一系列有关土地退化防治工程，包括林业部门实施的林业生态工程（包括天然林资源保护工程、三北防护林体系建设工程、退耕还林工程、京津风沙源治理工程、野生动植物保护及自然保护区建设工程、重点地区以速生丰产用材林为主的林业产业基地建设工程。其中京津风沙源治理工程和三北防护林四期工程覆盖了我国85%以上的沙化土地，构筑了中国防沙治沙工程的主体框架）、水利部门实施的小流域水土流失综合治理工程及内陆河流域综合整治工程（黄河、黑河、塔里木河综合整治和水量统一调度）、农业部门实施的草原建设与退牧还草工程、财政部门主导实施的农业综合开发、环境保护部门等部门实施的自然保护区建设等工程及国家扶贫工程等项目等。

---

[2] 张玉，宁大同．中国荒漠化经济损失评估，中国人口、资源与环境，1996, Vol.6 No.1.P45 ~ 49

[3] 卢琦，吴波．中国荒漠化灾害经济损失评估，中国人口、资源与环境，Vol.12, No.2: P29 ~ 33

[4] 刘拓，张克斌，林琼．中国土地沙漠化防治〔M〕. 北京：中国林业出版社，2006.

在项目区地方层面，项目各省区也相应制定了有关土地退化防治方案或专题规划。陕西省制定了生态建设规划、陕西省环境保护“十一五”规划及陕西省水利“十一五”规划等。宁夏制定了宁夏“十一五”规划纲要，其要点是：继续实施好退耕还林工程、三北防护林工程、天然林保护工程、退牧还草、城市大环境绿化等到重点工程，加强自然保护区建设及黄河湿地保护，建设大六盘生态经济圈。将生态环境建设与产业结构调整、基本农田建设、扶贫开发、生态移民等有机地结合起来，强化经济、法律和行政措施，加强林业管护，努力巩固生态建设成果，防止出现反复。青海有关防治土地退化专项规划有：《青海省生态环境建设规划》《青海省湿地保护工程规划》《青海省退耕还林还草及后续产业“十一五”发展规划》《青海省林业“十一五”和中长期发展规划》《青海省三江源自然保护区生态保护和建设总体规划》《青海省防灾减灾“十一五”规划》等。新疆制定了新疆维吾尔自治区生态环境建设规划，新疆维吾尔自治区防沙治沙“十一五”规划，新疆畜牧业“十一五”发展规划纲要，新疆农业发展“十一五”规划，新疆水土保持发展“十一五”规划等，同时还制定了塔里木河综合整治计划，乌鲁木齐环境综合整治计划，塔里木盆地及准格尔盆地土地荒漠化防治计划，艾比湖湿地生态保护计划等专题规划。内蒙古内蒙古自治区“十一五”规划目标是：生态环境实现稳定遏制，重点治理区域全面好转，草原植被盖度和质量显著提高，森林覆盖率达到20%以上。继续实施京津风沙源治理、退耕还林、退牧还草、天然林保护、三北防护林、水土保持等生态建设重点工程，加大科技支撑力度，提高工程建设效果。进一步巩固科尔沁沙地、毛乌素沙地生态治理成果，有效改善呼伦贝尔沙地、浑善达克沙地、乌珠穆沁沙地和阴山农牧交错地带的生态状况。保护和合理利用呼伦贝尔草原、锡林郭勒草原、大兴安岭及其他次生林区森林资源和阿拉善沙漠绿洲。在腾格里、巴丹吉林、乌兰布和、巴音温都尔、库布齐沙漠边缘大力营造防风固沙林，防止沙漠向外扩展。加快实施黄河中上游内蒙古段多沙粗沙区、嫩江流域黑土区水土流失治理工程。

（二）近年来在土地退化防治和扶贫方面的投入

过去几十年，尤其是2000年以来，政府（包括中央政府和地方政府）在土地退化防治及扶贫方面投入了巨额资金。

据不完全统计，“九五”期间国家在陕西用于土地退化及扶贫方面的投资大约为539亿元，其中用于土地退化防治方面的投资大约为470亿元，用于扶贫方面的投资大约为69亿元。“十五”期间国家在陕西用于土地退化及扶贫方面的投资大约为610亿元，其中用于土地退化防治方面的投资大约为527亿元，用于扶贫方面的投资大约为83亿元。“九五”期间省级用于土地退化防治及扶贫方面的投资大约为255亿元，其中用于土地退化防治方面的投资大约为237亿元，占同期全省GDP的1.8%，用于扶贫方面的投资大约为18亿元。“十五”期间用于土地退化及扶贫方面的投资大约为282亿元，其中用于土地退化防治方面的投资大约为260亿元，占同期全省GDP的2%以上，用于扶贫方面的投资大约为22亿元。按照陕西省“十一五”规划纲要，“十一五”期间用于土地退化防治及扶贫的资金将达到326亿元，其中用于土地退化防治方面的投资大约为300亿元，用于扶贫方面的投资大约为26亿元，其增长速度高于同期GDP的增长速度。

自1985年以来，甘肃省用于土地退化防治的资金大约100.3435亿元人民币，其中91.1268亿元为中央投入，9.2167亿元为甘肃地方投入。宁夏20世纪80年代每年用于土地退化防治的资金为5541万元，90年代每年为7002万元，2000年为20316万元，2005年为10.9823亿元。青海省截至2005年底，中央政府在土地退化防治方面的投资累计50.87亿元，在扶贫方面投资达69.24亿元。据不完全统计，“八五”以来，青海省直接用于土地退化防治的财政预算内资金36.25亿元，在扶贫方面投入18.60亿元。另外捐赠机构在土地退化防治和扶贫方面的投入包括：香港基督教励行会投资400万元；香港嘉道里基金会投资100万元，日本小原基金会投资

1000万日元在贵德进行综合治理；澳大利亚海外发展署投资82万元，援助青海省编制扶贫开发规划和开展扶贫能力建设活动；澳发署投资1148万澳元实施林业资源管理项目；欧盟投资320万欧元，实施了青海省畜牧业开发项目；辽宁省投资12457.7万元，进行对口协作帮扶等。自1985年以来，国家及中央各部委对新疆的土地退化治理共计投入2665172万元人民币，主要投入是从“九五”的1998年开始，而大量的投资是从“十五”开始，占全部投资的69.7%。新疆各级政府对土地退化防治的投入极少，共计投入161770万元人民币，占全部投入的5.7%，主要投入在“十五”期间，共130997万元人民币，占总投资的90.0%。2000～2005年中央对内蒙古投入用于生态项目资金达到232.3亿元，占到全部中央投入的13.2%。先后实施了退耕还林、退牧还草、水土保持、天然林保护、京津风沙源等生态建设重点工程。1985年以来内蒙古政府财政通过各部门对自治区贫困的投入约为10亿元。受经济条件制约，内蒙古地方当地政府对防治土地退化和贫困的投入十分有限。

（三）以往土地退化防治工作经验

（1）加强协调。生态环境建设是一项跨地区、跨部门、跨行业的综合性系统工程，综合部门（发展改革委员会）和有关部门应加强领导，协调行动；各地区应按照省（区）规划的要求，精心组织好规划工程的实施；各级计划部门应统筹规划，综合平衡，做好组织协调工作；农业、林业、水利等行业主管部门应按照各自职能分工，明确责任，加强行业指导和工程管理；财政、金融、土地等有关部门都应积极支持生态环境建设。

（2）加强法制建设，依法保护和治理生态环境。各级政府和有关部门在研究制定经济发展规划时，应统筹考虑生态环境；在审查经济开发计划和项目时严格执行生态环境保护的法律法规，在项目设计中充分考虑对周围环境的影响，并提出相应的报告，安排相应的建设内容；在工程验收时，应同时检查生态环境措施的落实情况。严格控制在生态环境脆弱的地区开垦土地。不允许以任何借口毁林、毁草、污染水资源、浪费土地，对生态环境有潜在威胁的项目要有必要的补救措施。加强法制队伍建设，加大生态环境保护的执法力度，坚决禁止边建设，边破坏的现象，加强法律监督，违法必究，严肃查处有关案件。

（3）科学管理，确保生态环境建设效益。生态环境建设工程从项目审查到竣工验收以及项目后评估的全过程，应严格按国家基本建设程序和有关规定进行管理。工程按规划立项，按设计施工，按工程进度安排建设资金，按效益进行考核，实行项目管理。

（4）依靠科技进步。加快生态环境建设加强生态环境建设人才的培养，重视和加强技术培训。大力宣传和普及科技知识，推广旱作保墒种植、大垄沟耕种、地膜覆盖、宽幅高标准梯田、小流域综合治理、防护林体系营造、抗旱造林、补播、施肥、划区轮牧、风能、太阳能、沼气等技术（见可供防治土地退化选择的一些最佳技术措施一览表及项目组分5成果WOCAT）。通过试验、示范及时总结推广成功的管理经验。建立健全和完善生态环境建设的技术服务和监测体系，为生态环境建设提供可靠的技术、信息服务；加强交流与合作，引进和推广国内外先进技术。成立省级态环境专家咨询决策机构，为工程建设提供咨询和评估，提供科学的决策依据。

（5）深化“五荒”承包改革，稳定和完善鼓励政策。荒山、荒沟、荒沙、荒滩、荒水的治理和合理开发是生态环境建设的重要内容。因“五荒”治理开发投资回收期长、风险大、必须有长期稳定的政策。省（区）应对“五荒”的治理开发进行合理规划，把治理“五荒”与经济开发结合起来，按照谁投资、谁受益的原则，打破行政区域界限，允许不同经济成分主体采取多种形式治理“五荒”资源；允许“五荒”资源使用权一定50年或更长的时间不变。治理开发成果允许继承转让；国家征用时，应对治理者给予补偿。对买而不治、买后乱垦者，应收回承包权，并按照合同进行处理。对“五荒”承包治理项目应在贷款和税收等方面尽可能提供优惠条件。

（6）拓宽投资渠道，建立稳定的投入保障机制。生态环境建设的投资巨大，必须坚持国家、地方、集体、个人一起上，多渠道、多元化、多层次、多方位地筹集建设资金。省、地市、县应把生态环境建设投资纳入基建计划和财政预算，并逐年增加投资；国家安排生态环境建设的预算内基本建设资金、财政资金、农业综合开发资金、扶贫资金、以工代赈资金，在不改变管理渠道和方式的条件下，统筹安排，提高资金使用效益。

（四）已实施和正在实施项目的成本和收益

应当看到项目区土地退化防治工作近年来取得了巨大成绩，前述除青海外，项目其他5省（区）土地退化扩展势头得到遏制（图3-6）。

根据项目专家组提供的方法，项目各省（区）对以往实施的项目成本和效益进行了计算。项目效益包括经济效益分析和生态效益。经济效益中的直接效益按照现行价格进行计算，间接效益按照影子价格及替代成本法计算，最终结果用费用效益比（B/C）及效益综合指数（IBI）。计算表明：陕西省对已实施的27个项目统计结果为费用效益比（B/C）：1∶1.295，效益综合指数（IBI）为1.481。甘肃省：黄土高原世界银行水土保持一期、二期经济净现值分别为7.9429亿元和18.74亿元，经济内部回收率分别为15.1%和17.92%，财务净现值分别为7.5372亿元和16.88亿元，财务内部回收率分别为14.7%和15.81%。宁夏以两个事例（彭阳县的水土保持综合治理项目和盐池县妇女治沙模范白春兰）说明项目实施取得的效益显著。青海省对过去和现在进行的22个项目进行了分析，IBI值均大于1。其中：退化草地综合生态建设、环湖草地围栏、土地开发复垦、劳动力转移培训、退牧还草工程、天然林资源保护工程、水土保持小流域治理、异地扶贫开发、林业资源管理和中央专项水土保持10个项目的IBI值在2以上，尤其前5个项目达到了2.5以上；三江源保护建设，GEF/OP12能力建设项目、退耕还林（草）、农田“坡改梯”工程、天然草地植被恢复、三北防护林、野生动物及自然保护区建设、生物灾害防治、三江源生态监测、青海湖生态监测、黄土高原淤地坝和人工影响天气等12个项目IBI值在1.48～1.94之间。新疆选择了9个项目进行分析，效益/成本平均为1.55。内蒙古择了10个项目进行分析，其中直接效益/成本平均为1.355。间接效益/成本平均为7.244,效益综合指数（IBI）6.316。

（五）土地退化防治的方法和技术

与此同时，各省（区）根据各自自然地理特征及土地退化类型，总结了相应的土地退化防治方法和技术，具体可分为以下几类：①黄土高原小流域综合治理工程技术：梯田、反坡梯田、谷坊、水窖等水土保持工程）；②农田技术：秸秆还田、地膜覆盖、太阳能温室、新能源开发（包括沼气、太阳能、风能）、节水灌溉技术（包括低压管道输水技术、喷管、滴灌、渠道防渗技术等）；③草原退化防治方面：围栏封育、饮水点建设、鼠害防治等；④土地退化生物治理技术：退耕还林（草）造林种草、林灌混交、草田轮作、经济林栽植、飞播造林种草、草场改良等；⑤管理措施：禁止开荒、封育保护森林和草原、轮牧技术、鼠害控制等（表13-4）。

表13-4 可供防治土地退化选择的一些最佳技术措施

战略选项	土地退化后果					
	耕地退化	草场退化	森林退化	水资源退化	生物多样性退化	贫困
1. 修建梯田	✓					
2. 增施农家肥	✓					
3. 旱作技术	✓					
4. 退耕还林（草）		✓				
5. 围栏草场		✓				

（续）

战略选项	土地退化后果					
	耕地退化	草场退化	森林退化	水资源退化	生物多样性退化	贫困
6. 人工草场		√				
7. 舍饲圈养		√				
8. 人工造林			√			
9. 封山育林			√			
10. 飞播造林			√			
11. 防风固沙		√				
12. 保护濒危野生动物					√	
13. 湿地保护					√	
14. 小流域治理				√		
15. 生态修复					√	
16. 农田防洪坝	√					
17. 补灌水窖				√		
18. 灾害预警	√	√	√	√	√	√
19. 气候变化应对工程	√					
20. 人工影响天气工程	√	√	√			
21. 土地资源调查评价	√	√	√			
22. 土地开发整理复垦	√					
23. 农用地分等定级	√					
24. 易地扶贫开民						√
25. 整村推进						√
26. 劳动力转移培训						√
27. 产业化扶贫						√
28. 环境保护能力建设					√	
29. 太阳能电源			√			√
30. 太阳能灶						√
31. 沼气池			√			

五、省（区）战略规划框架

（一）制定省级战略规划框架的目的和目标

省（区）土地退化战略与行动计划的主要目的包括：①完善有关土地退化防治方面的政策和法律框架；②提高利用IEM理念的能力；③促进省、县开展土地退化防治；④提高省级设计土地退化防治投资项目的能力；⑤规范土地退化的监测与评估体系；⑥为全面实施国家规划框架项目奠定基础。

制定本省土地退化防治战略规划框架的目标是：①提高土地退化认识水平，包括对土地退化的性质、范围和严重程度以及土地继续退化的生态、社会和经济后果认识；②鼓励综合土地开发管理，控制当前及今后的土地退化；③鼓励改善自然资源管理，建立完善的地方政策和立法体系；④建立有效的内部协商机制，加强机构能力建设；⑤鼓励社区参加规划、实施、监测和审查可持续土地管理活动；⑥通过恢复、保持和增强自然资源的生产潜力，帮助农村社区开展扶贫工作，拓宽他们从事种植、家畜饲养、林业方面的可持续增收机会；⑦促进新的土地退化防治技术的识别、开发和推广；⑧收集有关土地退化方面的信息，为相关部门进行土地退化防治提供信息平台。

（二）具体目标

1. 陕西省

（1）近期目标：从现在起到2010年，新增水土流失治理面积3.93km²，新建淤地坝1303座，加固淤地坝22547座，新修基本农田$47.71\times10^4hm^2$，改造坡耕地$104.4\times10^4hm^2$，自然保护区$87.2\times10^4hm^2$，占国土面积4.28%，森林保存面积达到$857.9\ 1\times10^4hm^2$，人工及改良草场面积达到$160\times10^4hm^2$，森林覆盖率达到39.7%。（2）中期目标：从2011～2030年，新增水土流失治理面积5.4 km²，新建淤地坝5万余座，增加基本农田$10\times10^4hm^2$，森林保存面积达到$884.67\times10^4hm^2$，改造坡耕地$11.6\times10^4hm^2$，人工及改良草场面积达到$190\times10^4hm^2$，自然保护区占国土面积的4.3%，森林覆盖率达到43%。（3）远期目标：从2031～2050年，新增水土流失治理面积7.21 km²，新建淤地坝5万座，森林保存面积达到$885.01\times10^4hm^2$，人工改良草场面积达到$210\times10^4hm^2$。自然保护区占国土面积4.5%，森林覆盖率达到46%。

2. 甘肃省

近期目标（能力建设和试验示范阶段）：①改善省、市（州）、县的机构环境和法律环境。②加强省际、市（州）际和县际合作，合理分配和利用跨省、市（州）和县的地表水资源；③加强省内与土地退化防治有关的部门间的协作，有效防治从部门利益出发最终导致土地退化的现象；④在已实施区域综合开发、小流域综合治理、水土流失综合治理的基础上进一步明确树立综合生态系统管理观念；⑤探索和建立适合国情和省情的社区参与土地退化防治的机制，使相关机构常设化和可持续；⑥开发和推广行之有效的土地退化监测和防治技术，把土地退化防治从事后"亡羊补牢"变为事前"防患未然"；⑦开辟多种投融资渠道，建立全省性的土地退化防治基金；⑧启动示范项目，为全省防治土地退化积累经验；⑨编制新的土地利用规划。远期目标（2011～2050）：力争在近半个世纪的时间内基本消除土地退化的人为因素，并使自然因素造成的土地退化程度大大减轻，遏制土地退化趋势，恢复、维持和增强土地生产能力，合理利用土地和其他自然资源，消除农村的贫困现象，使全省实现自然、社会、经济的可持续发展。

3. 宁夏

结合《宁夏土地退化防治战略与行动计划》的编制，在PRC-GEF的战略伙伴关系中，逐步建立起生态合理性、经济可持续发展的土地退化防治模式。在人工调控下，优化生态系统，实现生态与经济发展的协调统一。并将土地退化防治和新农村建设相结合。在未来20～30年内，从战略上，在4个区域产生明显效果。使贺兰山、罗山和六盘山等三大林区的自然资源和生物多样性，得到更有效的保护；中部干旱风沙区的土地退化势头得到较稳定的控制，生态系统的自身调节力得到加强；黄土丘陵沟壑水土流失区，通过综合措施，使土壤流失量处于常规水平；宁夏平原上的灌溉农田生态系统与湿地生态系统，达到更加和谐与稳定状态。

4. 青海省

①通过利用综合生态系统管理方法，恢复、维持和增强生态系统的供给和生态功能；土地使用者（农村社区和农户）能够合理利用自然资源，满足生计需要，保持土地资源的良好生产性能和可持续利用。②重点治理区水土流失得到基本治理，人为水土流失得到有效遏制，退化草地得到重建恢复，全省森林覆盖率2005年达到10%以上，全省生态环境明显改善，农牧业综合生产能力大幅度提高。③通过改进农民、牧民生计和福利的综合生态系统管理实践，在社区层面确定贫困、生态脆弱性和土地退化的联系，为合理利用生态系统的自然资源奠定基础，使全省生态环境逐步走向良性循环的轨道。

5. 新疆

防治土地进一步退化，减少贫困，改善生存环境，提高社会福利，实现自然资源可持续利用。实现国土安全、生态安全、人与自然和谐发展。近期目标是：①运用综合生态系统管理的理念治理土地退化；②形成较为完善的防治土地退化的政策、法规体系；③提高机构防治土地退化的管理能力；④使土地退化治理与农牧民的脱贫结合起来，减少农村的贫困人口；⑤建立土地退化监测与评价系统；⑥总结、应用成功的土地退化防治的技术，并使其推广。

6. 内蒙古

总目标是在内蒙古地区减少土地退化、缓解贫困和恢复干旱生态系统。建立有效的综合生态系统管理体系，促进水源涵养、生物多样性保护和碳吸收，促进可持续利用和利益分享以减少贫困，实现全球效益。其中近期目标是：①通过综合土地管理安排，实现可持续农业生产，提高粮食安全和改善人民生活，增加农牧民收入；②增强政府各部门在生态系统综合管理上协调和合作；③推广土地退化综合防治技术；④建立土地退化防治管理体系，提高各机构对防治土地退化的管理能力；⑤建立自治区防治土地退化的法规、政策框架体系；⑥增强各相关利益群体的充分参与，建立利益共享机制；⑦促进土地退化防治的公共融资机制的完善；⑧确定优先行动计划的实施项目；⑨建立比较完备的土地退化评估与监测系统。

（三）制定土地退化防治战略的指导原则及理念

在制定土地退化防治战略时，必须做到既不以破坏生态为代价实现经济社会的暂时发展，也不以保护生态为借口使经济社会停滞不前甚至倒退。其基本原则是：统筹人与自然（包括土地）的和谐关系，实现经济社会的可持续发展，即可持续性原则。这一原则应贯穿于一切人类活动中，具体表现为自然资源和社会资源利用的可持续性，生态保护与生态建设的可持续性，法律与政策环境的可持续性，生产方式与经济发展模式的可持续性，社会价值观念的可持续性等。并最终实现经济社会、生态与环境发展的可持续性。

与此同时，在制定土地退化防治战略时，采用综合生态系统管理（IEM）方法解决各种生态与环境问题，加强部门之间和部门内的协调及合作，动员鼓励利益相关者的参与，进一步完善政策和立法环境，协调各相关部门间行动计划和发展规划。

（四）省（区）土地退化防治战略框架要点

在全面系统分析基础上，各省区土地退化防治战略框架主要包括以下内容：①有关改善土地退化防治立法环境的措施和建议。在整个环境法律和政策体系内，完善和强化有关土地退化防治的法规，充分扩大法规的综合性，减少重叠。②有关土地退化防治改善政策环境的措施和建议。建立多部门协调与合作的政策体系，在地方政府的经济发展政策中考虑生态可持续发展。③改善土地退化防治机构环境的途径。包括，加强土地退化防治工作的领导，各级地方政府应成立个相关部门领导参加的土地退化防治协调机构，加强土地退化防治培训工作，扩大宣传，要让全社会各阶层部门行动起来自觉或不自觉地贯彻IEM原则。④采用以社区为基础的参与式土地退化防治方法。⑤通过示范点（生态系统）进行“最佳的”技术示范，推广土地退化防治技术。⑥推广高产、高效和可持续的农村生计替代途径。包括发展生态农业，区域互动与发展，实施以生态家园建设为中心的社会主义新农村建设。完善退耕还林还草的政策措施。⑦推广缓解地质危害/自然灾害的技术和政策途径。⑧生物多样性保护的途径。⑨加强省际（上下游、区域内外）协调与合作的措施，包括建立省际之间的环境补偿制度，建立东西部之间的利益补偿机制，建立省际之间的投资转移机制等。⑩关于短期、中期及长期投资需求和来源的评估。⑪促进私有企业的投资和激励机制。⑫投资方案的成本和效益。⑬项目影响的监测评价。⑭选择土地退化优先问题和地区的标准。⑮项目设计需要考虑的事项。

六、项目六省（区）土地退化行动计划

（一）土地退化防治优先地区

采用以下3个指标体系：①生态环境敏感性指标；②贫困指标包括贫困人口占区域人口的比例以及贫困乡镇占区域乡镇数量的比例；③效益指标，包括效益成本比、环境效益、社会效益、文化效益及其他效益，确定土地退化防治优先地区（具体流程见图13-9）。

在所有参数中，经济效益参数以解决土地退化问题所采取措施的成本为序，生态敏感性参数用1、3、5、7、9分别代表不敏感、轻度敏感、中度敏感、高度敏感和极敏感5个等级，贫困程度用1、3、5、7、9分别代表不严重、比较严重、中等严重、严重和极严重5个等级，环境效益、社会效益、文化效益和其他效益可用1、3、5、7、9分别代表几乎没有、低、中、高和极高五个等级。1、3、5、7、9在运算时所占权重分别为0、0.1、0.2、0.3、0.4；各参数权重分别为0.4、0.3、0.3。详见表13-5。

1. 陕西省

根据退化状况、恢复的可行性和防治土地退化需要采取的干预措施，陕西四个生态功能区在土地退化防治方面的优先性次序依次为：长城沿岸风沙草原生态功能区，陕北黄土高原丘陵沟壑水土流失重点控制生态功能区，秦岭山地水源涵养与生物多样性保育生态功能区及渭河谷地农业生态功能区。

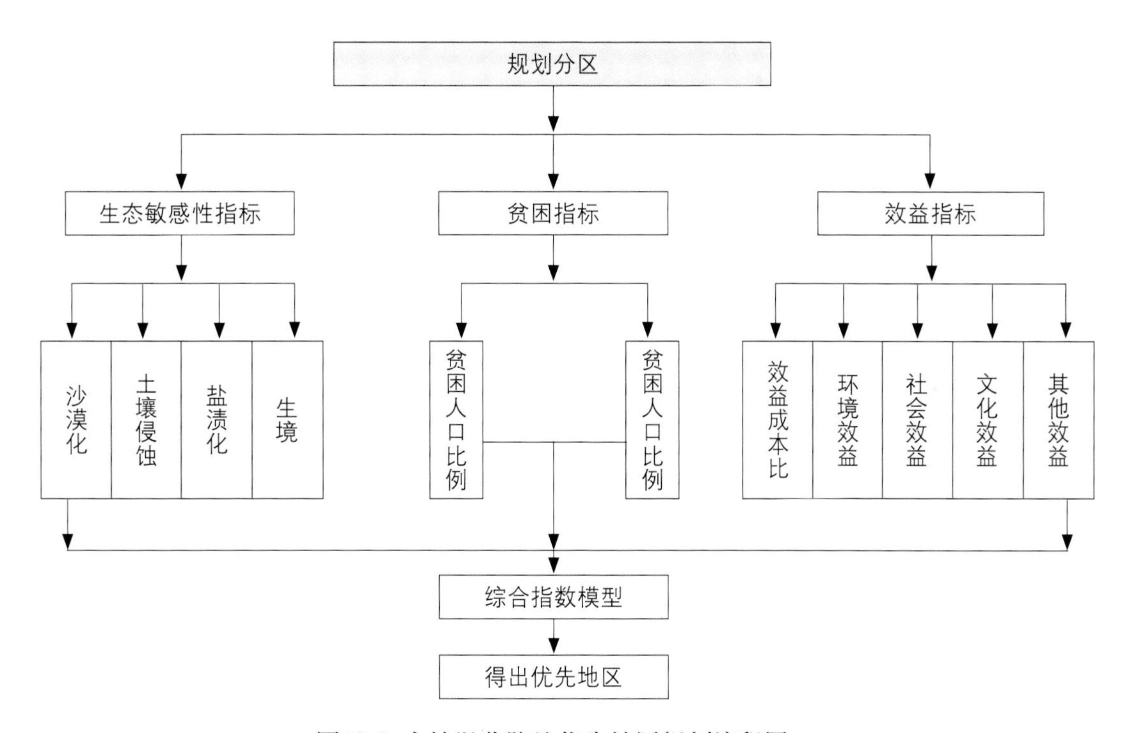

图13-9 土地退化防治优先地区规划流程图

表13-5 排序参数指标的分级及权重计算表

参数指标	分级					权重
	1	3	5	7	9	
生态敏感性						0.40
效益						0.30
贫困状况						0.30
权重	0	0.1	0.2	0.3	0.4	综合指数

表13-6 陕西省生物多样性热点地区的排序

序号	名 称	地 点	主要保护对象	优先次序
1	太白山国家级自然保护区	太白县、眉县、周至县	森林生态系统	6
2	佛坪国家级自然保护区	佛坪县	大熊猫及其生境	1
3	牛背梁国家级自然保护区	长安县、柞水县、宁陕县	羚牛及其生境	5
4	周至国家级自然保护区	周至县	金丝猴及其生境	3
5	长青国家级自然保护区	洋县	大熊猫及其生境	4
6	陕西省朱鹮省级自然保护区	洋县、城固县	朱鹮及生境	2

陕西土地退化防治需要优先采取行动的县依次为：榆阳、神木、府谷、横山、靖边、定边、绥德、米脂、佳县、吴堡、清涧、子洲、子长、安塞、志丹、吴旗、宝塔区、延长、延川、甘泉、富县、洛川、宜川、黄龙、黄陵、洋县、佛坪。

陕西省生物多样性热点地区的排序见表13-6。

2. 甘肃省

土地退化治理区域排序为：①陇中黄土丘陵北部和中东部；②陇东黄土高原；③河西走廊绿洲和荒漠④祁连山—阿尔金山之高寒湿润土地⑤甘南高原。

市县的行动优先性排序为：①白银市景泰县；②白银市靖远县；③白银市会宁县；④定西市安定区；⑤酒泉市属敦煌市；⑥酒泉市瓜州县；⑦酒泉市金塔县；⑧武威市民勤县；⑨武威市古浪县；⑩临夏州东乡族自治县；⑪甘南州玛曲县；⑫陇南市宕昌县。

多样性热点排序：①白龙江流域；②东祁连山地；③甘南高原高寒草甸区；④瓜州敦煌盆地及北山山地；⑤陇东北部典型草原与子午岭林区；⑥苏干湖盆地及周边山地；⑦马衔山、兴隆山地区。

3. 宁夏

水土保持优先区域："十一五"期间对水土保持规划在继续保持原有布局的基础上，根据自治区经济发展方向作适当的调整。总体布局可以概括为"北监督、中修复、南治理、局部区域预防保护"。北监督就是对贺兰山东麓地区采矿、采石(砂)、宁东能源重化工基地、吴忠市太阳山能源建材基地进行预防监督和监测工作；中修复就是对北部黄河两岸、中部干旱草原区及部分黄土丘陵沟壑区(第Ⅴ副区)实施大面积生态修复措施，该范围一般不安排重点治理项目，生态修复项目要与林业、农牧部门实施的退耕还林、天然林资源保护工程、退牧还草项目结合起来，凡各部门所列与生态修复相近的项目都包括生态修复项目之内；南治理就是重点治理区域，选择在黄土丘陵沟壑区(第Ⅱ副区、第Ⅲ副区、第Ⅴ副区的一部分)，即同心、海原、西吉和固原、彭阳地区。第一优先治理在以下区域：彭阳安家川流域、固原双井沟和杨达子沟、海原麻苋河流域、同心折死沟与西吉的滥泥河。局部预防保护就是对贺兰山中段、六盘山山地、大罗山、云雾山、白芨滩、哈巴湖沙坡头等自然保护区的保护工作。

土地沙化治理的优先区域：盐池北部六乡，灵武沙地、平罗县陶乐地区、兴庆区月牙湖，中卫沙坡头与北干渠沿线地区，以及河东能源基地区和贺兰山东麓地区。

土壤盐化治理优先区域：银川平原北部平罗县、惠农区；中卫北干渠、南山台子相邻的宣和与永康；贺兰的南梁台子；兴庆区月牙湖；黄羊滩高地边缘；青铜峡干城子和灵武的狼皮梁；青铜峡库区的中宁县管辖部分等地。

如按生态系统优先排序则是：典型草原与旱地农田生态系统→荒漠草原生态系统→灌溉农田生态系统→湿地生态系统。

县级的行动优先排序：盐池、同心、原州、海原、西吉、彭阳、隆德、泾源、红寺

表13-7 宁夏生物多样性热点地区的排序

序号	名 称	地 点	主要保护对象	优先次序
1	贺兰山国家级自然保护区	石嘴山市、银川市	森林生态系统，野生动植物资源	1
2	六盘山国家级自然保护区	固原市、海原县	森林生态系统，野生动植物资源	2
3	沙坡头国家级自然保护区	中卫市	沙生植物、人工植被、野生动物	3
4	白芨滩国家级自然保护区	灵武市	荒漠生态系统、柠条、猫头刺	4
5	云雾山自治区级自然保护区	原州区	干旱草原生态系统	5
6	罗山国家级自然保护区	同心县	水源涵养林及自然综合体	6
7	哈巴湖国家级自然保护区	盐池县	荒漠生态系统、荒漠湿地	7
8	沙湖自治区级自然保护区	平罗县	湿地生态系统、珍禽	8
9	青铜峡库区区级自然保护区	青铜峡市	湿地生态系统	9
10	党家岔区级自然保护区	西吉县	湿地及动植物资源	10
11	南华山区级自然保护区	海原县	水源涵养林，野生动植物资源	11

堡、中卫(原中卫县)、中宁、惠农、平罗、灵武、大武口、贺兰、永宁、青铜峡、吴忠(原利通区)、西夏、兴庆、金凤（表13-7）。

4. *青海省*

土地退化防治的优先区域。根据综合指数大小对青海省土地退化防治的优先地区进行排序，排序结果依次为：①三江源地区；②湟水谷地；③青海湖流域；④共和盆地；⑤柴达木盆地；⑥黄河谷地（表13-8、表13-9）。

青海省生物多样性保护的优先地区：青海生物多样性保护的优先地区为：可可西里地区、东祁连山地区（含青海湖）、三江源地区以及已建和拟建的自然保护区。

5. *新疆*

生态系统的行动优先性排序。由于新疆地处内陆干旱地区,各生态系统相互交叉、镶嵌分布，土地退化的区域性分布明显，以国家林业局2004年新疆土地荒漠化、沙化监测及国家环境保护总局完成的新疆生态功能区划数据为依据，确定新疆土地退化的优先区域。

按全疆退化土地的面积比例及贫困程度排序：以利用土地的土地荒漠化及贫困状况的优先治理区域排序依次为: 和田地区、吐鲁番地区、克拉玛依市、昌吉州、克州、巴州、阿克苏地区、哈密地区、喀什地区、阿勒泰地区、乌鲁木齐市、塔城地区、博州、石河子市、伊犁地区。

表13-8 青海省土地退化综合防治优先区域排序表

生态区	参数指标级别					综合指数	排序结果
	人口分布(权重0.15)	贫困状况(权重0.20)	生态敏感性(权重0.15)	土地退化状况(权重0.30)	效益综合指数(权重0.20)		
湟水谷地	4.1	3.6	3.1	1.2	4.6	3.09	2
黄河谷地	2.8	3.5	3.8	1.2	4.0	2.85	6
环青海湖	1.1	3.2	4.4	2.2	4.7	3.07	3
共和盆地	2.0	3.8	4.5	2.3	3.2	3.05	4
柴达木盆地	2.1	1.0	4.6	4.0	3.1	3.03	5
三江源地区	1.2	3.8	4.7	3.0	3.2	3.19	1

表13-9 青海省土地退化防治重点活动县市优先区域排序

生态区	主要土地退化问题	优先县、市排序
东部黄土丘陵生态区	植被退化、水土流失、土壤肥力下降、土壤污染等	互助县、湟中县、同仁县、循化县、尖扎县、贵德县、门源县、化隆县、乐都县、大通县、平安县、湟源县、民和县
祁连山森林、高寒草原生态区	植被退化、水土流失、土壤肥力下降、生物多样性下降等	祁连、海晏县、天峻、刚察县
柴达木和共和盆地荒漠生态区	土地沙漠化、土壤次生盐渍化，水土资源不平衡、土地生产力下降、植被退化等	同德县、共和县、都兰县、格尔木市、兴海县、德令哈市、贵南县、乌兰县
三江源高寒草甸草原生态区	超载过牧、植被退化、鼠虫害、水土流失、生物多样性下降等	治多县、曲麻莱县、泽库县、囊谦县、久治县、玉树县、杂多县、达日县、玛多县、称多县、河南县、甘德县、玛沁县、班玛县

按生态重要性（风蚀、水蚀、盐渍化）排序：按照国家环保总局的新疆生态功能区划结果，按生态重要性依次为：准噶尔盆地区域、塔里木盆地区域、两大盆地周边绿洲区、阿尔金山－中昆仑山、天山－准噶尔西部山地－阿尔泰山地。

需要优先管理的生态系统：

（1）艾比湖湿地生态系统；

（2）准噶尔盆地南缘荒漠灌木林、荒漠草地及农田绿洲生态系统；

（3）准噶尔盆地东部荒漠草地、荒漠灌木林及旱作农田生态系统；

（4）塔里木河冲积平原荒漠河岸林、荒漠灌木林、荒漠草甸、荒漠草地生态系统；

（5）塔里木盆地南缘、北缘冲积平原绿洲农田及荒漠草地生态系统；

（6）额尔齐斯河、乌伦古河河谷林及冲积平原荒漠草原生态系统；

（7）阿尔泰山山地寒温带针叶林及山地草地生态系统；

（8）帕米尔高原、昆仑山、阿尔金山高寒荒漠草地生态系统；

表13-10 各县土地退化面积排序表

级别	县名	备注
一级	皮山县、民丰县、若羌县、且末县、策勒县、墨玉县、和田县、洛浦县、策勒县、于田县、喀什市、疏附县、疏勒县、英吉沙县、泽普县、莎车县、叶城县、麦盖提县、岳普湖县、伽师县、巴楚县、塔什库尔干塔吉克自治县、阿图什市、阿克陶县、阿合奇县、乌恰县	南疆塔里木盆地南缘
二级	温宿县、库车县、沙雅县、新和县、拜城县、乌什县、阿瓦提县、柯坪县、库尔勒市、轮台县、尉犁县、焉耆回族自治县、和静县、和硕县、博湖县、和田市、阿克苏市	南疆塔里木盆地北缘
三级	吐鲁番市、鄯善县、托克逊县、哈密市、巴里坤哈萨克自治县、伊吾县、奇台县	东疆区
四级	吉木乃县、博乐市、精河县、温泉县、和布克赛尔蒙古自治县、乌苏市、沙湾县、昌吉市、阜康市、米泉市、呼图壁县、玛纳斯县、吉木萨尔县、木垒哈萨克自治县、克拉玛依市、乌鲁木齐县	准噶尔盆地西南缘
五级	阿勒泰市、布尔津县、富蕴县、福海县、哈巴河县、青河县、塔城市、额敏县、托里县、裕民县	准噶尔盆地北缘
六级	尼勒克县、伊宁市、奎屯市、伊宁县、察布查尔锡伯自治县、霍城县、巩留县、新源县、昭苏县、特克斯县、石河子市、乌鲁木齐市	伊犁河谷及天山西部区

（9）天山北坡中部山地森林及山地草地生态系统；

（10）婆罗科努山、阿拉套山山地森林及山地草地生态系统。

县市的行动优先性排序：按照各县的土地退化状况及贫困状况将各县排序，以南疆的塔里木盆地周边、准噶尔盆地周边县及吐鲁番地区、哈密地区各县最为优先，新疆按县以土地退化现状和贫困状况将全疆各县分为六级（表13-10）。

生物多样性热点排序：依次为：阿尔金山、艾比湖湿地、天山西部（伊犁、博尔塔拉山地）、阿尔泰山、罗布泊—嘎顺戈壁、博斯腾湖湿地、塔里木河流域、额尔齐斯河流域、乌伦古河流域、准噶尔荒漠平原东部、昆仑山、准噶尔西部山地、北塔山。

6. 内蒙古

防治土地退化行动优先区域：

（1）内蒙古东部综合治理区；

（2）内蒙古中部风沙源区；

（3）内蒙古黄河中上游水土流失及沙化地区；

（4）内蒙古阿拉善沙源区。

生物多样性热点排序见表13-11。

表13-11 生物多样性热点区域

生态系统	自然保护区名称	地点	保护对象
综合生态系统	红花尔基樟子松国家森林公园	鄂温克旗、新巴尔虎左旗	野生动物、樟子松、白桦、山杨等。
	图牧吉自然保护区	扎赉特旗	大鸨、鹤类、鹳类
	黑里河自然保护区	宁城县	天然油松林、黄檗、葛枣猕猴桃、金雕、金钱豹、黑熊。
荒漠生态系统	额济纳胡杨林自然保护区	额济纳旗	胡杨林
	内蒙古西鄂尔多斯国家级自然保护区	鄂尔多斯鄂旗、乌海市	四合木、半日花、绵刺、沙冬青等
	哈腾套海自然保护区	磴口县	大鸨、波斑鸨、北山羊、金雕、白鹳等。
草原生态系统	鄂尔多斯遗鸥自然保护区	东胜市	遗鸥、棕头鸥、鸿雁、鸬鹚、大天鹅、赤麻鸭等
	锡林郭勒草原自然保护区	锡林郭勒	草甸草原、典型草原、沙地疏林草原和河谷湿地生态系统、丹顶鹤、白鹳、大鸨、玉带海雕
	内蒙古科尔沁国家级自然保护区	科尔沁右翼中旗	丹顶鹤、白枕鹤、蓑羽鹤、白鹳、大鸨、科尔沁草原自然景观
森林生态系统	贺兰山国家级自然保护区	阿拉善左旗	山地森林生态系统、马鹿、麝、兰马鸡等。
	内蒙古白音敖包沙地云杉自然保护区	克什克腾旗	沙地云杉
	内蒙古大青沟国家级自然保护区	科尔沁左翼后旗	水曲柳、胡桃楸、天麻
	汗玛自然保护区	大兴安岭	紫貂、貂熊、水獭、猞猁，雪兔等。
湿地生态系统	阿鲁科尔沁旗湿地自然保护区	阿鲁科尔沁旗	丹顶鹤、大天鹅、鸿雁、灰鹅、遗鸥、青头潜鸭
	辉河国家级自然保护区	鄂温克族自治旗	丹顶鹤、大鸨
水域生态系统	达里诺尔自然保护区	克什克腾旗	丹顶鹤、大天鹅、大鸨、白枕鹤、蓑羽鹤
	内蒙古达赉湖国家级自然保护区	新巴尔虎右旗	湿地生态系统、丹顶鹤、白鹤、黑鹳

（二）土地退化防治优先活动

在改善立法环境方面优先活动：完善土地退化防治地方性法规、政府规章体系，完善和延长土地承包机制和期限，建立基于IEM理念的土地退化综合防治的协调机制，规定各级政府和主管部门的责任和义务，明确相关科学研究机构、技术服务和推广机构、农村集体组织的设置和作用。改善执法环境，加大执法力度。

在改善政策环境方面所需要的优先活动：制定可持续发展的土地管理政策，制定防治土地退化的战略规划，完善解决贫困的政策，扩大农村就业渠道，减少依赖土地生存的人口。

在能力建设方面需要的优先活动：包括开展多部门和机构间的合作，加强人员培训，建立土地退化监测网和信息系统，建立土地退化综合防治示范点，推广实用技术，加大土地退化控制问题的调查研究加大土地退化控制问题的调查研究。

在筛选和推广最佳技术方面的优先活动：认真总结前述实施的相关项目的成功经验，建立有效的土地退化项目监测评价系统，制定切实可行的项目推广战略。

在改善省级生态系统管理，推广开发式扶贫方面所需要的优先活动：坚持“全面规划、分步实施、突出重点、先易后难、先行试点、稳步推广”的原则。开发扶贫、社会救助和设立专项贷款等措施相结合，加强贫困乡村基础设施建设，着力改善生产生活条件。

在保护生物多样性热点地区所需要的优先活动：加强执法力度与完善决策体系。将自然保护区发展规划和投入纳入当地国民经济和社会发展计划。开展保护生物多样性热点研究，推进自然保护区建设，强化对公众的宣传，提高全民保护意识。

在减灾防灾方面的优先活动：加强地质灾害基础性调查，建立灾害评估、预警预报应急体系，建立灾害救助机制及预防机制。

在争取投资方面的优先活动：确立以中央政府投资在一定时期内仍将占主导地位原则；省市政府投资应保持一定比例并随着全省经济实力的增强而逐步增加比例；争取私人企业投资土地退化防治的公益事业；向东部、中部地区有关省份争取投资。扩大外国投资渠道。

（三）建议优先项目

通过筛选，推荐26各项目为近期土地退化防治优先项目（表13-12）。其中陕西4个、甘肃4个、宁夏2个、青海2个、新疆4个、内蒙古5个、山西2个、吉林1个，同时有2个跨区域项目（由国家林业局协调：陕－甘－新、陕－晋－内蒙古）。由于良好的组织协调，目前艾比湖流域综合生态系统管理项目和丝绸之路项目，分别由世界银行（GEF赠款）和ADB（GEF赠款和贷款相结合）开始实施（表13-12）。

表13-12 近期土地退化防治优先项目推荐表

排序	省(区)	项目名称	地点
01	新疆	艾比湖流域综合生态系统管理项目	博乐市、精河县、温泉县、克拉玛依市、塔城地区乌苏市
02	新疆	新疆准噶尔盆地东南缘土地退化综合治理项目	吉木萨尔、奇台、木垒
03	新疆	新疆塔克拉玛干沙漠南缘贫困地区土地保护项目	策勒县、于田县、民丰县
04	新疆	新疆阿克苏地区渭干河流域退化土地治理与可持续利用项目	新和县、库车县、沙雅县
05	甘肃	景泰绿洲综合生态系统管理项目	景泰县
06	甘肃	泾河流域综合生态系统管理项目	崆峒区
07	甘肃	靖远县雨养农业综合生态系统管理项目	靖远县
08	甘肃	黑河中游综合生态系统管理项目	甘州区

（续）

排序	省(区)	项目名称	地点
09	内蒙古	内蒙古乌海－毛乌素沙地IEM项目	海南区，乌审旗、鄂托克前旗、东胜区、伊金霍洛旗、杭锦旗、阿左旗、磴口县
10	内蒙古	内蒙古太仆寺旗IEM项目	太仆寺旗
11	内蒙古	内蒙古克什克腾旗IEM项目	克什克腾旗
12	内蒙古	内蒙古四子王旗IEM项目	四子王旗
13	内蒙古	内蒙古科尔沁沙地东北IEM 项目	五岔沟、科右前旗、科右中旗、扎赉特旗、突泉
14	宁夏	宁夏青铜峡市IEM项目	青铜峡市
15	宁夏	宁夏中部同心荒漠植被恢复项目	同心
16	青海	青海省湟水流域综合生态系统管理项目	海晏、湟源、湟中、大通、西宁、互助、平安、乐都、民和
17	青海	环青海湖地区退化草地综合治理项目	共和、刚察、天峻、海晏
18	陕西	陕北黄土高原风沙交错区IEM项目	榆阳区、府谷县、神木县
19	陕西	延安白于山区黄土丘陵沟壑区综合生态系统管理项目	宝塔区、吴旗县、子长县
20	陕西	无定河流域土壤侵蚀综合生态系统管理项目	榆阳区、靖边县、定边县、横山县、子洲县、米脂县、绥德、清涧
21	陕西	陕北陵沟壑区综合生态系统管理项目	洛川、富县、甘泉、黄陵、黄龙
22	国家林业局	丝绸之路IEM项目	丝绸之路沿线陕西、甘肃及新疆
23	国家林业局	陕西-山西-内蒙古黄土高原/风沙交错区IEM项目	陕西-山西-内蒙古11个地区
24	山西	山西西部黄土高原荒漠化防治IEM项目	离石、临县、兴县、交口、中阳
25	山西	山西汾河源区IEM 项目	宁武、岢岚、五寨、保德、偏关
26	吉林	吉林科尔沁沙地土地退化防治IEM项目	农安，公主岭、双辽、梨树、长岭、前郭、乾安、扶余、通榆

14 中国-全球环境基金干旱生态系统土地退化防治伙伴关系能力建设项目的法律和政策成果在国际上的应用

Ian Hannam[1]

1. 引言

本文论述了中国-全球环境基金干旱生态系统土地退化防治伙伴关系能力建设项目（简称能力建设项目）组分1——完善土地退化防治政策、法律和法规（简称法律组分）——对国际生态系统管理和土地退化防治法律、政策所做出的贡献。过去，不论在国际上还是在不同地区和国家，都没有给予土地退化法律和政策足够的重视（Hannam 和Boer 2002）。尽管中国20世纪80年代才开始制定综合环境法，但是很快意识到，要想保护生态环境，防治土地退化，必须制定专门法（亚行，2002年）。如亚行指出的，早期法律法规制定的方式和制度的不健全，使得这些法律法规无法满足土地退化防治和自然资源管理的要求（亚行，2004）。基于对这一现状的认识，同时在国际机构的协助下，中国实施能力建设项目的法律组分，通过对多部法律法规进行分析，制定出了新的法律法规框架（包括培训和指导）。这是目前世界上公认的最全面的关于土地退化防治的国家环境法律完善项目。

1.1 项目法律组分和国际环境法

法律组分的实施为中国提供了一个良好的机会，大幅提高其制定环境法律、政策和进行机构安排的能力，以加强干旱地区的土地退化防治。通过法律组分制定的综合立法框架、指导方针和程序，也适用于和中国干旱地区气候、生态和社会特点相似的其他国家和地区（千年生态系统评估，2005）。法律组分实施的深度和广度超出了目前世界上任何关于土地退化防治的综合环境法律评估所涉及的范围。因此，法律组分的实施不只是中国自身从中获益，全球也能得益，其知识、经验和教训对全球防治土地退化的努力有着积极的推进意义。法律组分取得的立法成果有助于许多面临土地退化和荒漠化问题的发展中国家实现其国际环境立法改革活动或战略的目标（Hannam和Boer，第4章，2003）。此外，由于这些成果也适用于西方法律和机构制度，因此对西方国家也有一定价值（参阅Chalifour et al, 2007）。法律组分中与国际环境法律的制定和执行相关的内容包括：

方法包括：生态系统方法；法律政策专家组的作用；制定法律政策框架的方法；衡量法律能力和能力建设；模型方法。

对国际环境法律和政策战略的影响包括：蒙特维多计划3；世界土壤议程；多边条约；世界环境与发展峰会的实施计划；世界自然保护联盟环境法律计划；联合国环境规划署土地利用和土壤保持战略。

[1] 亚行顾问，中国－全球环境基金干旱生态系统土地退化防治伙伴关系能力建设项目国际环境法律政策专家；澳大利亚农业和法律中心及新英格兰大学高级研究员。地址：澳大利亚新南威尔士州阿米戴勒市2351，E-mail：ian.hannam@ozemail.com.au

2. 方法

2.1 综合生态系统方法

关于能力建设项目实施的综合生态系统管理理念的重要意义，江泽慧在2006年的报告中已经作了阐述。许多强调兼顾可持续发展和减轻贫困的全球性环境战略均倡导综合生态系统方法，把它作为土地利用管理的重要战略和行动指南（Hannam和Boer，第2章，2003；UNEP，2004）。生态系统方法强调用综合方法管理土地、水资源和其他基础性资源，推动各方保护、可持续地利用各种资源。根据生态系统方法，能力建设项目把环境问题和土地退化、可持续发展、减少贫困直接联系起来。此外，将综合生态系统管理方法的实施作为评估法律、法规和政策的根本，并且将世界自然保护联盟倡导的综合生态系统管理的12条原则作为标准评估程序的一部分，有效地评估了法律、法规和政策中存在的差距和不足。法律组分在应用综合生态系统方法过程中取得的经验教训为全世界提供了值得借鉴的模式。这些经验教训表明，如果在法律体系内考虑到环境的各个方面，就能更容易理解生态系统的复杂性和多变性，同时还能提高对生态系统功能的认识，为国家、省级和地方各层面制定保护方法、社会选择和管理实践活动提供有用的知识和建议（Hannam, 2004）。

2.2 法律政策专家组

为法律组分的实施而组建的中央及省级法律政策专家组是该项目的一个成功经验，并为其他国家开展环境法律改革提供了可借鉴的经验。法律政策专家组选定和评估法律政策资料，制定解释方法，与政府官员和其他专家组进行商讨，为省级法律政策框架的制定提出最终建议。法律政策专家组成员有的来自与9个重要法律领域相关的政府部门，有的来自大专院校。在有些情况下，也有来自私有部门的法律专家。各专家组分别选定和评估省级法律法规，然后制定出省级法律政策框架。在提出最终建议之前，同能力建设项目其他组分的科学家和生态学家到实地开展联合调查，讨论土地退化技术事宜。成立专家组这一做法已被其他国际环境法改革项目借鉴采纳，如由全球环境基金、联合国环境规划署及联合国开发计划署资助的项目。此外，在制定新的外国资助计划过程中也采用这一做法。

2.3 分析方法

法律组分利用综合生态系统管理方法开展法律分析，这是根据对全球可持续土地管理和土地退化的相关环境法的调查而形成的方法，已经在亚洲和欧洲各地应用（Hannam，2003）。法律组分的经验教训表明，只要进行适当修改，其他国家也能利用由17条核心法律要素组成的这一基本方法开展环境法律改革（Hannam，2008）。这17条核心要素包含了任何法律和机制的至关重要的基本组成部分（体现形式是为实现某一特定法律目的制定的原则、行为准则或权限），因此在全世界都适用。但是，能力建设项目的法律组分增加了3个要素（因此形成20个要素），这20个要素是根据法律和生态系统原则的评估而确定的，充分体现了中国法律的程序。能力建设项目有效地说明了这20条要素可以出现在法律体系中的不同法律之中。根据这一经验，其他国家也能运用“法律要素”方法开展以下工作：

评估现行法律法规的能力（下文予以定义）是否达到规定的土地退化防治执行标准，是否增加更多要素取决于所评估的法律能力能否满足这些标准；

为完善现行的或制定新的有关土地退化防治的法律提供指导；

每个法律要素必须具有达到规定的生态系统管理行业水平或土地管理标准的能力。

2.4 评估法律政策框架的能力

法律组分的一项主要任务是评估中央和省级有关土地退化防治的法律法规的能力，这也是值得其他国家借鉴的地方。能力的高低取决于相关法律法规工具中、能实现综合生态系统管理的形式中和法律法规工具中有利于采取积极的行动的法律、行政和技术手段中的关键法律要素的数量和类型（Boer和Hannam，2003；Hannam, 2004）。一些法律能力直接明显地体现了IEM理念，而一些法律能力则只是形式上的，只能通过某种间接行动来实现。法律能力以法律权利、法律机制类型和关键要素的数量及其全面性等形式体现出来（Boer和Hannam，2003）。法律组分肯定了土地管理问题是由多个因素造成的（社会、法律和技术等因素），其他国家如果要有效地确定环境法律法规是否在土地退化防治中发挥作用，就必须对多项环境法律法规进行评估。法律组分还发现，防治土地退化需要许多不同类型的法律和制度要素及各种机制，因此其他国家若想正确地确定目前各种管理体制和它们之间的相互作用，就必须对现行的环境法进行评估。经证明，法律组分的成果可作为制定有关土地退化防治的新的法律体系、法律类型和制度要素的指南，因而非常重要。

2.4.1 法律和制度体系

法律组分的实施结果说明，完全可以对复杂的土地退化防治法律和制度体系及其组织运行体制进行评估，并且完全可找出机构体系的弱点及其防治土地退化的能力。可以确认，在土地退化防治中，多个机构可在土地退化防治中发挥作用，一些机构需要部分或全部地调整重组，以履行其土地退化防治的法律职责，这一点可供其他国家在进行法律改革规划中借鉴（Hannam和Boer，2003）。

2.4.2 建立立法体系

法律组分有力地说明了各个国家可以采取多种方法建立其法律框架。土地管理综合程序可以纳入涉及范围更广、规定环境保护与管理（如森林、水资源、生物多样性、荒漠化、土地经营、土地管理等）职责的立法体系之中。从实际意义上说，可能属于土地退化防治立法范畴内的法律类型通常在农用地管理中发挥直接的作用。农用地是生产人类必需的衣食产品的基础性资源，同时还因为其开放的空间、对自然环境的重要作用及其保护、景观和美观价值而备受重视（Grossman 和 Brussaard，1992)。能力建设项目认为，防治土地退化的立法在农用地的分配与利用中起到了重要作用，因此希望其他国家开展类似工作时也考虑到防治土地退化的立法的作用和好处。依据中国的行政和程序立法标准，在保护与管理土地、水资源、草场、生物多样性和湿地资源时，应用法律组分所采用的方法有其依据。其他国家在借鉴中国经验时，必须采用一种与本国行政、机构和立法特点相适应的方法，并从基础上为制定专门法解决环境管理问题，或者将土地管理法律要素纳入现行环境法当中，或者制定新的环境法（Hannam, 2008）。

2.4.3 完善项目与优先领域

法律组分的主要成果是六省/区启动了法律的完善项目，并撰写了一份报告，探讨总结了土地退化防治的法律、法规、政策和机构能力的现状。其他国家启动环境法完善项目时可吸收和借鉴法律组分积累的以下经验和教训：

（1）立法领域——综合生态系统管理和土地退化防治的立法体系；国家和省级的综合生态系统管理和土地退化防治的法律法规框架；农村土地使用权的法律框架；现行法律法规中要素不足、解释不连贯和条款之间相矛盾；立法缺口；缺乏司法保障。

（2）政策领域——综合生态系统管理和土地退化防治政策；经济发展、生态建设、生物多样性保护、农业、林业、粮食安全、扶贫等政策；政策不完善；政策与法规之间的协调性。

（3）机构领域——参与土地退化防治和综合生态系统管理的市、县、乡各级机构的职能和责任；有关部委和中央政府在土地退化防治和综合生态系统管理中的职责；各机构在排水区域中应承担的职责，各部委、科研机构、大专院校、私营企业、NGO和社区组织之间的协调机制。

2.5 法律、政策、机构方面的能力建设经验

法律组分的以下经验对其他国家启动环境法完善项目有实际意义：

（1）法律经验——执法经验；司法保障；确定优先行动，改善土地退化防治的法律体系。

（2）政策经验——政策与法律的协调性；政策的理论性，公平性和效率；坚持民主和科学的决策；综合生态系统管理的改良；环境科学知识的教育与普及；完善土地退化政策；

（3）机构经验——机构的集体经验；机构的程序保障经验；协调经验；确定优先行动，加强土地退化防治机构的能力建设。

2.6 其他国家的应用——模式方法

法律组分的经验教训为其他国家和地区提供了可资借鉴的模式，用于制定土地退化防治法律、政策和机构的评估方法。例如，UNEP帕米尔-阿莱高地可持续土地管理项目的法律组分（在中亚吉尔吉斯斯坦和塔吉克斯坦实施）（Hannam，2005）和UNDP 蒙古国防治项目均借鉴了中国的能力建设项目法律组分的经验（Hannam，2008）。其他国家在借鉴该经验时应遵循以下几条指导原则：

2.6.1 第一步：初步调查

确定土地退化的重点问题；确定与土地退化防治相关的机构；确定与土地退化防治相关的各位阶的环境立法和各级司法权。

2.6.2 第二步：分析

用国际通用的土地管理法律和机构标准来评估、分析和解释相关环境法；

相关立法：①找出与土地退化防治相关的条款和原则；②根据各条款所属的“基本要素”对条款进行分类；

确定各级法律和机构框架；包括或缺乏哪些要素；每部法律中最具代表性的和最没有代表性的要素。

2.6.3 第三步：讨论、结论、成果

确定法律和机构框架的特点、要点和模式。

确定法律、机构体系的能力。归纳各位阶法律文件的特点、优势和弱点。对政策制定和土地管理指南提出建议。确定法律和机构需要完善的领域，法律和机构改革建议，以提高可持续利用。

3. 国际环境法战略

法律组分为土地退化相关的国际环境法提供了丰富的知识，若干国际环境法也受益于该组分取得的成果。

3.1 蒙特维多计划 3

联合国环境规划署蒙特维多计划3 主要是制定和审议21世纪第一个10年的环境法（UNEP，2001）。该项目包括了土壤（目标12）、森林（目标13）、生物多样性（目标14）和污染控制（目标15）等专项目标，是环境法战略项目的一部分。项目对国际协议和国际指南、原则和标准作出了规定，同时对如何提高制定和实施这些行动的能力作出了规定。法律组分的以下几项活动对该项目做出了重要贡献：

提高土地退化防治环境法的效力；干旱区生态系统的保护与管理。把土壤、森林、生物多样性、湿地、自然保护区、农业、草场、土地、水资源等相关的环境法与环境管理更紧密地联系起来。

蒙特维多计划包含许多不同的领域，它们的目标、战略和行动为能力建设项目法律组分明确了哪些要素需要评估。另外，法律组分的许多成果对蒙特维多计划以下几个方面也产生了直接影响：

3.1.1 环境法效力——其目标是使环境法得到有效的实施、执行和遵守；其战略是通过最广泛的参与多边环境协议，制定相关战略、机制和全国性法律促进环境法的有效执行

（1）法律组分承担了蒙特维多计划 3 中的以下行动：

①评价国际环境法的遵守；②国内环境法效力的调查。

（2）确定措施，应对土地退化防治环境法执行的制约因素

（3）能力建设项目获得的帮助：

①建立、完善国内法律，以提高国际环境法的遵守力度和履行国际环境义务的力度；②制定环境行动计划和战略，促进国际环境义务的履行。

（4）为国家主管部门提供建议、模式法律和指导材料，帮助实施各种国际环境标准；

（5）对法律遵守机制（包括报告和核准机制）进行对比分析。

（6）推动国际环境法标准的实施。

（7）推动各种民事责任机制的应用。

（8）评价、促进刑法与行政法在执行国内环境法和标准中的更广泛应用。

(9) 探寻促进非国有部门参与环境法实施和遵守及国内执行的方法，以取得有效的成果。

3.1.2 能力建设——其目标是加强发展中国家特别是最不发达国家、发展中小岛国和经济转型期国家的监管与制度能力，制定并实施环境法；其战略是对相关领域进行需求评估之后提供适宜的技术支持、教育和培训

法律组分承担了以下专项活动：

(1) 帮助制定和完善国内环境法律法规、程序和机构；

(2) 为政府官员、司法人员、法律专家和其他相关人员举办有关环境法律政策、国际环境法执行的各种研讨会。

(3) 提供与环境法和能力建设工具相关的培训和支持。

(4) 在大专院校和法学院开设国内环境法、国际环境法和比较环境法课程，并编写教学材料。

(5) 与政府和相关国际机构合作，在各省和全国范围内推动环境法教育项目的实施。

(6) 加强国际组织和机构在环境法教育项目的启动、实施和执行以及环境退化根源研究等方面的协作，其中也包括那些提供资助的机构。

3.1.3 协调——其目标是以一致的方法制定并执行环境法，鼓励相关机构间的协作；其战略是推动各国、各地区和全球采取行动，制定和应用一致的方法来制定环境法，鼓励国际环境法和机构相统一、相协调

(1) 法律组分承担了以下专项活动：

①修改环境法标准；②促进国内环境法与其他法律之间的统一性，保证法律之间相互支持、相互补充；③研究综合性的环境政策与行政程序。

(2) 研究加强环境法实施中的法律保障、障碍和机会，以避免各种环境法的调整范围和职能相重合；

(3) 提高环境法中的各种报告义务的一致性和合理性。

3.1.4 环境法的创新方法——其目标是通过创新方法的应用，提高环境法效力；其战略是确定并推广提高环境法效力的创新方法、工具和机制

法律组分承担了以下专项工作：

(1) 评估国家对生态标签、认证、污染费、自然资源税、排放交易等工具的使用，同时帮助使用这些工具；

(2) 制定自愿行动准则和比较行动纲要，并评估其效力，以促进有环境和社会责任感的企业和机构遵守国内法律；

(3) 鼓励考虑使用环境价值和环境问题（包括为了后代的利益）发言人；

(4) 研究法律的其他方面对环境保护和可持续发展的贡献；

(5) 通过研究，加强原住社区和地方社区传统生活方式与环境治理和保护之间的关系；

(6) 在法律实践中促进生态系统管理，包括对环境效益等生态系统服务进行估价；

(7) 鼓励制定有利于环境的法律政策框架。

3.2 实施世界土壤议程

法律组分对有关可持续土地管理的9个世界土壤议程的实施做出了重要贡献（Hurni和Meyer，2002；Hannam 2006），特别是议程6为各国制定和实施水土保持政策提供了指导，而议程9为各国完善土壤可持续利用的法律法规提供了指导。议程的制定吸收了土地可持续利用的国际经验，因此成为各国制定自然资源管理法律框架的基础（Hurni和Meyer，2002；Hurni和Meyer，2006）。而法律组分的成果和经验教训有利于对每个议程进行评论。

3.2.1 科学任务及监测与评估任务

议程1：评估土壤退化的现状与趋势：

(1) 建议修改各省关于土地退化监测与评估程序的法律法规；

(2) 改善可持续土地管理的相关法律，保证科学地解决问题；

(3) 提高立法研究能力。

议程2：确定影响指标及监测与评估工具：

建议完善法律，促进研究机构制定指标、建立监测体系，评估生态可持续性。

议程3：制定原则、技术、方法和有效的框架：

(1) 建议负责土地可持续管理的部委和其他部门承担充分的立法责任；

(2) 建议进行省级立法改革，使监测与评

估研究工作更注重开发、监测可持续技术及其生态适宜性、经济可行性、社会可接受性和机构可行性。

3.2.2 政策任务

议程4：确定一个多学科网络：

（1）建议完善立法，促使政策制定者意识到制定综合性政策和机构制度的需求；

（2）改善立法机制，以获得不同学科的专家、专业机构的建议，保证政策的兼容性。

议程5：成立专家组：

（1）在省、地方整合相关资料信息；

（2）提供有关土地退化和荒漠化影响的资料信息；

（3）改善各级政策制定程序，实现土地可持续管理。

议程6：为制定、实施国家综合土地管理政策提供指导：

（1）建议制定国家可持续土地管理政策；

（2）成立由来自多个学科的专家组成的工作组；

（3）建立一个更加有力的政策立法基础。

3.2.3 实施支持任务

议程7：推广可持续土地管理措施：

（1）鼓励政府部门和私营企业投资于可持续土地管理技术和方法；

（2）用可持续农业投资项目代替激励性保护项目；

（3）为农牧民、妇女和少数民族等弱势群体提供帮助；

议程8：确保将土地可持续管理纳入各种发展项目：

（1）建议开发合作部门评估其项目对自然资源的影响；

（2）为流域保护、减缓湿地影响、保护生物多样性和改善环境教育制定法律；

议程9：为国家和地方行动提供指导：

（1）建议从实施、规划、利益相关者参与、实地活动、监测和影响评估等各个阶段完善从国家到地方制定的各级政策、项目和计划；

（2）提高国家研究机构提供专业知识的能力和能力支持的水平。

3.3 实施多边协定

法律组分对各种在土地退化防治中发挥作用的多边环境协定（特别是《联合国防治荒漠化公约》《生物多样性公约》《关于特别是作为水禽栖息地的国际重要湿地公约》等）的具体实施做出了重要贡献。六个省、自治区的法律和政策框架评估了这些公约中的相关规定，以确定这些规定是否有利于帮助各省、自治区完善土地退化防治法律政策并制定相应的行动计划。人们认为，尽管这些规定在自然环境保护方面有其局限性，但确实有助于推动各种土地退化和荒漠化防治活动（Boer and Hannam，2003，p152～154）。

3.3.1《联合国防治荒漠化公约》——法律组分指出，该公约中以下几个方面的规定可在各省实施（联合国1992）

（1）执行国家规定的各种法律、法规和政策，根据各省荒漠化实际情况制定地方法律、专项法律、政府规章和政策；

（2）实施中国国家荒漠化防治战略和行动计划，并将其纳入地方生态计划当中；

（3）实施荒漠化监测体系，开展荒漠化防治科学研究，采取各种相关防治措施；

（4）控制防风林和固沙林的砍伐，封育沙化地，保护围封土地；

（5）在沙区实施建筑工程需遵守《环境影响评价法》，合理利用开发沙区资源；

（6）开展宣传教育活动，提高公众对荒漠化防治重要性和必要性的认识。

3.3.2《生物多样性公约》——法律组分指出，该公约中以下几个方面的规定可在各省实施（UNEP，1992）

（1）执行国家有关生物多样性保护的法律、法规和政策，制定地方行政令、法规和政策；

（2）实施国家生物多样性保护战略和行动计划，并将其纳入当地经济社会发展和生态保护计划当中；

（3）建立生物多样性保护区；

（4）与当地居民合作，共同努力，恢复生态系统；

（5）控制由现代生物技术繁衍的生物引发

的风险，避免可能危及现有生态系统、种群和物种的外来物种的入侵，采取控制措施；

（6）鼓励公众参与生物多样性保护活动，对危及生物多样性的开发活动开展环境影响评价；

（7）开展宣传和教育活动，帮助公众充分认识到生物多样性的重要性，尊重与生物多样性相关的传统知识。

3.3.3《关于特别是作为水禽栖息地的国际重要湿地公约》——法律组分指出，该公约中以下几个方面的规定可在各省实施（联合国1971）

（1）执行国家有关湿地保护的法律、法规和政策，制定相关的地方行政令，专项法、法规和政策；

（2）实施国家湿地保护战略和行动计划，并将其纳入当地生态保护计划当中；

（3）编写湿地保护计划，并组织实施；

（4）实施湿地保护区制度，建立覆盖全省的湿地保护网络，开展湿地资源科学研究；

（5）开展环境影响评价和生态影响评估，合理利用湿地资源；

（6）开展宣传和教育活动，帮助公众充分认识到湿地保护的重要性。

3.4 环境与发展世界峰会实施计划

2002年举行的环境与发展世界峰会将可持续发展确认为国际议程的核心要素，为全球采取共同行动减少贫困与保护环境带来了新的动力。本次峰会的一个主要成果是意识到了加强土地保护的必要性，把土地保护作为消除贫困、减少土壤肥力流失和提高用水效率的一项主要战略。通过应用综合生态系统管理方法审查法律法规，强调综合生态系统管理在制定土地综合管理计划中的作用，提高土地生产力。制定政策、法律，保护土地和水资源使用权，保障弱势群体土地使用权的稳定性和长期性。法律组分帮助实现了环境与发展世界峰会实施计划的主要目标。

3.5 世界自然保护联盟环境法计划

世界自然保护联盟环境法计划旨在推动环境法的完善，为此确立新的法律概念和工具，并提高社会运用环境法来保护和可持续利用自然资源的能力。其环境方面的主要活动涉及生物多样性、气候变化、能源、生态系统服务、环境管理、森林、保护区及土地和水资源的可持续利用等领域。法律组分通过完善土地退化防治环境法并根据新环境法在中国遇到的挑战，为环境法补漏查缺，为“环境法计划规划”做出了重要贡献。法律组分对世界自然保护联盟环境法计划的特别贡献在于其开发并检验了一系列制定环境法律政策的技术手段，目前这些技术手段已经成熟，可通过“环境法计划规划”活动供其他国家借鉴：

（1）对确定环境法解决大面积土地退化和荒漠化问题的能力和方法进行检验；

（2）表明大批环境法可以通过有效管理取得富有意义的成果；

（3）在综合改革项目中发展出一个报告环境法律、政策和机构问题的模式；

（4）成功地展示如何把综合生态系统管理理念纳入土地退化环境法体制、政策和机构安排之中；

法律组分通过以下活动对蒙特维多计划3第五领域——加强和发展国际环境法——做出重要贡献：

（1）评估环境面临的当前或未来的挑战，确定今后的努力方向，包括解决国内环境法的相互联系和交叉性问题，并明确环境法在应对这些挑战中的作用；

（2）根据目前法律工具和法律实践情况，制定标准，以确定新的国家环境法律工具的需求及可行性；

（3）审议1972年斯德哥尔摩《联合国人类环境宣言》和1992年《联合国里约环境与发展宣言》中包含的各项原则的应用情况，确定出其在各国的应用程度，并将其结果向各省宣传；

（4）检评法律的其他领域，以确定不断涌现的与土地退化防治环境法实施相关的理念、原则和实践活动；

（5）加强联合国各机构与其他跨政府机构的合作，制定相关环境法律工具，鼓励把可持续发展纳入这些法律工具之中；

（6）鼓励研究机构及研究人员为制定更好的国际环境法而不断努力。

3.6 联合国环境规划署土地利用管理和土壤保护战略（UNEP战略）

UNEP战略列出了环境评估、政策指南及执行办法中的关键问题，以促进其他环境核心领域和国际、地区和国家相关发展进程中的环境、土地和土壤各环节的融合，强调要与联合国千年发展目标一致（UNEP，2004）。法律组分对UNEP战略确定的许多问题发挥了直接作用，包括消除赤贫与饥饿、促进男女平等、保障妇女权利、保证环境可持续发展、建立全球发展伙伴关系等。法律组分在以下几个方面帮助实现UNEP战略目标：

应用生态系统管理方法，促进行政管理体系各部门间加强衔接和协同。各省法律政策框架有效地、综合地反映出了土地管理法律政策，突出了土地资源的生态和社会功能。法律组分确定了许多协作活动，特别是在环境评估、政策制定和实施中的协作活动，有利于多边环境协议的实施，为减缓土地退化影响提供了机会（UNEP，2004，《目标与战略A》19～38页）。

意识到应制定并实施以环境为中心、以发展为导向的土地可持续利用政策，并通过能力建设、信息管理和公共参与予以实现。法律组分强调政策和指南的制定，以防止、减少土地退化带来的环境和社会影响，明确了：①政策、行政管理和文化中的制约因素；②参与式伙伴关系的能力建设和制度安排；③获取公共信息的方法；④为政府和社会决策提供技术支持；⑤在各项政策中突出土地问题（UNEP，2004，《目标与战略C》41页）。

支持运用法律程序把土地管理与土壤保护中的环境问题融合起来，成为政策制定的一个组成部分。法律组分为能力建设、环境突发事件、指南制定、提高意识、教育和培训等政策给出了重点内容。作为土地综合管理方法的一部分（UNEP，2004，《目标与战略C》41～42页），更多的有效立法将在国家综合UNEP战略各方面或实施UNEP战略过程中发挥至关重要的作用。

建议提高科学政策的相互作用，加强知识体系建设。推广土地管理最佳实践的信息（包括建立数据库等）是政策实施的一个重要组成部分（UNEP，2004，《目标与战略D》45页）。

建议为土地退化防治动员更多资金、机构和人力资源，低成本地制定和执行政策；提高私有部门在制定计划和项目初期的参与程度（UNEP，2004，《目标与战略F》49页）。

4. 结论

中国是世界上土地退化最严重的国家之一，中国西部干旱地区的退化情况日益恶化，严重影响了国家经济和社会的可持续发展。这些情况引起了国际社会对中国西部地区的关注，因此促成了中国-全球环境基金干旱生态系统土地退化防治伙伴关系框架下的能力建设项目的启动和实施。能力建设项目法律组分的成果表明，中国的土地退化防治法律体系相当复杂，包括国家宪法和许多独立的法律、行政法规、地方性法规、政府规章和规范性文件，并且在全国和各省实施了这些法律法规。法律组分评估了现行土地退化防治法律法规的能力，产生了综合性的、及时的信息，不仅有助于改善中国西部土地退化防治法律政策框架，同时也对国际土地退化环境法律政策的制定做出了重要的贡献。法律组分采用的方法已被其他3个项目/国家效仿，形成了一个有用的模式，值得更多国家借鉴。此外也可以很清楚地看到，法律组分对许多主要国家环境法战略的解释和实施做出了很大贡献。

致谢

非常感谢Bruce Carrad 先生（前亚行专家）和Frank Radstake先生（亚行专家）和中国的其他同事、专家，特别是王虹女士和杜群教授、中央项目办的同事和武汉大学环境法研究所及六省（区）的同事们，感谢他们在我参与实施中国-全球环境基金干旱生态系统土地退化防治伙伴关系法律组分过程中（2004～2008年）给予的大力支持和帮助。

参考文献

ADB (Asian Development Bank). 2002. *Technical Assistance to the People's Republic of China for Preparing National Strategy for Soil and Water Conservation*. Manila.

ADB (Asian Development Bank). 2004. *Financial Arrangement for a Proposed Global Environment Facility Grant and Asian Development Bank Technical Assistance Grant to the People's Republic of China for the Capacity Building to Combat Land Degradation Project*. TAR: PRC 36445. Manila.

Boer, B.W and I.D Hannam. 2003. 'Legal Aspects of Sustainable Soils: International and National', *Review of European Community and International Environmental Law*, Vol 12:2:149-163.

Chalifour, N.J, P, Kameri-Mbote, Lin Heng Lye and J. R. Nolon. 2007. *Land Use Law for Sustainable Development*, IUCN Academy of Environmental Law Research Studies, Cambridge University Press.

Grossman, M.R, and W, Brussaard. 1992. *Agrarian Land Law in the Western World*, C.A.B International, Wallingford, UK.

Hannam, I.D. 2003. A *method to identify and evaluate the legal and institutional framework of water and land in Asia: the outcome of a study in Southeast Asia and the People's Republic of China*. Research Report 73, Colombo, Sri Lanka: International Water Management Institute.

Hannam, I.D. 2004. *A Method to Determine the Capacity of Laws and Regulations to Implement IEM, PRC-GEF Partnership on Land Degradation in Dryland Ecosystems, Capacity Building to Combat Land Degradation Project Component 1 - Improving Policies, Laws and Regulations for Land Degradation Control*.

Hannam, I.D. 2005. *Synthesis Report: the Legal, Policy and Institutional Aspects of Sustainable Land Management in the Pamir-Alai Mountain Environment*. Sustainable Land Management in the High Pamir and Pamir-Alai Mountains GEF PDF-B Project United Nations University, Tokyo.

Hannam, I.D. 2008. *Assessment of Environmental Laws*, Strengthening Environmental Governance in Mongolia, UNDP-Netherlands Government Project Mongolia.

Hannam, I.D. 2006. *Working Paper No 1: International Laws and Regulations for Soil and Water Conservation*, Iimplementation of the National Strategy for Soil and Water Conservation TA 4404, Report and Recommendations on Revising the 1991 Water and Soil Conservation Law of the People's Republic of China.

Hannam, I.D., with B.W. Boer. 2002. *Legal and Institutional Frameworks for Sustainable Soils. A Preliminary Report*. IUCN Gland, Switzerland and Cambridge, UK, 88p.

Hurni, H, and K. Meyer (Eds). 2002. *A World Soils Agenda, Discussing International Actions for the Sustainable Use of Soils,* Prepared with the support of an international group of specialists of the IASUS Working Group of the International Union of Soil Sciences (IUSS), Centre for Development and Environment, Berne 63pp.

Hurni, H, Giger, M, and Meyer, K (Eds). 2006. *Soils on the Global Agenda, Developing international mechanisms for sustainable land management*, Prepared with the support of an international group of specialists of the IASUS Working Group of the International Union of Soil Sciences (IUSS). Centre for Development and Environment, Bern 64pp.

IUCN (The World Conservation Union). 2003, *Subsidiary Body on Scientific, Technical and Technological Advice*.

Jiang Zehui. 2006. Integrated Ecosystem Management, Proceedings of the International Workshop on Integrated Ecosystem Management, Beijing 1-2 November 2004, China Forestry Publishing House.

Millennium Ecosystem Assessment. 2005. *Ecosystems and Human Well-being: Desertification Synthesis*, World Resources Institute, Washington, DC.

United Nations. 1971. *Convention on Wetlands of International Importance Especially as Waterfowl Habitat*.

United Nations. 1992. *Convention to Combat Desertification in those Countries Experiencing Serious Drought and/or Desertification, Particularly in Africa*, Nairobi.

UNEP. 1995. *Convention on Biological Diversity*, Nairobi.

UNEP. 2001. *Montevideo Program III - the Program for the Development and Periodic Review of Environmental Law for the First Decade of the Twenty-First Century*, adopted by Governing Council of United Nations Environment Program (Decision 21/23 of the 2001).

UNEP. 2004. *UNEP's Strategy on Land Use Management and Soil Conservation, a Strengthened Functional Approach*, UNEP Policy Series, Nairobi.

WSSD (World Summit on Environment and Development). 2002. *Plan of Implementation,* United Nations.

15 中国土地退化防治立法面临的挑战与对策

王灿发[1] 冯 嘉[2]

摘要

经过30多年的快速发展，中国土地退化防治立法已经建立起了比较完整的体系，并建立了许多比较有效的管理制度。但是，中国的土地退化防治立法仍然面临着许多挑战：立法的理念不完全符合综合管理的理念；法规体系不健全，一些必要的立法尚付阙如；管理体制制约对土地退化的综合管理；一些必要的管理制度尚未建立；有些管理制度不够完善；法律的惩罚力度不足以对违法者形成威慑；有法不依、执法不严的状况严重存在；公众在土地退化防治中的作用未能得到充分发挥。面对挑战，为了适应中国土地退化防治的需要，应当根据科学发展观的要求，运用综合管理的理念，健全土地退化防治法规体系，建立和完善必要的管理制度和措施，根据不能使违法者从其违法行为中得到好处的原则确定对违法者的处罚力度，同时应当建立有利于防治土地退化的激励机制，通过使用权的长期固定、财政补贴、税收优惠等，鼓励单位和个人从事土地退化防治。

关键词

土地退化，综合管理，立法、管理制度

土地退化是指土地受到人为因素或自然因素或人为、自然综合因素的干扰、破坏而改变土地原有的内部结构、理化性状，土地环境日趋恶劣，逐步减少或失去该土地原先所具有的综合生产潜力的演替过程。[3]土地退化防治立法则是国家为预防和治理土地退化而制定的法律规范的总称。同时也可以是国家为预防和治理土地退化而制定法律规范活动的总称。由于地理、气候和人为的原因，中国是土地退化较严重的国家之一，[4]同时也是土地退化防治立法发展较快的国家之一。然而，中国的土地退化防治立法并不十分完善，面临着许多严峻的问题和挑战，亟需加以解决和完善。

一、中国土地退化防治立法的现状及其作用

中国的土地退化防治立法发展很快，初步形成了自己独特的法规体系，并在中国的土地退化防治中发挥着重要的作用。

---

[1] 王灿发，男，中国政法大学教授，博士生导师。

[2] 冯嘉，男，中国政法大学环境法学博士生。

[3] 见http://baike.baidu.com/view/786762.htm，2009年6月20日18：00浏览。

[4] 我国由于不合理的开发利用方式（与自然因素共同作用）所造成的土地资源退化面积高达80.88亿亩，占全国土地总面积的56.2%。其中：水土流失面积27亿亩（180万平方千米），荒漠化土地面积5.01亿亩（33.4万平方千米），土壤盐碱化面积14.87亿亩，草场退化面积30亿亩，土壤污染面积4亿亩。这些退化过程所涉及的耕地10多亿亩，占耕地总面积的一半。考虑到重复计算，如以10%扣除后，则我国土地资源退化面积为73亿亩，占全国土地总面积50.7%。见http://www.iswc.ac.cn/kepu_renyushengtai/docc/product_tabbrow.asp-id=1861&classid=49.html，2009年6月20日19：00浏览。

（一）中国土地退化防治立法已经初步形成体系

中国防治土地退化的立法开始于20世纪50年代，但真正得到大发展是最近30年的事情。目前中国关于土地退化防治的立法呈现出“一元、两级、多层次”的特点。即有关土地退化防治的立法可以分为中央和地方两个级别，且每一级的立法又都可以具体分为效力等级不同的若干层次（多层次），但中央和地方两级的立法不是平行的，而是下位法服从于上位法的效力位阶关系。

从国家一级的立法来说，目前基本上形成了由宪法、法律、行政法规、部门规章组成的土地退化防治的立法体系。在国家立法中，除宪法外，法律、行政法规及部门规章根据自然资源的属性及其立法现状，大致可以分为9个法律领域，包括国土资源法领域、防沙治沙法领域、水土保持法领域、草原法领域、森林法领域、水资源法领域、农业法领域、野生动植物法领域和环境保护法领域。

在国土资源法领域，已经制定的立法包括《土地管理法》《矿产资源法》《土地管理法实施条例》《土地调查条例》《土地复垦规定》《地质灾害防治条例》《村庄和集镇规划建设管理条例》《建设项目用地预审管理办法》《国土资源听证规定》《土地利用年度计划管理办法》和《闲置土地处置办法》等。

在防沙治沙法领域，已经制定的立法包括《防沙治沙法》《营利性治沙管理办法》《甘草和麻黄草采集管理办法》等。

在水土保持法领域，已经制定的立法包括《水土保持法》《水土保持法实施条例》《开发建设晋陕蒙接壤地区水土保持规定》《开发建设项目水土保持设施验收管理办法》《治理开发农村“四荒”资源管理办法》等。

在草原法领域，已经制定的立法包括《草原法》《草原防火条例》《草畜平衡管理办法》等。

在森林法领域，已经制定的立法包括《森林法》《森林法实施条例》《森林防火条例》《退耕还林条例》《森林和野生动物类型自然保护区管理办法》《林木和林地权属登记管理办法》《占用征用林地审核审批管理办法》等。

在水资源法领域，已经制定的立法包括《水法》《防洪法》《水文条例》《黄河水量调度条例》《大中型水利水电工程建设征地补偿和移民安置条例》《取水许可和水资源费征收管理条例》《河道管理条例》《防汛条例》《长江三峡工程建设移民条例》《水库大坝安全管理条例》《城市地下水开发利用保护管理规定》《建设项目水资源论证管理办法》《饮用水水源保护区污染防治管理规定》《占用农业灌溉水源、灌排工程设施补偿办法》《黄河下游引黄灌溉管理规定》等。

在农业法领域，已经制定的立法包括《农业法》《种子法》《农村土地承包法》《基本农田保护条例》《农药管理条例》《农村土地承包经营权流转管理办法》等。

在野生动物保护法领域，已经制定的立法包括《野生动物保护法》《陆生野生动物保护实施条例》《野生植物保护条例》《农业野生植物保护办法》等。

在环境保护法领域，已经制定的立法包括《环境保护法》《水污染防治法》《固体废物污染环境防治法》《环境影响评价法》《建设项目环境保护管理条例》《自然保护区条例》《环境保护行政许可听证暂行办法》等。

为了有效地实施国家防治土地退化的立法，各省、直辖市、自治区也在相应领域制定了大量的地方性法规和规章。特别是在新疆、内蒙古、甘肃、宁夏、青海、陕西土地退化比较严重的六省（区），都根据各地自然环境特点和社会经济发展状况及需要，制定和颁发了大量的地方性有关防治土地退化的地方性法规、规章和规范性文件。比如新疆的《新疆维吾尔自治区基本农田保护办法》《新疆维吾尔自治区实施<土地复垦规定>办法》《新疆维吾尔自治区防沙治沙若干规定》《新疆维吾尔自治区实施<水土保持法>办法》等；内蒙古的《内蒙古自治区实施治理开发农村“四荒”资源实施办法》《内蒙古自治区草原管理条例》《内蒙古自治区草畜平衡暂行规定》等；青海的《青海省矿产资源管理条例》《海西蒙古族藏族自治州沙区植物保护条例》等；宁夏的《宁夏回族自治区土地管理条例》《宁夏回族自治区草原管理条例》《宁夏回族自治区农业环境保护条例》等；甘肃的《甘肃省基础设施建设征用土地办法》《甘肃省土地退化防治条例》《甘肃省肃北蒙古族自治县矿产资源管理办法》《甘肃省实施防沙治沙法办法》《甘肃省湿地保护条例》等；《甘肃省耕地保养暂行办法》等；《陕西省农村集体五荒资源治理开发管理条例》《陕西省实施基本农田保护条例细则》《陕西省实施〈土地复垦规定〉办法》《陕西省实施〈环境影响评价法〉办法》《陕西省煤炭石油天然气开发环境保护条例》《陕西省湿地保护条例》等。

（二）建立并实施了一系列较为有效的管理制度

中国有关土地退化防治的各项立法不仅在立法目的及立法体系方面体现了可持续发展及综合生态系统管理的要求，更主要的是建立了一系列较为有效的土地退化防治管理制度，为落实立法目的、实现立法目标创造了较为扎实的制度基础。

在污染防治方面，各相关立法普遍规定并实施了环境影响评价制度、“三同时”制度、限期治理制度、排污许可制度、排污收费制度及环境标准制度，有效贯彻了预防为主、防治结合的原则，将污染者付费、受益者补偿的原则运用到日常的环境监督管理中，逐步加强了环境行政管理机关的职权，为严格环境管理创造了制度基础。

在自然资源开发、利用与保护方面，各相关立法主要规定了自然资源权属制度、自然资源开发利用许可制度和有偿使用制度、自然资源开发利用禁限制度、自然资源补救制度和动植物资源进出口管制制度等。上述制度一方面将权属配置作为加强自然资源有序开发利用管理的核心，通过权利的合理、有效配置并辅之以市场化的改革使自然资源经济效益最大化的同时能够得到充分有效的保护；另一方面将自然资源的补救、禁止和限制开发及进出口管制等作为加强自然资源保护的重要手段，为自然资源可持续开发利用及生物多样性保护提供了法律依据。

（三）中国土地退化防治立法的特点

通过以上的提法框架和法律制度的内容，可以发现中国土地退化防治立法具有以下特点：

1. 体系较完整

由于土地资源是最为基础的自然资源，它是孕育其他一切形式自然资源的天然载体。森林、矿藏、草原、湿地、水等自然资源都以土地资源为载体，土地资源的保护，既是对土壤本身的保护，也是对其他形式自然资源进行保护的前提条件。同时，土地资源生态功能的发挥及可持续利用又离不开对附着于土地的各种自然资源的有效维护与可持续利用。因此，土地退化防治不单是土地资源保护的问题，而更是一个对生态系统及自然资源进行整体维护与科学开发利用的系统问题。因而土地退化防治立法必须能够较为系统的反映出土地退化防治工作所涉及的各个方面的要求，在内容上应当能够涵盖与土地退化相关的各个领域。中国土地退化防治立法正是根据防治土地退化管理的特点，构建了比较系统的土地退化防治法规体系。这个体系立法的层级上包括了中央立法和地方立法，而中央立法有包括了从法律、行政法规、行政规章和规范性文件等一整套立法。地方立法也包括了地方性法规、自治条例、地方政府规章和规范性文件等。从立法所涉及的领域看，则包括了国土资源法、防沙治沙法、水土保持法、草原法、森林法、水资源法、农业法、野生动植物保护法和环境保护法等9大领域。

2. 内容较全面

中国虽然还没有一部专门的土地退化防治法，但将各有关法律的内容综合起来看，其内容还是比较完整的。这些立法大都规定了与土地退化防治有关的立法目的、立法原则或方针、管理制度和措施、管理体制、违法责任、执法机构，有的还规定了纠纷处理的程序等。在管理制度方面，仅《水土保持法》就规定了水土保持规划制度、“三同时”制度、水土保持方案制度、水土流失监测和预报制度、现场检查制度、法律责任制度等，并规定了一系列的管理措施。

3. 理念较先进

中国的土地退化防治立法不仅贯彻了可持续发展的原则，而且还在很大程度上贯彻了综合生态系统管理的理念和方法。比如：综合生态系统管理理念要求土地退化防治必须加强各环境要素的污染防治工作，为此中国制定了一系列的污染防治法律来防治土地的退化；综合生态系统管理理念要求土地退化防治必须加强对各自然资源的保护及可持续开发利用工作，为此中国以不同种类的自然资源为单位，分门别类的开展了大规模的与自然资源开发、利用与保护相关的立法工作，制定并实施了大量自然资源法律法规，尤其是近几年新颁布和新修改的法律，如《草原法》《防沙治沙法》等，都在可持续发展理念及科学发展观的指导下格外重视自然资源开发利用与保护问题的综合协调与解决，在立法目的上力求既能充分、有效保护自然资源，又能保证满足经济社会快速发展对自然资源的迫切需求；综合生态系统管理理念还要求在土地退化防治工作中有效处理生态保护与产业发展的关系，以达到通过消除贫困、改变传统的不合理的生产生活方式来促进生态保护的目的，为此中国通过制定《农业法》《种子法》《农村土地承包法》《基本农田保护条例》和《农村土地承包经营权流转管理办法》等来达到这一目的。

（四）中国土地退化防治立法的积极作用

中国已经制定和颁布实施的关于土地退化防治的立法，在土地退化防治的管理实践中发挥了重要的作用，取得了相当的成效。概括起来，其积极的作用表现在以下几个方面：

1. 促进了土地退化防治与经济社会的协调发展

土地退化防治与经济社会发展之间是辨证统一的关系。如果孤立地看待土地退化防治工作，将其与整个经济社会发展进程相割裂，必然造成土地退化防治脱离社会现实。在土地退化防治工作中，应当处理好生态环境保护与经济发展的关系，这样做一方面可以为土地退化防治工作的开展筹集资金，另一方面还可以将土地退化防治融入整个社会经济发展的进程之中，得到人民群众和整个社会的大力支持。这是从事土地退化防治工作所应当遵循的一项原则，而且这项原则也已经被中国有关土地退化防治的立法和政策贯彻为正确开展土地退化防治工作的指导思想。上述原则，实际上是科学发展观在土地退化防治领域的反映，是可持续发展理念的要求。中国有关土地退化防治的各项立法与政策，在立法目的中大多明确表明要促进经济社会可持续发展，并将其贯彻到制度的设计和实施中。在宏观层面，土地退化防治立法与政策对于促进土地退化防治与经济社会协调发展发挥了重要的保障和指引作用。

2. 为加强土地退化防治管理提供了坚实的基础

土地退化防治，无论是采取行政的手段还是市场的手段，都必须有相应的法律和政策加以规范。离开政策的调控，离开法律的规范，土地退化防治都不可能顺利进行，更难以贯彻综合生态系统管理的理念。中国的土地退化防治的立法与政策通过一系列的制度和措施规定，为土地退化防治管理提供了坚实的基础。

首先，中国土地退化防治立法和政策的全面性为整个领域的系统管理奠定了法律和政策基础。中国土地退化防治立法和政策内容涉及土地、矿产资源、水、森林、草原、野生动植物等自然资源的开发、利用、管理和保护，涉及水土保持、防沙治沙、环境保护等内容，还包括农业开发、粮食工作、扶贫开发与人口管理和经济管理的内容。其涵盖面非常广泛，与土地退化防治相关的各个领域都包含在其中，既有直接的生态保护的内容，也有协调生态保护与经济发展关系的规定。因此中国现行有关土地退化防治的立法和政策能够为土地退化防治工作的依法开展提供法制保障。

其次，中国土地退化防治的立法为相关管理部门依法行使监督管理职权提供了法律依据。按照依法行政的要求，行政管理权的获得和行使必须有明确的法律依据，土地退化防治监督管理权也不利外。《环境保护法》《水法》《森林法》《草原法》《矿产资源法》《土地管理法》《水土保持法》《野生动物保护法》《自然保护区条例》等法律、法规为环保、水行政、林业、农业、国土等相关管理部门依法行使职权创设了明确的法律依据。另外，行政管理权的行使还必须遵循一定的程序，而相关立法不仅创设了管理职权，还为管理职权的行使限定了条件、范围，规定了实施的程序和违法行使职权应当承担的法律责任；一些政策性文件不仅从指导思想上明确了土地退化防治工作所应遵循的工作路线，更为相关部门如何具体履行土地退化防治监督管理权规定了具体的操作方法。立法和政策的协调与配合为相关管理部门依法行使土地退化防治监督管理权创造了较为充分的法律保障。

其三，中国土地退化防治立法与政策为公众参与土地退化防治工作提供了制度保障。在土地退化防治工作中应当鼓励公众参与，加强公众监督，充分运用人民群众的智慧和热情加强土地退化防治工作，而公众参与权的实施同样需要法律保障。中国现行相关立法和政策，大都规定了公众参与土地退化防治的权利，尤其是近年来的一些新兴立法，如《政府信息公开条例》等，还为公众参与权的保障提出了具体的操作规程。随着法律的不断健全和完善，公众参与日益成为土地退化防治立法中不可或缺的重要制度。

3. 保障了防治土地退化各项制度和措施的实施

中国土地退化防治的政策和立法的不断健全和完善，特别是法律责任的强化和相应的经济刺激方法的运用，使得中国政府采取的防治土地退化的各项制度和措施较好地得以实施，在一定程度上达到预定的生态保护目标。

在土地管理方面，中国政府把保护耕地作为一项基本国策，实行严格的耕地保护制度，通过划定了基本农田保护区，建立土地用途管制制度，严格控制建设用地总量和结构，使乱占耕地现象得到有效抑制，保持了耕地总量动态平衡，在改善生态环境的同时也为中国的粮食安全提供了保障。

在防沙治沙、改善生态环境方面，中国政府将防治土地荒漠化、沙化作为改善生态环境，拓展生存和发展空间，促进经济社会协调和可持续发展的战略举措，通过强化法制、政策、科技等防治措施防沙治沙，构建了以国家为主导的多元化防沙治沙模式，使得中国西部土地沙化的问题有所遏制，初步做到了沙退人进，绿洲面积不断扩大，荒漠化和沙化整体扩展的趋势得到初步抑制。

在水土保持、预防和治理水土流失方面，中国早在1991年就颁布和实施了《水土保持法》，此后又出台了一系列有关对水土流失进行预防、治理和监督的立法和政策，并制定了《全国水土保持预防监督纲要(2004～2015)》，这些立法和政策明确了21世纪初期中国水土保持预防监督工作的指导思想、目标任务、总体布局，对策措施，对全面推进中国的水土保持预防监督工作发挥了积极作用。

在保护草原资源、促进草原生态良性循环方面，中国已经初步形成了以法律为主体，各种法规、规章、规范性文件为补充的具有中国特色的草原立法和政策体系。有关草原保护的立法，以促进草原生态良性循环、实现经济社会和生态环境的协调发展为目标，并在草原管理政策上将草原工作战略重点逐步实现由经济目标为主向“生态、经济、社会目标并重，生态优先”的目标转变，并通过实施天然草原植被恢复与建设、草原围栏、牧草种子基地、退牧还草、草原生态建设等一系列重大草原生态建设项目，结合采取工程技术和生物措施，治理退化草地，实行草原禁牧、休牧、轮牧制度，加大人工种草和草原改良力度，使得草原植被得到有效保护，草原生态环境逐步好转。

在保护森林资源方面，中国确立了以生态建设为主的林业发展指导方针，实行“谁造谁有，合造共有”的政策，鼓励开展大规模植树造林，同时加强森林资源管理，启动森林生态效益补偿制度，开展天然林资源保护工程，实施退耕还林工程，和三北（东北、华北、西北）及长江流域等防护林体系建设工程，使得中国森林面积和森林蓄积量迅速增加，林龄结构、林相结构趋于合理，森林质量趋于提高，实现了森林面积由持续下降到逐步上升的历史性转折。

在促进水资源保护和利用、节约用水方面，中国十分重视运用立法和政策手段加强水资源的保护和利用工作。2002年修订通过的《水法》对水资源规划，水资源开发利用，水资源、水域和水工程的保护，水资源配置和节约使用，以及水事纠纷处理与执法监督检查等做出了明确规定。有关水资源保护和管理的立法对于中国特别是西部干旱地区依法管理水资源，有计划利用水资源，科学地治理水害，落实生活、生产、生态用水规划，发挥了重要作用。同时，各地依据水资源立法及政策，积极开展其他水资源工程建设。其中，对重点河流流域综合生态的治理工程，使得生态脆弱区的生态功能得到了恢复，河道断流、湖泊萎缩等迹象有所好转，流域内的生态环境有了明显改善。

在防止农业环境污染、防止耕地退化、改善农村环境方面，中国政府在农村地区开展了土壤污染调查和污染防治示范，推广使用高效、低毒和低残留化学农药，鼓励发展养殖业和种植业紧密结合的生态农业工程，在水资源匮乏的干旱区、半干旱区建设旱作节水农业示范基地，综合运用农艺、生物和工程措施及旱作农业技术，充分利用天然降水，开展以秸秆覆盖、免耕播种、深松和除草技术为主要内容的保护性耕作项目，在风沙源头区建立保护性耕作带，在一定程度上防治了土地退化。

在野生动植物资源保护方面，中国较早地制定和颁布了《野生动物保护法》，并发布了《野生植物保护条例》《自然保护区条例》，制定了《全国生态环境保护纲要》《中国生物多样性保护行动计划》《中国湿地保护行动计划》，编写了《中国生物多样性国情研究报告》《生物物种资源保护与利用规划》《全国湿地保护工程规划（2002～2030年）》《全国湿地保护工程实施规划（2005～2010年）》，使得中国自然保护区的面积不断扩大，濒危野生动植物得到有效保护，生物多样性得到维护，一批重要湿地面积得到稳定和扩展，生态功能得到恢复和改善，湿地面积块数减少的趋势得到有效遏制。

在防治土地污染、保护和改善生活与生态环境方面，中国政府将环境保护确立为一项基本国策，把可持续发展作为一项重大战略，坚持走新型工业化道路，在推进经济发展的同时，采取了法律与政策手段加强环境保护，建立了比较完备的环境法律和政策体系。确立了环境影响评价、“三同时”、征收排污费、限期治理、淘汰严重污染环境的落后生产工艺设备、排污许可证等管理制度。这些法律制度为合理开发利用自然资源、保护生态环境提供了法律依据，在一定程度上体现出综合生态系统管理的思想。在经济高速发展的情况，没有使中国的环境状况严重恶化。特别是在贯彻落实科学发展观以来，环境法律的制度和措施进一步严格，在资源消耗和污染物产生量大幅度增加的情况下，环境污染和生态破坏加剧的趋势减缓，部分流域污染治理初见成效，部分城市和地区环境质量有所改善，工业产品的污染排放强度有所下降，全社会环境保护意识进一步增强。

二、中国土地退化立法面临的挑战和问题

尽管中国土地退化防治立法已经具备了比较完整的立法体系并建立了一系列比较有效的法律制度，但一个不容忽视的现实是中国土地退化的状况仍十分严峻，水土流失、土地沙化、荒漠化、土地污染的现象并没有得到根本的遏制。如何解决这一问题，是中国土地退化防治立法面临的巨大挑战。因此分析中国土地退化防治实践对立法的需求，发现立法存在的不足和问题，就是一项十分重要的研究任务。

（一）立法理念方面的挑战和问题

立法理念是一部法律的灵魂，是法律全部内容所遵循的最基本的价值。不同立法理念的法律会在制度的设计及实施的社会效果上产生显著的差异。以促进经济发展为立法理念的法律在制度上肯定会非常重视促进经济效益提高的各种机制的建立，以促进社会公平为立法理念的法律必然要强调社会资源的公平利用与收入的公平分配。可以说立法理念能对一部法律

的价值取向产生根本的导向性作用。

综合生态系统管理是指管理自然资源和自然环境的一种综合管理战略和方法，它要求综合对待生态系统的各组成部分，综合考虑社会、经济、自然（包括环境、资源和生物等）的需要和价值，综合采用多学科的知识和方法，综合运用行政的、市场的和社会的调整机制，来解决资源利用、生态保护和生态系统退化的问题，以达到创造和实现经济的、社会的和环境的多元惠益，实现人与自然的和谐共处。[5]

然而，中国土地退化防治立法的立法理念还没有充分符合综合生态系统管理的要求。这体现在以下几个方面：

首先，未将生态系统各组成部分、各环境要素当作统一整体予以综合管理。中国土地退化防治立法的特点之一就是按不同种类和形式的自然资源进行分门别类的立法。要加强森林资源的利用和保护，就制定《森林法》；要强化土地资源的管理，就制定《土地管理法》；要尽快遏制土地沙化和土地流失，就制定《防沙治沙法》和《水土保持法》……结果造成对本属于生态系统统一组成的各个部分实施了分割管理，如水资源与土地资源的保护与管理应当是统一实施的，但关于水资源开发、利用和保护的立法很少能涉及到土地资源的保护，而有关土地资源保护的立法也几乎不涉及水源管理的内容。

其次，有些立法未综合考虑社会、经济和自然的需要和价值。从立法的价值取向上来说，现行一些有关土地退化防治的立法仅仅关注经济、社会或自然这几个价值中的某一个单一的价值。要么只重视水、土地、生物多样性等自然资源开发利用所产生的经济效益和社会效益，要么只关注污染防治。因此这种“管理”的内涵比较单一，要么是单纯的开发利用，要么是单纯的保护。即便有一些立法明文规定要注重生态系统与社会经济的综合管理，也仅仅停留在原则上的表述，还没有细化成具体的操作规范，更没有建立起一套合适的管理体制。因此这种原则表述的实施效果大多不好。

再次，不善于综合利用行政的、市场的、社会的和法律的调整机制，调整手段单一。现行有关土地退化防治的立法大多采用单纯的行政命令式的调整机制，遵循简单的“禁止——处罚”模式，而忽略采用其他的调整机制，如市场的和社会的机制。虽然有的立法较为重视公众参与和市场机制的作用，规定了一些市场和社会主体参与土地退化防治的内容，但规定大多较为宏观、抽象、缺乏可操作性，在公众参与方面的立法也表现得十分谨慎，因此这些机制在具体实施中仍然面临不少问题。

（二）立法体系方面的挑战和问题

目前虽然中国建立起了比较完整的土地退化防治立法体系，但由于在立法过程中各管理部门大多只根据自身的情况和需要起草相关法律、法规，而较少考虑其他部门的管理需要，因而造成了土地退化防治立法体系的欠缺。这些欠缺主要表现为以下几个方面：

1. 缺乏专门的综合性土地退化防治立法

目前中国关于土地退化防治的专门立法主要是各有关主管部门从本部门管理的角度制定的一些单行法律和法规，并没有一部从整个土地退化防治的角度对土地退化防治工作作出全面、系统规定的综合性立法，由此造成了多头管理、重复管理和缺乏统一指导原则的管理，有些方面甚至缺乏相应的管理规范。土地退化防治包含的内容十分广泛，既涉及土地污染防治，也涉及水土流失防治、土地荒漠化防治、土地破坏防治的内容，还涉及各种自然资源的管理，而一部单行法律、法规在内容上不可能完整涵盖土地退化防治的全部内容；在相关的法律、法规中，关于土地退化综合防治的规定既不全面，也不具体，难以依法实现对土地退

[5] 综合生态系统管理理念是由《生物多样性公约》及《联合国防治荒漠化公约》针对有效解决生态环境问题而提出来的新的生态环境管理理念、原则和方法。《生物多样性公约》及其若干附件以及各缔约国会议都对“综合生态系统管理”的概念做出了深入探讨。

化防治的综合管理。另外，从立法体系整体来看，虽然目前已经形成了一个相对完备的立法体系，但各单行法律、法规在公众参与制度、损害赔偿制度、监督管理机制等方面均有待改善。为了解决这些问题，就需要制定一部综合性的土地退化防治立法，全面贯彻综合生态系统管理理念的要求，明确规定土地退化防治工作中应当遵循的基本原则。

2. 缺乏必要的土地退化防治单行立法

除了缺乏综合性土地退化防治立法外，现行土地防治法律、法规在很多重要内容上还缺乏规定，只重视某些生态要素的开发、利用和保护，而忽视了其他一些重要生态要素的保护，尤其是在土地污染防治及湿地资源的保护方面的立法供给还相当匮乏。比如对于湿地资源保护，国家现在没有一部关于湿地资源保护的法律、法规甚至是规章。由于湿地属于土地资源的范畴，因此对湿地资源的利用与管理可以根据《土地管理法》的相关规定。但根据《土地管理法》第4条的规定，土地被分为农用地、建设用地及未利用地3种类型。湿地除小部分属于农用地外，大部分被归属于未利用地的范畴。又根据《土地管理法》第38条的规定，国家鼓励单位和个人开发未利用地。按此规定，各地方还相继出台了鼓励开发湿地等未利用地的措施。由于缺乏专门的湿地保护法律、法规，造成现行的土地管理制度给湿地资源带来巨大的灾难。

3. 现行法律法规之间存在矛盾与冲突

由于遵循不同的立法指导思想及部门管理体制的原因，现行各土地退化防治相关立法之间还存在一些冲突与矛盾。例如根据《海域使用管理法》的规定，单位和个人可以通过海洋渔业行政主管部门依法取得海域的使用权，海域使用权人依法使用海域并获得收益的权利受法律保护，任何单位和个人不得侵犯。但如果这块海域刚好处在红树林自然保护区的范围内，依据《自然保护区条例》第25条的规定，在自然保护区内的单位、居民和经批准进入自然保护区的人员，必须遵守自然保护区的各项管理制度，接受自然保护区管理机构的管理。如果任何一个单位或个人依据《海域使用管理法》取得了自然保护区内海域的使用权，自然保护区的管理者就不能对其生产经营活动进行干涉，这明显与《自然保护区条例》的规定相冲突，在执法操作的实际过程中也往往造成海洋渔业部门与自然保护区主管部门之间关系的紧张状态。[6] 再如，《水法》规定了“禁止围湖造地”，并规定对围湖造地者处一万元以上十万元以下罚款[7]，而《渔业法》规定了“禁止围湖造田”，[8] 但对违反者，却没有规定任何处罚措施。也就是说，同样的行为，依不同的法律，可以有不同的法律后果，这在本质上也可以说是一种法律冲突。

4. 一些重要的单行法律缺乏相应的实施细则

由于法律具有普遍性和稳定性的特点，因此法律的规定大多比较原则，其具体实施还在很大程度上依赖于管理部门依法律授权制定相关实施细则和部门规章。但中国土地退化防治的法律大多还欠缺具体可行的实施细则，影响了法律的实施效果。如《防沙治沙法》自2002年颁布实施以来，相关部门至今尚未制定一部通行于全国的关于《防沙治沙法》的实施细则，一定程度上影响了《防沙治沙法》的实施效果。目前全国只有甘肃和陕西两省的人大常委会根据《防沙治沙法》制定了地方性的实施办法，但适用的地域范围十分有限。

（三）管理制度方面的挑战和问题

在土地退化管理制度方面，目前面临的挑战和问题主要表现为一些必要的管理制度尚未建立，同时现行的一些管理制度仍不够完善。

1. 一些必要的管理制度尚未建立

首先，各种土地退化防治措施的实施，往

[6] 刘伟平，阮云秋等.湿地保护调查与立法思考.湿地科学与管理，2006年第1期，第28页

[7] 见《中华人民共和国水法》第40条和第66条

[8] 见《中华人民共和国渔业法》第34条

往伴随着一定权利主体经济利益的丧失，在土地退化防治工作中加强生态补偿措施的实施力度显得十分必要。然而，我国现行有关土地退化防治的立法大多没有对生态补偿制度的建立给予充分的关注。2008年新修订的《水污染防治法》第7条规定："国家通过财政转移支付等方式，建立健全对位于饮用水水源保护区区域和江河、湖泊、水库上游地区的水环境生态保护补偿机制。"这是目前国家立法对生态补偿制度的惟一表述，其仅适用于饮用水水源的污染防治，在自然资源开发利用和保护方面还没有任何法律将生态补偿规定为法律制度。其次，在土地退化防治领域，封山育林、育草是效果非常显著的措施，也应当是非常重要的法律制度，然而我国现行国家立法尚未将其上升为法律制度。另外，在水土保持相关立法中还缺乏水土保持方案制度的规定。水土保持方案既是可能造成水土流失的生产建设者采取相关水土保持措施的依据，又是相关管理部门落实水土保持规划要求、加强水土保持管理的重要手段，更是公众依法参加水土保持工作的重要渠道。所以应当建立并完善水土保持方案制度。[9]

2. 一些管理制度存在明显的缺陷，难以达到应有的立法效果

与土地退化防治相关的法律制度非常多，凡是涉及环境污染防治、自然资源开发、利用与保护等内容的制度都可以被归结为土地退化防治法律制度。现行立法所规定的许多土地退化防治法律制度仍存在诸多不足，主要体现在：

土地用途管制制度的实施往往与土地利用总体规划相脱钩，土地利用规划缺乏应有的法律效力，各地区、各部门、各行业编制的各种类型的规划经常与土地利用总体规划不一致；在编制土地规划过程中，缺乏有效的公众参与。

自然保护区制度中，自然保护区内土地与农民集体土地所有权和使用权的权属关系不清，使自然保护区的相关管理措施难以有效实施；保护区管理经费经常得不到有效保障；保护区管理体制不健全，保护区管理部门与保护区旅游经营部门合并设置，机构性质不明、职责权限模糊；相关法律责任规定也十分薄弱，难以有效惩治违反自然保护区管理制度的违法行为。

在环境影响评价制度中，环境影响评价的适用范围仍然过于狭窄，仅陷于规划和建设项目；法律责任畸轻，对违法的建设单位最多只能处以20万元的罚款，难以适应严格环境保护管理的要求；另外，对于未履行环境影响评价手续即开工建设的建设项目，现行法律规定应当责令停止生产和建设并补办环境影响评价手续，逾期不补办的，处以5万～20万元的罚款。[9]建设项目开工建设后再要求建设单位补办环境影响评价手续实际上失去了设立环境影响评价制度的意义，使其无法实现预防生态环境危害的功能。这样的规定完全违背了预防原则的要求。

（四）管理体制面临的挑战和问题

建立符合综合生态系统管理理念的立法体系，并制定和实施完备细致的法律制度，关键还在于良好的管理体制的支撑。在完备的立法体系和法律制度下，如果管理体制不配套，虽然立法要求采用综合的、系统的方式进行生态管理，但由于管理部门各自为政、甚至争权夺利，各管理部门之间也不能建立良好的协调机制，对于土地退化防治工作水平的提高而言，仅仅完善立法体系和法律制度意义不大。科学合理的立法体系、行之有效的法律制度，如果再加上结构合理、运转高效的管理体制，就会使法律对社会的调控作用发挥到极致。凡是国外法律实施取得良好效果的地方，一般都有一个良好的管理体制作为支撑。

然而，中国有关土地退化防治的管理部门却十分庞杂。由于土地退化防治涉及污染防治、水土保持、防沙治沙、土地资源开发利用、水资源开发利用、林业生态建设、湿地保护、动植物保护等多方面的内容，因此职能涉及土地退化防治的部门也非常之多，主要包括环保部门、水利部门、林业部门、国土资源部

[9] 见《环境影响评价法》第31条的规定。

门、农业部门以及地方人民政府。环保部门主要负责污染防治工作；水利部门主要负责水资源开发利用与水土保持工作；国土资源部门主要负责土地资源开发利用与保护；林业部门主要负责防沙治沙、林业生态建设、植物保护以及陆生野生动物保护；而农业部门主要负责耕地污染防治、耕地保护与水生野生动物保护；除此之外，还有地方人民政府根据法律授权对相关事项进行综合管理。最为关键的一点是，上述各管理部门之间仍然没有建立起良好的协调管理机制。主要表现在以下几个方面：

1. 管理机构重复设置

如环保部门的土地污染防治监管职能与农业部门对耕地的污染防治监管职能重合，[10]环保部门在生物多样性保护方面的职能与林业部门的相关职能重合等。

2. 统一监督管理部门与分管部门关系不明晰

中国有关环境监督管理体制的法律规定中总是有“某某部门统一管理，某某部门在其职责权限内分别实施管理”的表述，如《环境保护法》第7条规定：“县级以上地方人民政府环境保护行政主管部门，对本辖区的环境保护工作实施统一管理。国家海洋行政主管部门港务监督、渔政渔港监督、军队环境保护部门和各级公安、交通、铁道、民航管理部门，依照有关法律的规定对环境污染防治实施监督管理。县级以上人民政府的土地、矿产、林业、水利行政主管部门，依照有关法律的规定对资源的保护实施监督管理。”再如《防沙治沙法》第5条规定：“在国务院领导下，国务院林业行政主管部门负责组织、协调、指导全国防沙治沙工作。国务院林业、农业、水利、土地、环境保护等行政主管部门和气象主管机构，按照有关法律规定的职责和国务院确定的职责分工，各负其责，密切配合，共同做好防沙治沙工作。”但统管部门如何统一监管、分管部门如何实施分别管理，统管部门如何协调分管部门等关键问题都没有得到法律的进一步规定，即便是某省实施《环境保护法》的地方性法规也只是把上述法律规范进行重复表述而已，没有作任何细化，上述表述成了各级立法的套话。因此在这个问题上的法律规定的现状是法律不原则，法规、规章不具体。这就导致统管部门想统统不起来，而分管部门由于法律规定的职权不清晰，再加之分管部门一般没有监督管理方面的审批、收费和处罚的权力，其也缺乏实施管理的积极性。[10]

3. 某些管理职权的设置不符合科学管理规律

“科学的管理分工立法应当是让每一个部门都只承担最符合其管理目标的职能，特别是不能让其承担与其管理目标直接矛盾或者冲突的职能。另外还应分清各部门的管理性质，如综合性决策管理、行业管理、执法监督管理等，让每个部门只承担与其管理性质相符合的管理职能，以避免管理上“力不从心”或“大材小用”的现象。”[11]然而，在土地退化防治方面，中国的环境管理体制却不符合科学管理的规律，主要表现在让政府行使所属部门的职权，[12]如《环境保护法》第20条规定：“各级人民政府应当加强对农业环境的保护，防治土

---

[10] 2006年11月1日起生效执行的《农产品质量安全法》中规定了为确保农产品质量不受污染影响而应当采取的污染防治措施，并在第45条规定：“违反法律、法规规定，向农产品产地排放或者倾倒废水、废气、固体废物或者其他有毒有害物质的，依照有关环境保护法律、法规的规定处罚；造成损害的，依法承担赔偿责任。”但同一天生效执行的农业部制定的《农产品产地安全管理办法》却突破了《农产品质量安全法》的上述规定，自己把农产品产地（即耕地）污染防治的职能赋予农业部门自己行使，规定“农产品产地发生污染事故时，县级以上人民政府农业行政主管部门应当依法调查处理。”

[11] 王灿发，“论我国环境管理体制立法存在的问题及其完善途径”，《政法论坛（中国政法大学学报）》2003年第4期，第54页。

[12] 相关论述，参见，王灿发，“论我国环境管理体制立法存在的问题及其完善途径”，《政法论坛（中国政法大学学报）》2003年第4期，54～56页。

壤污染、土地沙化、盐渍化、贫瘠化、沼泽化、地面沉降和防治植被破坏、水土流失、水源枯竭、种源灭绝以及其他生态失调现象的发生和发展，推广植物病虫害的综合防治，合理使用化肥、农药及植物生长激素。”有些涉及经济、社会发展与环境保护协调发展的职能，如制定土地利用规划的职能，赋予政府行使，有其合理性；但把一些专业管理方面的职能，如土地污染防治的职能赋予人民政府行使就不符合科学管理的规律，因为这些职能的行使不同于一般意义上的市场准入，在许可后还要涉及大量的日常监测、监督管理工作，因此授权由地方政府行使不合理。

4. 缺乏公众对执法部门的执法进行监督的规定

在土地退化防治方面，有很多立法都规定公众有权对不依法履行职责的行政机关及其工作人员进行检举或举报，但公众向谁检举、举报，公众检举、举报后应当如何处理，接受检举、举报的部门不对案件进行查处应当怎么办等问题，都没有作出相关明确的规定。虽然《行政复议法》和《行政诉讼法》规定了复议和诉讼这两条可供选择的途径，但相比一般的行政处理，其在解决成本、证据等方面的要求都大大高于普通公众的心理预期，因此对于公众参与监督执法部门执法来说，虽然产生了一定效果，但不是特别方便。这会造成很多公众都怠于参与监督执法部门的执法行为，使得许多执法部门的工作人员“惟上级是图”，而不顾公众的利益和愿望。

（五）法律的惩罚力度不足以对违法者形成威慑

中国现行有关土地退化防治的立法在法律责任的规定上一般都比较轻，与违法行为的严重程度不相适应。如《环境影响评价法》第31条规定，建设项目未经环境影响评价即开工建设的，除要求补办环境影响评价手续外，对拒不补办环境影响评价手续的建设单位最多只能处以20万元的罚款。这样的法律规定至少造成了两方面的法律后果：首先，建设项目未经环境影响评价即开工建设后，如果被环保部门通过监督检查发现，后果就是补办手续而已，此外违法建设单位无须承担任何额外的法律责任，除非违法建设单位拒绝补办环境影响评价手续；而如果没有被环保部门发现，则建设项目便可以不经环境影响评价开工建设。这实际上使建设单位的违法成本大大低于其守法成本，在客观上起到了促使建设单位逃避环境影响评价的效果，使环境影响评价的法律规定流于形式。其次，最高限额20万元的罚款，对于许多大型、中型企业和建设单位来说，根本算不上较重的处罚，难以对其起到应有的震慑作用。再如，《土地管理法》第74条规定：“违反本法规定，占用耕地建窑、建坟或者擅自在耕地上建房、挖砂、采石、采矿、取土等，破坏种植条件的，或者因开发土地造成土地荒漠化、盐渍化的，由县级以上人民政府土地行政主管部门责令限期改正或者治理，可以并处罚款；构成犯罪的，依法追究刑事责任。”在这里，违法开发土地造成土地荒漠化、盐渍化这样严重的后果，其处罚仅是责令限期改正或者治理，罚款只是可罚可不罚的处罚。即使给予罚款，按照《土地管理法实施条例》的规定，罚款额仅为耕地开垦费的2倍以下。[13]既然对违法行为给予这样轻的处罚，就不难理解为什么许多地方的耕地屡遭非法占用和破坏了。

上述类似情形在很多污染防治及自然资源法律法规中都普遍存在，在法律责任方面，中国的环境资源法表现出非常“软”的特征，影响了法律的有效实施。

三、完善中国土地退化防治立法的对策

针对中国土地退化防治立法存在的上述问题需要和中国国情，根据国际上比较先进的综合生态系统管理理念的要求，需要从以下几个方面完善中国的土地退化防治立法手：

[13] 见1998年12月27日国务院发布的《中华人民共和国土地管理法实施条例》第40条。

（一）改进立法理念

立法理念方面，要综合考虑社会、经济和自然的需要与价值，体现可持续发展观的要求。当今世界，不可持续的经济的过快发展已经造成了严重的地球生态环境恶化，不仅影响到了经济本身的持续健康发展，还严重地威胁着全人类的生存和健康，因此在世界范围内掀起了要求可持续发展的呼声，要求经济的发展应当以地球的资源环境承载力为限度。在这场人类发展模式的变革之中，法律作为最具公信力、最具普遍性的社会调控工具不可能无所作为，这就要求法律必须将可持续发展的观念吸收进来，在立法理念中予以反应，并据此变革一系列法律原则、概念和制度。由于综合生态系统管理理念与可持续发展观都强调重视综合考虑经济、社会和生态环境的需要与价值，因此彼此是相通的。中国在完善相关立法的过程中，应当首先从立法理念入手，全面体现可持续发展观和综合生态系统管理理念的要求。在土地退化防治立法理念方面要进行三个方面的转变：一是由生态环境保护与经济发展相协调向经济发展与生态环境保护相协调转变，甚至在某些情况下应当坚持生态环境保护优先，彻底扭转生态环境恶化的趋势；二是由分散个别的防治管理向系统协调的管理转变，建立防治土地退化的综合管理体制；三是由重行政轻民事向行政民事并重转变，让公众更多地参与防治土地退化的活动。

（二）健全完善土地退化防治立法体系

健全完善土地退化防治立法体系的前提是确定究竟什么样的法律法规体系才是一个完整的土地退化防治立法体系。根据综合生态系统管理理念，我们认为一个健全的土地退化防治立法体系，应当至少包括以下几个方面的内容：综合性土地退化防治立法、水土保持单行法律、防沙治沙单行法律、土地污染防治单行法律、湿地资源保护单行法律法规、土地退化防治管理体制法律法规、土地污染、破坏损害赔偿立法、土地纠纷处理程序立法和其他有关法律法规中有关土地退化防治的规定，如《环境影响评价法》中的有关规定。其体系结构如图15-1所示：

1. 制定综合性的土地退化防治法律

在上述法律法规体系中，综合性土地退化防治立法在整个土地退化防治立法体系中具有统领的作用。综合性的土地退化防治法律，可以对土地退化防治立法所遇到的基本问题、普遍问题和调整方法进行规定，因而可以有效克服现行立法体系存在的法律漏洞，可以协调各单行法之间的关系，还可以对各单行法的制定和修改提供统一的指导。因此有必要尽快制定综合性的土地退化防治法律。由于是综合性的

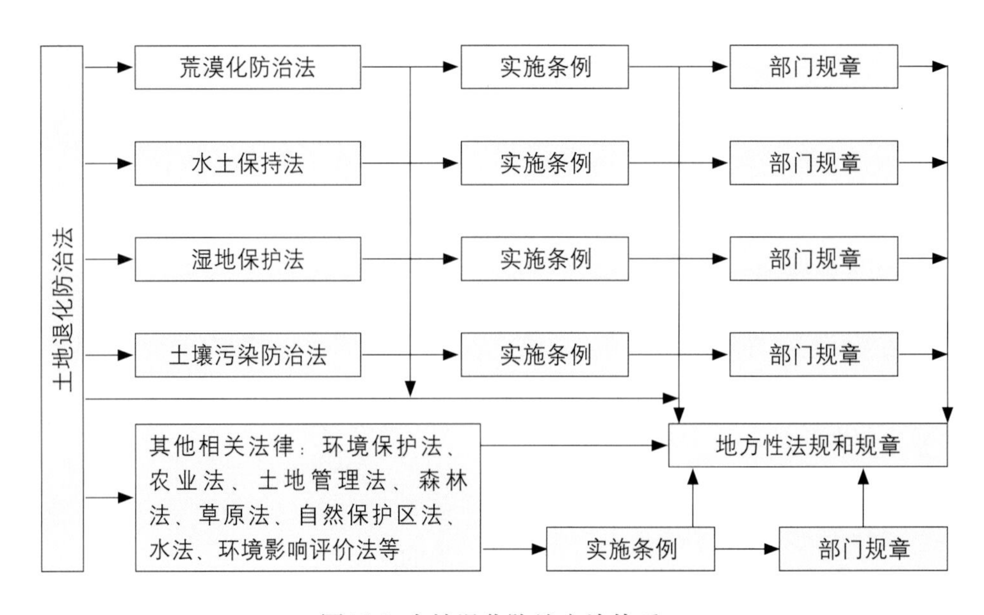

图15-1 土地退化防治立法体系

立法，因此该法可以适用于土地退化防治的各个领域。在立法内容上，该法应当确立若干土地退化防治立法所应当遵循的基本原则，如综合生态系统管理原则、公众参与原则、预防为主原则和污染者付费、受益者补偿原则等。此外，该法还应当就土地退化防治管理体制、基本管理制度、纠纷处理和法律责任等内容作出规定。

2. 制定并修改相关单行立法

土地退化防治立法体系的完善，除了要制定综合性的土地退化防治法律外，还要不断完善有关土地退化防治的单行立法，查缺补漏。一方面对尚未制定法律但又急需立法予以保护的领域通过制定单行法的形式予以保护，另一方面要针对现行立法的不足进行大规模的法律修订工作。根据综合生态系统管理理念的要求，生态系统管理应当涵盖生态要素各个方面，不能顾此失彼。在中国现行土地退化防治立法体系中，比较重视水资源的开发、利用和保护以及土地资源的开发，但对土地资源的生态意义上的保护，以及特殊的土地资源——湿地的保护还不够重视。因而尤其应当加强土壤污染防治和湿地资源保护的专门立法。同时应当适时修订《森林法》、《水土保持法》及《矿产资源法》等法律法规。在修订法律法规时，一方面要注重经济社会发展状况及生态环境保护对土地退化防治提出的新要求，积极引进、创设新型制度并改进现行制度，提高制度的可操作性，另外还应当注意维护不同立法、不同层级之间的协调性，避免法律冲突。另外，还应当本着加强法律实施效果的态度，积极制定、完善法律的实施细则，确保法律规定的各项原则、制度能够得到具体执行措施的保障。

（三）建立和完善必要的管理制度和措施

中国虽然在土地退化防治方面规定了许多管理制度和措施，但有些必要的制度和措施尚付阙如，有些制度和措施则不太完善，亟需加以建立和改进。

在土地用途管制制度方面，需要加强土地规划方面的立法，明确土地利用总体规划的法律效力，并处理好各地区、各部门、各行业编制的城市、村镇、交通、水利、能源、旅游、生态建设等规划同土地利用总体规划的关系。相关规划应当与土地利用总体规划相衔接，必须符合保护耕地、保护生态和节约集约用地的要求，必须符合土地利用总体规划确定的用地规模。相关规划在土地利用规模和布局上与土地利用总体规划不一致的，应以土地利用总体规划为准。此外，要进一步完善土地规划的编制组织制度，建立规划咨询审议、民主决策、公众参与等机制，推进规划决策和管理的民主化、公开化。

在自然保护区制度方面，需要明确自然保护区内土地与农民集体土地所有权和使用权的权属关系，对于自然保护区内的农民集体土地所有权和使用权，应当由当地人民政府征收或者收回，同时给予及时、足额的补偿；或者由当地人民政府与集体经济组织签订开发利用合同，允许当地村民在自然保护区实验区内从事适当的开发、利用活动，如旅游服务业等，并由当地人民政府给予适当补偿。此外，要通过基金制度的建立，切实解决自然保护区管理经费的来源问题；还要分化自然保护区管理机构的双重职能，让管理机构成为完全的行使自然保护区保护职能的机关；最后还应当强化法律责任，加重处罚的力度，并通过追究刑事责任的方式加强对自然保护区的保护力度。

在建立土地退化防治生态补偿制度方面，需要进一步明确生态补偿的基本原则，基本原则包括“谁受益、谁补偿”原则、补偿方式多样化原则和公众参与原则。在补偿方式方面，应当确立以财政转移支付为主，以生态补偿税和生态补偿基金为辅的补偿机制。

在封山育林、育草制度方面，需要进一步明确封山育林、育草制度的适用范围、封山育林、育草的财政支持机制、封育方式及其法律效力、封育措施的采取及其与当地土地权属的关系，并明确规定在封山育林、育草中地方政府的职能及法律责任。

在完善环境影响评价制度方面，首先应

扩大环境影响评价制度的适用范围，将其适用范围扩大到政府制定政策的行为，使之成为真正意义上的战略环境影响评价。其次应当完善《环境影响评价法》有关法律责任的规定，加重违反环境影响评价制度的法律责任，使违法建设单位不能从违法中得到任何一丝的利益。

在完善水土保持方案制度方面，首先应明确规定水土保持方案制度的适用范围，并规定水土保持方案报告的种类及级别，还应当对水土保持方案报告的内容进行规定；另外，需对水土保持方案的编制主体及其相应的资质条件进行规定；最后，也是最为重要的，就是要明确水土保持方案的法律效力。

（四）完善土地退化防治监督管理体制

对于中国土地退化防治管理体制中存在的各种问题，应当在认识清楚产生问题的原因的基础上提出思路予以解决。管理体制之所以出现各种各样的问题，原因有二：一是在土地退化防治领域，缺乏统一的管理体制立法；更上一层来说，在环境资源保护领域，缺乏统一的有关环境管理体制的立法。二是部门管理体制的缺陷，即每个部门大多情况下只能从专业管理的角度出发起草相关立法文件并实施专业管理，而很难考虑到其他部门的管理需要和综合生态系统管理的要求。

因而中国土地退化防治监督管理体制的完善应当着重从以下两个方面入手：

一是在土地退化防治领域就监督管理体制进行专门立法，这也是完善土地退化防治立法体系的必要内容。在这部专门立法中，应当明确是否建立专门的土地退化防治综合管理部门，确立各管理部门的地位、机构组成、管理职能及相互之间的协调方式及途径。在更高的层次，应当就整个环境管理体制进行专门立法。

二是改革现行的部门主导立法起草的体制或者是在坚持现行部门立法体制的前提下，建立、健全各管理部门之间的协调机制。由于管理事项繁多，且很多管理事项的专业化程度较高，因此由一个单独的法制部门研究并起草所有的立法文件不具有现实操作性。改革现行的部门主导立法起草的体制从理论上来说虽有助于改变上述立法体制中存在的问题，但实施起来困难太大，不但不能达到应有的效果，反而会对国家的立法工作带来阻碍。因此应当着眼于第二种方案，即在坚持现行部门立法体制的前提下，建立、健全各管理部门之间的协调机制。

建立、健全部门协调机制，首先要解决的问题就是立法信息共享。只有做到相关信息的共享，不同工作部门在涉及同一个管辖事项时才可能互通有无。否则一个部门针对某管理事项制定一项立法时，另一个相关管理部门可能因不知道或者无法获取相关信息而无法参与相关事项的协调。立法信息的共享，主要就是决策制定部门主动发布相关立法信息，发布既是面对相关管理部门的，也是面向社会公众的。因此在协调的过程中，也应当尊重公众的知情权和参与权，耐心听取公众的利益诉求。其次需要建立一个高效的争端解决机构。这个争端解决机构的作用是，当两个或两个以上的管理部门对同一管理事项都存在管理权限且各自的权限发生冲突时，该争端解决机构能够出面进行调解，或者在调解不成时直接依法作出权限划分的决定。再次还要完善公众参与程序，通过代表不同意见的公众的普遍参与，通过不同公众利益诉求的充分展现来体现问题的实质所在，并以公众的意见限制部门立法体制的弊端。在这方面，可以参考美国《联邦行政程序法》的相关规定，在中国有关立法中设立“非正式听证”的公众参与模式。所谓“非正式听证”，是相对于听证会这种正式听证程序而言的，它的特点是决策制定机关并不召开听证会，而是通过广泛公开拟发布的决策文本，并邀请公众通过电话、信。件、电子邮件等形式对拟发布的决策文本表达自己的意见和看法；决策机关对于公众提交的意见必须给予充分的考虑，并在最终发布的决策文本中附具对公众意见采纳和不采纳的说明。这种“非正式听证”程序也被称作通告与评论（Notice and Comment），是美国行政机关立法所采用的最为普遍的公众参与行政立法（Rule-Making）活动的方式，它可以有效避免召开听证会所带来的高成本、低效率的问题，还可以最为广泛的听取和吸收公众的意见。在中国相关立法活动中设置通告与评论程序，不仅可以有效听取和采纳公众的意见，还可以通过公众意见的表达与公开对决策制定部门形成有效的制约，最大程度抑制部门立法体制的各种弊端。

除了上述思路外，还可以考虑由决策制定部门聘请专业的社会组织从事相关立法的调研与制定工作。被聘请的专业组织不受决策制定部门意志的束缚，也不代表决策制定部门的利益，它可以完全从社会公众利益和国家生态环境管理的角度考虑问题。具体到土地退化防治领域，受聘请的专业组织只有义务依照聘用合同的约定，按照综合生态系统管理理念的要求从事相关土地退化防治立法与政策的制定工作。这种立法与政策的制定思路也可以在一定程度上避免部门立法体制的弊端，充分体现综合生态系统管理理念的要求。

（五）根据不能使违法者从其违法行为中得到好处的原则确定对违法者的处罚力度

中国土地退化防治立法的实施效果之所以不尽如人意，与法律责任的规定畸轻有很大的关系。法律责任过轻，会使违法者的违法成本小于守法成本，为了谋取利益，很多人便选择了违法。如果不被监督检查机关发现，则其不用支付任何违法成本；即便被发现而被科以法律责任，违法者的违法所得也足以支付罚款或者赔偿。因而应当根据不能使违法者从其违法行为中得到好处的原则确定对违法者的处罚力度。

首先，应当加重单项法律责任的处罚力度。现行土地退化防治立法关于法律责任的条款大多都对法律责任的承担额度规定一个上限，无论违法情节有多严重，最多只能处以一定额度的罚款。对一些利润率高、规模较大的行业和企业来说，用限额罚款对其进行威慑显得杯水车薪。单项法律责任的处罚力度应当根据违法情节的恶劣程度、造成的损失等确定，对一些情节严重、损失巨大的违法行为，应当取消处罚的上限。如果必须设置处罚的上限，也应当综合考虑社会经济发展水平、违法情节及违法者的承担能力等因素，将上限标准提高。

其次，应当对持续性的违法行为实施“按日计罚”。现行土地退化防治立法对持续性的违法行为只实行一次性的惩罚，而不采用连续惩罚。对违法者造成的损害，只让违法者承担一次赔偿或罚款；如果继续违法，待所造成的损害达到一定程度时，再进行另一次赔偿或罚款。这种处罚方法，虽然对违法者有一定压力，但违法者却容易忍受。因为在上一次惩罚和下一次惩罚之间，总有一段间隔时间，在此期间内，违法者所得的利润就足以对付一次罚款，从而也就不能彻底制止违法行为。为了避免这种情况的出现，有的国家在法律责任的追究上便实行了“按日计罚”的处罚方法。即除了对违法者处以一次性惩罚外，如果被处罚者以后继续违法，则其每一天的行为均可以构成一个独立的违法行为，而且对每一个独立的违法行为都可以处以一次单独的罚款或赔偿。违法时间越长，累积的罚款或赔偿数额就越大。这种处罚方法能够有效消除两次罚款之间的时间间隔问题，对违法者的威慑性特别大，使违法者不敢轻易以身试法。美国联邦环保署曾对杜邦公司多年来生产特富龙材料的不粘锅的行为实施了“按日计罚”措施，总罚款额高达1025万美元，有效地震慑了违法行为。

再次，在民事损害赔偿领域，应当实行惩罚性损害赔偿。现行土地退化防治立法规定的民事侵权损害赔偿责任贯彻的是民法的损害补救原则，只对侵害行为实际造成的损失进行补救和弥补。这使其承担的损害赔偿额最多不超过其造成的损失，往往小于其违法所得。因而也不足以对违法者形成震慑作用。为了有效遏制违法行为，在一些国家的环境法中实行了惩罚性损害赔偿制度，当环境污染损害发生后，受害人可以通过行政处理或诉讼的程序要求侵害人支付大于实际损害的环境损害赔偿费。当然，对违法者来说，惩罚性损害赔偿的要求过于苛刻，不尽公平。因此实施惩罚性损害赔偿，应当明确其适用的场合。由于具有惩罚的意义，所以只能对主观上具有故意或重大过失、且造成较为严重损害的违法者实施惩罚性的损害赔偿，不能对偶然违法者或轻过失违法者适用该处罚措施。

最后，应当强化行政拘留及各种刑事责任的严厉程度。有些违反土地退化防治法律法规、破坏生态环境的违法行为具有较强的社会危害性，如私设暗管向土地、水体偷排剧毒污染物质的行为，这样的行为不仅妨碍土地退化防治，还极大地威胁着人民群众的生命及财产安全，危害社会稳定。因此不能仅以罚款了事，还应当对其实施较为严厉的人身自由甚至生命的处罚。有些企业管理人员和经营人员经济收入丰厚，再多的罚款、赔偿也不足以对其形成威慑力，然而他们却十分惧怕对其人身自由和生命的剥夺与限制。土地退化防治立法要变“硬”，就应当对严重违反土地退化防治立法的各种行为规定严厉的行政拘留或刑事责任的处罚措施。

（六）加强公众参与土地退化防治的力度

对公众参与权利的保障包括对公众信息知情权的保障、对参与决策权的保障及对救济权的保障。应当继续完善有关公众信息知情权的立法，对政府主动公开及公众申请公开的信息的范围做出明确规定，慎重规定信息知情权的例外情形，并处理好国家机密及企业商业秘密保护与信息公开的关系，另外还应当进一步细化公众申请公开相关政府信息的程序。在决策参与权方面，应当努力拓展公众参与决策制定与实施的途径和方式，并进一步完善听证会等参与途径的程序性规定，在程序设计上要能够充分调动公众参与的积极性，满足公众参与决策权的保障与救济，保证公众的意见能够得到决策制定和执行机关的充分考虑。在公众参与的救济方面，应当完善相关行政及司法救济的程序，使公众的参与权或相关权益受到损害时能够通过正常合法的救济渠道获得及时的救济。

（七）充分发挥市场激励机制的作用

在土地退化防治中，自然资源的开发、利用与维护必须与市场紧密结合起来。土地退化防治在根本上并不与经济发展和经济效益的提高绝然对立，而是可以有机结合起来的。世界各国都在探索如何在土地退化防治中同时创造经济效益的问题。比如森林、草原植被的维护可以有效遏制土地沙漠化、土地退化、防治水土流失，能够对土地退化防治产生积极的效果。然而森林、草原植被的种植、维护仅仅依靠政府部门的话，力量就会显得非常薄弱。在此情况下，如果能积极调动各方面的社会资源，调动个人和社会经济组织积极参与植树种草的积极性，就会极大地减轻政府部门的负担，提高土地退化防治的效果。然而积极性的调动，并不是一两次宣传教育活动就能一劳永逸地解决的问题，应当通过市场机制的建立，引导个人和社会经济组织通过从事植树种草、防沙治沙和水土保持工作而创造经济效益。将效益与土地退化防治挂钩，是非常有效的方法。具体来说，可以通过实施土地使用权的长期固定、林权改革、财政补贴、税收优惠等措施鼓励个人和社会经济组织参与土地退化防治。

16 基于土地利用规划与制度的荒漠化防治立法研究

于文轩　周　冲　中国政法大学

摘要

中国是世界上荒漠化问题最严重的国家之一。在各种成因中，土地过度利用和不适当利用已经成为最主要的因素，因此有必要通过法律手段应对土地利用引起的荒漠化问题。尽管中国目前已经颁布和实施了一些立法，但这些立法在土地利用规划、土地权属、土地利用监测和评估、土地利用市场引导、土地整理等方面均存在缺陷。造成这些问题的原因存在于管理理念、管理体制和调整机制等三个层面。论文针对问题提出了相应的完善建议。

关键词

荒漠化防治；土地利用；立法；完善

土地荒漠化的成因包括自然因素和人为因素。按照人为因素对土地破坏方式的不同，又可分为环境污染型和资源不当利用型两类，其中土地资源的不合理利用（如滥采、滥垦等）和过度利用（如过度放牧等）是中国土地荒漠化的最主要的原因之一。为了应对土地利用导致的荒漠化问题，中国目前已形成了以《防沙治沙法》为核心、以《草原法》《土地管理法》《水土保持法》《农业法》《森林法》《森林法实施条例》等立法为重要支撑的法律体系，其核心制度包括土地权属制度、土地利用规划制度、土地整理制度、环境影响评价制度、土地用途管制制度、土地监测和评估制度、特殊地域保护制度等。这些立法为中国土地荒漠化防治提供了重要的法律依据，但同时也存在诸多问题。对这些问题进行分析并提出改进建议，对我国荒漠化防治法制建设具有重要意义。

一、中国防治土地利用导致荒漠化法律制度的缺陷

目前，中国防治土地利用导致荒漠化相关立法存在的问题主要体现在土地利用规划、土地权属、土地利用监测和评估、土地利用市场引导和土地整理等方面。

（一）土地利用规划方面

尽管《土地管理法》规定了土地利用总体规划制度，但该制度主要强调土地利用，对土地的保护却关注不足。就“保障土地可持续利用”的规划编制原则而言，该法缺乏配套性的具体措施予以充分的支持。土地利用荒漠化防治专项规划总体上属于总体规划体系的一部分。《防沙治沙法》也强调防沙治沙规划应与总体规划相协调，但它们之间存在衔接问题：《土地管理法》规定省、自治区、直辖市的土地利用总体规划，报国务院批准；而《防沙治沙法》却规定省、自治区、直辖市的防沙治沙规划报国务院或者国务院指定的有关部门批准。这就容易导致同一体系的规划要分报不同机关审批。此外，作为后法的《防沙治沙法》却未规定乡镇土地利用的防沙治沙规划，这无疑是该法的一大缺憾。

另一方面，《环境影响评价法》和《防沙治沙法》均规定了土地利用的环境影响评价，但评价的范围却均限于建设项目和专项规划，而不包括综合性规划。事实上，综合性规划往往具有全局性和长期性的影响，与具体的建设项目和专项规划相比，其对生态环境可能造成的危害要大得多。同样值得关注的是，即使是对专项规划和建设项目的环境影响评价，《环

境影响评价法》的某些规定也缺乏足够的可操作性。

（二）土地权属制度方面

首先，耕地权属的法律属性不明确。根据中国的相关立法，大多数农村耕地属于农民集体所有，但“农民集体所有”这一表述在法律上涵义较为模糊。农民作为耕地的直接使用者和保护者，难以明确自己的受益份额。在这种情况下，对土地保护的投入越多，往往就意味着成本越高，由此使农民保护土地、防治荒漠化的积极性不高。同时，对耕地转让的限制使农民难以将土地的生态效益有效地转变为经济效益，这又进一步打击了农民保护土地和防治荒漠化的积极性。

其次，草地权属制度在实践中容易引发“公地的悲剧”。在草场公有而牲畜私有的情况下，牲畜多的牧民可以无偿占有更多的草地资源，进而增加牲畜所要消耗的草地资源成本远低于私人收益的增加时，“公地的悲剧”就会发生。尽管《草原法》仿照耕地“承包到户”的模式规定了草地承包经营制度，但实施效果并不尽如人意。

再次，林地权益无法得到有效保障。这方面目前存在的最大问题是，林地使用者的投入往往难以获得相应的回报。例如，为鼓励退耕还林，《退耕还林条例》规定“谁退耕、谁造林、谁经营、谁受益”，退耕还林者对自己经营的林木拥有处分、收益的权利。但是，《防沙治沙法》却规定，对于具有防风固沙作用的生态林，不得以收益为目的进行采伐，即使是退耕还林者也不例外。这一规定与《退耕还林条例》的规定相矛盾，并在实际上架空了退耕还林者的使用权。

（三）土地利用监测和评估方面

在土地利用监测方面，《土地管理法》第30条规定建立全国土地管理信息系统，对土地利用状况进行动态监测；《防沙治沙法》和《水土保持法》也按照各自领域的技术要求规定了有关监测体制和网络方面的内容。然而，这些内容在可操作性方面尚待加强。例如，《防沙治沙法》未对乡镇级政府的监测职责作出明确的安排。农村尽管在监测技术、监测设备和人员能力等方面不具优势，但却是土地利用和荒漠化形成的主要地区；农民作为土地生态变化的最直接观察者和受影响者，在土地监测方面具有高科技设备所不具有的优势。又如，除土地管理信息系统外，林业、水利等行政主管部门也建立了各自领域的监测网络，但这些网络相互之间缺乏协调和整合，从而造成了信息不对称和资源浪费。

与土地利用监测制度密切相关的是土地利用评估制度。《土地管理法》第39条规定，开垦未利用的土地须经过科学论证和评估，但评估对象仅限于对未利用土地的开垦。至于何为“科学的论证和评估”，法律没有作出明确的规定。实践中多采用单一要素评估法，在很大程度上忽视了土地的生态价值和对周围环境的影响。

（四）土地利用市场引导方面

中国荒漠化防治工作长期以来由政府主导，市场机制未能发挥应有的作用，由此至少造成两方面问题。一方面，投资渠道不畅。中国荒漠化防治资金的主要来源一直是各级政府的财政投入。《防沙治沙法》第24条规定，国务院和各级政府应当在本级财政预算中按照防沙治沙规划通过项目预算安排资金；对于其他资金，只是原则性规定鼓励捐资或者以其他形式开展公益活动，而并未给予任何优惠或者保障承诺，亦未明确具体的投资渠道。同时，荒漠化多发生在中西部贫困地区，地方政府很难从有限的财政收入中安排针对荒漠化防治的专项资金。这样，在资金供给渠道和资金需求之间就形成了一个无形的“断层”。

另一方面，缺乏激励措施。荒漠化防治与农业的持续发展密切相关。农业是一个利润较低的产业，而荒漠化防治又具有投资大、周期长、风险高等特点。中国目前并未对通过优惠、补贴措施以调动社会力量投身于荒漠化防治给予足够的重视，国家政策的不稳定性更加重了问题的严重性。例如，《退耕还林条例》与《防沙治沙法》关于生态林采伐权的冲突，使得治沙英雄石光银一夜之间从身家千万变为负债累累。类似情况的发生，不利于调动社会力量参与土地保护和荒漠化防治。

（五）土地整理方面

土地整理是提高耕地质量、增加有效耕地面积、改善农业生产条件和生态环境的有效途径。面对中国人口多、人均耕地少、耕地后备资源不足的基本国情，土地整理是实现土地资源可持续利用的必然选择。中国土地整理工作起步较晚，《土地管理法》只是规定鼓励土地整理，并没有形成严格的长效机制。在实践中，土地管理缺乏统一规划，在实施环节又上重数量增加、轻质量提高，由此造成土地整理效果不尽人意。

二、中国防治土地利用导致荒漠化法律缺陷原因概述

上述问题的产生原因可以归结为管理理念、管理体制和调整机制等三方面问题。

（一）管理理念层面的原因

在可持续发展背景下，生态环境保护已内在地成为社会经济发展的内在组成部分和相关决策的重要考量因素。同时，随着法律的“绿化”和“生态化”趋势的日益明显，土地利用的生态化趋势也已成为土地资源管理的一个重要特征。中国目前正在以落实科学发展观为战略指引，为实现资源节约型和环境友好型社会而不懈努力。

尽管如此，这些理念诉求在中国土地荒漠化防治立法中贯彻得不甚理想。虽然已经认识到土地生态价值的重要性，并付出了相当大的努力，土地利用管理体系仍然体现出较强的单一价值取向，即：重土地资源生产价值的利用，轻生态价值的保护。节约土地的基本国策更多地是从数量上强调对土地资源的保护，但难以反映土地利用质量上的迫切需求。这些都是造成中国土地荒漠化问题日益严重的理念根源。

（二）管理体制层面的原因

管理体制方面最显著的问题是有关行政管理部门对土地资源及其利用的管理权限不明确。以《防沙治沙法》为例，该法第14条规定：“县级以上地方人民政府林业或者其他有关行政主管部门，应当按照土地沙化监测技术规程，对沙化土地进行监测，并将监测结果向本级人民政府及上一级林业或者其他有关行政主管部门报告。”第26条又规定：“在治理活动开始之前，从事营利性治沙活动的单位和个人应当向治理项目所在地的县级以上地方人民政府林业行政主管部门或者县级以上地方人民政府指定的其他行政主管部门提出治理申请。”这里反复规定“其他行政主管部门”的职责，一方面是为进一步立法提供框架和依据，以便根据实际管理需要进行相应的制度安排，但另一方面也体现了立法在管理职权划分上的模糊性。类似的规定是实践中政出多门、管理职责难以厘清等后果的法律根源。

当然，这些并不是管理体制层面存在的唯一的问题。另外一个值得关注的问题是缺乏健全有效的协调机制。在因立法技术水平有限而难以全面考虑管理实践和现实需要的情况下，在现有政策和法律框架下对有关部门的管理职责进行有效的协调，可以在很大程度上弥补立法层面存在的问题。中国目前的相关立法对完善此种协调机制不是非常重视，这也是造成前述诸多方面问题的原因之一。

（三）调整机制层面的原因

在调整机制层面，市场化机制的不完善和公众参与机制的欠缺是最为突出的两个问题。

长期以来，包括防治土地利用导致荒漠化在内的环境保护都被认为是一项社会公益事业，因而政府理应在其中起主导作用。基于此，相关立法大量地规定了政府在土地利用荒漠化防治领域的权力和职责，但对市场机制重视不足。例如，鼓励公众参与防治更多地是作为一种出于公益目的的考虑而作出规定；法律体系缺乏市场调控手段；社会参与经常会遇到诸如审批程序复杂、优惠政策难以落实、产权不明晰等问题；存在投资渠道不畅、生态补偿不到位等现象。尽管“市场失灵”的情形应尽量避免，但就中国目前的荒漠化防治法律体系而言，应将进一步引入并理顺市场机制置于一个突出重要的位置。

公众是土地资源的最直接使用者。因此，在土地利用过程中防治荒漠化，最有效的手段之一就是动员公众力量保护土地。为此就需要确保信息公开和参与渠道通畅，切实保障公民的知情权，鼓励社会公众参与到土地利用的荒漠化防治中来。中国目前公众参与荒漠化防治的水平尚待提高，公众难以参与土地利用规划的编制，获知行政机关的执法监督信息和土地利用的数据统计也存在难度。即使在维护自身权益方面，法律也较少规定对公众诉求的反映机制。这些都不利于调动群众保护土地资源和防治荒漠化的积极性。

三、完善中国防治土地利用导致荒漠化立法对策框架

基于上述分析，建议从土地规划、管理体制、土地权益、土地监测、评估和整理、支持和激励机制、法律责任等方面完善中国的土地利用荒漠化立法。

（一）完善土地规划

土地作为一种自然资源，同时也是作为环境要素的土壤。二者之间在物理形态上的同一性和不可分割性，要求法律将生态环境建设纳入土地规划目标范围中。应依据全国性和区域性的社会经济发展水平和现实需要以及维护土地生态平衡的要求，合理安排土地资源利用方案，从而不断提高土地资源利用的生态效益，为荒漠化防治提供充分有效的政策基础。

同时还应在现有法律框架下，进一步协调《土地管理法》与《防沙治沙法》相关规定，为土地利用规划的进一步合理化提供依据。特别建议在进一步修订《防沙治沙法》过程中增加关于乡镇级防沙治沙专项规划的规定，将荒漠化防治作为基层的工作内容之一，充分发挥其优势和积极性。

（二）理顺管理体制

理顺管理体制不可能一蹴而就。就目前的荒漠化防治管理体制而言，首要的两条途径是实现管监分离，以及健全和完善协调机制。

所谓“管监分离”，是指荒漠化防治政策制定机关与实施机关的分离。设立独立的监管机构，有利于确保相关政策的实施免受行政权力的干扰，同时也有利于避免一个或者几个行政部门实施相关政策而有可能引发的行政寻租现象。

建立监管机构并不意味着行政部门不再参与荒漠化防治管理工作。事实上，一个监管机构不可能解决荒漠化防治工作中的所有问题。在实践中一方面需要各行政机关的支持和配合，另外一方面也需要建立顺畅的协调机制，必要时也可以设立专门的协调机构，以加强各部门之间的协调和沟通，解决在监督和管理过程中发生或者可能发生的问题，从而确保荒漠化防治管理工作的顺利开展。

（三）保障土地权益

首先，明确土地权属。应进一步明确土地所有权代表行使主体的范围，加强对其责任履行情况的监督和管理。同时也需要明确界定经营者与所有者之间的权利义务关系，尽可能协调和平衡社会利益与私人利益之间的关系，使土地使用者的权益得到充分保障，并能够基于法律规定实现自身的收益预期，特别是投入到生态环境保护和荒漠化防治中的收益预期。

其次，畅通流转渠道。建议通过进一步立法建立健全产权流转规则，使土地的生态价值能够与其他价值一同反映到土地流过程之中。这就要求进一步加强市场机制在土地荒漠化防治中的积极作用，根据实际需要循序渐进地实现市场机制对土地资源的优化配置。

再次，稳定经营投入，完善土地征用制度，保障农民能够在征用过程中得到合理照顾和公平补偿。在确定补偿标准时，应将土地的生态能力计算在内。同时还应尽量减少农民土地承包权的频繁变更，使土地资源得到较为稳定的恢复和保养，从而使荒漠化防治获得更加充分的制度支持。

（四）重视土地监测、评估和整理

关于土地监测，建议完善全国土地管理信息系统，加强对农村荒漠化和其他相关生态信息的收集。为了更加有效地发挥现有土地监测资源的作用，建议逐步整合现有的各类土地信息监测网络，实现资源共享。同时建议在《防

沙治沙法》中增加乡镇级人民政府关于土地利用监测、报告职责的内容。

同时，还应进一步健全土地利用评估机制。应尊重生态规律，充分考虑当地自然环境、社会经济、历史文化等方面的因素，并着重促进单一要素评估方法向IEM管理理念和方法转变。同时，还应进一步推动评估标准的科学化，使土地价值得到全面的体现。

对于《土地管理法》中有关土地整理的内容，应通过适当位阶的进一步立法或者在修订立法时进行具体化。土地整理的目的不仅在于提高土地利用效率和增加耕地面积，而且还应包括提高耕地质量，保护生态功能性，实现环境效益，这些理念在进一步立法中均应有所体现。

（五）健全支持机制和激励机制

防治土地利用导致荒漠化也是一种特殊的经济活动，不仅具有巨大的生态效益，而且还可能产生可观的经济效益。因此，通过健全和完善支持机制和激励机制推动荒漠化防治工作，就成为必然选择。

在支持机制方面，首要的措施是进一步完善资金投入机制，扩大资金投入范围，加强资金使用监管，逐步形成一个多元投资机制。在此，投资主体不仅应包括国家财政，而且还应充分发挥民间资本的积极作用，同时也可尝试通过金融手段推动投资机制的不断成熟和完善。同时建议向破坏土地资源或者可能造成土地荒漠化的经营者收取税费，用于对土地资源的保护、荒漠化防治以及受损公众进行补偿。

在激励机制方面，建议逐步放宽对土地使用权流转的限制，同时运用税收杠杆和优惠政策，引导社会各方面力量投资于土地保护和荒漠化治理。

（六）明确法律责任

建议增加法律责任的承担方式，除传统的经济罚和自由罚之，还应在立法中明确引入生态化法律责任实现方式。例如，对于未经批准擅自采伐经济林的行为，除罚款、拘留，还可要求其对破坏的林木进行更新，履行看管、保护林木的责任。此外，加大对违法者的处罚力度，除提高罚款数额外，对严重破坏土地资源和生态环境、造成土地荒漠化的行为，还应追究刑事责任。

17 我国土地退化防治的法律框架及其完善建议

周　珂[1]　曹　霞[2]　谭柏平[3]

内容摘要

中国防治土地退化立法为各领域法所共同关注。根据自然资源属性及其立法现状，中国与防治土地退化有关的法律法规大致可以分为九个法律领域，构成了中国防治土地退化的法律框架。本文跟踪中国防治土地退化国际合作项目，结合国际社会防治土地退化的理论与实践，提出了完善有关立法的认识与建议。

关键词

土地退化 防治 法律框架 完善建议

防治土地退化是自然资源法律保护的重要内容之一。中国政府一直重视运用法律法规来防治与管理土地退化问题。自20世纪90年代起，中国已经开始并受益于以可持续发展原则为指导的包括防治土地退化在内的环境与资源立法改革。目前，中国部分西部省份正在实施的"中国-全球环境基金干旱生态系统土地退化防治伙伴关系项目"，是中国政府与全球环境基金在生态领域第一次以长期规划的形式开展的合作，将综合生态系统管理理念引入土地退化治理之中，[4]而完善防治土地退化的法律法规是其中的重要组成部分。

一、中国土地退化防治法律框架及立法成果概述

由于土地退化的影响范围不仅涉及耕地，而且也涉及草原、牧场、森林和林地等所有具有一定生产能力的土地，因此，中国与防治土地退化有关的法律法规数量多，范围广，基本上形成了由宪法、法律、行政法规、部门规章组成的防治土地退化的法律体系。在中央层面，除宪法外，这些法律法规根据自然资源的属性及其立法现状，大致可以分为9个法律领域，分别是：

（1）国土资源法律领域。该领域与防治土地退化内容直接相关，其法律法规主要有《土地管理法》（2004年修订）及其实施条例（1999年）、《土地复垦规定》（1989年）等，它们从不同角度对保护土地资源、防治土地退化起到了积极的作用。

（2）防沙治沙法律领域。土地沙化是土地退化的显性表现和恶果，因此，预防土地沙化、治理和开发利用已经沙化的土地，对于防治土地退化有着重要的意义。该领域包括《防沙治沙法》（2001年）《全国荒漠化和沙化监测管理办法(试行)》（2003年）《营利性治沙管理办法》（2004年）等。

（3）水土保持法律领域。水土流失是土地退化的主要表现形式之一，水土保持法主要任务就是要对水土流失的预防、治理、监督等做出全面规定。该领域的法律法规包括《水土保持法》（1991年）及其实施条例（1993年）

---

[1] 中国人民大学法学院教授，博士生导师。

[2] 山西财经大学教授。

[3] 中国人民大学法学院博士研究生。

[4] 雷敏、董峻："我国将加强跨部门合作防治西部土地退化"，载http://www.hebei.com.cn/node2/node4/node6/userobject1ai272287.html，2006年11月18日访问。

《开发建设项目水土保持设施验收管理办法》（2002年）等。

（4）草原资源法律领域。与其他自然资源立法相比，中国草原保护立法发展相对缓慢，但经过近些年的修订和完善，已经深化了保护草原生态的内涵，制定了全面保护、重点建设、合理利用草原的一系列规范，该领域的立法成果主要有：《草原法》（2002年修订）《草原防火条例》（1993年）《草畜平衡管理办法》（2005年）等。

（5）森林资源法律领域。这是中国防治土地退化立法较早的法律领域之一，其主要立法成果包括：《森林法》（1998年修订）及其实施条例（2000年）《森林防火条例》（1988年）《退耕还林条例》（2002年）等。

（6）水资源法律领域。对地下水的过度开采、滥用水资源以及落后的水资源管理方式，都是造成土地退化的主要原因。中国在水资源立法、依法保护水资源方面做出了许多努力，这方面的法律法规有《水法》（2002年）《防洪法》（1997年）《大中型水利水电建设征地补偿和移民安置条例》（1991年）《取水许可制度实施办法》（1993年）等。

（7）农业法律领域。这是中国防治土地退化法律框架一个重要的组成部分。该领域的法律法规包括《农业法》（2002年修订）《农村土地承包法》（2002年）《农药管理条例（修订）》（1997年）《基本农田保护条例》（1998年）等。

（8）野生动植物法律领域。野生动植物与土地资源是相辅相成、共兴共衰的关系，其状况在很大程度上反映了土地退化的程度。该领域法律法规举其要者有：《野生动物保护法》（2004年修改）《陆生野生动物保护实施条例》（1992年）《野生植物保护条例》（1996年）等。

（9）环境保护法律领域。从广义上讲，污染防治与自然资源保护方面的立法都属于环境保护法，狭义上的环境保护法是指全国人大常委会颁布的环境保护法典，即《环境保护法》。而此处所谓的环境保护法律领域，是特指与防治土地退化有关的、除上述8个领域之外的环境保护方面的法律法规，其数量最多，包括《环境保护法》（1989年）《水污染防治法》（1996年修订）及其实施细则（2000年）《环境影响评价法》（2002年）《固体废物污染环境防治法》（2004年修订）《自然保护区条例》（1994年）等。

上述9个法律领域与宪法一起，共同构成了我国在中央层面的防治土地退化环境管理的法律框架。在中国的各省区，因地理气候的不同而在各领域立法上有不同侧重，例如内蒙、青海比较重视草原立法，甘肃和宁夏则更重视水土保持。

二、中国土地退化的现状及原因

1.中国土地退化的现状

土地是具有陆地生产力的系统，由土壤、植被其他生物区系和在该系统中发挥作用的生态及水文过程组成。土地退化是由于使用土地或由于一种营力及至数种营力结合致使干旱（arid）、半干旱（semi-arid）和亚湿润干旱（dry sub-humid）地区雨浇地、水浇地或草原、牧场、森林和林地的生物或经济生产力、生物多样性的下降或更新换代，其中包括：①水蚀和风蚀致使土壤物质流失；②土壤的物理、化学和生物特性或经济特性退化；③自然植被的长期丧失。[5]土地退化的表现形式有水土流失、土地沙化或荒漠化、土地次生盐碱化、土壤污染和肥力下降、土地的非农业占用等。[6]在中国，与水蚀相关联的土地退化主要是水土流失，多发生在中国东部、南部和西南部地区；与风蚀相关联的土地退化主要是土地荒漠化或沙漠化，多发生在中国北部、西北部地

[5] 根据1994年《联合国关于在发生严重干旱和/或荒漠化的国家特别是在非洲防治荒漠化的公约》，转引自李艳芳："我国土地退化的成因与防治法律制度的完善"，载《环境保护》2005年第2期。

[6] 刘连成、张国庆："中国土地退化与法律保障对策"，载《国土资源科技管理》，2000年第1期。

区。[7]土地荒漠化是由于生态系统破坏，造成干旱、半干旱以至半湿润地区的土地质量下降，生态环境恶化甚至土地生产力完全丧失的土地退化过程。它不仅包括已经荒漠化的土地，而且包括正在荒漠化过程中的土地。[8]过去的几十年间，中国遭受水蚀和风蚀的土地显著增加，这种增长幅度大约为20%～30%。从全国整体角度看，遭受水蚀的土地从20世纪50年代的153万平方千米上升到90年代的大约179.6万平方千米。[9]总之，中国的土地退化特别是西部地区的形势相当严峻，已经导致生态、经济和社会的负面影响，包括农村地区的长期贫困和生活环境恶化等。

2.造成中国土地退化的原因

中国的土地退化既有自然原因，也有人为因素。自然原因包括气候变异、水蚀、风蚀等的影响。人为因素既包括人们在生产经营活动中造成的土地污染行为，也包括对土地、森林、草地、野生动植物等自然资源的破坏性、掠夺性开采行为，后者也可归纳为“六滥”，即滥垦、滥伐、滥牧、滥采、滥用水资源及滥猎，并且通常是多种因素同时作用，使中国的土地退化趋势日益扩大。[10]而长期以来中国自然资源管理体制存在的缺陷是造成土地退化人为因素的一大主因。这是因为，在中国，与防治土地退化环境立法相关联的自然资源管理部门涉及国土资源、农业、林业、水资源管理、环境保护、防洪抗旱组织、国家发改委、财政部等。防治土地退化是一项综合系统工程，要求上述部门对土地等自然资源实行有机协调、综合管理。然而，实际工作中各管理机构协调和合作不足。主要表现为：一是对土地等自然资源的管理，各部门行政职责既存在重叠又存在缺失；二是政出多门、职责不清。[11]行政职责重叠往往发生在资源丰富且利用条件好的区域，比如宜林宜牧宜草的区域往往成为有权部门争相管辖的对象。而那些资源贫瘠的区域，就形成行政执法权缺失与资源管理的真空地带。例如，依据有关法律，土地行政管理部门、农业（牧畜业）和环境保护部门对国有荒（草）地都有行政执法监督权，但实际上没有一个部门真正履行管理权。[12]管理不到位、行政执法不严加剧了“六滥”活动对土地资源的危害，从而造成土地退化的后果。此外，中国对土地资源重行政管制而轻经济激励机制、忽视利益关联机构与公众参与的作用等，也是土地退化的深层次原因[13]。上述诸原因在中国防治土地退化法律框架中都有所反映。

三、评价中国防治土地退化法律法规的基本方法

将综合生态系统管理（IEM）理念融入到一套完整的法律要素评价指标体系中，对中国防治土地退化的法律法规分别进行分析与能力评价，是“中国-全球环境基金干旱生态系统土

[7] 杜群：“防治土地荒漠化的资源法律问题及其对策：以甘肃省石羊河流域为例”，载《法学评论》（双月刊），2004年第1期（总第123期）。

[8] 刘嘉俊、范雪蓉：“论中国土地荒漠化的类型、特点及防治对策”，载《土壤侵蚀与水土保持学报》，1999 年6月，第5 卷第5 期。

[9] 黄季焜：“中国土地退化：水土流失与盐渍化”，载http://www.nmgland.cn/nmgland/zhjgd/zhjgd/3925.html，2006年11月16日访问。

[10] 陈小清：“专家谈中国荒漠化成因和防治”，载海峡之声网，2003年6月25日。

[11] 卢琦、刘力群：“中国防治荒漠化对策”，载《生态环境与保护》，2003年第5期，第22～26页。

[12] 杜群：“防治土地荒漠化的资源法律问题及其对策：以甘肃省石羊河流域为例”，载《法学评论》（双月刊），2004年第1期（总第123期）。

[13] 行政管制、经济激励机制、利益关联机构与公众参与的作用等，是评价与防治土地退化相关的法律法规的几个基本法律要素。在中国，法律法规对行政管制的规定相对而言要具体一些，条款要多一些，内容要丰富一些。而对经济激励机制、利益关联机构与公众参与的作用等法律要素的规定则要逊色一些。下文还有涉及。

地退化防治伙伴关系项目”评价法律法规时使用的基本方法。

1. 评价工具：综合生态系统管理和基本法律要素

综合生态系统管理（IEM，integrated ecosystem management）需要识别和描述那些在管理上采取不同方式的生态系统，即在保护和恢复生态系统的生产力、各种功能和服务方面应当采取不同管理方式的生态系统。综合生态系统管理提供了综合的规划方法，通过完善法律、政策、机构和社会经济体制来支持可持续地利用生态系统的自然资源，为更加有效地、可持续地利用生态系统的自然资源提供了基础。因此，综合生态系统管理方法被“中国-全球环境基金干旱生态系统土地退化防治伙伴关系项目”采用并作为评价中国防治土地退化法律法规的一个方法。目前，中国政府努力通过推进综合生态系统管理（IEM）理念来防治土地退化。

基本法律要素是指评估防治土地退化的相关法律法规在实施综合生态系统管理能力方面的17个要素，它是在考察地区和国际的环境立法基础上，并对各个层次的环境法律体系在可持续管理土地、生态管理、生态系统可持续发展方面的规范进行分析研究的基础上总结概括得出的。根据中国国情，“中国-全球环境基金干旱生态系统土地退化防治伙伴关系项目”中央法律政策顾问组与国内咨询机构专家、项目省工作组和亚洲开发银行专家在17个基本法律要素的基础上，共同确定了适合中国的20个基本法律要素。这20个法律要素分别为：①立法目的、依据；②适用范围、对象；③社会主体关于自然资源可持续开发、利用和管理的权利和义务；④农村土地权益的保障和土地质量的保护；⑤主要的名词术语界定；⑥立法目的与国家和地方相关政策及其他措施的一致性；⑦共同管护义务；⑧政府和行政机关的职能；⑨利益关联机构（或组织）的设置和作用；⑩行政管制；⑪教育、科研、宣传；⑫调查、监测、评价和统计；⑬公众和社区参与；⑭资源可持续利用或生态保护区划、规划、计划；⑮资源生态、生态系统管理；⑯财政投入和市场激励机制；⑰遵守和执行；⑱纠纷解决机制；⑲法律责任；⑳其他。这20个要素构成了中国防治土地退化的法律要素评价指标体系，是评价中国相关法律法规能否有效防治土地退化及调整水土管理问题的依据，也是评价综合生态系统管理（IEM）原则被法律所认可并应用到具体的防治土地退化实践的依据。

在前述9个法律领域中，对于其中任何一件与防治土地退化相关的单项法律或法规，均需评价其在实施综合生态系统管理能力方面是否体现了20个法律要素以及程度如何。具体做法是：把每一件单项法律或法规的条款进行分解，按照其内容的不同分别归入不同的法律要素中，从要素呈现性、内容表达性和内容实施性3个方面进行分析与评估，每个方面都设计了A、B、C、D、E五个等级。分别是：

要素呈现性考察的是该件法律或法规对20个法律要素有否有明文规定：A.该法规明文有规定；B.明文规定该要素内容被其他法律法规所指引；C.该要素规定被其他法法律法规所支持；D.该要素内容没有被法律法规所体现，但在其他规范性文件中有体现；E.该要素内容没有出现在规范性文件中。

内容表达性考察的是该件法律或法规所表达的内容与IEM原则和要素指标是否相符合以及符合程度是多少：A.覆盖比较全，且所反映的内容与IEM原则和要素指标比较相符；B.覆盖比较全，但所反映的内容与IEM原则和要素指标尚有差距；C.有涉及，且所反映的内容与IEM原则和要素指标比较相符；D.有涉及，但所反映的内容与IEM原则和要素指标尚有差距；E.没有表达。

内容实施性考察的是该件法律或法规在实践中实施的效果如何：A.经常性适用，实施成效好；B.一般性适用，实施成效好；C.经常性适用，实施成效一般；D.一般性适用，实施成效一般；E.基本上不适用。

评价法律领域的方法同此理。

2.中国防治土地退化法律框架的能力评估结论

按照上述方法对中国防治土地退化法律框架进行能力评价，可以客观地得出以下结论：

第一，中国防治土地退化的法律与部门规章相比，对20个法律要素和IEM原则的体现与表达要好一些。其原因部分在于，较之部门规章而言，法律的条款较多，规范的内容广，涉及面大一些。例如，中国《土地管理法》（1986年，2004年修正）共有86个条款，包括总则、土地的所有权和使用权、土地利用总体规划、耕地保护、建设用地、监督检查、法律责任和附则等八章内容，几乎覆盖了所有20项法律要素。部门规章往往是国家部委为了解决某一两个具体问题而制定的，条款数量少，涵盖内容窄，如《建设项目用地预审管理办法》（国土资源部2004年修正）只有16个条款，其内容表达性也没有被其他法律文件所指引或支持，因此其对有些法律要素不能表达与体现也是情理之中的。当然，不能因此否认部门规章在防治土地退化中的作用。由于规章针对性强、监管部门明确而易于操作，往往能得到很好的实施，对防治土地退化也能起到实际成效。

第二，与20世纪80、90年代制定的法律法规相比，近年来中国制定的法律法规对20个法律要素和IEM原则的体现与表达要好一些。其原因在于，中国对自然资源保护、生态建设与管理日益重视，制定的法律法规能很好地体现综合生态系统管理的理念。而20世纪80年代初期中国改革开放不久，经济建设是国家的中心任务，生态环境与资源保护处于次要地位，当时制定的现在仍然有效的法律法规就不可能考虑到综合生态系统管理的要求，法律文件中法律要素的缺项也是自然的事情。

第三，在20个法律要素中，中国防治土地退化的法律法规对立法目的、使用范围、主要名词术语界定、政府和行政机关的职能、行政管制、法律责任等法律要素的体现与表达要充分一些，[14]而对妇女的地位和权利、少数民族权益保护、生态移民中农民权益保护、共同管护义务、资源可持续利用或生态保护区划、规划和计划等法律要素的体现与表达则要差一些。[15]原因之一是，中国的法律法规习惯上对政府管理机关及其职责做出明确规定，但关注重点往往是权力的分配而非职责的落实，造成法律实施中利益分配的成分多，承担责任的成分少。而且，对立法目的的规定也很少有直接宣示以防治土地退化为目的的。

据不完全统计，中国与防治土地退化相关的法律法规共有96件，其中法律17件，行政法规29件，部委规章50件。可以说，中国在防治土地退化方面的立法已经取得了举世瞩目的成就，但也存在有法不依或执法不严的现象，中国防治土地退化法律法规的实施性仍有待加强。

四、中国防治土地退化法律框架的完善建议

要完善中国防治土地退化法律框架，立法机构和政府部门应当按照20个法律要素与综合生态系统管理（IEM）理念，全面梳理中国现行的与防治土地退化相关的法律法规，并进行系统的立法与法律法规的修订活动。就上述九个法律领域来说，每个领域法都存在需要立法或修订法律法规的工作，但就重要性而言，立法的重点应放在国土资源与防沙治沙两个法律领域，修订法律法规的重点应放在环境保护领域。

1. 加强相关立法，填补法律空白

在国土资源法律领域，制定《土壤污染防治法》成为当务之急。目前，中国土壤污染的现象越来越严重，造成土壤污染的原因主要包

---

[14] 例如，中国的《环境影响评价法》（2002年）共有38个条款，其中第1条规定了“立法目的”，第2条规定了“主要名词术语界定”，第3条规定了“适用范围”，第6、7、8、9、23条共有5个条款规定了“政府和行政机关的职能”，第10、12、13、14、15、16、17、18、22、25、27条共11个条款对“行政管制”作了规定，第28、29、30、31、32、33、34、35条共8个条款对“法律责任”做出了规定。

[15] 以中国的《环境影响评价法》（2002年）为例。该法中对“妇女的地位和权利”“少数民族权益的保护”“生态移民中农民权益的保护”“共同管护义务”，以及对“资源可持续利用或生态保护区划、规划和计划”等法律要素都没有明文规定。

括、工业“三废”排放、化学制品污染、污水灌溉、重金属污染、酸雨污染等。土壤污染具有明显的隐蔽性、滞后性、累积性和不可逆转性等特点，一旦受到污染,需要很长的治理周期和较高的投资成本，造成的危害也比其他污染更难消除。[16] 国土资源部提供的数据显示，中国大陆受污染的耕地面积达2000万公顷，约占耕地总面积的1/5，其中多数集中在经济较发达的地区。中国每年因土壤污染而减少的粮食产量高达1000万吨，直接经济损失达100多亿元。[17] 因此，要防治土地退化，防治土壤污染是重中之重。为缓解严峻的土壤污染形势，就必须强化防治工作，而这其中最根本的是要在法律方面有所突破，完善土壤污染防治立法。

虽然中国的《环境保护法》《水污染防治法》《大气污染防治法》《固体废物污染环境防治法》等法律从不同侧面、不同途径对土壤污染的防治问题作了一些规定，但在内容上很不全面，侧重点也不在土壤污染防治。现阶段，中国土壤污染防治工作涉及环保、农业、国土资源、林业、地矿等部门，各部门都管一点，但又管得不多，有的部门几乎不管，这大大减低了土壤污染案件的处理效率，对于防治土地退化不利。再者，针对上述不同类型的污染源，需要制定有针对性的防治措施。这些问题都需要在《土壤污染防治法》中作出统一规定。

在防沙治沙法律领域，法规数量较少，法律体系仍不健全。虽然有一部令人骄傲的防治荒漠化的专门法律《防沙治沙法》，但至今该领域没有一部行政法规，《防沙治沙法》的实施受到影响，其可操作性也打了折扣。今后有必要制定一部诸如防沙治沙法实施条例或细则的行政法规。

由于长期以来过分倚重政府治沙，忽视了对社会治沙力量的引导，导致投入资金不足，社会力量治沙缺乏积极性，沙化土地治理整体进展缓慢。[18]《防沙治沙法》规定单位和个人均可以参与公益性或者营利性治沙活动，这是国家立法肯定的新型治沙模式。防沙治沙法律领域的《营利性治沙管理办法》对从事营利性治理沙化土地活动做出了明确规定，可以说是一个很好的尝试。然而，治理沙化土地不能完全依靠营利性行为，公益性治沙也是不可或缺的。《防沙治沙法》虽然鼓励单位和个人在自愿的前提下，捐资或者以其他形式开展公益性的治沙活动，并规定地方政府行政主管部门应当为公益性治沙活动提供治理地点和无偿技术指导。[19] 但是，这种规定过于原则，难以操作。中国至今没有制定对公益性治沙活动进行专门规范的法规，以支持、鼓励这种治理方式和活动。

2.将综合生态系统管理的理念引入法律法规的修订工作

在环境保护领域，主要的法律法规制定的时间都较早，修订任务艰巨。以《环境保护法》为例，中国现行《环境保护法》（1979年制定，1989年修订）实施了20年却未修改过，已经严重落后于环境管理的实际需要，体现出严重的不适应性：立法指导思想与时代发展不相适应；没有被赋予基本法的地位和作用；内容和结构上存在严重缺陷。[20] 目前，《环境保护法》的修订正面临一次难得的历史转型良机，即借鉴世界上各主要经济发达国家在不同程度上已成功实现了环境法转型的立法经验，引入综合生态系统管理理念，完善环境基本法律原则与制度，使污染防治与生态保护建设相

[16] 赵沁娜、杨凯：“发达国家污染土地置换开发管理实践及其对我国的启示”，载《环境污染与防治》第28卷，2006年第7期。

[17] 谌彦辉：“大陆启动土壤治污工程”，载凤凰网，2006年10月13日。

[18] 于华江、王小龙：“论营利性治沙的制度创新与风险防范”，载《中国律师和法学家》，2006年第4期。

[19] 中国《防沙治沙法》第24条。

[20] 夏光主持的国家“十五”科技攻关课题——若干重要环境政策及环境科技发展战略研究：《环境保护法》修订框架研究（专题编号：2003BA614A-01-01）的专题实施方案。

结合，把《环境保护法》修订成为一部名副其实的环境保护基本法。[21]

以现行《环境保护法》为核心形成的环境保护法体系忽视了区域环境的综合性法律调整。在专门法律调整方面，侧重于污染防治，在自然资源的保护方面缺乏基本的规定，对环境改善的立法规制设计的重视程度不够。这些不足之处也是造成我国土地退化防治成效不大的重要原因之一。从这一方面而言，中国也应及早修改现行《环境保护法》，并通过制定《生态保护法》、《土壤污染防治法》、《生物安全法》、《农村环境保护条例》等生态保护法律法规，完善现有污染防治法律法规，构建健全的生态保护与污染防治并重的法律框架。这是防治土地退化有力的法治保障。

在环境保护法律领域，还有其他一些环境法规有待修订。如《水污染防治法》是1984年颁布的，虽然1996年有过修订，之后也有《水污染防治法实施细则》作为补充，但是很多规定已不能适应现实的发展需要。另外，随着自然保护区在环境保护中作用的上升，其重要性也已经显现出来，现有的《自然保护区条例》（1994年）立法层次偏低，应及早在此基础上制订《自然保护区法》。

3. 中国的土地利用规划及其分类体系问题

中国现行的土地利用规划由土地利用总体规划、土地利用详细规划和土地利用专项规划三个层次组成，形成了全国、省、市、县、乡五级土地利用规划格局。这是一个相当完整的规划体系，层次性强，结构严谨，具有明显的行政色彩，非常便于实施与落实，对于促进中国国民经济的发展和保障国家的耕地安全和防治土地退化发挥了重要作用。但同时也存在一定的局限性，主要表现在各级规划的职责分工不够明确，规划体系不够灵活和规划的协调与衔接性差等方面。[22]

中国的土地利用规划最根本的问题是，在市场经济的制度背景下采用了计划经济的规划模式，仍以国家计划作为土地资源的基本配置者。《土地管理法》修改时应当规定土地利用生态功能警戒区划，耕地复垦必须附设生态保护的要求和义务，土地统计和土地监测应当加强针对土地质量（包括生态质量）的内容。[23]

中国土地利用现状分类体系中影响最大、最具代表性的是土地管理部门使用的三个分类系统。第一个分类系统是1984年9 月由原全国农业区划委员会在《土地利用现状调查技术规程》中制定的，第二个分类系统是1997 年在全国县级土地利用总体规划及规划修编过程中新使用的系统，第三个分类系统是2002 年1 月1日起开始试行的“全国土地分类(试行)”。

无论上述何种体系，均列出“未利用地”一类，将人类直接利用并在空间上对其占有或对其直接施加重要影响的土地作为“已利用土地”，将除此之外的其他土地均视为“未利用地”。无论从哪种角度来说，设置“未利用地”这一类型以及将“土地利用”仅理解为“人类对土地的利用”或“人类对土地的直接利用”都是欠妥的。随着中国社会经济的发展，土地利用中的生态环境问题日益突出，许多“未被利用”的土地资源越来越成为地球生态系统的重要组成部分。而中国对“土地利用”这一概念在理解上过于传统和狭隘，基本上忽视了“生态用地”的存在。为此，以“生态用地”这一名称和概念来取代“未利用地”，将有助于解决“未利用地”这种类型划分所存在的问题。[24]与此相适应，中国应当对《土地管理法》做相应的修改，将全国土地利

[21] 周珂，竺效．“环境法的修改与历史转型”，载王树义主编：可持续发展与中国环境法治——〈中华人民共和国环境保护法〉修改专题研究．科学出版社，2005，96～108

[22] 汤江龙，赵小敏，夏敏．我国土地利用规划体系的优化与完善，东北农业大学学报（社会科学版），2004，第3期

[23] 杜群．我国国土资源立法在生态保护方面的局限．环境保护．2005，第6期

[24] 岳健，张雪梅．关于我国土地利用分类问题的讨论．干旱区地理．第26卷，2003，第1期

用划分为农用地、建设用地和生态用地这三大类型。

4.中国防治土地退化法律责任的完善

中国防治土地退化的法律责任包括民事法律责任、行政法律责任与刑事法律责任。在现有相关立法中，这三类法律责任之间存在其规定不协调、不配套的情形。例如，虽然中国在2002年底对1985年《草原法》作了修订，其中许多条款都规定了对破坏草原违法活动要依法追究刑事责任的内容，但在《刑法》及其司法解释中均未给予明确的规定和解释，形成了目前破坏草原违法，但很难追究和定罪的局面。

另外，对于破坏生态与土地等自然资源的行为，中国偏重于追究行为者的行政责任，而忽视了发挥民事法律责任的积极作用。同时，违法者承担的法律责任与其危害程度相比较，处罚普遍偏轻，对土地资源破坏者的震慑作用不大，难以发挥法律责任在防治土地退化中应有的作用。

需要说明的是，上述中国防治土地退化法律框架的完善建议，仅仅是从框架构建的角度去阐释的，研究重点是立法建议，而对执法、制度建设、政策实施以及法制宣传等方面的建议，限于篇幅未能论及。事实上，这些都是完善中国防治土地退化法律框架的重要方面。

18 新起点、新实践、新成果：综合生态系统管理在甘肃省土地退化防治立法中的实践和应用

万宗成　甘肃省人大法工委副主任

摘要

GEF/OP12项目是在全球基金在防治土地退化方面开展的第一个伙伴关系项目，其宗旨是通过采用综合生态系统管理(IEM)方法来防治和遏制干旱地区生态系统的土地退化，减少贫困，保护生物多样性，促进中国西部地区的可持续发展，为解决跨部门、跨行政区域的自然资源综合利用提供技术与管理支持。

实践IEM理念获得的启示是：坚持结合省情贯彻IEM理念，是我们开展土地退化防治的原动力；坚持用立法措施开展土地退化防治是我们追求的长远目标；坚持“两手抓、两促进”是我们开展土地退化防治立法的基本方法；坚持把IEM理念贯穿于防治土地退化工作的全过程是我们的基本方针；注重实践效果增强立法能力是我们的根本目的。

实践IEM理念使我们多方面受益：IEM全新理念深入人心，我省各级国家机关贯彻科学发展观的自觉性不断增强，环境治理和生态保护的力度在进一步加大；一批生态环境保护建设方面的地方性法规和政府规章提升了法律保障能力；锻炼成长的一支贯彻综合生态系统管理的人才队伍为土地退化防治奠定了基础；IEM全新理念及其评估方法模式为立法部门制定、评估法规和规章提供了有益的借鉴；IEM已成为甘肃生态文明建设的助推器，各级政府对生态建设的重视程度空前提高，制定的政策措施更加符合实际需求。

应用IEM理念立法应与中国实际需求相结合；土地退化防治立法应当突出综合性；防治土地退化协调配合机制应当进一步健全；相关法律、行政法规应当基于GEF成果及时加以修改。

甘肃自然生态脆弱，气象灾害频发，土地退化严重，防治土地退化伴随着经济社会的发展从来就没有停止过。GEF-OP12项目引进了综合生态系统管理(IEM)，使我省土地退化防治工作站在了一个新的起点上，土地退化防治立法也开始了新的实践。经过5年的努力，我省在土地退化防治领域的立法取得了新的成果，有力地促进了土地退化防治工作的健康发展。在这一实践过程中，我们对IEM理念和方法的认识逐步深化：

第一，防治和遏制干旱地区生态系统的土地退化，减少贫困，不仅需要正确的路线、方针和政策的指引，而且需要科学的理念和方法。GEF引进了全新的理念——综合生态系统管理（IEM)。这一新的理念具有科学性、系统性、综合性、可持续性、创新性和灵活性的特点，在土地退化防治工作中落实这一理念，有助于我们自觉地更好地贯彻科学发展观。

第二，防治和遏制干旱地区生态系统的土地退化、减少贫困，是一个系统工程。IEM把农业、森林、水、水土保持、土地、草原、防沙治沙、生物多样性、环境影响评价、环境保护作为一个系统的研究对象，为我们研究土地退化问题提供了一个的新视角，为有效实现跨部门、跨行业、跨区域的可持续的自然资源综

合管理拓宽了视野，有助于我们在建设生态文明过程中进一步贯彻解放思想、实事求是、与时俱进的思想路线。

第三，防治和遏制干旱地区生态系统的土地退化，减少贫困，其关键是推进法制化建设。在防治土地退化的各种措施中，法律制度更具有根本性、长期性、稳定性和权威性。综合生态系统管理12项原则和20个法律要素以及评估方法、步骤，为我们在制定涉及防治土地退化方面的地方性法规、规章以及法规、规章的后评估提供了新的模式，其运用有助于提高地方立法质量。土地退化防治法律制度通过地方立法细化、补充，其引导、规范、管理、促进和保障作用得到了进一步的发挥，土地退化防治法律体系框架通过地方立法得到了进一步的完善。

第四，GEF为了提高以IEM理念和方法防治土地退化的能力，将法律、政策和机构作为一个整体全面进行评估，将法律能力、政策能力和机构能力有机结合，使评价更全面、更客观、更真实。选取这样的视角开展评估，有利于我们在工作中防止片面性，对提高行政管理能力和评价质量、立法质量和行政机关决策的科学性都具有较强的实践意义。

一、基本做法

学习IEM理念的目的在于应用，法律的生命在于执行。基于这一认识，我们把根据综合生态系统管理理念和方法开展土地退化防治立法工作放在项目实施的中心环节，坚持“两手抓，两促进”，一手抓现行法规规章评估不走样，一手抓新法规的制定不放松，用评估以往法规带动新法规的制定，用新制定的法规检验法立法能力建设，促进项目实施的顺利进行。基本做法：一是广泛宣传。通过各种形式宣传IEM理念，把IEM理念贯穿于项目实施的全过程；二是注重规划。经过协调，使涉及以IEM理念和方法防治土地退化的新法规的制定、修改适时纳入立法机关的立法规划和年度计划草案。三是争取进入决策。立法规划经过省人大常委会讨论通过并报省委批准后实施，从而达到项目实施的内容与决策相衔接。四是组织落实，通过加强部门之间的协作，从法规草案的立项、调研、起草、论证、审查、修改、审议等各个环节加大工作力度，保证新法规的顺利出台，从而不断将土地退化防治立法工作向广度和深度推进。

二、实践成果

经过努力，自GEF/OP12项目实施以来至2008年7月，甘肃省共制定涉及综合生态系统管理防治土地退化的地方性法规13件：《甘肃省森林病虫害防治检疫条例》《甘肃省农作物种子管理条例》《甘肃省实施水法办法（修订）》《甘肃省临夏回族自治州刘家峡库区生态环境保护建设条例》（批准）《甘肃省油田勘探开发生态环境保护条例》《甘肃省全民义务植树条例》《甘肃莲花山国家级自然保护区管理条例》《甘肃省草原条例》《甘肃省资源综合利用条例》《甘肃省石羊河流域水资源管理条例》《甘肃省农业生态环境保护条例》《甘肃省安西极旱荒漠国家级自然保护区管理条例》《甘肃省气象灾害防御管理条例》。列入立法年度计划制定、调研起草的地方立法14项，内容包括黄河甘肃段水污染防治、林地保护、森林公园、肥料、讨赖河流域、农作物种子基地、农业植物检疫、排污费征收使用、水生动物检验检疫、风景名胜区保护、城市绿化等方面。这些立法为甘肃省早日形成以IEM理念和方法防治土地退化的法规规章框架、为加快防治土地退化步伐，均提供了重要的法律保障。

三、能力提升

新法规具有以下明显的特点：一是土地退化防治的覆盖面宽；二是体现IEM理念比较充分，在立法目的、调整范围、基本内容、制度安排、具体措施中程度不同地体现了IEM原则；三是法规执行效果较好；四是法规与政策的协调性增强，从而使土地退化防治法律、政策能力得到大幅度的提升。

目前，列入立法计划的14个项目正在有

序进行。IEM原则在新制定的法规中得到了广泛的应用，法规质量有了新的提高。我们坚持IEM理念与甘肃实践相结合，以提高项目质量。在立法调研、论证过程中，我们注意引导参与立法的各个方面尽可能地应用IEM理念。在此以《甘肃省草原条例》为例进行说明。

为了保护、建设和合理利用草原，改善生态环境，维护生物多样性，甘肃省人大常委会基于IEM12项原则，重新制定了《甘肃省草原条例》（以下简称条例）并于2006年12月1日颁布。重新制定的条例的特点：一是立法目的和适用范围明确，体现了IEM保护利用并重的原则（第一条、第二条）。二是规定各级人民应当将草原的保护、建设和利用纳入国民经济和社会发展规划，将退化、沙化、盐碱化、荒漠化的草原纳入国土治理建设规划，划定治理区，组织有关部门实施专项治理，政府在资金、物资和技术上给予扶持，体现了保护与利用相结合的可持续发展理念（第三条、第九条、第二十五条）。三是规定各级人民政府应当组织科研部门和专业技术人员开展草原退化机理、生态演替规律等基础性研究，加强草原生态系统恢复、优质抗逆牧草品种选育、畜种改良和饲养方法等先进技术的研究和开发，积极推广草原科研成果，体现了管理面向基层、广泛主体参与原则（第四条、第五条、第十一条）。四是确定了以草定畜、草畜平衡的原则，规定对严重退化、沙化、盐碱化、荒漠化的草原和生态脆弱区的草原，应当实行禁牧，对轻度退化的草原应当实行季节性休牧，并按照草原退化程度采用综合改良措施，改善草原植被；实行禁牧、休牧的草原，应当设立明显标志，体现了生态制约管理原则（第二十二至二十四条、第三十二条）。五是规定合理使用草原，保护草原植被；防止过量放牧，防治草原病虫鼠害；禁止开垦草原，禁止在草原上铲挖草皮、泥炭，防止造成新的植被破坏、草原沙化和水土流失；矿藏开采和工程建设等征用或者使用草原的，应当依法办理建设项目环境影响评价和其他有关审批手续；建设项目环境影响评价书中应当包括草原生态环境保护方案。这些规定体现了生态系统保护优先、市场生态双赢原则（第二十一条、第二十七至二十九条、第三十至四十条）。六是规定承包草原应当相对集中，留出牧道、饮水点、配种点等公共用地，方便农牧民生产生活和草原的综合建设；各级人民政府应当根据草原保护、建设、利用规划，因地制宜地推广和采用免耕补播、撒播或者飞播等保护草原原生植被的方式改良草原，通过建设人工草地、饲草饲料基地、草原水利设施及人畜饮水工程，引导农牧民转变生产生活方式；在草原上从事地质勘察、修路、探矿、架设（铺设）管线、建设旅游点、实弹演习、影视拍摄等活动和行驶车辆，应当制定保护草原植被的措施，并向草原监督管理机构交纳草原植被恢复费，体现了活动瞻顾生态原则（第十条、第二十条、第三十七条）。

《甘肃省草原条例》施行2年多来，各级草原行政主管部门和草原监督管理机构认真履行法定职责，不断加大执法力度，规范执法行为，强化执法监督，取得了明显的成效，对于保护、建设和合理利用草原，改善生态环境，保护生物多样性，维护国家生态安全，发展现代畜牧业，促进甘肃省经济和社会的可持续发展，以及促进甘肃省少数民族地区团结，保持边疆安定和社会稳定，加快牧区经济发展，提高广大牧民生活水平，发挥了重要作用，其积极效果具体体现为如下四个方面：

1. 管理部门对依法加强草原监督管理工作重要性的认识有了新的提高

各地从贯彻依法治国基本方略和全面推进依法行政的战略高度，深刻认识新形势下依法加强草原监督管理工作的重要意义，牢固树立了科学发展观，坚持“经济社会和生态目标并重，生态优先”的原则，做到了像重视粮食安全一样重视草原生态安全，像保护基本农田一样保护基本草原，像建设林业生态一样建设草原生态，促进了草原的全面协调可持续发展。

2. 公众对依法保护和建设草原的意识有了新的提高

2008年，甘肃省组织在全省开展了条例的宣传月活动。宣传月期间，全省共发放宣传材料13.8万多份，宣传单3.6万份，翻印蒙、哈、藏文宣传册13 000份，悬挂横幅、广告牌及宣传牌420条，出动宣传车辆260次（台），出动宣传人员3000余人，出专栏、橱窗、板报220期，张贴标语2.4万张，通过电视媒体报导30次，播放录音500余次、录像130余次，报纸刊出宣传文章137篇，举办法律讲座51场，举办培训班175场，培训人员5万多人，累计接受宣传的群众累计达36余万人。通过宣传，加深了公众对草原生态保护建设重要性、紧迫性、复杂性、艰巨性的理解，提高了社会各界人士和广大农牧民关注草原、重视草原、保护草原的意识，同时对提升全省草原监理行业形象，鼓励和推动草原行政执法人员学法、懂法、守法、严格执法、提高依法办事能力起到了促进作用。

3. 保护、建设草原的力度明显加大

各地在加强草原的保护和建设方面，主要采取了以下措施：①加大了对草原保护和建设的投入，建立和完善了稳定的草原建设财政投入机制，充分调动了广大农牧群众投入资金、建设草原的积极性。②针对广大农牧民依法承包草原、长期稳定生产的良好愿望，强化了对草原承包、权属流转的宣传，鼓励和支持广大农牧民和草原承包经营者依法承包经营使用草原，引导农牧民依法流转草原承包经营权，逐步增强维护自身合法权益的本领。③有效规范矿藏开采、工程建设、草原旅游等使用草原的行为，严格审核审批程序。落实草原植被恢复措施，使草原使用者自觉履行保护草原的义务。④加大了对甘草、麻黄草、苁蓉、雪莲、虫草、秦艽、防风、黄芩、柴胡、锁阳、藏红花、红景天等重点保护草原野生植物采集、出售、收购管理的宣传和保护力度，禁止乱采滥挖和非法收购、出售重点保护草原野生植物的行为，切实保障草原野生植物资源的合理利用。⑤依法征收草原植被恢复费。制定并出台了基本适合我省情况的草原植被恢复费收费标准（《省物价局省财政厅关于草原植被恢复费收费标准的通知》甘价费[2007]320号），将分布于全省草原的十四大草地类型赋予草原植被恢复费标准，使甘肃省成为全国首个依法对征占用草原实行植被恢复和生态补偿的省份，为积极探索和建立适合甘肃省的草原生态补偿机制，奠定了良好基础。

同时，协调省政府召集相关部门，出台了配套的规范性文件《关于理顺草原征用使用审批权限有关问题的会议纪要》（甘政办纪[2008]36号），进一步明确了草原行政主管部门和国土资源管理部门的审核审批职权，有效杜绝了越权批准或违反法定程序批准征占用草原的行为，为严格控制工程建设使用草原数量具有重要作用。为了规范草原征占用审核审批程序，依照法定权限办理审批事项，省农牧厅出台了《关于印发<甘肃省农牧厅行政许可综合办公办事指南>（第二批）的通知》（甘农牧[2008]124号），公布了“进行矿藏开采和工程建设征用（收）、使用草原审核”“临时占用草原的审批”和“修建草原保护和畜牧业服务工程设施使用草原的审批”事项及办事指南，明确了各级草原行政主管部门审核审批权限、办事条件和程序，为有效落实征占用分级审核审批制度、规范行政许可主体审核审批行为，创造了有利条件。与省国土资源厅建设项目统一征地办公室主要领导，协调使用草原有关问题。

开展全省重点市、县矿藏开采和工程建设征用使用草原建设项目清查工作。对酒泉市肃州区、瓜州、肃北、阿克塞，张掖市甘州区、山丹，武威市凉州区、民勤，金昌市金川区、永昌县，庆阳市华池、环县，甘南州夏河、碌曲、玛曲、卓尼等6市（州）16县进行了全面的清查工作，基本掌握了全省征占用草原建设项目的基本情况，为下一步工作奠定了良好工作基础。目前，正在积极组织开展大规模的清查工作，按照不同的时段，分别处理因矿藏开采和工程建设征用、使用和临时占用草原的行为。从现阶段个别举报案件的处理情况看，效果较好。同时，甘肃省还进一步落实草畜平衡管理措施，禁止超载过牧。向广大农牧民普及草畜平衡知识，推广实用技术，鼓励广大农牧民积极采取人工草地建设、天然草原改良、舍饲圈养等措施，提高饲草供给能力，缓解天然草原放牧压力，达到了合理利用草原的目的。

4. 草原执法和监督力度明显加大

严格按照《甘肃省草原条例》及有关法

规、政策，积极联合公安、环保、工商等部门，组织开展专项治理，严厉打击了各种草原违法行为。集中力量严厉查处了一批破坏草原性质严重、影响恶劣的大案要案，提高了草原执法的威慑力。

依法确认草原所有权和使用权，进一步做好草原家庭承包经营制的落实工作。加强承包合同的监督管理，引导和规范草原承包经营权依法有偿流转，坚决纠正承包期内任意调整和强行流转承包草原的行为，严禁随意变更承包草原的权属和用途，妥善处理草原承包纠纷，依法保护广大农牧民的合法权益。认真组织实施草原保护建设项目。通过实施工程建设项目（如退牧还草项目），加快推行围栏放牧、轮牧休牧等生产方式，进一步减轻草场过牧的压力。同时，通过加大草原建设成果的管护力度，严厉打击各种破坏草原建设成果的行为。强化了草原防灾及监测工作。按照“预防为主，防治结合”的方针，把草原防灾、减灾、抗灾工作贯穿到日常工作中去，进一步提高快速反应能力，对突发性灾害做到了早预测、早准备，及时发现、及时上报、及时扑救，努力减少人员伤亡和财产损失。通过广泛开展防灾宣传教育，建立应急机制、社会动员机制，制定或完善防灾预案，为草原监督管理工作奠定基础。

积极推进草原监理体系建设。坚持“因地制宜、分类指导、逐步规范、提高素质”的原则，进一步加快草原监理体系建设。依照《条例》的要求，督促草原面积较大但尚未设立草原监理机构的地区尽快设立机构。草原面积较小的地区根据地方实际进行机构设置和人员配备。已建立草原监理机构的，进行逐步规范，提高水平。同时，努力提高队伍素质，加强制度建设。按照“规范行为，强化责任，提高效率”的要求，建立健全草原执法制度和草原监理机构内部管理制度，进一步规范草原监理工作程序。加强作风建设，按照“内强素质、外树形象”的基本要求，大力开展了以“文明执法、优质服务、廉洁高效”为主要内容的行风建设活动。加强能力建设，组织开展草原监理人员的培训和考核，全面推行草原监理人员持证上岗，不断提高草原监理人员的思想政治素质和业务工作能力。

同时，还强化对草原监督管理工作的组织领导，明确责任，狠抓落实。制定完善科学合理的草原监督管理体系建设规划，逐步改善草原监督管理工作条件，充实完善草原监督管理设施设备，提高了草原监督管理的效率。

四、影响广泛

项目所产生的影响非常广泛：IEM全新理念深入人心，各级国家机关贯彻科学发展观的自觉性不断增强，环境治理和生态保护的力度在进一步加大；催生了一批生态环境保护建设方面的地方性法规和政府规章，培养和锻炼了一支贯彻综合生态系统管理的人才队伍；IEM全新理念及其评估方法作为一种崭新的模式，对立法工作部门制定、评估法规和规章提供了有益的借鉴；IEM理念已经成为甘肃生态文明建设的助推器，政府对生态建设的重视程度在空前提高，政策措施更加符合实际。

五、立法建议

（1）从中国现行立法体制的特点出发，应当对IEM评估方法加以必要的完善。其原则应当具有与时俱进的特点，尤其是地方性法规可随着范围、对象的不同灵活运用；从其法律要素看，不能完全照搬，尤其是地方性法规更不能追求要素齐备、体例完整。立法时，需要几条定几条、成熟几条立几条，追求有地方特色、适用。

（2）从基于IEM理念和方法开展土地退化防治的法律制度层面，创新体制和机制，突出综合性。

（3）针对法律评估中查找出的不足和要素缺失，按照IEM理念和原则，有计划地对《环境保护法》及相关立法进行修改。

（4）建立健全防治土地退化协调配合机制，理顺部门职责关系，重点解决职能交叉等问题。

19 综合生态系统管理理念和方法在青海省土地退化防治中的实践

李三旦　青海省林业局局长

摘要

本文从青海的生态状况及其严峻形势出发，提出了改进生态系统管理的重要性、迫切性。介绍了IEM方法的理念及其在GEF/OP12青海项目中的实践与应用以及取得的成效。由此而总结了应用IEM理念和方法进行土地退化综合防治的管理模式，为我国西部地区乃至世界干旱、半干旱贫穷欠发达国家和地区防治土地退化提供了可借鉴的经验。

关键词

综合生态系统管理　理念　实践

1. 青海的生态地位与现状

1.1 生态地位

青海地处青藏高原的东北部，是长江、黄河、澜沧江的发源地，黄河水量的49.2%，长江水量的25%，澜沧江水量的15%来自青海境内，以“三江源”、“中华水塔”而著称。青海作为青藏高原特殊的生态功能区和我国重要的水源地，其生态环境的优劣对于中国、东亚甚至整个北半球的“大气环流”和气候变化都有重要影响。

1.2 土地退化情况

近几十年来，由于气候变化和人类活动的影响，青海的生态环境急剧恶化，主要表现是：

1.2.1 水土流失严重

目前全省水土流失面积3340万hm^2，占全省面积的46 %。每年输入黄河的泥沙量达8814万t，输入长江的泥沙量达1232万t，严重影响到中下游地区的江河安全。

1.2.2 荒漠化加剧

全省荒漠化面积1917万hm^2，占全省总面积的26.5 %，其中沙化土地面积1255.8万hm^2，占全省总面积的17.5 %。

1.2.3 湿地萎缩

青海省湿地面积412.6万hm^2，居全国第4位。近20年来，水域总面积比20世纪80年代中期减少了68.34万hm^2，减少21.39 %。

1.2.4 草地退化加剧

全省草地退化面积达1636.4万hm^2，占全省可利用草地面积51.7 %，产草量下降，相当于减少饲养820万只羊单位。

1.2.5 生物多样性减少

青海生物多样性丰富，列入国家重点保护的野生动物就有74种。目前，受生存环境威胁的物种约占总种数的15 %～20 %。极濒危动物普氏原羚已不足300只。

1.2.6 自然灾害频繁

生态恶化、气候变化，造成全省水、旱、雹、霜冻、沙尘暴等自然灾害经常发生。

2. 应用IEM理念与方法的必要性

（1）青海生态建设的需要。多年的经验证明，防治土地退化，从根本上遏制荒漠化扩展，单靠增加投入是不够的，需要从理念、政策法律和技术等层面入手，更新观念，改进管理，探索新的防治模式。

（2）实施“生态立省战略”的需要。青海

省政府从省情出发提出了以“保护生态环境、发展生态经济、培育生态文化”为主要内容的生态立省战略，实施这一战略，需要应用新的理念和方法，对生态系统进行科学有效的管理。

（3）引进先进理念和方法是创新管理机制的需要。GEF-OP12是一个综合生态系统管理项目，应用先进的IEM理念和方法开展项目活动，旨在中国西部地区减少贫困、遏制土地退化、恢复干旱生态系统，完全符合省防治土地退化、创新管理机制的战略需要。

3. IEM在项目活动中的应用

3.1 理念与方法

3.1.1 理念

项目应用的IEM理念既是一种新的理念、原则，又是一种新的管理策略和方式、方法，是对生态系统活动进行规划、决策和评价的工具。

（1）综合性。围绕减少贫困、遏制土地退化的项目目标，多部门、多领域共同参与，密切合作，开展多元项目活动，创造多元惠益。

（2）参与式管理。包括制定以社区为基础的村级土地利用规划、制定示范点活动计划等，都是在项目专家指导下，社区村民参与共同讨论决定，尤其重视妇女的参与。

（3）治理土地退化与减少农村贫困相结合。在开展生态建设活动的同时，组织开展社区发展活动，帮助农民增收脱贫。

（4）资金整合，发挥效益最大化。发挥省、县项目协调机制的综合协调作用，拓宽投入渠道，多方吸纳资金，实现资金效益最大化。

3.1.2 方法

（1）引入竞争机制，以招投标形式选定项目示范点。根据中央项目办选点标准，我们以招投标方式，在全省11个投标备选点中确定民和县白武家、湟源县胡旦流域、共和县沙珠玉为项目示范点，分别代表省3个不同生态类型示范区。

（2）参与式监测评估方法。项目应用参与式监测评估方法，衡量项目活动的成效和群众满意度，不断改进项目管理，提高项目实施成效。

3.2 组织机构与能力建设

3.2.1 建立了多部门合作的协调机制

项目成立了由主管省长任组长，省级13个相关部门为成员的领导小组，下设协调办公室和执行办公室，具体负责项目的组织协调和实施。根据工作需要，成立了战略规划组和政策法规组，由多部门、多领域专家组成，负责制定省级土地退化综合防治战略规划和开展政策法律评估。示范县、乡政府也都成立了相应机构，统一负责项目示范点的组织协调和指导工作。

3.2.2 能力建设

（1）理念培训。针对省、县级生态资源管理部门进行了4期理念与方法的教育培训，培训人数328人次。

（2）技术培训。举办了计算机应用、3S技术、项目管理、项目设计、政策法律等多项内容的培训班，提高各级政府工作人员的管理水平和技术水平。

（3）环境意识教育培训。在澳大利亚青年大使帮助下，项目村通过环境教育和清理社区废弃物的实践活动，提升了村民的环境意识。

3.3 项目活动

3.3.1 编写完成《青海省土地退化政策法规和机构能力评价报告》 通过对涉及土地退化防治方面政策法律评估，提出了改善立法环境、政策环境的措施和建议，拟定了改善立法、政策环境的优先活动。

3.3.2 制定了《青海省土地退化综合防治战略和行动计划》 通过对全省自然、经济、政策法律、机构以及土地退化等情况的参与式分析，应用综合生态系统管理的理念和方法，编写完成了《青海省土地退化综合防治战略和行动计划》，为全省土地退化综合防治提供了指导性文件。

3.3.3 组建了土地退化防治信息中心 省信息中心以林业调查规划院依托，与11个相关单位签署了土地退化防治数据共享协议。通过开展专业培训，收集整理了全省土地退化相关信息，建立了信息数据库。

3.3.4 项目示范点活动

3.3.4.1 土地退化防治活动 开展了荒山造林种草、封山（沙）育林育草和工程治沙,治理总面积3320 hm^2；开展草原灭鼠1466.67 hm^2；支持农民修暖棚羊舍87座，实行禁牧舍饲圈养；还开展了保护性耕作示范等活动。

3.3.4.2 替代能源活动 帮助农民建沼气池，购买使用太阳灶、电磁炉、高压锅等。

3.3.4.3 社区发展

（1）小型基础设施建设——修建田间道路、渠道整治、小型文化设施等。

（2）职业技术培训——根据农民的需求和意愿，开展了汽车驾驶、藏毯编织、裁缝、果树栽培等职业技术培训，转移农村剩余劳动力。

（3）农民田间学校——解决农牧民种植、养殖过程中遇到的问题，增加种植、养殖业收入。包括组织农牧民参观考察、学习温棚养殖、温棚种菜、种蘑菇、病虫害防治、农机具使用以及新技术交流等。

4. 项目成效

4.1 项目综合生态系统管理理念得到推广应用

自2005年项目实施以来，青海省颁布了6部涉及土地退化防治的地方性法规、单行条例和政府规章，都充分吸纳了政策法律评价报告的修改建议；应用IEM理念制定的土地退化防治战略规划已经成为相关部门决策参考依据；有关部门以指令性计划进行生态建设的方式，正逐步向参与式管理的方式转变；在项目示范村，“参与式”已成为村民、干部的“口头禅”和村级主要活动的决策方法。

4.2 部门之间协调能力进一步加强

通过制定省级土地退化防治战略规划和政策法律评估，促进了多部门协作，建立了多部门合作的协调机制和数据共享机制；县级各部门通过示范点搭建的平台，密切合作，推动示范点建设。

4.3 探索出土地退化防治与农民脱贫致富相结合的治理模式

项目活动既有土地退化治理活动，也有社区发展农牧民增产增收活动，创造了多元惠民效益，实现了生态好转和农民增收的“双赢”。通过示范点建设，激发了农牧民参与生态保护与建设的积极性。

4.4 初步实现了生态好转

项目区植被逐步恢复，水土流失减少，流动沙丘得到固定，风沙对农田、草场和村庄危害降低；农牧民环境保护意识提高。通过培训，增强了村民的环境保护意识和主人翁意识，提高了他们保护环境的自觉性；示范区环境得到了改善。通过项目的实施，村民乱扔垃圾的陋习已经减少或杜绝，农村环境初步改观。

4.5 增加了农民收入，提高了生活质量

据调查，项目区农牧民收入普遍增加。2005年与2007年相比：沙珠玉示范点年人均纯收入由1268元增加到1390元，净增122元，年均增长率4.59%，比所在乡平均增长率高2.1个百分点；白武家示范区人均纯收入由1 874元增加到2465元，净增591元，年均增长率16%，比所在乡平均增长率高2个百分点。通过职业技术培训，掌握了一技之长的农民，外出务工月均收入由原来的600多元增加到1500多元；通过推广使用替代能源，既减少了农民砍挖植被破坏生态的问题，也减少了有害气体排放，改善了农村环境，提高了生活质量。

4.6 锻炼培养了一批实施外援项目的管理队伍

通过项目的实施，使一大批项目管理者、参与者掌握了先进的管理理念和方法，积累了实施对外合作项目的经验，提高了管理决策能力和专业技术水平，为今后成功实施对外合作项目奠定了基础。

5. 项目经验

5.1 政府支持和决策层的参与是项目成功的保障

项目的实施带来了政府决策者观念的转变和提升，从而促进了由传统管理（计划管理、部门间各自为政等）向综合管理（参与式管理、多部门合作等）的转变。目前青海省正在

实施的“三江源”、青海湖流域生态建设工程都是在省生态保护与建设领导小组领导下，由资源主管部门牵头，多部门合作实施的。毫无疑问，项目推行的IEM理念对政府决策层的影响是非常大的!

5.2 防治土地退化与减少农村贫困相结合是项目实施的前提

人与自然资源有着必然的相互依赖性，在保护生态资源的同时必须解决人的问题，二者兼顾才是防治土地退化的根本途径。本项目从减轻造成土地退化的压力入手，以人为本，开展多元的项目活动，实现生态好转和减少贫困，这一思维模式在青海省乃至中国西部地区都有很强的实用性。

5.3 IEM 理念促使项目资金发挥了“种子效应”

项目活动要有资金作支撑，而GEF对项目的赠款十分有限，无法满足应用IEM理念在项目区开展全方位的示范活动。而项目的先进理念和方法已经被项目区的县、乡政府和省级相关部门所接受，他们愿意借助GEF的先进理念和方法，投入配套资金，开展项目活动。到2007年底，全省项目示范点活动总投入2691.15万元，其中，项目资金223.19万元，占8%。当地政府和有关部门投入2168.33万元，占80.8%、农民自筹299.63万元，占11.2%。

5.4 项目管理模式具有辐射和推广作用

通过项目示范活动，应用IEM理念和方法进行土地退化综合防治的管理模式在全省项目区已经初步形成，并正在成为看得见的创造力，在项目区及其周边地区已经得到推广应用，促进了政府职能的转变，在全省生态保护与建设中都有示范借鉴作用。

5.5 竞争激励机制，强化了项目实施，实现了项目效益最大化

通过招投标方式选定示范点，使示范区管理者对项目理念更清晰，思路更明确，实施方法更科学；同时也使项目区村民对项目的重要性更明确，对来之不易的机遇更珍惜，实施项目更顺利。安排项目示范点活动，不搞平均分配，对实施项目积极性高、管理到位、实施成效好的示范村，优先支持，推动了示范点活动的有效开展和项目成果的可持续性。

20 新疆土地退化现状及防治对策

崔培毅[1]　高亚琪　刘晓芳

摘要

针对新疆防治土地退化方面存在的问题，吸收、应用国外综合生态系统管理理念和参与式的方法，结合当地在防沙治沙和防治土地退化方面的先进经验，采取了行之有效的方法经营土地，提出了具有可持续发展的综合防治土地退化的对策。

关键词

土地退化 现状分析 防治对策

新疆地处中国西北边陲，地域辽阔，面积约为166万km^2，占中国国土面积的1/6。其中，山地面积约为63.71万km^2，占新疆面积的38.4%，平原面积约为74.68万km^2，占新疆面积的45.0%。位于新疆东北部的阿尔泰山是我国少有的欧亚森林植被分布区，面积5.3万km^2。横亘新疆中部的天山是亚洲最大的山系之一，面积29.14万km^2。西南边的昆仑山系是亚洲最干旱的高山，面积26.24万km^2。三座山系包围着塔里木和准噶尔两大盆地，形成了“三山夹两盆”的地貌特征。塔里木盆地位于新疆西南部，面积52.44万km^2。准噶尔盆地位于新疆北部，面积22.24万km^2是我国第二大盆地。

随着经济发展和人口增加，严酷的自然条件和人为活动加大了对生态环境的压力，水土流失、土地盐碱化、生物多样性退化、水质恶化和水资短缺等土地退化问题已对新疆生态、经济、社会造成严重影响。目前，全疆近2/3的土地荒漠化，每年约有60多万hm^2良田和1 200多万人口受风沙危害。800多万hm^2草场严重退化，据研究估算新疆土地退化每年造成的直接经济损失约为92.4亿元人民币。因此，坚持以科学的可持续发展观，探索土地退化防治的新途径，是实现人与自然和谐发展的迫切需要。

1. 新疆土地退化的主要问题及特征

土地退化是指在不利的自然因素和人类对土地不合理利用的影响下土地质量与生产力下降的过程。

（1）按照土地性质新疆的土地退化可分为4大类，即土地的物理性质退化、化学性质退化、生物性质退化和生产力退化。具体表现为10种类型，即风蚀、水蚀、冻融侵蚀、重力侵蚀、人为侵蚀、土壤盐渍化、土壤污染、植被退化、生物多样性退化、耕地利用类型转化等。按土地利用类型又可分为农田退化、草场退化、林地退化、湿地退化等。不同土地退化类型之间存在一定的交叉与重叠，新疆土地退化主要表现在风蚀、土壤盐渍化、土壤污染、植被退化、生物多样性退化等方面。

（2）按照不同生态系统划分土地退化类型，即农田生态系统、森林生态系统、草地生态系统和湿地生态系统，这四种生态系统土地退化状况不同。

1.1 农田生态系统退化严重

新疆是灌溉农业，农作区主要集中在平原绿洲，而绿洲面积仅占干旱区的8.85 %，却承载了90 %以上的人口和95 %以上的社会财富，

项目：中国/全球环境基金土地退化防治伙伴关系GEF OP-12项目，（基础条件和能力建设）

[1] 作者简介：崔培毅，男（1949-09-09），新疆乌鲁木齐市人，研究员，新疆林业科学院，乌鲁木齐，830000，（E-mail）：cuipeiyi909@sina.com

而农田生态系统是干旱区生态系统的核心和控制中心。自“十五”计划以来，新疆积极调整农业产业结构，提出实施粮食、棉花、林果、畜牧4大基地建设取得了显著的成效。但严重的土地退化一直是困扰农村增效、农民增收的主要问题。主要表现在以下几个方面：

（1）水资源短缺，水土不平衡。全疆共有大小河流570条，地表水总径流量为879亿m^3，其中年均出境水量226.2亿m^3，地下水可开采量153亿m^3，水资源总量居全国第12位。但平均产水模数仅为5.06万m^3/ hm^2，位居全国倒数第3位。且水资源地域、时空分布极不平衡。到2030年灌溉面积将达到566.67万hm^2，按可利用水资源量计算仅为43.6 m^3/hm^2。从经济发展、土地资源开发、生态环境保护等方面来看，新疆总体属于资源性缺水。

（2）土壤自然侵蚀严重，风蚀、沙化、水蚀危害土地面积较大。由于受地域和气候影响，全疆88个县市中有53个县市都有沙漠分布，被国家三北防护林局划为重点风沙县。全疆水土流失面积达103万km^2，占全国水土流失面积的28.1 %。根据国家林业局1999～2004年荒漠化监测结果显示，新疆荒漠化土地面积为107.16万hm^2，占新疆土地总面积的64.36 %。土地沙漠化区域占全疆面积的21.26 %。目前已沙漠化的耕地占2.46 %。受风蚀的耕地面积93.4万hm^2，受水蚀的耕地面积12.9万hm^2。

（3）土壤盐渍化加重。由于地下水位变化和多年不合理的农作灌溉产生了严重的土壤盐渍化，面积122.88万hm^2，其中严重危害的耕地面积14.8万hm^2。自20世纪60～70年代，由于落后的大水漫灌方式使地下水位上升，盐渍化加剧；20世纪80～90年代，采用开挖排碱渠，平整土地、实施沟灌，降低了土壤盐渍化危害。近十年来，利用机井排灌、采用膜下滴灌、喷灌等现代节水技术，土壤次生盐渍化得到初步遏制，但从盐碱化解技术上尚无根本性突破。

（4）不良的耕作制度及土壤污染使土地退化加剧。种植结构单一（图20-1），高效经济作物比例偏低，农户接受轮作技术缓慢，长期单一作物种植使土壤肥力下降，病虫害种类增加。据有关统计记载，昭苏县的黑钙土，垦后5年0～25cm有机质由16.69%下降到14.14%，开垦25年后下降到7.24%。奇台县的黑钙土开垦后使用6年有机质含量由18.2%下降到7.3%。

新开垦的土地由于缺水、次生盐渍化、风蚀沙化等原因致使近1/3的农田弃耕、撂荒这些土地应植被恢复困难，大部分为裸地，有的因过度放牧导致表土疏松成为新的沙源，这些现象直接威胁着绿洲农业的生存和发展。

化肥、农药、地膜的过量使用造成农田污染日趋加剧(图20-2)，据自治区农业厅土肥站2000年调查，全疆地膜残留量平均为37.8 kg/hm^2，棉花地地膜残留量平均为52.8 kg/hm^2，瓜地为22.95 kg/ hm^2。据残膜量与作物产量损失对比试验研究，每hm^2残留量超过58.5 kg后，可使各种农作物减产10 %～23 %，可见土壤污染造成的经济损失是惊人的。

1.2 森林生态系统功能降低

新疆森林主要由山区天然森林、平原荒漠（河谷）和平原绿洲人工林组成，是新疆重要的生态屏障。天山和阿尔泰山两大林区，从20世纪50～80年代，云杉林减少2.5万hm^2，落叶松减少2.6万hm^2[1]。天山林区森林每年自然枯损量为77万m^3，阿尔泰泰山林区每年自然枯损量95.9万m^3，据相关资料介绍，由于林分质量、郁闭度和蓄积量有下降趋势，局部地区天山森林下限从海拔1200～1400m之间，现已退缩到海拔1700m以上[1]。

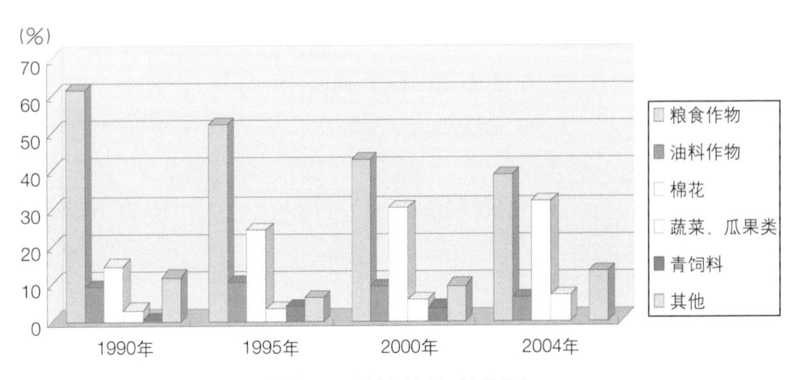

图20-1 种植结构变化图

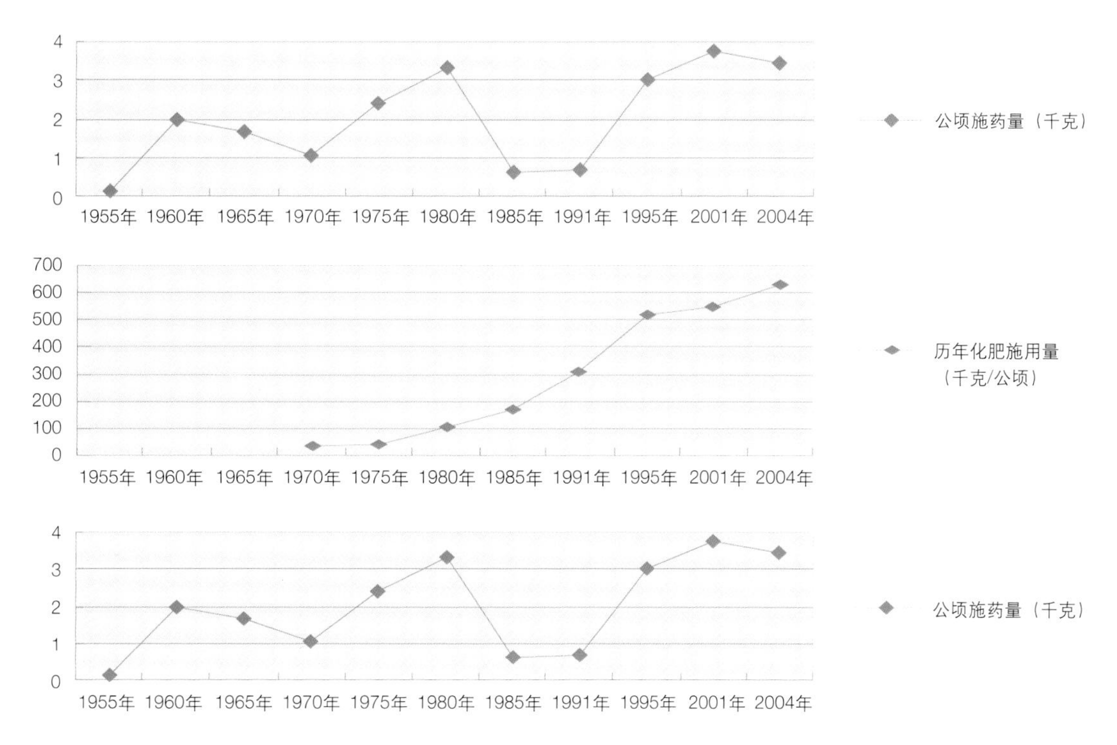

图20-2 历年自治区地膜、农药和化肥使用量变化图

在山区森林面积急剧减少的同时，山地野生果树林面积急剧减少。伊犁野果(Malus siever)林已由50年代的0.93万hm^{2}减少到现在的0.4万hm^2，巩留、新源等地一些野果林分布地，已被山地草原景观所取代，生物种类数量下降，濒危的野生欧洲李（Piuinus domestic）只剩下四处孤立分布点，大西沟，小西沟野生核挑（Juglans regia）分布点的数量也所剩无几[2]。

塔里木河两岸胡杨林(Populus euphratica)，由上世纪50年代的46万hm^{2}减少到70年代末的17.5万hm^2，近年来虽然有一定程度恢复，也只有29.8万hm^2，远小于20世纪50年代面积。准噶尔盆地梭梭林、（*Haloxylon ammodendron*、*H. persicum*）减少8.0万hm^2；伊犁河和额尔齐斯河谷林现仅有5.3万hm^2 [1]。全疆的荒漠灌木林面积减少了68.4 %。新疆的河谷次生林由于打草放牧，破坏也十分严重[3]。

1.3 草地生态系统退化严重

新疆有荒漠草地、山地草原、高山草甸、沼泽草地等多种类型。天然草地面积近5700万hm^2，随着风沙、干旱等气候变化和人为开垦、超载过牧、滥挖药材等破坏，目前有80%以上的天然草场出现不同程度的退化。其中，严重退化面积占到草场总面积的1/3以上。产草量下降30%～60%。据统计，近40年来可利用草地面积已减少240万hm^2，单位面积产草量比20世纪60年代下降30%～50%，严重者达60%～80%；草地退化，优势原生植被群种盖度降低，有害植物种和外来入侵物种增加；牧草生存空间缩小，草丛矮化呈退化负向演替；草地土壤理化性质发生变化，同时病虫鼠害蝗灾对草场的破坏严重[4]。

1.4 湿地自然生态系统退化

新疆曾是一个多湖泊的地区，湿地类型众多。新疆湿地总面积1 483.5 万hm^2，占全疆国土总面积的0.8%，面积大于100 hm^{2}湖泊就有139个，湖泊总面积约达97 万hm^2，占全国总湖面积的7.3%，居全国第四。至70年代末，湖泊面积仅余47.5 万hm^2，丧失了近50 万hm^2。著名的罗布泊(湖面19 万hm^2)、玛纳斯湖(湖面5.5 万hm^2)、艾丁湖(湖面1.24万 hm21998年有极少恢复)、台特玛湖(湖面1.5 万hm^2)早在20世纪70～80年代已干涸，艾比湖由12 万hm^{2}缩小到5.3 万hm^2。

湿地资源受到破坏，主要表现为水质污染、围垦、过度渔猎等。湿地环境的变化突出表现在湿地演替上，其总体演替趋势为：稳定湿地变为不稳定湿地；常年湿地变为季节性湿地；自然湿地变为人工湿地；深水湿地变为浅水湿地；淡水湿地变为咸水化湿地。另一方面，湿地退化与水资源过度利用有关，现有的地表水灌溉已满足不了农业种植面积的用水，迫使当地农民转向寻求另一水源，即开采地下水来满足农业扩耕种植的供水需求。致使人们从传统的依靠河水种地转向打井开荒种田，井灌农田面积急剧扩大，地下水开采量逐年增加，结果造成地表植被及湿地萎缩，自然生态系统退化。

2. 土地退化的原因分析及讨论

2.1 自然因素导致的土地退化

新疆远离海洋，由于是典型的干旱大陆性气候，形成降水量少；风蚀造成土壤干物质流失及土地沙化；植被稀少天然降水及降雪的融化使土壤及养分流失；极高的蒸发量及过高的地下水位造成土壤盐渍化及内陆河、湖泊盐分的累积，随着全球气候变化，新疆广袤的地域无处不表现出干旱大陆性气候不利因素所导致的土地退化问题。

2.2 人为活动导致土地退化

新疆严酷的自然条件和脆弱的生态环境是土地退化的外在因素，不合理的土地使用和不当的土地管理是造成土地退化的直接原因。

2.2.1 农田生态系统退化的直接原因

在农业生产过程中由于人们不合理地利用土地，有些地方采取了“只种地，不养地”的掠夺式的经营方式，不合理的作物种植结构，连年不变的作物种植、有机物管理方式落后等导致土壤肥力下降养分失衡；盲目的水土开发，造成水土失衡，植被的破坏；过量使用化肥、农药、地膜使土壤污染加重；不合理的灌溉制度使次生盐渍化加重；土壤次生盐渍化可使棉花和粮食作物单产降低20 %～40 %，严重的甚至绝收。

2.2.2 草地退化的直接原因

多年来由于牲畜数量的急剧增加，传统放牧方式及超载放牧等导致土地退化。据测算，新疆草地理论载畜量为3 224.86羊单位， 2004年全区牛羊等牲畜已发展到7 481.5（折合羊单位）万头只，超载率达132 %。草地优质牧草被超量采食，休养生息的机会减少，营养繁殖和种子繁殖更新的正常机制受到抑制，牲畜践踏草场破坏植被，土壤种子库难以激活，使其资源储量迅速减退，草场受到破坏。

2.2.3 林区森林集中过度采伐

集中过度的森林采伐及植被的破坏，毁林开荒造田屡禁不止，历史上大面积的商业采伐、筑路以及城市发展等，实施天然林保护工程前（1998年）全疆年均消耗木材超过300万m^3。山区森林采伐计划8万～25万m^3，实际消耗50万m^3。不仅导致森林面积减少，使风蚀、水蚀和盐渍化灾害加剧，也导致野生动物失去栖息地、微气候环境变化以及丧失包括木材和非木材在内的可再生资源的生产潜能。

2.3 其他原因造成土地退化

土地退化除与自然因素、人为因素有直接关系外，还与区域保护性政策、土地使用者的社会经济状况、人口增长速度、贫困状况、对生态资源的依赖程度、土地管理者的能力、对土地退化防治的投入等有关。目前，新疆还有187.96万贫困人口，由于贫困经济影响对资源可持续利用认识仍处于较低水平。

3. 新疆土地退化的防治及对策

土地退化防治不仅涉及生态保护和修复，还与社会问题紧密相关。土地退化防治必须兼顾生态与经济，按照生态环境与社会经济协调发展，开发与保护并举的综合治理模式，在生态治理的同时必须考虑后续产业发展和农民的替代生计。

3.1 土地退化防治项目与资金问题

在建的生态项目对保护和修复新疆生态起到巨大作用，并积累了丰富的经验。各部门发挥自身优势，积极争取中央项目支持，吸引企业投资，生态治理的范围不断扩大，治理取得明显成效。

（1）多年来，农、林、牧、水各行业、部门实施了一些影响全局的重点工程。林业部门有天然林资源保护、退耕还林、“三北”防护林工程、野生动植物和自然保护区建设工程、公益林补偿保护、速生丰产林营建工程等；农业部门有优质棉基地节水与施肥项目、旱作节水示范项目、“沃土”工程项目、棉花土肥水服务项目等；水利部门有塔里木河流域生态环境综合治理项目、水土保持小流域治理项目等；畜牧部门有天然草地恢复与建设项目、天然草原围栏项目、牧草种子基地建设项目、天然草原“退牧还草”项目等。但可以看出重点工程建设是以部门为主线展开的，项目内容的关联度很大，但相互之间缺乏有机协调组合。

（2）从防治土地退化的资金来源分析，“十五”期间国家对新疆防治土地退化的投资为1 858 830万元；自治区财政总投资为76 901万元；地县财政投资为54 096万元。可以看出，新疆土地退化防治的资金主要来源于中央，占90 %以上，而新疆地方各级政府的投资不足10 %，项目投入对国家的依赖性较强。据研究初步估算，新疆土地退化造成的直接经济损失总量每年为92.4亿元人民币，其中风蚀每年造成的直接经济损失为58.3亿元人民币，水蚀每年造成的直接经济损失为11.6亿元人民币，土壤盐渍化每年造成的直接经济损失为22.5亿元人民币。用于治理的投资远低于土地退化造成的直接损失。

3.2 新疆土地退化的防治对策

新疆的土地退化防治要以改善生态、农民增收和区域经济发展为主要目标。

3.2.1 树立综合生态系统管理的理念

全面正确处理生态功能和服务功能，从单一部门管理逐步过渡到综合所有相关部门及利益相关者参与的管理格局。从根本上解决掠夺式资源开发问题。

3.2.2 以《新疆土地退化综合防治战略与行动计划》指导自治区今后的生态建设规划

重点要以水资源综合管理、植被保护与建设、绿洲农田生态系统安全、人与自然和谐建设为核心，加强法制，理顺关系，体现生态系统的整体性、系统性、可持续性。充分发挥多部门、多层次的协调机制，促进部门间的协调和参与，重点解决好以下问题：

3.2.2.1 节约使用水资源，促进发展循环经济 以农业节水为重点，积极推行现代节水灌溉新技术，大幅度降低灌溉定额，满足农业和生态用水需求。

3.2.2.2 制止毁林开荒，毁草开荒的不法行为 严格控制耕地非农占用，实施“沃土”工程，加大土地整理、复垦力度，鼓励使用戈壁、荒滩等非耕地开展各类工程建设，确保基本农田质量、总量逐年提高。

3.2.2.3 加强资源综合开发和合理利用，坚决制止滥采乱挖矿山资源、防止大矿小开

在保护中开发、在开发中保护，合理利用和有效保护矿产资源，防止人为造成新的资源破坏和水土流失。

3.2.2.4 加强生态建设与环境保护，促进人与自然和谐发展

加强水土流失防治，搞好小流域综合治理。对生态环境严重退化区域进行生态修复，要从改善土地使用者贫困状况、减少贫困人口入手，降低人们对自然资源的依赖和破坏，确保其生态功能的正常发挥。

3.2.3 按照《新疆土地退化综合防治战略与行动计划》划定的生态敏感区、优先治理区和优先项目，运用综合生态系统管理理念，加快建立生态补偿机制，全面落实森林生态效益补偿基金制度，加快生态功能修复步伐继续实施三北防护林工程、退耕还林（草）、退牧还草、天然林和天然草场保护工程建设，完成塔里木河流域生态综合治理工程，实施塔里木盆地周边地区生态治理，准噶尔盆地南缘防沙治沙和艾比湖流域综合治理目标。加大荒漠植被的封育保护等优先项目，重视自然保护区建设和野生动植物保护，建设好绿色生态屏障。

参考文献

1. 樊自立，胡文康等. 新疆生态环境问题及保护治理[J]. 干旱区地理，2003, 23(4):298～303

2. 白玲，阎国荣，许正. 伊犁野果林植物多样性及其保护[J]. 干旱区研究，1998, 15(3):10～13

3. 钱翌. 新疆的生物多样性及其保护对策[J].新疆农业大学学报，2001, 24(1):49～54

4. Cui guoyin. Analiysis on resources and Degradation OF Marshy Grassland and Meadow in the North Slope of Tianshan Mountains Xjnjiang[J]. Agricultural Sciences, 2008, 45(2):347-351

21 全球环境基金项目理念在中国社区土地退化防治中的新体现：内蒙古奈曼旗满都拉呼嘎查（村）透视

高桂英　内蒙古自治区林业厅总工程师

中国-GEF干旱生态系统土地退化防治伙伴关系项目旨在我国西部干旱地区，通过相关利益者的广泛参与，综合有关部门，完善法律法规、制订政策机制、科学规划、示范培训、提高能力、改善环境，逐步达到遏制土地退化，恢复干旱生态系统，减少贫困之目的。我国政府执行的全球环境基金综合生态系统管理领域的第一阶段项目——加强基础条件和机构能力建设，在西部6省（区）已实施4年，按规划框架内容在6省（区）选择了18个示范点，作为社区能力建设项目的一个组成部分，试图在村一级探讨出一套有效的防治土地退化的运行模式，内蒙古自治区奈曼旗白音他拉苏木满都拉呼嘎查是其中的一个示范村。

全嘎查总土地面积6167.4 hm^2，其中，耕地466.7 hm^2，农牧户214户，840口人，人均年收入仅1800元，嘎查所在县属国家级贫困县。

该嘎查地处科尔沁沙地腹部，常年干旱少雨，风沙危害严重，又是蒙古族聚居区，历史上村民一直过着定居的放牧生活，农牧业生产手段落后，对植被的依赖性强，导致土地退化严重，威胁到人类的可持续发展。1985年，当地人建立起了“粮、林、畜”三元结构的生物经济圈模式（每户家庭在甸子上有一块耕地，住房就盖在耕地的旁边，在耕地的外围种树、种草、舍饲养畜）。这种闻名中外的沙地治理模式，得到联合国官员的赞赏，在当地已被大面积推广，取得了可喜的成绩。

GEF项目示范点选在这里，两年来效果明显，过程复杂，内涵丰富，很值得我们探究。

一、费尽心思宣传项目理念，逐步改变举步维艰局面

通过前期准备阶段，在自治区及盟市级层面上，相关领导充分理解项目理念，高度认识到GEF-OP12项目得以实施的重要性，从项目前期准备及示范点的申请都付诸了大量的努力。但示范点的广大村民却以看待以往项目的老观点看待这个项目，以怀疑的心理去观察这个项目，致使在一段时间里出现了协调员为难（协调员是汉族，不懂蒙语，社区群众都是蒙族）、群众不买账、干部搪塞、工作无从开展，一推、二拖、三不理，一千多份资料发不下去，协调员下乡无人问津的局面。对此，协调员与乡村干部一道，以大张旗鼓地宣传项目理念、创新对策为切入点，可谓煞费苦心。

（一）印发宣传资料，把底细交给村民

其中一份宣传资料内容如下：

1. GEF项目的作用

（1）实施项目的主要目的是防治土地退化。例如：土地的沙化、碱化、风蚀等。过去农牧民由于贫困才去“拱坨子、开甸子、砍林子、撒蹄子”。虽然这样会造成土地的沙化，但为了生活，只好如此。从而形成了“穷→破坏生态环境→土地沙化→越穷→越破坏→土地沙化更严重……”恶性循环链。GEF项目就是要解决这个问题。

（2）GEF项目就是要找到一个既能保护生态，又能使农牧民致富的好办法。以形成：“保护生态环境，防治土地退化→保护性耕作，暖舍养畜→生产高效→生活富裕→保护环境→生活现代化，环境更好”的良性循环链。

（3）如何使这个“良性循环链”保持住，并不断提高呢？那就是提高农牧民的科技文化水平和培养自我管理的现代能力。因此我们的项目充分尊重农牧民的意愿，不搞百姓不愿做的事。

2. 与其他项目的区别（表21-1）

表21-1 与其他项目的区别

要 素	一般项目	GEF 项 目
活动的主体	政府或项目办	农牧民
活动的程序	自上而下的命令式	自下而上参与式，尤其注重妇女参与
农牧民活动	一切听上级的	一切自主的、心甘情愿的
与领导及专家的关系	上下关系，不理解，也必须执行	平等关系，接受了再操作。 百姓提要求，专家指点、启发、帮助。
活动的风险	政府承担	农牧民自己承担
培训	填鸭式：不管你想不想吃，无条件硬塞。专家讲课"广告式"，一言堂，满堂灌。农牧民不愿听，也得耐着性子捧场	喂奶式：饿了-想吃-要吃-再喂。专家讲课"互动式"，想探讨啥，就探讨啥。群言堂，轻松对话，解决问题
监测	政府包办，效果咋样，与农牧民无关	在专家的指导下，协调员与农牧民一起做，自己比较、自己鉴定
考察	领哪到哪，看啥？不自主	想看啥？项目办帮你安排
生态系统管理	部门专业管理	跨行业、跨部门综合管理

3. 我们的示范点，是咋打算的？

内容："生态经济圈"示范点

3.1 防治土地退化、可持续发展、良性循环的经济模式

①保护性耕作；②测土配方施肥；③节水灌溉；④沼气池/青贮饲料+暖舍养畜/人厕三位一体生态温室等。

3.2 农牧民田间学校

保护性种植、舍饲养畜、新能源利用、环境保护等技术培训。

3.3 项目活动及环境变化监测

与传统种植、养殖效益对比。①掌握种植、养殖和新能源的实用技术，科学致富；②形成节约资源、保护环境、防治土地退化的习惯；③提高（文化、科技、现代）素质和自我管理的能力；④提升生活质量、融入现代社会，建设具有科尔沁特色、蒙古族特点的生态家园、现代田园、生活乐园。

受益群体：5个示范户直至全村农牧民。

3.4 沼气池/青贮饲料+暖舍养畜/人厕三位一体生态温室

"秸秆→牲畜饲料→牲畜粪便→沼气池→肥料入田→农作物→秸秆"。系统内能量物质循环往复，螺旋式上升，是可持续发展的良性循环模式，土地越来越肥，效益越来越高。而把粮食和出栏的牲畜从系统中游离出来，进入市场出售；把沼气游离出来作为燃料。从而使农牧业生态系统形成新的、稳定的、持续高效的平衡（图21-1）。

4. GEF项目办真想为全村农牧民免费办点好事，不信？请你们试试看？

（1）有需要法律法规资料的，请找村干部联系，免费领取。

（2）您在种地、养畜上有啥技术困难，请找村干部联系，我们将统一请人免费指导和办培训班。

（3）你想详细了解GEF项目、对GEF项目有啥意见和要求，请找村干部，我们会尽力。

（4）你想知道保护性耕作有啥好处？如何做？请找村干部，免费领取培训资料。

（5）GEF项目办可以应农牧民的要求，制作种植、养殖、环境保护、新能源等技术资料，免费发放。

（6）想要外出参观新技术、好做法，请联名（20人以上）提出，将尽力免费安排。

联系人：范洪志、梁散布拉、梁哈达、马高娃。

GEF项目办欢迎广大农牧民参与项目，得

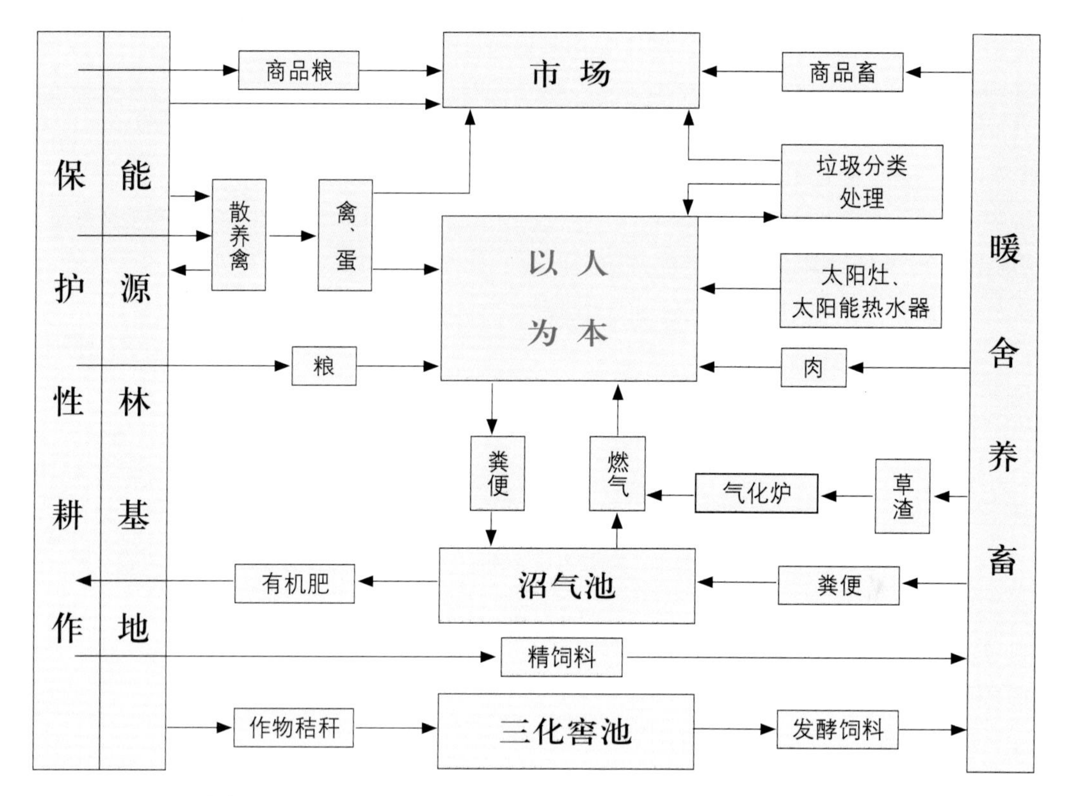

图21-1 GEF项目满都拉呼嘎查沙地生态系统综合管理既循环型可持续性生态经济圈能流模型

到项目的帮助。请你们广泛宣传，互相转告，以便能更好地为你们服务。

（二）在奈曼旗政府网站开通GEF项目网页

通过各方努力，在奈曼旗政府网站申请开通了GEF项目网页，并定期更新、补充重要活动内容，使奈曼示范点的宣传效果如虎添翼，通过广泛深入地宣传，村民们恍然大悟，开始产生信心。

（三）领导重视，积极协调

通辽市林业局及奈曼旗政府领导亲自为项目排忧解难，协调相关部门合作，解决实际问题。旗林业局安排资金近4万元，为项目购置了电脑、GPS、投影仪等，为项目的规划、培训、建立档案等解决了燃眉之急。

旗农牧局领导亲自为农牧民种地安排新品种及其补贴，畜牧工作站、农业科技服务中心都派了专家，与项目合作。特别是农业机械管理站三名站长全力以赴，从对比设计、树立标牌、机械安装调试、播种、喷除草剂、发放监测记录表等全程现场服务，深受群众欢迎。

二、共同参与、平等互动，上下一起推进

从示范点的实施规划、具体安排开始，直至运行的整个过程，都由村民参与，按其意愿执行，把农牧民真正视为项目的主体和中心，时时处处充分尊重和平等对待他们。

（一）成立社区项目管理委员会及各类协会，疏理沟通渠道

1. 成立项目管理委员会、制定管理办法

由书记、村长、会计、妇联主任、5个示范户的男女主人、1个列席示范户的男女主人等共计21人组成。把那些有文化、思路新、愿意主动参与项目并能带动周围百姓致富的能人纳入项目管理委员会。项目管理办法规定："平等参与互动""阳光操作""票决制决策"，设立"GEF项目民主决策票决箱""GEF项目管理委员会票决箱"和"GEF项目征求意见箱"，把示范户和各级项目负责人的工作科目细化分解成若干指标，对应赋分，让群众观察、评议、填表，无记名投票等,这样真正的民主方式，群众感到十分惊奇，特别欢迎和支持。

通过管理委员会规范管理，使村干部和示范户都有了责任感和危机感，普通社区成员对项目有了正确的认识和理解，主动参与的积极性起来了，村干部和示范户也不再只是等、靠、要、怨了。

2. 组建各类专业协会

通过组建“贵娃沙窝柴鸡协会”、养牛协会、绒山羊协会等各类专业协会并开展活动，疏通了项目与社区百姓之间的沟通渠道，二者能够直接对话了，百姓开始有了积极性。

（二）互教互学平等参与的新式田间学校

为了将专家的实用技术尽快地传授到农牧民手中，并普及到农牧业生产上，使能人经验，大家共享，以提高农牧民的科技、市场、民主、法制、团队、环保能力，他们开办了一种特别的田间学校。

1. 在时间和内容上服从农牧民的实际需求

用“参与式”投票的方式确定：每次2～3个小时，解决几个急需的实际问题；参加人员是相关专家及协调员，农牧民自愿；课堂是田间、养殖场所等生产现场。

2. 形式新颖，吸引力强

开始时每次活动，都发放诸如毛巾、香皂、手套、水杯、笔、记录本等实用小礼品，还结合节能环保培训，发放节能灯炮，发放项目小红帽强化项目意识、培养团队精神等。物品虽小，但体现了对农牧民的尊重，农牧民心甘情愿地耽误农活，骑着摩托车、耗时耗油，高兴地参加GEF项目的活动。虽然居住特别分散，很多距村部10 km以上，但每次召集都能参加150人以上。今年5月的环境培训班上，按分配名额参加18人，其中妇女10人，没有迟到早退的，会上踊跃发言，体现出了社区农牧民团队素质明显提高。

3. 对各级有关领导和专家提出要求

为农牧民解除压力、提供动力、增加吸引力。平等的位置、平和的心态，没有高低贵贱之分。圆桌课堂，不分台上台下，软凳子群众座，茶水村民先喝，午餐份饭先给群众后给干部，大家同吃喝同学习，唠家常，交朋友，取得了信任。

4. 方法是自下而上的“参与式”互动教学

感兴趣的农牧民与专家一起实际操作，欢迎他们提出问题，当场答复，未能答复的请教后再解决，满意为止。强调“共同参与”，平等对话、互动交流、各自获益。鼓励群众当场现身说法，用农牧民的语言、自己的亲身经历经验启发其他群众的灵感，取得实在效果。

三、不断推出各类管理办法、制度和规范，项目理念日益深入

（一）满都拉呼示范点项目管理办法

1. 原则是各级负责，目标明确

旗项目办负责项目的全面管理；村项目办负责项目的具体实施；中央、自治区、市项目办要求做的活动，无条件地按质、按量、按时完成；受益群体：全体村民；项目活动：自愿“参与式”，尊重关注每位参与者；项目资金：择优“奖励式”，宣传支持主动创新者。

2. 方法是参与式

成立项目管理委员会。“票决制”决定项目活动顺序，村项目办负责按“多票优先”安排；“票决制”决定项目活动及支出，半数以上同意票数的开支方可按程序入账；项目活动及资金的使用，要事先征得旗项目办的同意再办；活动开支先由责任人垫支；村项目办定期向项目管理委员会报告项目具体工作，逐笔说明详细支出，之后用参与式方法审查、质询、评议和无记名方式投票表决；将获得半数以上同意票数的开支，按村项目办主任签字→乡项目办主任签字的程序入账报销。

3. 公平民主公开

公平待人、民主管理、公开信息，充分尊重每个人的话语权，人人都有发言的权利和机会；所有信息都详细公开在会议、展板、资料、公开栏上。阳光操作——真民主——晒项目。

（二）农牧民田间学校规范

办学目的；时间、内容；参加人员；课堂地点；方式、方法；经费来源；对各级有关领导和专家的要求：

①平等的位置、平和的心态；②公平待人、公开信息；③尊重人格、关注细节。特别

要照顾妇女、困难户、残疾人等弱势群体。想方设法消除她们的自卑感，给他们勇气，树立他们的信心。欣赏其长处，激发其潜能；④最少的教导、最多启发，最小的限制、最大的耐心；⑤杜绝高高在上的号召、指示，取消居高临下的指责、发难；⑥要特别注重："共同参与"。平等对话、互动交流、各自获益；⑦用农牧民的语言、简洁的方法、直观的方式，解决现实难题；⑧言必行、行必果，说到做到，防止信任危机。

（三）保护环境、防治土地退化的村规民约

①全嘎查实行全面禁牧。所有大小畜全部舍饲，彻底杜绝牲畜对生态环境的啃食和践踏；②对管辖范围内的天然柳树、榆树实施特殊保护，禁止一切修枝、砍伐等活动；③对所有林地、草场的经营作业，都必须事先申请，并按照批准的时间、地点、面积和技术规程（抚育林草）进行作业；④保护所有野生动物，不猎杀，不破坏野生动物的栖息场所；⑤禁止一切野外用火。不许烧荒，不焚烧秸秆、垃圾等；⑥禁止私自挖沙取土，破坏植被；⑦提倡节水灌溉，节约用水；⑧提倡保护性耕作，少耕、免耕。特别要杜绝秋耕；⑨提倡以鸟治虫、以虫治虫、以菌治虫等无公害防治病虫害；⑩提倡垃圾的"资源化再利用"。

四、综合协调、努力创新，迎来柳暗花明

（一）来过的人都感兴趣

通过利用一切机会、场合，不厌其烦地宣传项目，发放GEF项目宣传资料，吸引社会各界实地考察示范点等工作，赶兴趣的部门人士日益增多，奈曼旗团委把示范点作为："奈曼旗青少年环境教育基地"、 奈曼旗妇联将示范点作为"奈曼旗妇女能力建设基地"。通过这两个平台，大搞宣传联谊活动。先后在旗委党校8次、在林业系统会议4次、在旗人事局举办的职工培训班上6次、在全镇两级干部会议及培训班上9次、在镇中学、小学大会上3次分别宣传讲解到全旗机关事业单位后备干部、乡村领导、农村致富能手、农口职工和中小学生等各阶层。把GEF项目的理念和环境教育扩大到全奈曼旗。

内蒙古农牧厅、内蒙古农业大学、兰州沙漠研究所、沈阳生态研究所、北京地理遥感所等多名专家（还有外宾）、学者到我示范点参观、考察、指导。他们都对"IEM"理念的应用、循环型可持续性的生态经济圈的模式、自下而上的互动的社区参与式的真正民主的项目管理特别感兴趣，都由不信→怀疑→看了惊讶→折服。

（二）合作联创的部门逐渐增多

通过宣传、协调、创新，合作的部门在增多，他们规划了合作事项（表21-2）。

项目实施以来，他们克服了大量的困难，包括资金方面、综合协调方面（协调领导、协调部门）、直至村民固有理念的改变等一系列问题，他们都以高度负责的态度、创新的思维、不倦的努力，一一攻破，终于由"山重水复疑无路"，迎来了柳暗花明。

五、GEF结硕果，基础建设、素质能力两提高

（一）示范户辐射，基础建设超额完成

①饲草料种植：任务是200亩，实际完成280亩；②土壤改良：任务是200亩，实际完成260亩；③测土施肥：与农业技术推广中心协作，将5个示范户和全社区的主要地块都取了土样，通过化验、换算，每户都按照配方施肥的《建议卡》进行施肥作业；④节水灌溉的设备：柴油机3台，水泵5台，水龙带2500米，低压线500米，都已如数购置、安装并投入正常使用；⑤良种推广：任务是62.5千克，全村实际推行14000千克以上；⑥保护性耕作：任务是10亩，实际完成650亩；⑦饲料窖池：任务是400立方米，实际完成27处，2200立方米；⑧暖舍:任务是5处，600平方米，实际完成25处，4400平方米。暖舍养畜2800个羊单位；⑨品种改良：任务是400只，实际完成650只；⑩太阳能热水器：任务是5台，实际完成360L容量的8台。此举对改善农村生活卫生条件、尤

共是妇女保健大有裨益；⑪沼气池建设：任务是5处，实际完成（8立方米的）5处但可贵的是“三九”天照样使用，夏天用不完（产气太多），在奈曼实属创新。

（二）技术培训凸显成效，田间学校成为最佳渠道

农牧民田间学校建设大有成效。现场互动培训累计，工程师级以上78人次，技术员级288

表21-2 中国全球环境基金GEF项目与有关部门、单位合作事项

部门	单位	合作事项
林业局		生态建设，生态系统综合管理
农牧局	农业机械推广站	农业牧业机械化，保护性耕作
	农业技术推广中心	农业种植技术，新能源建设及利用
	畜牧工作站	“三化”饲料，窖池、棚舍建设，畜禽养殖技术
	兽医站	畜禽防疫，病虫防治
	农调队	经济调查分析
经管局		经济管理，民主理财
发改委		新能源建设利用，新农村规划建设，网上宣传
国土局		可持续的土地利用规划
交通局		农村道路规划建设
扶贫办		贫困户脱贫
农开办		农业基础设施标准化建设
水务局		节水灌溉、水平衡、可持续的水源开发利用规划
环保局		环境保护，呵护地球、关注蓝天
卫生局		注重身体保健，环境卫生，防病治病意识
教体局		提高文化素质、发现培养文体人才
	职教中心	农村实用技术人才培养
	各中小学	GEF项目理念、节能环保、防治土地退化宣传
宗教局		少数民族的娘家，为民族兄弟办实事
民政局		社会救济，扶贫
科技局		为农牧民科学致富提供帮助
科协		为农牧民科学致富，建立专业技术协会提供帮助
就业局		为农牧民打工、学技术提供帮助
党校		面向全旗宣传GEF项目理念，扩大项目影响
广电局		宣传GEF项目，提高全旗人民环保、民主素质
团委		扶持宣传团员致富、环保典型
妇联		扶持宣传妇女致富、环保典型，提高妇女素质、社会地位和妇幼保健意识
残联		扶持宣传残疾人致富、环保典型
工商联		为成立各个销售协会提供帮助
气象局		为环境变化监测提供帮助
法制办		普及法律知识

人次，培训农牧民2430人次。结合培训发放“GEF项目理念”、保护性种植、养殖、环境保护等资料2520份。现正在用蒙文编写《暖舍养畜培训手册》。

以农牧民田间学校的形式，按农事节历全程免费培训，特别是“保护性耕作系列培训”、“暖舍养畜系列培训”等，群众参与的积极行非常高，每次都来120人以上，为了方便农牧民查阅资料、学习交流及保存档案，社区自筹资金购买了电脑；群众还自筹资金购置卫星地面电视接收设备165台套，对开拓视野、提高综合能力起了快速的推动作用。

（三）环境教育大有收获，节能环保形成风气

因为把环境教育写入了《项目规划文本》，自项目启动以来，一直把环境教育贯穿于整个项目的活动之中，将“节能环保”活动贯穿整个社区的时间、空间。生产、生活无处不在，无时不有。将有形活动渗透到意识形态，充分体现GEF项目“综合生态系统管理”的理念。

1. 强化宣传、提高认识

一是编写印发“环保倡议书”。

中国-全球环境基金GEF项目满都拉乎示范点全体社区成员与奈曼人民一起倡议：节约资源，保护环境，防治土地退化，关爱地球，保卫蓝天。

（1）保护性利用土地，防治土地退化。提倡：保护性种植，封山沙育林草，秸秆“三化”，暖舍养畜。

（2）节约资源。提倡：①节约能源：利用节能灯具，不点长明灯；少开空调；电视机、电脑少待机；改建节柴灶等。②节约用水：农业灌水多用管灌、喷灌、渗灌、滴灌，少用大水漫灌。③多用可再生能源。太阳能热水器、太阳灶、风力发电、太阳能电池等。④少排烟尘：多用清洁能源（煤气、沼气、电等），不烧荒，不焚烧秸秆等。⑤绿色（低碳）出行：少骑摩托少打的，多坐火车和公交。⑥办公无纸（电子）化，资料双面打印等。

（3）垃圾分类处理：提倡：①资源化再利用：分为金属类，纸质类，塑料类，玻璃类，橡胶类，电子类等，卖给废品站。②建筑类垃圾：例如砖头、瓦片、石子、水泥块、碎瓷片等集中用于硬化道路或场地。③生物残体：例如粪便沼气化，碎滥秸秆柴草及其与畜粪的混合物等作堆肥或覆盖保护农田等等。

“教养体现于细节，细节展示素质”。细微之处可见你的环保精神。小事件体现出你的良好道德和高尚情操。

让我们共同行动起来，承担起“提倡生态文明，遵守生态道德，防治土地退化，保护生态环境”的社会责任。人人从小事做起，人人从现在做起，从娃娃抓起，坚持不懈，保卫我们的绿地、蓝天!

地球，是我们共同的家园，让我们好好地珍惜她，关爱她。

将环保倡议书等等制作成大展板，分别设在社区、乡政府、公路旁、中学、小学、林业工作站、旗级有关单位的显著位置。通过会议、培训班等各种活动，宣传GEF项目的理念，同时将目的（关爱土地、节能环保、科技致富、自主管理）、对象（以农牧民为中心，关注利益相关者，尊重自然）、方法（平等参与、自下而上、互动交流）、途径（综合管理：高瞻远瞩，大处着眼，小事做起）等展示到路边，扩大项目影响。

二是将《保护生态环境，防治土地退化》的村规民约发至每户并在人员活动较多的地方展示宣传。

三是制作示范点所在地1980年以来TM影像对比，社区成员观察当时当地生态现状与之人为活动对应，感受生态变化的原因和对农牧业生产生活的影响，自我教育。

2. 引导推行节能环保行动

示范户赛白音带头分类处理垃圾。①资源化回收再利用，金属类、纸质类、玻璃类、塑料类、橡胶类等卖钱；②难利用的电子类（废电池、废电器元件等）、塑料袋单独收集，从大地中捡回密封深埋；③将建筑垃圾（水泥块、砖头、瓦片、石子、碎瓷片等）铺路、解决了流沙堵车的困难。④将从畜圈清理出来的碎滥柴草+秸秆+畜粪等生物残体及排泄物(骨头粉碎喂鸡)运到容易风蚀的农田中——保护地

表。他还用废铁锅给羊喂饲料，同时起到了给羊补充微量元素“铁”的作用。

他们真正地认识到了：垃圾其实是放错了地方的资源。进行分类处理，事情虽小，却体现了大观念，做的是大文章，很多区内外的专家学者看了之后非常惊讶，其实很多城市人也没有做到这一点。

3. 节约能源、减少烟尘排放

①普及太阳灶62户，据村民比较：烧水的速度和煤气一样快。②普及节能灯具205户，占全社区214户的96%。③购置太阳能热水器8台。④引进了薪柴气化炉。⑤编写节电节水节粮节柴和烟花爆竹、电池的危害等相关手册。

（四）保护性耕作

保护性耕作规划任务是10亩，目前已推广到650亩。村民们自己购置免耕播种机27台，喷药机12台，碎茬机13台。今年4月全旗春播现场会专门参观了GEF项目示范点的保护性耕作，与会人员亲自聆听社区百姓对保护性耕作的认识理解和感受（过去风揭、沙埋、沙打；现在保护性耕作保土、保肥、抗旱，多打粮、少投入），使与会者顿开茅塞，纷纷表示回去效仿，山区也要用保护性耕作去防止水土流失。

五、一个嘎查的额外收获—GEF协调员成为村民依赖的编外村长

项目实施以来，协调员经历了百姓不认可、周转资金紧张、部门协调困难等一系列问题，基于他对该项目的理解和执着，他都一一克服。包括示范点的一切规划设计、组织实施、标牌展板、资料编写、宣传培训、横向联合、档案建设、上传下达等都是亲自完成，最终赢得了领导群众的信任，尤其满都拉呼嘎查的村民们给予他高度的依赖，已经成为离不开的编外村长。

（一）亲自编写培训宣传资料

1. 规划、规范类

①奈曼旗白音他拉苏木满都拉呼社区参与式规划；②奈曼旗白音他拉苏木满都拉呼社区追加预算实施方案；③社区项目管理办法；④农牧民田间学校规范；⑤村规民约；⑥环保倡议书。

2. 培训资料、考核标准类

① 保护性耕作培训资料；②GEF项目奈曼旗满都拉呼示范点社区参与式监测方案；③GEF项目理念宣传资料；④示范户考核表；⑤示范户土壤及肥料标准。

3. 亲自拍摄照片

包括保耕培训、环境教育培训，舍饲养畜培训以及票决制过程等项目活动照片6000余幅，发送到区项目办约120余幅。

（二）档案建设规范有序

（1）将示范点及其5个示范户的原始面貌和所有每次大小活动都照相存档，同时有详细日记。所有项目有关资料都系统编号存档，旗、苏木林业站、社区各一份电子版。

（2）建立并记载《中国-全球环境基金GEF项目社区活动记录》个人日记。5个示范户男女主人各一本，社区项目管理小组成员各一本。

（3）按要求填写了文本规定的《参与式监测评价表》近200个对比监测指标。5个示范户及全嘎查到年底详细核算，社区自己与上一年对比，群众大会总结交流。

（4）及时上传下达（项目的一切活动信息24小时之内电传到有关人士电子邮箱中），让上级及时掌握示范点的脉搏；让社区群众提前掌握项目的意图、方向和目标，以便主动参与。

（三）全身心投入，做村民朋友

协调员对示范点工作可以说是全身心投入，无暇顾及家庭，夫人有病亲戚帮忙送医院。项目资金周转困难，经常自己垫付高达12 000～28 000元，孩子上大学急用时还要去外借。

为了村民多掌握一些实用技术，他常年关注中央电视台7套、辽宁电视台的黑土地栏目等，及时录制有用的节目给农牧民。为了项目，他常年照相机、GEF简介不离身，随时备用。

项目协调员和社区群众知音又知心，群众戏称他是该村的“编外村长”，大家信任他、依赖他，感谢GEF项目给他们带来的收获，希望这个项目能在这里落地生根，GEF的理念能够更深更广。

22 青海省湟源县胡丹流域示范点建设成效与启示

蔡成勇　青海省湟源县县长

摘要

胡丹流域示范点建设4年来，通过开展组织机构建设、项目理念建设、社区参与式土地退化防治综合生态系统管理规划和年度计划的制定、综合生态系统管理理念的示范和应用等工作，利用项目有限资金，发挥种子资金作用，带动湟源县多部门、多行业、多领域参与项目建设，通过整合资源、捆绑资金、集中投资、重点治理，累计为示范点建设投入各类资金1 700余万元，使项目区的生态环境得到了明显改善，水土流失得到有效遏制，群众的生产生活和防治土地退化环保环境意识得到了提高，项目成效显著。

关键词

胡丹流域 示范点建设 成效 启示

1. 示范点基本情况

1.1 湟源县基本情况

湟源县位于青海省黄河上游一级支流湟水河的主要源头区，地处黄土高原与青藏高原过渡区，是青海省东部农业区和西部牧业区的自然分界线，是青海省及内地通往西部牧区和西藏的重要门户、是汉藏文化的结合点。全县气候属高原大陆性气候，县域海拔2470～4898 m，垂直高差大，主要气候特点是：日照时间长，太阳辐射强，春季干旱多风，夏季短促凉爽，秋季明显多雨，冬季漫长干旱。气温日差大，年差小，结冻期长，无霜期短，年平均气温3℃，年平均降水量400 mm左右。湟源县属西宁市管辖，全县总土地面积15.09万hm^2，林业用地6.98万hm^2，占总面积的44.97 %，森林覆盖率为26.8 %，耕地面积为1.71万hm^2，占土地总面积的10.96 %。全县辖7乡两镇，146个行政村、7个社区。全县总人口为13.64万人，其中城镇居民3.03万人，有汉、藏、回、蒙等16个民族，2007年农民人均纯收入为2694元。

1.2 胡丹流域示范点建设基本情况

胡丹流域位于湟源县巴燕乡，涉及上、下胡丹两个行政村，共608户，2501人，流域海拔2760～4150 m，总面积3456 hm^2，其中草场面积2667 hm^2，可利用草场2033 hm^2，严重退化草场633 hm^2，流域内近200 hm^2的高山灌丛是主要森林植被。长期以来由于受自然条件的限制和不合理开发利用，致使流域内原生态植被遭到较为严重的破坏。主要表现在:一是水土流失仍然严峻。由于流域内原有的植被稀疏，加之近年来的持续干旱，降水量小，蒸发量大，地下水位越来越低，土壤水分含量很低。据有关部门统计，该流域60 %的耕地不同程度遭受风蚀侵袭。二是草场退化严重。据统计，流域内有85%的天然草地处在退化之中，其中严重退化草地面积已占到40%左右。三是耕地养分流失严重。由于流域群众在农业生产中使用有机肥料减少，造成大面积耕地土壤板结，土壤容重增加，团粒结构减少，耕地养分大量流失，农作物产量低而不稳。

2. 示范点建设工作做法

自2005年8月，胡丹流域确定为青海省示范点以来，湟源县将示范点建设里列入全县项目工作的重要内容，按照统筹规划、整合资源、捆绑资金、集中投资、重点治理的GEF项目参与式建设理念，积极动员全县多部门、多行业、多领域参与项目建设。四年来，累计为项目示范点建设投入各类资金1700余万元，取得了显著成效。

2.1 开展了项目理念建设工作

为了充分做好项目建设各项工作，项目为社区村民和政府部门做了大量的项目建设理念宣传活动。首先，在示范点招标过程中，通过召开村民大会、走门串户等形式对项目的理念和方法进行宣传，对村民是否愿意参加项目活动进行调查和分析；其次，在项目实施期间，为帮助利益相关者提高对项目具体做法的理解和支持，开展了多方位、多层次的宣传教育活动，并邀请澳大利亚社区专家海伦女士、青海省林业局项目办战略规划组、法规组专家等，对各级政府部门和社区村民进行了参与式方法、综合生态系统管理理念以及相关法律、法规的宣传和教育工作，为有效提高项目管理人员的项目理念和建设打下了坚实的基础，为项目的顺利实施提供了保障。

2.2 开展了参与式社区土地退化防治综合生态系统管理（IEM）方案编制工作

根据项目要求，在省项目办的组织下，我县项目建设领导小组深入胡丹流域对土地退化的主要表现形式、导致原因、生态类型、土地利用、社会经济等进行了详细的踏查和分析，积极采用参与式工作方法，通过“自下而上”的建设规划模式，充分征求和听取社区群众意见，围绕项目建设两大目标，将生态环境建设和恢复、庭园经济发展、新能源的利用、农牧示范、基础设施建设、环境意识教育和宣传、职业技能培训等影响当地生态环境和社区发展的工作列入管理规划和年度计划中，有力的调动了各单位参与项目建设的主动性，有效提高了村民参与土地退化治理的积极性，深受项目建设示范点群众的支持。

2.3 开展了IEM理念的示范和应用工作

2.3.1 草场管理工作

针对流域内草场退化严重的现状，项目建设以草场管理为突破口，与村内的养畜大户和周边地区8个行政村达成一致，制定流域草场管理办法，缩短流域内年均放牧时间2个月，并安排专人进行管护；同时，鼓励并资助重点养殖户进行舍饲圈养，修建了60 m^2的畜棚54个，种植燕麦等青饲料24 hm^2。发动群众在流域内人工捕捉中华鼢鼠1.5万只，为减轻鼠害对草场造成的破坏，减少使用鼠药对环境的影响。

2.3.2 植被恢复工作

为改善流域内群众生活用水安全，投资项目资金5480元，拉建围栏800 m，对流域群众饮用水源地周围的3.33 hm^2草场进行封育和湿地保护示范，并进行植被变化情况监测;投资资金12.6万元，在水土流失严重的区域完成种植青杨2800株、青海云杉3.7万株；投资19.5万元，拉置围栏2.66万m，对流域内324 hm^2的未成林造林地、有林地、宜林荒山进行围栏封育，完成柠条种植40 hm^2。

2.3.3 基础设施建设工作

投资项目资金5.25万元，结合整村推进项目，硬化乡村道路21.237 km，修建简易桥2座，村民自筹资金修建田间道路12 km，有力的改善了项目区群众生产生活条件，提高了生产能力。

2.3.4 新能源建设工作

为减轻对有限资源的过度依赖，在新能源建设工作中，投资项目资金4.7万元，示范点村民引进安装新型的节能、产气量大、使用安全便捷的玻璃钢沼气31座，每户购置电磁炉1个，共608个，为流域内每户村民发放了太阳灶1个。

2.3.5 农民田间学校的创办和示范活动

2007年4月初，分别在上、下胡丹村组建了湟源历史上第一个农民田间学校和巴燕乡胡丹流域养殖业协会，制定了协会制度，选举产生了工作人员。农民田间学校针对村民在增产增收和种植结构调整中遇到的突出问题，多次组织开展了温棚搭建、双孢菇菌种培育和管理技术、农作物病虫害防治技术培训和交流等活动。投资项目资金4.38万元，为下胡丹村159户农户提供蔬菜温棚所需部分材料，对温棚的水利配套设施进行了改造。同时，开展了双孢菇等特色种植、木板床养猪、种猪示范等增产增收培训工作。

2.3.6 村民文化生活基础设施建设工作

配合农村文化建设，投资项目资金2.47万元，为上、下胡丹村修建了篮球场和乒乓球台等体育设施，改善了项目建设区村民文化生活的基础条件。

2.3.7 项目监测工作

项目建设在做好各项活动监测的基础上，重点加大了对农田测土配方施肥、降雨量、侵蚀沟、牲畜数量动态变化等方面的监测工作。

2.3.8 环境知识宣传教育工作

在澳大利亚青年大使的帮助下，我县在项目示范村多次开展了环境意识宣传和教育活动。以现身说教和群众喜闻乐见的参与式方法，讲授了当地土地退化、环境保护、生态治理的科学知识，提高了村民的环境意识和保护环境的自觉性。

3. 示范点建设成效

通过GEF项目示范点建设，我县积累了一定的参与式项目建设工作经验，明确了IEM建设理念，完成了示范点建设目标，使项目区的生态环境得到了明显改善，水土流失得到有效遏制，野生动植物资源得到全面保护，流域内群众的防治土地退化、环境保护、生态治理的科学知识得到提高，思想观念得到极大转变，社区群众保护环境的自觉性得到明显增强，生活条件得到明显好转，项目建设取得了显著的成绩。

3.1 实现了项目建设理念与流域新农村建设、生态环境建设工作的有效对接

按照GEF项目建设多部门、跨行业、跨领域的参与方式，湟源县GEF项目建设领导小组多次开展了多方位、多层次的宣传教育活动，完成了参与式方法和综合生态系统管理理念和社会主义新农村、生态文明建设及相关法律、法规的宣传和教育工作，切实提高了全县干部职工、项目区群众对GEF项目建设理念和生态环境保护的认识，实现了IEM理念在全县社会主义新农村建设、林业生态环境建设、农牧业基础设施等项目建设中的顺利对接，为全面做好今后参与式项目建设工作奠定了工作基础。

3.2 实现了多部门、多行业、多领域参加项目建设的工作目标

通过GEF项目示范点的建设，湟源县委、县政府统筹规划，充分调动全县各部门发挥行业优势，整合资源、捆绑资金、集中投资、重点治理，加大对GEF项目区的工程安排和资金上支持力度，全面推动项目建设工作。截至目前，项目已投入各类资金共计1700余万元。其中，县政府菜篮办捆绑资金投资175.8万元，修建蔬菜温棚400座和部分水利配套设施，改造了两个村的电力设施，并为项目区举办以科技、技能、生态为主要内容的培训班，培训人数达1850人次；加大了项目建设区的劳务输出力度，两个村每年输出劳动力560人次以上；县农牧局、县农业综合开发科技推广示范站捆绑资金投资32.4万元，为项目区群众修建60 m^{2}的畜棚64座；县水务局捆绑资金投资845.6万元，修建涝池1处，修建防洪墙50 m，修复上胡丹脑山人畜饮水进水口一处，修复北山七个村自来水管道17.8 km，配套农田水利设施70 km，解决了项目区73.33 hm^{2}旱地浇水难问题和项目建设周边地区7 500人的吃水困难问题，保证了253.33 hm^{2}梯田灌溉用水；县教育局投资80万元修建希望小学两所；县交通局投资280万元，在项目区实施道路硬化工程；县扶贫办投资137.1万元，为项目修建藏毯加工点两处，修建沼气池308个，解决了130多人的就业问题；县林业局投资8.5万元，完成上胡丹荒山造林25.33 hm^2、下胡丹村荒山造林31.33 hm^2，完成上胡丹退耕还林9.33 hm^2；湟源县能源办投资4.7万元,为流域内每户村民免费发放了太阳灶。

3.3 实现了项目建设促进生态环境明显改善的建设目标

根据监测，通过GEF项目建设的实施，项目建设区群众养殖牲畜由2004年的1万余头/只减少至2008年的4 000多头/只，减幅为60 %。群众主动参与畜种改良，进行舍饲圈养，积极投身绿化造林，保护生态，项目建设区域的生态环境得到明显改善，水土流失得到有效遏制，野生动植物资源得到全面保护，流域群众的思想观念得到极大转变，流域群众的防治土地退化、环境保护、生态治理的科学知识得到提高，村民的环境意识和保护环境的自觉性得到明显增强，生活条件得到明显好转。

4. 主要工作经验和体会

4.1 领导重视是项目成功的关键

建立政府一把手负责的参与式项目建设组织管理机构，建立健全项目建设工作制度，发挥政府各部门行业优势，统一协调、整合项目资金、统筹安排、重点投资、集中建设，是开展好参与式项目建设工作的基础，是项目建设各项工作的顺利开展的重要措施，是项目建设成功的关键。

4.2 参与式项目建设与解决村民的生计有机结合，才能实现示范点建设的可持续发展

通过项目示范点土地退化的治理和村民生产生活的有机结合，保证了治理退化土地、节约能源、保护环境、增加群众收入等，有力的推动农村经济可持续发展，增强了项目建设区群众参与项目建设的积极性、主动性和责任感，实现了“项目进展快、资金有保证、工作有成效、群众得实惠”的项目建设目标，使项目实现“双赢”。

4.3 推行竞争机制，科学选定示范点，是做好项目建设的基础

在选定项目示范点活动中，为了公开、公正地选定具有广泛代表性的项目示范点，根据中央项目办制定的选点标准，以招投标形式选定了项目建设区。我县示范点因其特殊的地理位置和项目示范的典型性，被确定为投标的全国备选点。在支持示范点建设活动中，同样采取了竞争的办法，项目不搞平均分配，对示范村的群众积极性高、村委班子工作能力强、申报的项目建设意义大、上一年项目工作突出的村，给予优先支持。推行竞争机制为增强项目建设区工作责任性注入了强大的动力。

4.4 有限的项目资金发挥种子效应，带动了政府相关部门和农民个体对示范点的投入

资金投入是项目示范点建设取得预期成效的保证，但是GEF项目赠款十分有限，无法满足应用IEM理念在项目区大规模开展项目活动。然而项目的先进理念和方法已经被项目区的各级政府及相关部门所接受，开展示范区建设，探索土地退化综合防治的管理模式，已成为我县乡镇政府的自觉行动。实践证明，这种以项目资金为依托，积极发挥政府配套资金优势开展综合生态系统治理是一种极有成效的办法。

4.5 强有力的村委领导班子是项目建设活动顺利开展的有利条件

按照GEF项目建设模式，社区村民是项目活动的真正组织者、实施者、也是最大受益者。做好参与式项目建设，要有一个工作能力强的村委领导班子，要有一个团结民主的管委会组织，要有一个为广大群众做表率的的带头人和“领头羊”，只要有全身心为项目建设想办法、谋主意的村委领导班子和“领头羊”，GEF项目建设才能顺利开展工作。在我县的GEF项目示范点建设中，具有典型代表意义的村委班子党员模范代表胡丹流域管委会主任徐永林同志，为了实施好胡丹流域的各项活动，长年累月不计个人得失，为项目做出了巨大的贡献和牺牲。

23 建立信息平台，服务生态建设

汪泽鹏　宁夏林业规划设计院副院长

加强生态建设，维护生态安全，是21世纪人类面临的共同主题，也是我国经济社会可持续发展的重要基础。宁夏地处我国西部，使我国荒漠化最严重的省（区）之一。由于其所处的地理环境条件和发展相对落后，土地荒漠化问题依然是宁夏的心腹之患，所面临的形势依然十分严峻。因此，树立和落实科学发展观，全面开创防治荒漠化工作新局面，加速开展以防治荒漠化为主要内容的土地荒漠化防治工作，是我区的当务之急。由于我区部门分工和对土地退化认识的局限，这些数据常常源于不同的获取和处理方法，它们也很少在各部门之间共享。每一个部门的调查监测往往都只是反映了区域某一方面土地退化问题。因而到目前为止，还不能从综合生态系统管理的高度，提供一个全区的土地退化状况综合的信息。这大大制约了我区防治土地退化战略规划的制定和实施。为此，我区积极争取中国－全球环境基金干旱生态系统土地退化防治伙伴关系OP12项目，建立宁夏综合生态系统管理（IEM）信息中心，为宁夏制定防治荒漠化政策、规划提供科学、系统的数据，提高土地退化的综合防治能力。

对于人类来说，信息最宝贵之处就在于它是一种资源。信息具有知识的秉性，它告诉人们各种事物的运动状态和状态的变化方式。因此，信息是一切知识的原材料，人类一切知识都是由信息加工出来的。没有信息就没有知识。正因为如此，信息才成为决策的依据和管理的灵魂。随着社会的不断进步，人们除了要继续消费越来越多、越来越好的物质和能量资源外，也会消费越来越多的信息资源，而且信息资源的消费比重会逐步超过物质和能量资源的消费，这是必然的发展趋势。我区建立以GIS为平台的全区土地退化数据库和信息系统，旨在收集各部门数据源点信息系统的原始数据和各学科分类原始数据中的面上数据、综合生态因子数据、全区生态系统编目数据；利用系统中的各种数据库建立有关综合生态系统监测和评估模型、重要物种长期种群动态模型、系统的演替、基因的演化模型、土地退化模型、水资源动态变化模型等。这些模型和建模环境共同构成信息协调的模型库。不仅为综合生态系统管理项目提供信息服务，而且为国家级和省级决策部门提供生态系统变化、土地退化态势的信息和决策支持。

宁夏综合生态系统管理（IEM）信息中心自成立以来，围绕信息中心工作职能，积极开展工作。

（1）购置设备

主要购置台式电脑、笔记本电脑、工作站、服务器、大幅面喷绘机、A0幅面扫描仪等设备，软件有GEF中央项目办提供一套ARC-GIS9.2和一套ERDAS9.1软件。

（2）落实机构人员

在地理信息室的基础上，落实机构编制和人员。

（3）加强培训

为了提高IEM信息中心技术人能力和技术水平，我院采取自学和专项培训的方法，在先后输送5名技术人员在国家林业局西北规划设计院遥感信息中心、宁夏遥感院进行系统学习的基础上，又参加GEF中央项目办的培训，通过短时间的强化技术培训，使IEM信息中心的技术人员已基本掌握了地理信息系统软件的基本操作，并将上述知识和技术应用于土地退化监测和评价。

（4）签署了IEM信息中心数据共享协议

信息中心编制了《宁夏IEM信息中心数据共享协议》，通过宁夏GEF项目领导小组协调，与自治区财政厅、发改委、国土资源厅、林业局、环保局、农牧厅、水利厅、扶贫办、法制办、农垦局、科技厅、农林科学院和宁夏大学共13家单位首先签署了协议。

（5）对协议单位进行技术培训和主动收集土地退化数据清单

宁夏IEM信息中心成立后，积极开展数据收集工作。自2007年5月开始，先后两次举办"宁夏GEF项目IEM信息中心元数据培训班"和"宁夏GEF项目IEM信息中心元数据录入进展研讨班"，邀请GEF中央项目执行办官员、国际专家道格拉斯先生、项目组分五专家组长刘锐教授和协议单位技术人员参加了培训班，信息中心对协议单位技术人员进行了有关元数据的培训，并结合实例对每一项元数据元素的录入进行练习。会议讨论了各个协议单位能够提供的宁夏土地退化防治数据清单，安排了数据清单收集工作，将收集到的清单录入元数据库。随后，按照各协议单位的数据清单，按标准元数据录入格式进行元数据收集。信息中心收集整理了宁夏林业调查规划院、宁夏农勘院、宁夏发改委和宁夏大学等单位的数据清单，包括基础地理信息数据、地形图、卫星影像、DEM和专题数据森林资源、荒漠化沙化、湿地、野生动物等。

（6）建立宁夏IEM信息中心信息元数据库系统

根据收集到的各协作单位土地退化的元数据清单，宁夏IEM信息中心按照中国—全球环境基金干旱生态系统土地退化防治伙伴关系OP12项目的要求，建立宁夏IEM信息中心信息元数据库系统，并发布到宁夏林业信息网。

（7）宁夏IEM信息中心开始为宁夏生态建设服务

宁夏IEM信息中心应宁夏发改委生态建设办公室邀请为宁夏大六盘生态经济圈建设工程管理人员做了大六盘生态经济圈建设信息数据库建立和工程管理制图的培训，提供基础图8份；在中德财政合作中国北方荒漠化综合治理宁夏沙漠化综合治理项目中，宁夏IEM信息中心在参与式土地利用规划、草原恢复、侵蚀治理、乡村发展和农民培训等方面做了大量工作，协助项目建立了公众共享数据库、建立了地理信息系统、绘制项目区现状及规划图、开展培训需求调查、制定培训计划和罗山植被监测等工作。

虽然取得了一点成绩，但本项工作开展依然难度较大，主要是数据数据收集难度大、技术力量薄弱、工作经费缺乏。为此，宁夏综合生态系统管理信息中心将积极配合宁夏GEF项目办工作，主动与相关行业部门进行沟通，收集与宁夏生态建设相关的数据信息。以工作促宣传、以宣传促工作，并在办公场所、基础设施、人员配备和培训、数据资料搜集整理等方面做充分的准备，努力做好"宁夏综合生态系统管理信息中心"的各方面工作。使IEM信息中心更好的为宁夏生态建设服务。

24 社区能力建设的理论与实践

温　臻　陕西省林业厅国际合作项目管理中心副主任

摘要

陕西省GEF-OP12项目示范点建设在贯彻执行综合生态系统管理理念的基础上，高度重视开展社区土地退化防治的能力建设。主要包括：在社区广泛开展参与式发展规划，让群众自己规划自己的未来；举办农民田间学校，提高农民认识问题、分析问题、解决问题的能力；开展环境教育和参与式监测，提高群众环保意识，自觉开展防治土地退化和环境建设的行动。通过开展一系列能力建设活动，农民的整体能力得到了进一步的提高，综合素质有了大的进步，对改善当地生态环境、防治土地退化、促进社区可持续发展发挥了重要的作用。

关键词

GEF　示范点　土地退化　能力建设

中国-全球环境基金干旱生态系统土地退化防治伙伴关系项目（GEF-OP12），是全球环境基金（GEF）为了控制土地退化，减少区域性贫困，改善和恢复人类赖以生存的生态系统，在中国开展的综合生态系统管理项目。陕西省是该项目的实施省份之一。陕西在战略规划组和法律工作组的努力工作下，在土地退化立法、政策及机构能力建设方面取得了重要成果，在此基础上陕西制定了综合生态系统管理防治土地退化发展规划，并通过示范点建设对这些研究成果进行综合应用。示范点的建设内容包括：以改善生态环境为目的的植树造林工程、以发展清洁能源为目的的沼气建设工程、以节约水资源为目的的节水灌溉工程，以防治土地退化为目的的农田改造工程、以提高社区群众能力为目的的社区能力建设。

“授人以鱼，不如授之以渔”，这句话的重要意义在于它强调了能力建设的重要性。陕西省GEF-OP12项目示范点社区能力建设，是示范点建设的一个重要内容，主要包括：参与式发展规划、农民田间学校、环境教育、参与式监测等内容。我们在示范点建设过程中，注重社区群众能力的培养和提高，受到了社区群众的欢迎，取得了显著的效果。

1. 社区能力建设开展的活动

2006年7月至2008年6月，陕西省GEF-OP12项目示范点开展了多次参与式规划的培训活动，接受培训的包括管理人员、技术人员、社区群众等约400多人，在技术人员的协助下，示范点社区开展了参与式发展规划，形成了示范点发展规划报告；举办了以提高社区群众能力为目的的农民田间学校2所，参与学习的农民学员60人；开展不同层面的环境教育3次，直接接受教育100人以上，制定了陕西省环境教育规划，在示范点90多户农户中开展了参与式监测活动。

为了有效提高社区群众的能力，编辑印发了相关资料，主要包括：编制了《参与式发展规划》培训教材，用作示范点培训班学习和社区开展参与式规划的指导手册；编制了《参与式监测手册》，用于指导社区群众开展项目参与式监测的活动；编制了《示范点小学生环境教育手册》，用于指导示范点开展小学生环境教育。这些资料的编制和印发在指导示范点建设、社区能力建设中发挥了重要作用。

2. 社区能力建设的理论与实践

2.1 参与式方法增强了农民的自信心

参与式是目前制定村级发展规划的一种非常科学的方法，它的核心就是：充分尊重社区群众的意愿，针对社区群众最关心的问题，开展项目活动，在这个过程中，社区群众起决定作用，开展什么活动由群众自己来定。让当地社区群众和利益相关者充分参与可持续生态系统管理项目的确定、设计、规划、执行和监测，是示范点建设的一项重要成果。

在示范点建设初期，我们首先对示范点的技术人员进行了参与式发展规划的培训，然后在技术人员的组织下，社区群众进行深入讨论，分析社区存在的问题，根据问题的紧迫性进行反复讨论、筛选、排序，找出社区首要解决的问题序列。依据这个排序，我们再与村里的群众讨论解决的办法，然后再利用综合生态系统管理的理念对这些活动进行科学布局，最后就形成示范点参与式发展规划。

陕西省GEF-OP12项目吴起、靖边、榆阳示范点的发展规划都是采用参与式的方法完成的。社区群众在参与的过程中，有充分的机会确认自己的能力、潜力，反映自己的问题、愿望等，能够对自身环境进行深入认识，能够感受到自己的主人地位，增强责任感和自信心。参与式方法为广大土地利用者提供一个探讨共同发展问题的讲坛。因为社区发展问题是土地利用者最关心的问题，反映了他们的愿望与需求，是他们的兴趣所在，也是他们熟悉并乐于探讨的话题。在共同的讨论中，广大农民可以进一步认识到自身有很大的潜力可以开发。参与式方法所确定的目标能真正的反映当地实际及土地利用者的愿望与需求。社区群众把他们制定的社区发展规划视为自己的成就，必然会以较大的热情和积极性来组织实施。

2.2 田间学校提高了农民的团队合作能力

农民田间学校是以农民为中心，以田间为课堂，采用非正式成人教育的方法，在作物整个生长期，以启发式、参与式、互动式为特点，在田间地头开展培训。让农民学员自己动手发现问题，并找到解决问题的办法，通过农民主动参与式学习、实践，来增强他们的自信心、生态意识、团队精神，提高生产能力、决策能力，同时启发并培养学员主动学习的意识，来提高农民的综合素质，提高农民致富能力。农民田间学校是当今农业技术推广、农民培训和农民素质教育的新模式，是市场经济条件下培养新型农民的有效途径。应用农民田间学校推广农业技术，对提高农民经营素质、组织化程度和农业的整体水平具有十分重要的作用。

2007年，我们按照GEF中央项目办的有关要求，根据多次培训的精神，结合我们对田间学校的理解，在靖边海则滩示范点和榆阳沙焉示范点举办了2 个农民田间学校。田间学校为学员提供了固定的校舍，供学员研究的试验田，有技术辅导员，有健全的学习制度和组织纪律，有明确的分工，共同感兴趣的研究课题，还有GEF资助的学习、研究用具，选择了有兴趣、有积极性的社区群众参加学习。

海则滩示范点田间学校有学员30人，经过辅导员与学员的充分讨论，选择了当地最重要的农业活动“玉米种植”为主要研究课题。2007年6月13日，该田间学校举行了隆重的开学典礼，中央项目办、省项目办、县政府的领导参加了典礼仪式。之后，学员们在辅导员的带领下，共开展集体学习6次，先后就玉米施肥问题、玉米不结实或结实不齐等问题进行学习讨论，并开展了对比试验。田间学校为学员提供了在生产实践中观察问题、分析问题、共同研究解决问题的机会。

榆阳区沙焉示范点田间学校有学员30人，选择了当地主要的经济林“仁用杏”的经营管理为研究课题，2007年5月，在区林业局项目办和辅导员的组织下，举行了开学典礼，并先后组织学员就“仁用杏”的花期防冻、施肥、防虫打药等多个技术环节开展了5次集体学习，学员在田间学校组织的集体行动中，增强了团队协作意识和群体凝聚力，开发了潜在智能，提高了参与性学习能力、自我决策能力、自我管理能力。

2.3 环境教育提升了公众的环保意识

为了控制人类对环境的破坏，改变人们的不良生活习惯，扭转环境失衡的态势，根据GEF项目的总体要求，我们制定了陕西省环境教育规划，包括环境教育目标、对象、方法等。改善环境仅靠一个部门、一个组织是远远不够的，只有动员全社会的力量，大家共同行动起来，才能对环境产生影响。

从人类诞生以来，环境就无止境的为人类提供着所需的物质和能量，承载着我们从原始走向文明，同时人类也在不断寻求着人与环境和谐相处、实现可持续发展的美好境界。

水能载舟，亦能覆舟，环境也是如此。环境有其自身的发展规律，这种规律一旦被打破，其内部的平衡将被破坏，养育人类的功能将会失去，最终受到伤害的无疑是人类本身。随着人类社会经济的发展，工业化步伐的加快，人类的行为有意无意地对环境产生着巨大的影响，致使承载我们生存的环境偏离了原有的发展规律，失去了自身的平衡。适宜人类生存的环境因子在逐渐减少，对人类生存不利的因子在逐渐增加，从而导致人类的生存受到严峻的挑战。全球气候变暖，生物多样性减少，土地退化，水资源短缺，频繁的自然灾害等环境因素正在成为困扰人类社会发展的重大障碍。

为了使环境能够维持其固有的发展规律，保持其平衡发展，人类社会正在进行着一场声势浩大的保护环境运动。联合国制定了多项保护环境的国际公约，世界各国相继出台了一系列保护环境的政策，启动了区域性环境保护工程。这些措施充分体现了人类为了自己的生存、为了改善自身的环境所做的不懈努力。

在改善环境方面，国际公约和国家政策无疑是十分重要的，但个人的行为也是不可忽视的，每个人的行动联合起来就是一股巨大的力量。如何让这股力量发挥作用，如何让大家认识到环境对我们的重要性、环境对我们的生活产生了什么影响、我们的行动对环境产生了什么影响，这需要我们对公众进行广泛的环境教育。只有让大家对环境和环境问题有了认识，并且使这些认识对他们的思维、行动产生影响，让他们自觉地在生活、工作中把环境因素加以考虑，形成全社会共同保护环境的局面，必将会对环境的改善产生久远的影响。这是我们开展环境教育的原因。

全球环境基金综合生态系统管理示范项目，在实施防治土地退化示范建设的同时，把环境教育作为一项重要内容，以此提高公众对环境问题，特别是土地退化问题的认识。提高公众的环境意识，促进他们积极参与、支持环境保护和环境恢复活动。保护环境不仅是国家或政府的事，更是我们每一个人的事，从生活垃圾管理到大气的臭氧层保护都与我们的一举一动有着深刻的联系。我们希望每一个接受环境教育的人，都能够从身边的小事做起，从一点一滴做起。我们都是地球的主人，我们的一言一行都会对环境产生很大的影响，我们的一举一动都会得到自然的回报。

2007年6月，我们在西安举办了政府官员层面的环境教育活动，参加活动的是省政府有关部门的官员。通过这一活动，各级政府部门的领导如果能在决策过程中考虑环境因素并采用综合生态系统管理的理念，在所制定的政策中，涵盖一定的环保的内容，将会对生态环境的建设做出巨大的贡献。2008年4月，我们在榆阳区沙焉示范点开展了县级政府官员和农民层面的环境教育活动。希望能够将环境保护的措施、技能和综合生态系统管理的理念即时的应用于生产实践，有效地指导农民的生产活动，达到保护治理环境和防治土地退化的目的。2007年8月，我们在靖边海则滩开展了中小学生层面的环境教育。希望通过对孩子们开展的环保行动，从小树立他们的环境保护意识，小手拉大手，再通过他们把环境保护的知识、概念、行动传递给他们家长或更广的人群，同时也对他们未来的成长产生影响，成为环保型的新一代接班人。

2.4 参与式监测让农民学会了观察和分析

在示范点开展的参与式土地退化监测与评

价活动，让社区群众学会了对自己生活的农业生态系统如农地、草地、水资源和其他相关的指标进行观察、诊断、认识和评价。

参与式监测活动使社区群众有机会分析他们自己面临的风险、投入的成本和获得的效果，从而明确他们将要或正在采取的行动是否是他们所期待的，提供及时可靠和可以理解的信息，使社区群体和外部项目管理者都获得更加有效的信息。使他们自觉地把综合生态系统管理的理念应用到自然资源管理、防治土地退化的活动中。形成可持续土地管理的意识，加强对土地退化问题综合全面的认识，因地制宜的选择和推广有效的土地退化防治技术和方法。

在示范点村，我们各选择30户农民参与项目的监测活动，并为每户群众明确了任务，落实了责任，购置了监测设备，建立了监测点，设立了监测标志，按照《参与式监测手册》的要求，各自负责1～2项指标的监测活动，长期坚持观察、测量，并纪录数据，为项目的分析评价积累数据，提供依据。

3. 社区能力建设产生的影响

示范点充分应用社区土地退化防治能力建设的成果，在开展防治土地退化的生产实践中，突出当地的特点，综合考虑大气、植被、土壤、人为等因素，设计的项目活动之间是相互联系、相互依赖的，体现了综合生态系统管理的思想。示范点针对草场退化的问题设计了“以草定畜舍施养殖”的项目；集中的牛羊粪便又为沼气池提供了原料，生产的沼气是一种清洁的、可再生的能源，为群众提供烧水做饭的燃料，减少他们对薪柴的需求；产生的沼渣、沼液又为改良了的耕地种植玉米提供了有机肥料，可以增加粮食产量；农民的收入增加后就可以开展更多的环保活动和防治土地退化的措施。这是一种综合生态系统管理下的科学的循环，它紧扣防治土地退化的主题，坚持环境保护的宗旨，是示范点社区群众防治土地退化能力显著提高的重要表现。

陕西省GEF项目示范点，通过防治土地退化能力建设，已经取得了初步成效，有健全的法律、法规为依据，社区机构协调能力得到提高，防治土地退化的伙伴关系得到初步的建立，社区群众参与公共事业的权利受到尊重，参与的兴趣得到了充分的发挥；通过开展参与式社区发展规划，社区农民有机会表达自己的愿望，他们的参与意识、合作能力、决策能力得到了提高，并把这种方法应用到村级的各种发展规划中。通过举办农民田间学校，社区农民学会了自己观察认识问题，学会了团队合作、集体分析讨论问题，也学会了通过对比试验解决问题。他们能够自己开展田间试验，来提高自己的生产技能。通过开展环境教育，提高了社区群众对环境问题，特别是土地退化问题的认识。能够认识到自己的生产活动对环境产生的重要影响，促进他们积极参与并大力支持恢复、保护环境的活动。通过开展参与式监测，让群众直观地感受到周围环境的现实状况，体验土地退化的进程和环境恶化的威胁，增强群众环保意识，能够自觉开展防治土地退化和环境建设的行动。综合生态系统管理的理念在示范区得到了广泛的认同和应用，示范点的生态、经济、社会效益正在逐步显现，社区群众能力的提高将对社区的可持续发展产生长远的影响，所建立的模式和取得的经验，必将为全球防治土地退化和环境的改善发挥重要的示范带动作用。

参考文献

任宝珍，孙作文.参与式农民培训[M]. 北京：中国农业出版社，2006

朴永范，陈志群.农民田间学校理论与实践[M].北京：中国农业出版社，2004

25 在地中海沿岸地区O. Rmel流域利用侵蚀测绘法开展土地退化评估与防治：突尼斯个案研究

R. Attia, S. Agrébaoui and H. Hamrouni

摘要

在地中海沿岸地区，目前活跃着各种自然和人为双重活动，这些活动势必对各种资源和当地社区的生活质量产生影响，此外，农业生产活动也使该地区的环境明显退化，其中包括土壤侵蚀。本文在编写过程中得到了地中海行动计划优先行动规划区域活动中心的技术和管理支持。根据岩性、形态和水文行为等各种自然和物理原理，本研究在O. Rmel流域选定了两个示范区。很显然，两个示范区存在的问题有许多差异，然而也就是这些差异这使得项目对退化过程的评估更具现实意义和教育意义。“优先行动规划区域活动中心”采用的方法是把造成不同规模土地退化的生物物理因素和社会经济因素综合起来，承认社会经济问题也对土地形成压力、也是土地退化的驱动力。

本研究的第一步是利用诊断性分析结果绘制预测性土壤图，预测性土壤图绘制的依据是土壤的物理参数如：坡度、土壤覆盖层、土地利用、农业活动等，后来还以此土壤图为依据制作了突显两区域侵蚀风险和土地退化过程的各种测绘图；第二步是对导致稳定和不稳定土地退化区域的人为因素和各种经济活动进行了分析，识别出实施干预的优先领域；第三步是以理想的防治措施为依据加强管理规划活动框架的制定。所有这些活动都以涵括了所有数据的地理信息系统为支撑。

关键词

退化，土壤侵蚀，侵蚀风险，物理参数，土地利用，社会经济因素， 人类压力，优先区域，管理规划。

一、概述

干旱、半干旱地区的土地退化是由各种不同因素造成的，其中包括气候变化和各种人为活动（UNEP，1995）。“优先行动规划区域活动中心”的方法程序是在示范区绘制土壤侵蚀图，根据测绘图识别出侵蚀风险和实际的侵蚀状况；在综合社会经济因素过程中详细地分析了土地退化的成因，同时给予预防性和正确的措施，为选择实施干预的优先区域、制定各种管理计划提供了依据和机会。

Sbaihia 流域和Bouficha 河谷是选定的两个示范区，前者是O. Rmel流域（图25-1）的上游部分，面积6500公顷，而后者则是位于南方的一道河谷，面积3000公顷。两个示范区的选

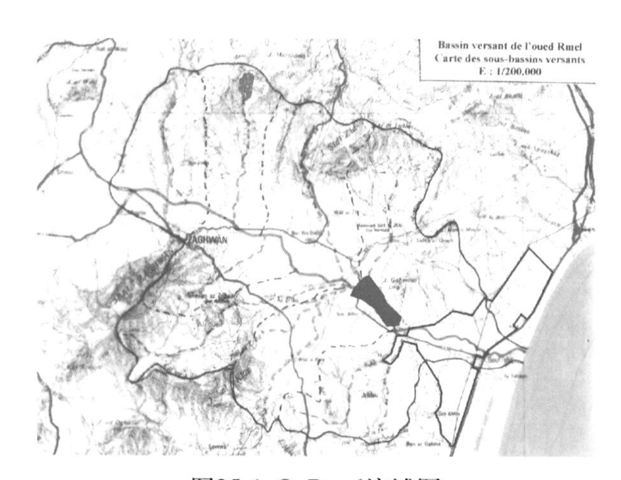

图25-1 O. Rmel流域图

择有若干标准，包括位置、面积、自然特征如地形、植被覆盖、土壤、侵蚀过程和人为干扰等。两示范区的特点有：包含众多生态系统、人类压力大，而且大面积土地受土壤侵蚀、过牧、坡地垦种等影响 (Toumia, L. 2000)。在下游的河谷一带，由于缺乏灌溉用水、放牧空间缩减、黏土区域形成水涝等，人类农业活动和土地利用方式已经导致了明显的环境退化。

二、资料与方法

我们首先进行预测性绘图，绘制各种不同主题的图包括地形图、土地岩性图、土地覆盖和土地利用图，最终的土壤侵蚀风险图把这三幅图整合为一，形成一幅综合图，为评估土壤侵蚀风险提供了最重要的依据，是了解、解释示范区的侵蚀过程的重要工具。这一步骤利用了图片解释和实地观察相结合的方法。

此外，还绘制了详细的描述性地图，描述图显示出主要的土地单位和最主要的侵蚀种类。最后，划定稳定和不稳定区域，确定实施干预的优先区域。对于稳定的区域，需要采取预防性措施，对于不稳定的区域则需要采取治疗性措施(Attia et al 2001)；第二步是对导致土地退化的人类影响和各种经济活动进行分析。

在优先排序过程中制作优先权图，优先权图把物理评估结果、相关描述图、社会经济状况和实际的土地利用综合起来。根据不同的标准打分，分数为1～3分（1分为最低分3分为最高分），A：与描述性绘图编码相关的物理性不稳定风险，B：受某种退化影响的面积，C-D-E等、、、都是研究报告中详细记录的标准。给每个标准打分之后，用以下方法计算出最终的排序结果：

稳定区域：$[(A*D+E)*F*G*H*1]+[(J+K)*L*M*N]$

不稳定区域：$[(B*C*D+E)*F*G*H*1]+[(J+K)*L*M*N]$

获得实施干预措施最高优先权，也就是3级优先权其最后得分是60分；获得实施干预措施中等优先权，也就是2级优先权的得分为21～59分；最低优先权，也就是1级优先权的最后得分为20分或不足20分。

接着，制定防治措施，包括预防性措施和治疗性措施，从而促进示范区各种管理计划的实施。

三、结果

示范区内有各种不同的生态系统，有土壤侵蚀和土地退化。Sbaihia 流域和Bouficha 河谷有稳定的和不稳定的干预区域，对这些区域给予描述和评估，然后采取适宜的防治措施。对于研究领域中相关的社会经济因素也进行了详细的分析。

在Sbaihia流域，最大的侵蚀风险值来自斜率值。侵蚀风险图显示，90%的面积受严重影响（图25-2），这是由于斜坡上坡面较宽的区域覆盖的是松脆土，以及种植农作物和谷物等不适宜的农业活动造成的。

流域内存在各种土壤侵蚀和大面积的土地退化，其中心区域以不稳定单位为主，西部和北部地区则以稳定单位为主，形成了具有大范围扩散趋势的冲沟侵蚀网，荒地对斜坡区域及其松土或粘土也形成影响。

示范区总人口1500人，279户，主要分布

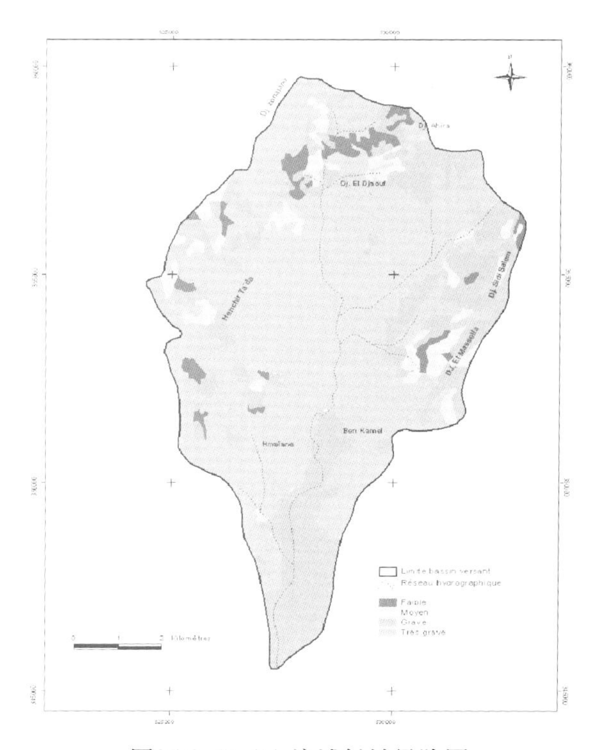

图25-2 Sbaihia流域侵蚀风险图

在水文网络上。人类活动是退化的主要原因(Toumia, L 2000)。其中过牧和滥伐树木是具破坏性的两大活动，另外，其他原因有：植被覆盖层的退化使土壤失去保护；由于薪柴需要，森林不断被采伐；在陡坡上垦种谷物无形中提高了水的冲刷力量，增加了土壤流失的风险；土地联合拥有制度使土地主人无法获得信贷；农民缺乏必要的设备如拖拉机、收割机和其他机器等（图25-3）。

图25-3 在坡地上垦种谷类作物

通过优先排序法制作的优先权图证明流域内存在各种土壤侵蚀和大面积的土地退化，其中心区域以不稳定单位为主，西部和北部地区则以稳定单位为主（图25-4）。划定了稳定区域和不稳定区域，目的是评估效力，并确定实施干预的优先区域。

稳定区域：优先级别1114公顷，优先级别22 805公顷；不稳定区域：优先级别2986公顷，优先级别32 600公顷。稳定区域需要采取预防性措施，不稳定区域需要采取治疗性措施。

第二个示范区是位于O.Rmel流域下游的Bouficha河谷，是一块平原，四周配予灌溉设施，有大面积黏土（50%）但存在水涝。实地观察显示平地和缓坡地上的农业用地受季节性洪水影响，冲击平原上有泥沙沉积，中心地带有大量累积的土壤，而整个平原则是一个冲积洼地网络。根据侵蚀图绘制了各种不同主题的图：地形图、土地岩性覆盖和土地利用图。按形态单位把风险分为几个不同级别的风险：低度、中等、高度、极度敏感和侵蚀。

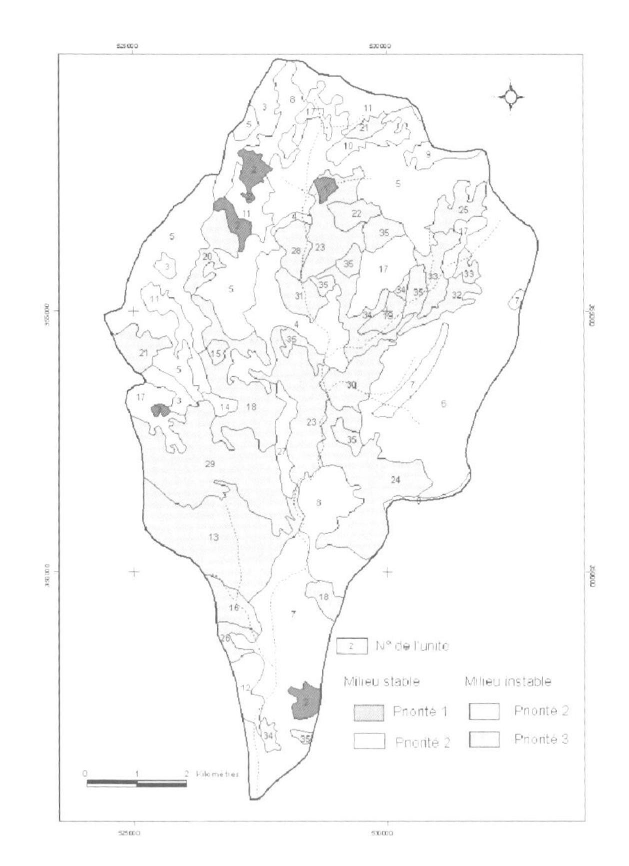

图25-4 Sbaihia流域优先权图

侵蚀风险图显示70%的面积受严重影响（图25-5），是面蚀和细沟侵蚀这两种主要侵蚀形式加上人为活动导致退化的结果。

由于当地农民年纪较大，因此只追求眼前利益，这是一大原因，另外，人口密度大也使得土地被分成碎片、农业开发加剧、农业用地不断扩张；由于放牧空间减小，更多土地表层被消耗，土壤失去了保护层；灌溉用水的缺乏导致农业生产活动不合理；植树造林严重不足；所有农民都种植作物和谷物；不适宜的机械化和设备等都对土壤的生物特征产生非常严重的负面影响。

稳定和不稳定的区域包括：

稳定区域：优先级别11 105公顷，占32%；优先级别2811公顷，占23%。不稳定区域：优先级别21161公顷，占38%；优先级别3251公顷，占7.3%。Boufícha地区的中心地带属不稳定区域，是受影响最严重的区域（图25-6）。

四、研究区域管理建议

1. 防治措施

在两个示范区制定并采取了预防性措施、治疗性措施和保护性措施，使管理计划的制定与当地的侵蚀状况、人类干扰、土地利用和土地退化各种参数相适宜。总的来说，实施这些措施的第一目标是预防或者阻止退化进一步扩大，并恢复已经退化的土地，尽可能地恢复土地的生产能力。第二目标是恢复和保护土壤。

根据与土地退化相关的4个因素确定了各种预防性、保护性和治疗性措施，这4个因素是：土壤、农业、林业、人为干预活动，考虑的因素还有各种生态系统、人为活动形成的压力等。

2. 预防性措施

改变土地利用方式，如砍伐植被进行农业开发必须完全禁止；必须减少乱薪柴、过牧等行为；土壤表层和放牧空间的利用必须控制，必须减少啃牧（图25-7）；根据土壤特征选择适宜的农业生产方式（图25-8）；继续开展保护性活动：修筑挡土堤、挡土墙等；防止森林破坏；生产多样化；保护稳定区域。

3. 适合当地条件的治疗性措施

在坡地上植树造林，开展保护性活动；改善森林；利用挡土墙保护脆弱的岩性区域；用植树造林治疗荒地；种植特种树种，保护土壤结构的稳定性，并把活动变成群众运动。

4. 保护性措施

引进现代生活必须的条件如水力电力、修路、工程建设等，创造就业机会；GCP/TUN/028/ITA。保护基础设施，防止下游泥沙沉积；促进当地人民以各种方式见面沟通，提高他们的保护意识和生产知识。

要成功地实施这些措施，必须重视机构和行政安排的技术标准。以下因素对措施的实施成果产生重要影响

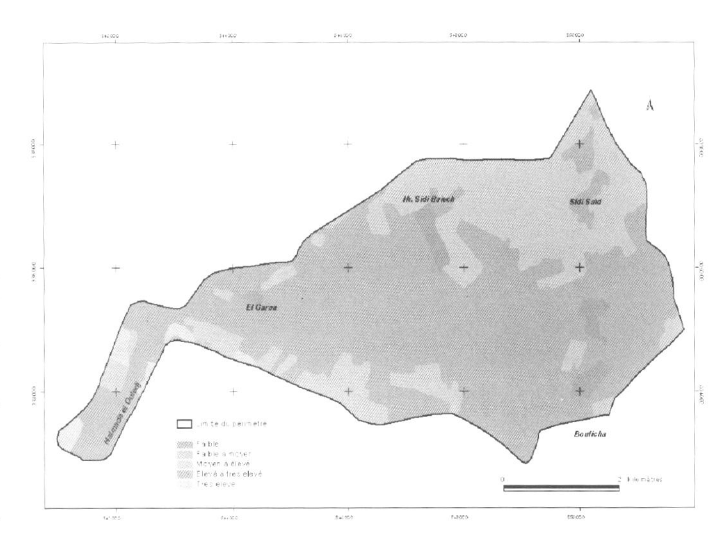

图25-5 Bouficha河谷侵蚀风险图

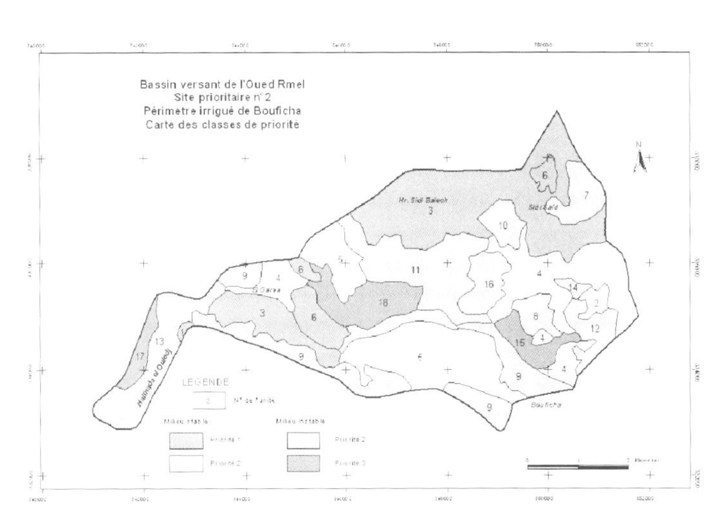

图25-6 Bouficha河谷优先权图

图25-7 过牧

图25-8 坡地上垦种作物

(Janicke and Weidner, 1997 in PAP/CAR2000)：行动实施者、所制定的战略、结构性框架条件、明确的文脉和具体明确的问题。

五、结论

项目覆盖O.Rmel流域中两个具有不同特点，存在不同自然干扰和人为干扰形式的示范区。项目的一个子项目对研究区域内自然和人为干扰导致的一般土地退化进行了评估，在实施项目过程中，自始至终都对生物物理和社会经济因素之间的相互作用进行评估，改善研究区域中的动态行为和水力行为。

对O.Rmel流域上游（Sbaihia）和下游（Bouficha）进行了详细分析、对比，找出了两者之间的关系。

对两示范区的预测性侵蚀图进行检查核实，检查的重点是反映以上特征的稳定性/土壤侵蚀标准，之后制作了两示范区详细的侵蚀图，在稳定和不稳定区域中确定了优先领域，并评估确定了治疗措施，研究这些措施，使它们适时并得到最优化利用，评估应采用哪些最佳预防性、保护性或治疗性措施等，在两示范区进行实地检测评估，对这些措施的实用性进行等级评价，并给予相应的建议。

在制定管理计划时，把问题、排序、防治措施和机构问题联系起来，因此，管理规划活动的焦点是社区的参与，两示范区的各项工作中都有社区的贡献，此外，还确定了影响规划效果的各种不同因素的指标，实行了各种批准程序。

参考文献

Alali, Y. 2003. Paramètres hydriques des sols dans un aménagement en banquettes anti-érosives (El Gouazine, Tunisie) Mémoire de D.E.A. de S.E.E.C. à Montpellier, 63 p.

Attia, R; Agrebaoui, S. 2001. Contrôle de l'érosion et de la désertification dans les bassins versants pilotes en Algérie, au Maroc et en Tunisie. Cas du bassin versant de l'oued Lobna, 24 p.

Bennour, H., Bonvallot, J. 1980. carte de l'érosion de la Tunisie ; échelle 1/200000 Bulletin des sols n° 11, 1980 ; Direction des Sols. 93 p.

Collinet, J., Testouri Jebbari,S. 2001. Etude expérimentale du ruissellement et de l'érosion sur les terres agricoles de Siliana (Tunisie)., Institut National de Recherches en

Génie Rural et Eaux et Forêts (Tunis), Direction des Sols (Tunis), Institut de Recherches pour le Développement (mission de Tunis).48p.

Direction de la C.E.S . 2000. La planification participative dans le bassin versant de l'oued Sbaihia, 67 p.

Gilbert, S. 1995. Cartographie de l'érosion à l'aide d'un système d'information géographique. Application au bassin versant de l'Oued Joumine (Nord de la Tunisie). Mémoire de Fin d'Etudes. Faculté des sciences de Tunis. 87 p.

Mtimet, A., Agrebaoui, S. 1993. Cartographie de l'érosion potentielle des bassins versants de l'oued el Khirat et oued Rmel.

PAP/CAR. 1998. Directives pour la cartographie et la mesure des processus d'érosion hydrique dans les zones côtières méditerranéennes. PAP/8/PP/GL.1. Centre d'activités régionales pour le Programme d'actions prioritaires (PAM/PNUE), en collaboration avec la FAO, 115 p.

PAP/CAR, 2000. Directives pour la gestion de programmes de contrôle d'érosion et de désertification, plus particulièrement destinées aux zones côtière méditerranéennes 115 p.

Rapport de projet GCP/TUN/028/ITA. programme de la conservation des eaux et des sols dans les gouvernorats de Kairouan, Siliana et Zaghouan. – GCP/TUN/02.

Razzeg Dit Guiras, W. 2000. Cartographie de la sensibilité à l'érosion ravinante par unité litologique dans les sous-bassins versants des Oueds Ettiour et Hjar » Mémoire de DEA de Géologie. Faculté des sciences de Tunis ; 75 p.

Toumia, L. Khelifa, A. 2000. Méthodologie de planification participative des aménagements C.E.S., cas d'étude bassin versant de l'oued Sbaihia. 67 p.

26 黄河三角洲植被群落和土壤酶活性对湿地退化的响应

张建锋[1]　邢尚军[2]

摘要

由于油田开发，人类活动增多，以及环境变化，黄河三角洲湿地发生局部退化。主要的环境问题是分布不均，水分补给差，土壤盐碱化，植被稀少，逆向演替。为了探讨湿地退化的机制，在黄河三角洲地区进行了植被调查和土壤性状分析。结果表明，植被的演变与湿地退化几乎是同时发生的，土壤盐碱化，加快了植物群落的退化演替，植物的退化又反作用于土壤，使土壤的理化特性向着不利于植物生长的方向转化，二者相辅相成，紧密联系。通过对不同演替群落阶段的土壤理化性质的分析表明，伴随着植被的退化演替，土壤的理化性质发生相应的改变，土壤盐碱程度逐渐加重，土壤环境恶化不利于原生植被群落的生存。

关键词

黄河三角洲，湿地，退化，植被特征

黄河三角洲为黄河尾闾不断摆动形成，母质为黄河冲积物，底部属海相沉积物。是我国三大河口三角洲之一，位于东经118° 07′ ~ 119° 10′， 北纬37° 20′ ~38° 10′，总面积约8100km^2。它以垦利县宁海为轴点，北起套尔河口，南至淄脉河口，向东撒开的扇状地形，海拔高程低于15m。现代黄河三角洲是1855年以来，黄河冲积作用形成的冲积扇，是黄河挟带的大量泥沙填充渤海凹陷陆地的海相沉积平原。该地区属温带季风型大陆性气候，一年四季分明，光照充足，雨热同期，年平均降水量为551.6mm。土地广袤，人少地多，土地类型多样，地貌有河滩高地，坡地，大型洼地等[1]。立地条件复杂，湿地、沼泽分布广泛。黄河三角洲还是目前世界上造陆最快的河口三角洲，每年约有20～23 km^{2}的新淤地形成。海河相会处形成大面积浅海滩涂和湿地，成为东北亚内陆和环西太平洋鸟类迁徙的重要“中转站”和越冬、繁殖地[2]。湿地具有生物多样性丰富和高生产力的特征，可向人类提供多种食品、医药、能源及工业原料，并具有蓄水、补充地下水、调节区域气候、吸附过滤污染物和缓冲灾害的作用。

但是，由于油田开发，人类活动增多，以及环境变化，黄河三角洲湿地发生局部退化。为了探讨湿地退化的机制，在黄河三角洲地区进行了植被调查和土壤性状分析。

1. 试验地概况及研究方法

1.1 试验地概况

试验地位于山东省东营市，地处黄河三角洲的东北部，属于暖温带大陆性气候，全年平均气温12.3℃，极端最高气温达41.9℃，极端最低气温－23.3℃，大于0℃以上的积温4783.5℃，大于10℃以上的积温4183℃，太阳辐射年总量5146～5411J/m^2，年日照时数

[1]中国林业科学研究院亚热带林研究所，富阳，311400

[2]山东省林业科学研究院，济南，250014

2571～2865h，平均2682h，是我国日照较丰沛的地区之一，平均无霜期210d，年降水量574.4mm，其中约63.9%的降水集中于夏季，年蒸发量1962.1mm[3]，是降水量的3.6倍，春季是强烈的蒸发期，蒸发量占全年的51.7%。试区为冲击性黄土母质在海侵母质上沉积而成，机械组成以粉沙为主，沙粘相间，层次变化复杂。由于土壤发育时间相对较短，尚未形成良好的结构。土壤pH值6.79～8.87，平均7.94，地下水位约1.5m，水质矿化度较高。

1.2 研究方法

1.2.1 样地设置

研究黄河三角洲湿地退化过程，用空间上不同湿地的退化程度来研究湿地在时间上的退化序列。依据盐生植被的不同类型，考虑到影响土壤含盐量变化的主要因素，如距海远近、高程大小、微地貌变化等，在研究区内选择了两个典型植被变化样区：一是在与海岸线垂直方向上，选取具有典型剖面结构的不同演替阶段的湿地研究样带，根据离海远近的不同，主要为光板地、碱蓬群落、柽柳群落、白茅群落。二是选择黄河生态适应幅度较广的芦苇群落。依据群落的稳定状态、生活环境、所处的位置，划分为3种类型：①生长良好，群落稳定性较高；②生长中等，群落存在潜在的不稳定因素；③生长较差，群落处于退化状态。

按照植被样方调查的方法[3]，在典型地带设置样地，草本采用1m×1m的样方，8次重复；灌木采用10m×10m的样方，5次重复。调查植被盖度、种类等，其中植被盖度采取目估法，沿样地观测面，挖取土壤剖面，取土样，测定土壤的有机质、全氮、碱解氮、速效磷、速效钾、土壤含盐量。

物种丰富度指数，Patrick 指数D=S，D表示物种丰富度指数；S表示所研究面积内的种数，重要值=（相对高度+相对盖度+相对频度）/3

相对高度的计算方法为：相对高度=野外实测的某种群的平均高度/样方内所有种群平均高度之和。相对盖度与相对频度的计算方法与此类似。

$H_i = -\sum P_i \ln P_i$

H_i为物种多样性指数，P_i在研究中用重要值代替。

1.2.2 土壤样品的采集及预处理

采用多点采样法，每块标准地均匀布设3个采样点，在每个采样点挖土壤剖面分0～20cm 和20～40cm取样。用密封塑料袋包装后带回试验室，将带回的土样风干，用研钵研细并过1 mm筛，用密封袋保存，备测定分析用。文中数据均为多点多次取样分析结果的平均值。

1.2.3 土壤理化性质的测定方法

土壤的容重、非毛管孔隙度、毛管孔隙度、总孔隙度等物理性质的测定采用环刀法[4]。并按下列公式计算：

（1）土壤容重（g/ cm³）=环刀内干土重/环刀体积

（2）土壤毛管孔隙度采用下式计算：

$P_c = (b-a-x)/v \times 100\%$

式中：P_c为毛管孔隙度（%），b为吸水2～3小时后带土环刀重（g），a为环刀重（g），x为环刀内干土重（g），v为环刀容积（cm³）。

（3）土壤总孔隙度的测定按下式计算：

$P_t = (c-a-x)/v \times 100\%$

式中：P_t为土壤总孔隙度（%），c为浸水6小时后带土环刀重（g），a为环刀重（g），x为环刀内干土重（g），v为环刀容积（cm³）。

（4）土壤非毛管孔隙度采用下列公式计算：

$P_n = P_t - P_c$

式中：p_n为土壤非毛管孔隙度（%）

1.2.4 土壤养分的测定方法

有机质：采用重铬酸钾容量法，全氮：凯氏蒸馏法，碱解氮：碱解扩散法，速效钾：醋酸铵火焰光度法，速效磷：Olsen法[4]。

1.2.5 土壤酶活性的测定方法

脲酶活性采用比色法，过氧化氢酶活性采用高锰酸钾滴定法，过氧化物酶活性采用邻苯三酚比色法[5]。

2. 结果与分析

2.1 不同演替阶段湿地的植被特征

在样地上进行植被调查，结果见表26-1和表26-2。

表26-1 不同演替阶段湿地的基本特征

	建群种	伴生种	距海距离（km）
光板地	/	仅有零星的碱蓬	6
碱蓬群落	碱蓬	柽柳、芦苇	8
柽柳群落	柽柳	碱蓬、芦苇、补血草、鹅绒藤	11.5
白茅群落	白茅	苦菜、芦苇、茜草、刺儿菜，罗布麻，猪毛菜	16

表26-2 不同演替阶段湿地的植被群落特征

	种名	相对高度	相对盖度	相对频度	重要值
碱蓬群落	碱蓬	34.4	95.4	66.6	65.47
	柽柳	23.0	4.29	16.7	14.47
	芦苇	42.6	0.4	16.7	19.90
柽柳群落	柽柳	28.7	51.4	0.286	36.23
	碱蓬	19.9	42.8	28.6	30.43
	芦苇	21.7	4.4	25	17.03
	鹅绒藤	25.5	1.2	14.3	13.67
	补血草	4.2	0.2	3.5	2.63
白茅群落	白茅	10.9	80.3	16.3	35.8
	苦菜	10.7	7.25	14.0	10.7
	芦苇	11.0	4.02	16.3	10.4
	小芦苇	11.7	4.4	11.6	9.2
	茜草	9.4	2.87	9.3	7.2
	白蒿	7.0	1.15	9.3	5.8
	罗布麻	9.6	0.96	4.7	5.1
	野生大豆	5.1	5.7	2.3	4.4
	狗尾草	9.0	0.95	2.3	4.1
	鹅绒藤	5.9	0.76	4.7	3.8
	獐毛	3.4	0.76	7.0	3.7
	灰菜	5.9	0.38	2.3	2.9

从前面的调查结果，可以看出黄河三角洲植被具有以下特点：

①植被种类稀少，区系组成贫乏，主要以藜科、菊科、禾本科、柽柳科的种类占优势，其中耐盐的草本植物居显著地位[6]。

②植被类型单调，多为单一的盐生植被。主要有碱蓬群落，柽柳群落，白茅群落，芦苇群落[7,8,9]。

③群落结构简单，群落一般没有明显的分层现象，1平方米的样方内仅有1～2个优势种。

2.2 不同演替阶段湿地的生活型结构

白茅群落阶段，群落主要由多年生的草本组成，建群种的重要值为35.8，多年生草本、一年生草本的重要值，半灌木的重要值，依次降低；在柽柳群落阶段，建群种的重要值为36.23，多年生草本芦苇的重要值为17.03，同时一年生草本补血草出现，它通常零散的分布在柽柳灌丛内；碱蓬群落阶段，建群种的重要值65.47，群落中灌木、多年生的草本各一种，重要值比值为4.53∶1.37∶1。光板地含盐量最高，基本无植被，只有零星的一年生的碱蓬。由此可看出，随着湿地退化程度的增加，建群种的重要值逐渐增加，群落生活型结构趋向简单。

2.3 不同演替阶段的物种组成和植物物种多样性

不同演替阶段湿地群落调查的样方内共出现高等植物16种，分属于9科14属[8, 9]，除禾本科、藜科、菊科、碟形花科外均为单科、单属，如柽柳科、夹竹桃科、萝摩科。反映了盐碱地植被类型单调、多为单一的盐生植被的区系特征。

植物的多样性与群落的稳定性密切相关，由表中可看出，物种丰富度与群落的多样性表现出一致，白茅群落、柽柳群落、碱蓬群落、光板地，物种丰富度逐渐降低，群落的多样性亦逐渐降低，从光板地→白茅群落，物种多样性基本上呈现出单峰变化特征。

2.4 湿地退化过程中植被更替序列

2.4.1 白茅阶段

以白茅为建群种，伴生种主要为苦菜、芦苇、茜草、刺儿菜、罗布麻。生境土壤脱盐程度较高，常形成单一群落，植被盖度达80%以上，此时群落中有12个植物种。如果此阶段有人为的干扰，如过度放牧、粗放开垦等，会破坏地表植被，增加地表面的蒸发，加快土壤盐分向地表聚积的速度，使地表土壤的含盐量逐渐增加，使生活在这一带耐盐性较低的植物逐渐死亡。如此反复，形成恶性循环，从而使植被的演替过程发生逆转，加重盐渍化，生成盐地柽柳或碱蓬草甸。

2.4.2 柽柳阶段

建群种为柽柳，伴生种主要为碱蓬、芦苇。土壤多为滨海盐碱土，植被盖度40%左右，此时群落中有5个植物种[10]。如果遇到海水入侵或地下水位升高，生态条件将迅速恶化，从而使柽柳林种群的数量及分布减少，随机性灭绝机率加大，群落结构更趋于简单，在积水的洼地，群落向比较耐盐的芦草演替，季节性积水的湿地，群落向以碱蓬为主的湿生草甸或光板地演替，发育的土壤为滨海草甸盐土及滨海沼泽盐土。

2.4.3 碱蓬阶段

建群种为碱蓬，伴生种主要为柽柳和芦苇。植物种类组成比较单调，近2～3种，土壤为滨海草甸盐土，此阶段的湿地极不稳定，经常受大潮内侵，极易形成光板地。

2.4.4 光板地

光板地距海较近，常受海水侵袭、顶托，土壤盐分含量极高，草甸化过程微弱，只有零星的碱蓬，土壤为潮间盐土。

2.5 不同演替阶段湿地土壤特征

2.5.1 不同演替阶段湿地的养分特征

在不同地点采集土壤样品后，对一些指标进行测定分析，结果见表26-3。

表26-3 不同演替阶段湿地的土壤养分

	土层(cm)	有机质(g/Kg)	全氮(g/Kg)	速效氮(mg/Kg)	速效磷(mg/Kg)	速效钾(mg/Kg)
光板地	0～20	2.4	0.21	10.83	8.29	65.98
	20～40	2.14	0.15	8.29	8.08	53.27
	平均	2.27	0.18	9.56	8.18	59.62
碱蓬群落	0～20	4.48	0.25	11.86	9.15	82.17
	20～40	3.29	0.17	12.94	9.58	132.68
	平均	3.89	0.21	12.4	9.36	107.43
柽柳群落	0～20	5.93	0.334	15.09	9.37	124.38
	20～40	3.73	0.271	12.94	10.01	74.56
	平均	4.83	0.30	14.02	9.69	99.47
白茅群落	0～20	15.9	0.747	41.63	10.66	138.13
	20～40	7.96	0.267	20.48	9.67	52.64
	平均	11.93	0.507	31.05	10.16	95.38

由表26-3可以看出，在湿地演替过程中，光板地、碱蓬群落、柽柳群落有机质含量与白茅群落相比，降低了81.0%、67.4%、59.5%，全氮含量降低了61.1%，59.6%，41.2%。多重比较的结果，有机质含量白茅群落与柽柳群落、碱蓬群落、光板地的差异都达到极显著水平（$p<0.01$），光板地与柽柳群落、碱蓬群落间的差异极显著（$p<0.01$），柽柳群落、碱蓬群落之间的有机质含量差异不显著。全氮含量光板地与碱蓬群落之间的差异不显著，光板地、碱蓬群落与柽柳群落之间的差异达显著水平（$p<0.05$），它们与白茅群落之间的水平都达到极显著水平（$p<0.01$）。光板地、碱蓬群落、柽柳群落与白茅群落相比较，碱解氮含量分别降低了69.2%、60.1%和53.5%，速效P含量分别降低了19.5%、7.9%和4.7%。碱解氮含量光板地、碱蓬群落、柽柳群落与白茅群落之间都达到极显著水平（$p<0.01$），光板地、碱蓬群落、柽柳群落之间的碱解氮含量也达到显著水平（$p<0.05$），速效P含量白茅群落→光板地之间虽未达到显著水平，但随着植被群落的演替，速效P含量也是逐渐降低的，速效K含量随着群落的演替未表现出规律性，可能是土壤母质造成的影响。

随着湿地群落的演替，从白茅群落到光板地，土壤主要养分有机质、全氮、速效氮均有明显下降趋势。其中，光板地与碱蓬群落、柽柳群落、白茅群落主要养分指标之间的差异都达到极显著水平，说明了湿地从白茅群落到光板地的演替是一种逆向演替，随着演替程度的递减，土壤养分水平逐渐降低。

2.5.2 不同演替阶段湿地的土壤物理性质

土壤物理性质测定结果见表26-4。

从表26-4中可以看出，光板地→白茅群落，土壤容重逐渐降低，总空隙度及毛管空隙度逐渐增大，表明了随着盐碱程度的增加，土壤物理性状逐渐恶化，土壤性质变劣。土壤物理性质的变劣，容重变大，空隙度变小，土壤越来越紧实，不利于土壤脱盐。

2.5.3 不同演替阶段湿地的土壤酶活性

土壤酶活性的测定结果见表26-5。

从表26-5可以看出，在垂直方向上，脲酶、过氧化氢酶都表现出上层高于下层的规律。而过氧化物酶与之相反，上层低于下层，这与林地的土壤过氧化物酶活性表现不一致，酶活性的变化可能与土壤的结构有关，从而也说明土壤酶活性在不同的土壤中有不同的变化规律。

演替不同阶段的土壤酶活性从白茅群落→光板地，脲酶、过氧化氢酶活性逐渐降低，过氧化物酶未表现出规律性，光板地过氧化物酶活性最高，而白茅群落的过氧化物酶活性最

表26-4 不同演替阶段湿地的土壤物理性质

样地类型	土层(cm)	容重(g/cm^3)	总空隙度(%)	毛管空隙度(%)	非毛空隙度(%)
光板地	0～20	1.83	32.7	31.4	1.3
	20～40	1.7	43.2	41.5	1.7
	平均	1.765	38.0	36.45	1.5
碱蓬群落	0～20	1.67	40.3	38.4	1.90
	20～40	1.54	42.1	40.3	1.8
	平均	1.605	41.2	39.3	1.85
柽柳群落	0～20	1.55	43.3	40.5	2.8
	20～40	1.65	41.5	39.8	1.7
	平均	1.6	42.4	40.1	2.2
白茅群落	0～20	1.5	44.9	41.7	3.2
	20～40	1.54	42.0	40.2	1.8
	平均	1.52	43.45	40.95	2.5

表26-5 不同演替阶段湿地的土壤酶活性

样地类型	土层/cm	脲酶NH3-N/mg.g-1	过氧化氢酶0.1mol/lKMnO4/ml.g-1	过氧化物酶紫色没食素/mg.g-1
光板地	0～20	0.023	0.63	1.11
	20～40	0.013	0.55	1.23
	平均	0.018	0.59	1.17
碱蓬群落	0～20	0.079	0.85	0.917
	20～40	0.049	0.60	0.997
	平均	0.064	0.725	0.897
柽柳群落	0～20	0.098	0.87	0.977
	20～40	0.057	0.60	0.997
	平均	0.0775	0.735	0.987
白茅群落	0～20	0.349	1.00	0.707
	20～40	0.213	0.75	0.759
	平均	0.281	0.875	0.733

低，这可能与土壤枯落物及湿地的季节性积水有关。

3. 结论与讨论

植被的演变与湿地退化几乎是同时发生的，土壤盐碱化，加快了植物群落的退化演替，植物的退化又反作用于土壤，使土壤的理化特性向着不利于植物生长的方向转化，二者相辅相成，紧密联系[11]。通过对不同演替群落阶段的土壤理化性质的分析表明，伴随着植被的退化演替，土壤的理化性质发生相应的改变，土壤盐碱程度逐渐加重，土壤环境恶化不利于白茅群落的生存。

在白茅群落阶段，土壤为轻度碱化土，表层含盐量一般低于0.3%，在这种情况下白茅能良好的生长发育，土壤的结构较好，土壤容重小，空隙度大，土壤较肥沃有机质含量高，有利于植物的生长，在植被未遭到破坏时，土壤环境维持在这一阶段或进一步得到改善。

当盐碱化加重时，逐渐不适于白茅生长，一些盐碱植物开始出现，形成了盐碱植物群落阶段。在这一阶段土壤的盐碱化加重，表层含盐量增加到0.8%以上，土壤结构变得紧实，土壤容重增大，空隙度变小。

植被退化到碱蓬群落时，土壤盐碱程度进一步加重，已演变成重度盐碱土，土壤的含盐量明显增加，盐渍化程度加重，土壤质地紧密，通透性变差，土壤肥力下降。

湿地进一步退化，植被消失，变成只有零星碱篷的光板地，土壤环境极为恶劣，盐分含量极高，土壤板结并贫瘠化，有机质含量仅为2.4g/kg，在这种环境下，植物很难生长。

土壤水盐运动是盐渍土演变过程的核心，是影响湿地植被的重要因素，在一定条件下，土壤的水盐运动是植物群落演替的动力[12]。土壤盐分积累主要受土壤透性及地下水位的制约，土壤的透性与土壤的质地结构状况有关。白茅群落的土壤有较好的结构，空隙度状况良好，土壤水的入渗率和数量大，盐随水走，必然会使盐分向下淋洗和迁移，从而导致土壤的盐渍化减弱，盐碱植物群落发育良好。

光板地→碱蓬→柽柳→白茅演替是一个土壤脱盐的过程，同时是一个顺向演替的过程，如果土壤脱盐的过程形成的比较顺利，发育为白茅或獐毛群落；如果适逢有淡水出现积累，就会有芦苇群落出现。芦苇群落发生逆向演替形成柽柳—碱蓬群落。

在土壤的演变过程中，土壤有机质对土壤的理化性质起着重要的影响，它可以改变土壤的结构，具有脱盐和抑盐的作用。在群落的退化演替过程中，随着土壤有机质含量的下降，土壤的盐碱化均呈上升趋势，土壤的结构，随着有机质的减少，变得越来越紧实，容重变大，孔隙度变小。可见增加土壤有机质含量是改良盐碱土的有效途径。

在自然状态下，群落多样性变化不仅取决于群落的结构和功能，它还反映了土壤演化过程中理化特性的变化动态。随着植被的退化，土壤有机质含量下降，土壤变得越来越贫瘠，从而导致了物种多样性的下降。黄河三角洲湿地退化与该地区脆弱的生态环境以及不同时期人类对自然过程的认识差异和水资源的大强度开发有着密切的关系[13]。植被的长势(盖度和种类)和土壤性状的变化，是土地退化的直观指示。

参考文献

1. 许学工. 黄河三角洲生态系统的评估和预警研究[J]. 生态学报, 1996，16（5）：461～468

2. 江泽慧. 林业生态工程建设与黄河三角洲可持续发展[J]. 林业科学研究, 1999，12（5）：447～451

3. Zhang Jianfeng. Causes of wetland degradation and ecological restoration in Yellow River delta region. Forestry Study in China, 2005，7(2):15－18

4. 中国土壤学会农业化学专业委员会. 土壤农业化学常规分析方法[M]. 1983 北京：科学出版社

5. Tabatabai, M. A. Soil enzymes. In Weaves RW, Angel GS and Bottomley PS (eds.): Methods of soil analysis. Part 2, Microbiological and biochemical properties. SSSA Book series no5. 1994. Madison：Soil Sci Soc Am

6. 张建锋，邢尚军，郗金标，宋玉民. 黄河三角洲可持续发展面临的环境问题与林业发展对策[J]. 东北林业大学学报, 2002，30（6）：115～119

7. 赵延茂等. 黄河三角洲自然保护区科学考察集[M]. 1995. 北京：中国林业出版社

8. 陈汉斌，郑亦津，李法曾.山东植物志（上卷）[M]. 1992. 青岛：青岛出版社

9. 陈汉斌，郑亦津，李法曾. 山东植物志（下卷）. 1997. 青岛：青岛出版社

10. 毛汉英，赵千钧，高群. 生态环境约束下的资源开发的思路与模式[J].自然资源学报, 2003,18(4): 459～466

11. 韩言柱，田凌云，许学工. 黄河三角洲湿地生态系统及其保护的初步研究[J]. 环境科学与技术, 2000(2):10～13

12. 宋玉民, 张建锋, 邢尚军, 郗金标. 黄河三角洲重盐碱地植被特征与植被恢复技术[J]. 东北林业大学学报, 2003，（6）: 87～90

13. 邢尚军，张建锋，宋玉民，等. 黄河三角洲湿地生态功能及生态修复技术[J]. 山东林业科技，2005，(2): 24～27

27 基于CA模型的土地荒漠化动态模拟与预测

丁火平[1] 陈建平[1] 高 晖[2]

摘要

土地荒漠化是当今全球最严重的环境与社会经济问题之一，土地荒漠化以其发展速度和严重的灾害性而引起国际学术界的广泛关注。开展土地荒漠化变化的驱动因素及其作用机制研究，尤其是在此基础上对土地荒漠化与其驱动因素之间的关系进行量化及土地荒漠化动态演化模拟与预测研究，对土地荒漠化的防治和治理具有十分重要的意义。本文尝试利用遥感和GIS技术，结合元胞自动机（CA）模型，架构出一套土地荒漠化动态演化模型，并基于ARCGIS平台，运用AML语言编程实现了该模型。进而利用该模型对河北坝上及邻区荒漠化的发展趋势在时间和空间分布上进行模拟与预测。结果表明：基于该模型对河北坝上及邻区土地荒漠化时空演化进行的模拟与实际情况基本吻合，同时基于该模型的土地荒漠化时空演化预测符合当前的发展态势。该套方法能较好地实现任意有效离散时间段与空间分布动态可视化表达的结合。是土地荒漠化从宏观和微观角度进行时空演化模拟与预测较为有效的方法。

关键词

荒漠化；GIS；RS；元胞自动机；驱动因素；动态演化模型

1.引言

荒漠化是当今全球面临的最严重的生态环境问题之一，备受国际社会的关注[1](保家有等，2008)。我国是世界上荒漠面积大、分布广、危害严重的国家之一。现有荒漠化土地332.7×10⁴ km²，占国土面积的34%。每年因荒漠化危害造成的直接经济损失高达540亿元，而间接经济损失是直接经济损失的2～8倍。近20年来荒漠化土地平均每年以2460km²的速度扩展。荒漠化的不断发展，已经严重地影响了我国北方地区生态环境建设和社会经济的可持续发展[2](周兰萍等，2008)。

地学技术和计算机机技术的发展推动了土地荒漠化研究进展，各国地学专家学者针对不同研究区，从静态和动态角度研究土地荒漠化。从静态角度，利用遥感（RS）与GIS、专家系统等相结合应用于荒漠化指征与指标体系、荒漠化土壤识别等的研究。例如，国际土壤咨询和信息中心与UNEP在进行全球土壤退化评价时，将土地退化分为风蚀、水蚀 、物理退化和化学退化4种类型，并将退化程度分为轻度、中度、重度和极重度4级。从动态角度，土地荒漠化研究主要集中在监测和预报方面。其中，基于GIS、RS等的土地荒漠化监测研究相对较多，例如，兰州沙漠所在“八五”期间就进行了“农牧交错带沙漠化灾害监测评价”方面的研究，取得了阶段性成果。国家林业局于2003年11月至今年组织了多次全国荒漠化和沙化监测，取得很好的成果[3~4]（霍艾迪等，2007；史晓霞等，2007）。但基于荒漠化时空分布发展趋势的可视化动态演变与预测研

[1]中国地质大学（北京）国土资源信息开发研究重点实验室，北京 100083

[2] 北京交通大学，北京 100044

究还比较缺乏，有待深入。元胞自动机(Cellular Automation)对复杂的非线性动力学过程具有较强模拟能力，并易于与GIS、RS等空间信息技术相结合，被广泛应用于地学领域的城市扩展、土地利用变化以及林火模拟、滑坡等各类现象的时空演变模拟，并取得了许多有意义的研究成果[4]（史晓霞等，2007）。研究表明CA模型可以有效地反映土地利用微观格局时空分布演化的复杂性特征[5]（李月臣，2008）。鉴于此，本文提出了一种基于遥感和GIS技术，结合CA模型理论进行荒漠化动态演化模拟与预测的方法，并以河北坝上及邻区为例，对荒漠化的发展趋势进行时间和空间分布上的模拟与预测。目的在于了解影响荒漠化演化的相关规律，掌握土地荒漠化的现状和未来发展趋势，为荒漠的化防治决策提供科学依据和技术支持。

2. 用GIS和CA模型模拟荒漠化演化

2.1 GIS和CA模型模拟复杂系统过程的原理

CA模型是定义在一个由具有离散、有限状态的元胞组成的元胞空间上并按照一定局部规则，在离散的时间维上演化的动力学系统[6]（周成虎等，1999）。它由元胞(cells)，状态(states)，邻居(neighbors)和规则(rules)四部分组成，用集合的语言可以将CA模型简单地描述如下：

$$S_{t+1}=f(S_t,\ N)$$

式中：S——有限集合；代表细胞状态；N——代表细胞邻域；t——时间；f——局部转换规则。

从数学模型的角度看，CA模型是基于元胞（cell-based）的动态模拟系统，所以它能够与基于栅格的GIS系统很好地集成，这样，一方面增强了当前GIS软件所缺乏的动态建模能力，提高了GIS的操作性能，并为处理时态维提供了一个很好的方法，另一方面，GIS强大的空间数据处理能了也可为CA模型准备数据和定义有效的转换规则，还可以对结果进行直观的显示。因此，CA与GIS的集成，可以克服各自的缺点，形成一个全新的优势互补的动态系统，用来对复杂时空现象、行为和过程进行动态建模分析。荒漠化变化其实是土地景观变化的一种，也是一种行为很复杂的地学现象，运用CA和GIS的集成研究方法来研究它，不仅能顾及荒漠化的空间维，还能顾及其时间维，这为荒漠化动态模拟模型的研究提供了一个很好的方向。图27-1是元胞自动机在地学系统应用中的概念模型。

2.2 针对荒漠化动态模拟的CA模型构建方法

荒漠化是一个相当复杂的的过程。要模拟荒漠化时空演化，必须先探讨影响荒漠化变化的驱动因素和荒漠化演化的综合机理。我们采用的研究思路是：在荒漠化现状野外调研和不同时

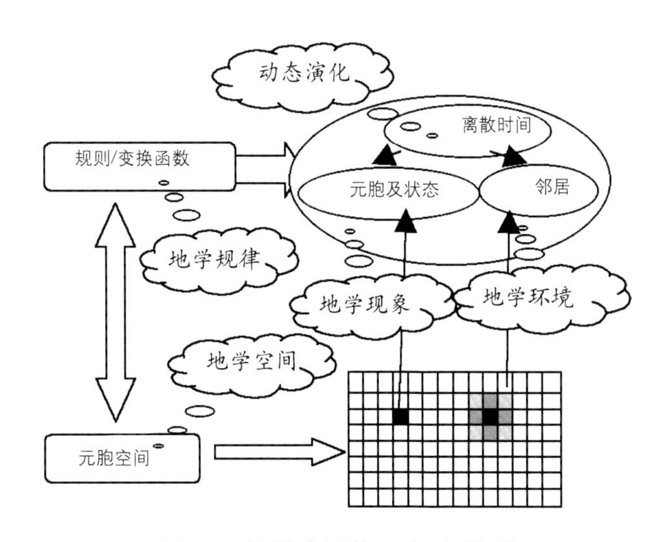

图27-1 地学应用的CA概念模型

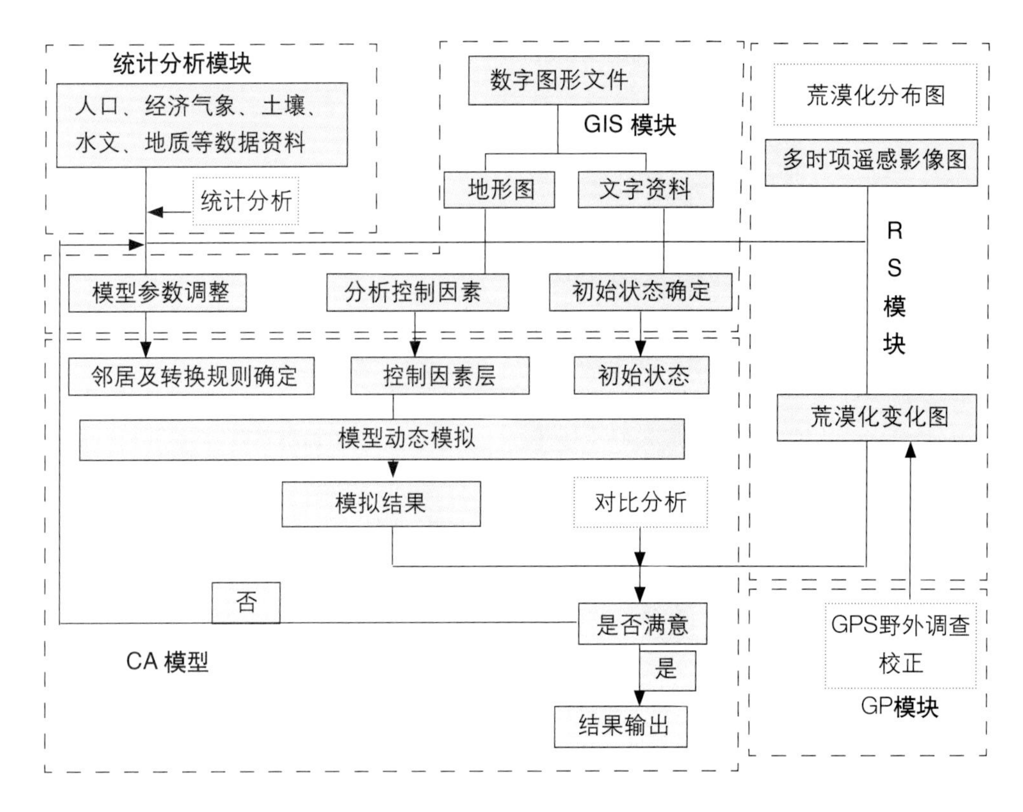

图27-2 基于"3S"技术和CA模型的荒漠化动态模拟与预测方法框架图

相遥感图像荒漠化信息提取和演变分析的基础上，结合研究区已有的多元信息基础资料（包括地质、地理、多时期的水文气象、经济、人文以及DEM数据等）及前人研究成果[7~10]，运用GIS强大的空间分析功能和概率统计、主成分分析、层次分析等数学方法综合研究了荒漠化与各驱动因子之间的相关关系，揭示了研究区荒漠化的主要驱动因素和荒漠化动态演化规律。在此基础上，以地球系统科学理论为指导，结合"3S"技术和元胞自动机模型，在ARCGIS地理信息系统软件平台上，运用AML语言编程实现相应的荒漠化动态演化与预测模型。整个模拟系统的方法框架如图27-2所示。由于篇幅原因，本文重点探讨荒漠化动态模拟模型的构建。

3. 模型结构

模型的设计是以栅格数据为基础。整个模型由二大部分组成：荒漠化初始状态层和荒漠化演化综合控制因素层。它们通过统一空间分辨率的栅格结构相互联系在一起。荒漠化初始状态层是模型演化的初始"种子点"，由遥感图像解译和野外实地调查的数据栅格化获得。控制因素层作为元胞模型的外部环境，影响和控制着荒漠化的演化行为。

3.1 元胞状态定义

传统的元胞自动机模型的元胞状态，一般定义为一定分辨率，如30m × 30m，或50m × 50m等分辨率的正方形像元，考虑到研究区的范围相对比较大以及模型运行的速度问题，本次将100m × 100m的元胞作为一个基本单元。元胞状态为荒漠化初始状态层中包含的3类状态：非荒漠化土地、荒漠化土地，限制荒漠化土地（如水域、森林等）。

3.2 邻居构形和转换规则的确定

在前人关于荒漠化演化规律研究的基础上[7~12]（蒋志荣等，2008；王功文等，2004），结合研究区搜集资料的统计分析，在本模型中，我们主要考虑了荒漠化演化的两种增长模式，一种是受风、河流等周围环境的作用，其邻域元胞内已有荒漠化元胞的繁殖；另一种来自于环境恶化的非荒漠化元胞的突变。根据以上分析结果，将控制因素层细分为3个：①气候、植被、人文等综合控制层②地形地貌控制层③风速风向控制层。其中，气候、植被、人文等综合控制层的值（C）通过下面的公式空间叠加分析得出。

$$C_{ij}^{t} = \sum W_k * P_{ijk}^{t} \quad (1)$$

其中Wk是每个指标参数因子（P_k）的权重（表44-1），通过优化的层次分析法（AHP）计算获取；C_{ij}^{t}是在位置（i,j）处t时刻荒漠化转换指数评价结果；随后采用下面的负幂函数将结果映射为[0 1]范围内的荒漠化转换概率P。

$$P = \alpha \exp\{-\lambda C\} \quad (2)$$

其中α表示标准化常数，λ是一种调节系数。

总的来说，模型的转换规则主要考虑以下几个指标：

（1）邻域荒漠化函数：描述当前的元胞受周围邻域元胞影响程度的指标，可以用邻域内荒漠化元胞的比例因子来描叙，其公式如下：

$$P_{(x,y)} = \frac{1}{N} \sum_{i=1}^{\Omega} X_{(i,j)}$$

其中$P_{(x,y)}$表示邻居构形内荒漠化元胞所占百分比，N表示邻居构形内元胞个数，$X_{(i,j)}$表示荒漠化土地元胞，Ω表示邻域空间。

（2）元胞转换指数：描述当前元胞的转换费用值。是公式（1）进行数字权重叠加后的结果。为了计算的便利性和可操作性，我们利用ARCGIS软件中的MODELBUILDER和SPATIAL ANALYSIS模块建立了元胞转换指数计算模型

表27-1 研究区土地荒漠化驱动因子选取与权重

变量类型（一层）	权系数（%）	变量类型（二层）	权系数（%）
植被覆盖	19.40	>50%（森林、林地、含水草原）	5.7
		50%～31%（林地、草地）	14
		30%～10%（草地、山地、丘陵）	23
		<10%(沙化草地、山地、丘陵)	57
土壤质地	13.21	裸岩区（岩性特征、组合）	6.5
		沙壤土（透水性缓慢）	13.5
		砾砂土（透水性慢）	20
		砂土（透水性较快）Q3-4	27
		粉砂土（透水性快）Q4 / N2	33
气候因子	26.26	3～5月降水均值	39.02
		3～5月蒸发量均值	14.61
		3～5月平均气温(℃)	1.03
		3～5月平均风速(0.1m/s)	39.23
		3～5月平均相对湿度(%)	6.11
地形因子	16.41	坡度因子	20
		坡向因子	20
		地貌类型（高原、山地、平原）	30
		海拔高度	30
水文因子	14.52	地表水分布密度	40
		地表水类型（咸、碱/淡）	30
		水体级别（4级）	30
人为因子	10.16	羊头数	62.2
		人口出生率	20.7

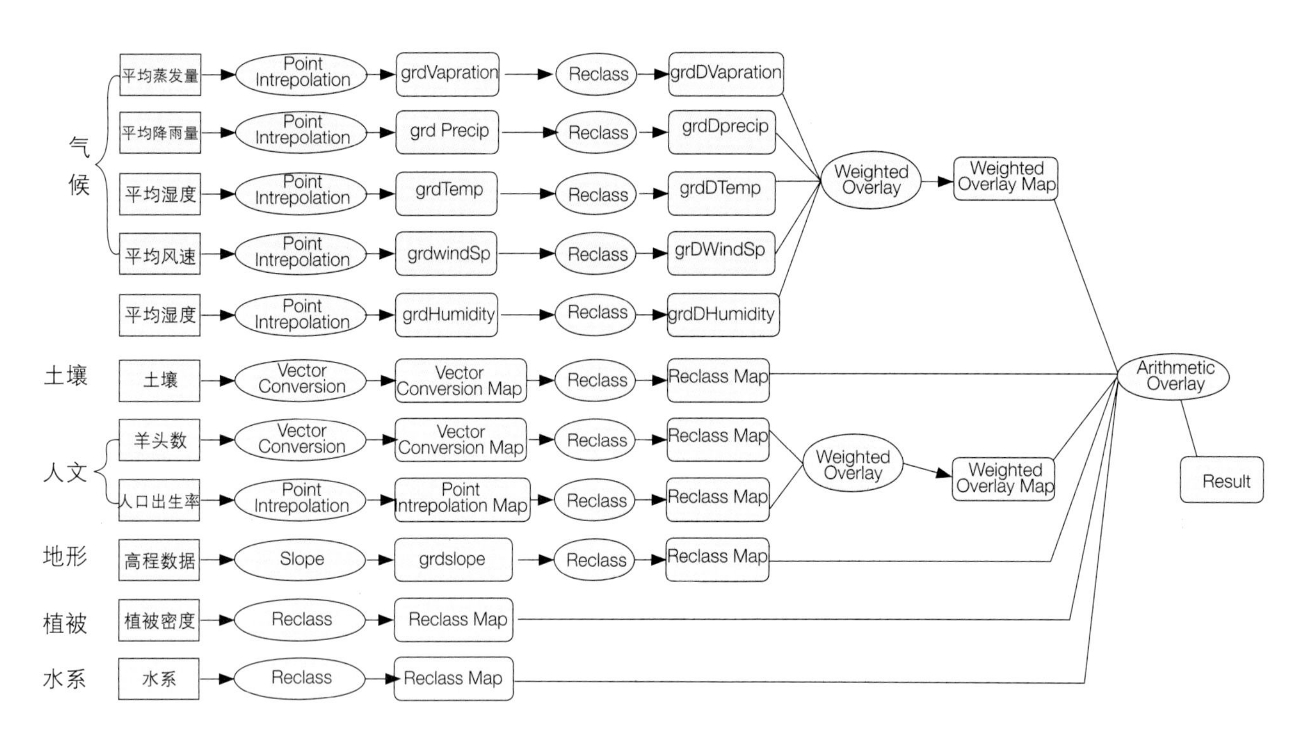

图27-3 荒漠化元胞转换指数计算模型

（图27-3）。

（3）风向风速指数：由于荒漠化的演化与风相关性很强，风向风速在一定程度上反映了荒漠化演化的方向和速度。

（4）地形地貌指数：主要指研究区地势坡度值，利用GIS的空间分析功能从研究区DEM数据计算获取。

一个邻域构形里荒漠化土地元胞通用的行为规则可以利用下面的集合符号表示：

$V_1^t = \{N_1, P_1, T_1, L_1, S_1, D_1\}$

式中：

V_1^t—从t到t+1时刻，中心位置元胞的行为，是维持现状，还是产生荒漠化

N_1—该位置的邻居构形，根据它来确定元胞的行为；

P_1—邻域荒漠化函数，即当前元胞受周围邻域元胞影响程度的指标；

T_1—元胞转换指数，即当前元胞的转换费用值；

L_1—地形地貌控制；

S_1—考虑到区域内3、4、5、11、12月期间少雨、干旱、风大，是荒漠化活动的强烈季节，这里的S_1主要取这5个月的平均风速大小；

D_1—区域内3、4、5、11、12月最多风向；

这个公式表示：每一土地元胞在下一时刻的状态，取决于自身的变化条件和周围的邻域状态。考虑到荒漠化是一个很复杂的地学过程，也是一个随机过程，为了更加真实地模拟荒漠化演化情况，模型中许多规则采用了基于概率的随机过程，为此在模型中采用了蒙特卡罗方法。即利用计算机自动生成合乎要求的随机数，并通过判断该随机数是否落在某一概率事件所对应的映射值区间上来判断该概率事件是否发生。在本模型中，首先判断其邻域荒漠化函数和地形地貌是否满足土地荒漠化转化的条件，如果满足，则依据风速控制因素层的值产生随机数确定是否产生荒漠化；如果不满足，则根据综合控制因素层的可能性值产生随机数确定其是否产生荒漠化。本模型也是一个不同构的元胞自动机模型，在模型中，针对每个元胞所处外界环境的不同，我们对其建立了不同的邻居构形。具体地说，每一个元胞的邻居构形取决于该元胞处的风向条件。为此，我们定义了八种风向（北风，东北风，东风，东南风，南风，西南风，西风，西北风），并且确定了每一种风向所对应的邻居构形。

4. 模型实施与结果分析

4.1 数据准备与处理

我们以河北坝上及邻区为例。研究区西起正镶白旗以西，东至围场——丰宁一带；北自太仆寺——正蓝旗，南到张北——赤城以南，总面积约3.2万km^2 。20世纪80年代至90年代，研究区东部沙漠化呈发展趋势[13]（李智佩等，2007）。采用的研究区遥感数据包括1987年和1996年5月的陆地卫星各4景TM数据以及2000年5月的中巴资源卫星一号4个轨道共16景数据。研究中使用了TM4、3、2和第7波段数据，2000年的数据选择了中巴资源卫星一号(CBERS－1)的CCD4、3、2波段(CCD相机的空间分辨率为19.50m)。在研究区荒漠化野外调查基础上，采用GPS定位的精校正，进行不同时相遥感图像镶嵌、变换、重抽样、解译，以及多元信息数据(气候、植被、水文、土地利用、地形地势、经济活动等)分类提取、克立金插值法内插，数据的重映射，数据的对数变换以及数据的极差化处理等。

4.2 系统集成与运行

在ARCMAP，ARC/INFO的GRID环境下，结合CA模型的理论实现了荒漠化动态模拟模型，该模型的集成方式属于一种松散型的集成方式，GIS和CA模型具有共同的图形用户界面，其中CA模型的运行由ARC/INFO的AML语言驱动，ARCMAP模块主要负责完成数据的处理、模型运行监视和模型结果显示等功能。

4.3 模型校验和结果分析

模型校验一方面可以确定模型的优选参数，另一方面可以将系统时间映射到真实时间上。本文采用历史数据来检验模型。即利用已有的1996、2000年的荒漠化演化作为参照和检验数据，进行参数的优选。具体过程是，在一定参数组合下在1987年的基础上运行模型，将运行结果与1996年进行比较，在1996年的基础上运行模型，将运行结果与已知的2000年进行比较，根据比较和分析结果粗略地确定模型参数的调整方案，然后再重新运行模型，再进行分析比较；经过反复运行，比较和调整，从而确定一套比较合适的模型运行参数，进而运用这套优选的参数进行未来时期荒漠化的演化模拟分析。

根据上述模型及模拟原则，以河北坝上及邻区1987年荒漠化实际情况为初始状态，对研究区荒漠化正向演变过程进行模拟，结果如图27-4所示，1996年时荒漠化分布与实际情况较一致；模拟的2000年荒漠化分布与2000年实际情况在研究区西部不太吻合，而在东部有一致性，这主要是因为2000年的荒漠化分布图是通过“中巴资源卫星图像”解译获得，而1987和

(1) 1996年荒漠化实际图

(2) 1996年荒漠化模拟图

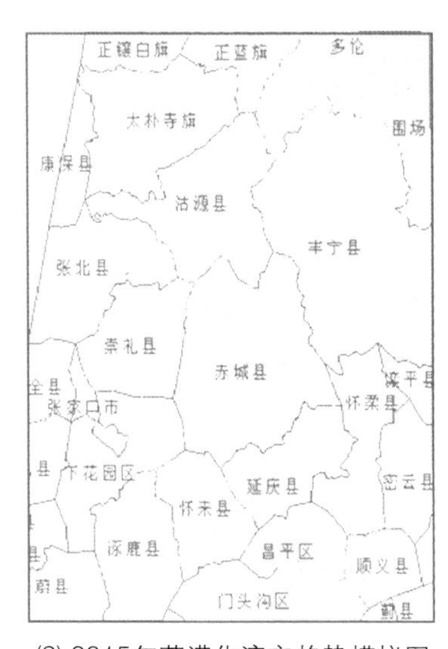

(3) 2015年荒漠化演变趋势模拟图

图27-4 研究区土地荒漠化演化模拟与预测（淡蓝色为荒漠化土地）

1996年的荒漠化分布图是通过TM图像解译获得的，而且2000年的中巴资源卫星图像是由多景不同月份的影响镶嵌而成的（这也是2000年荒漠化分布图局部有一些异常的原因）。最后，在1996年荒漠化分布图的基础上，预测模拟了2015年荒漠化的分布状况。荒漠化模拟结果显示：从荒漠化空间分布上看，研究区荒漠化总体上受地形地貌影响明显，整体演化趋势由西向东，荒漠化分布北强南弱；从荒漠化演化速度上看，西北部地区演化的速度较其他地区要快，尤其是多伦县，其演化的速度最大；从治理角度来看，丰宁、怀来地区的荒漠化对北京地区影响较大，北京的门头沟区，昌平区是潜在的荒漠化区，需要重点治理和改善环境状况。

5. 结论

利用3S技术，结合CA模型进行荒漠化演化预测模拟分析，是可行而有效的研究方法。但荒漠化演化动态预测模拟模型的研究还有待进一步深化，例如，如何把基于区域的动态预测模型，如人口预测模型、土壤侵蚀模型等动态地嵌入到模型的控制因素中，如何将模糊推理与CA模型相结合以及荒漠化演化综合机理定量化的进一步研究等，这些技术的解决将进一步提高模型预测的精度。最后必须强调的是，数据的质量和数量都会对模拟结果产生决定性的影响，良好的数据和控制因素层的合理确定都会在一定程度上提高模拟的精度。

参考文献

[1] 保家有，李晓松，吴波. 基于沙地植被指数的荒漠化评价方法[J]. 东北林业大学学报.2008，36(1): 69～74.

[2] 周兰萍，魏怀东等. 张掖市1987～2001年土地荒漠化发展动态及治理对策[J]. 西北林学院院报. 2008，23(1):74～77

[3] 霍艾迪，张广军等. 国内外荒漠化动态监测与评价研究进展与存在问题[J]. 干旱地区农业研究. 2007，25(2):206～211

[4] 史晓霞，李京等. 基于CA模型的土壤盐渍化时空演变模拟与预测[J]. 农业工程学报. 2007，23(1):6～12

[5] 李月臣.基于遥感与BPNN—CA模型的草场保护区模拟[J]. 资源科学. 2008,30(4):634～639.

[6] 周成虎，孙战利、谢一春. 地理元胞自动机研究[M].北京：科学出版社. 1999.12～158

[7] 蒋志荣，安力，柴成武. 民勤县荒漠化影响因素定量分析[J]. 中国沙漠. 2008，28(1): 35～40.

[8] 王功文，陈建平. 基于遥感的土地荒漠化侵蚀因子的厘定[J]. 遥感信息. 2004(3): 18～23

[9] 王大鹏，王周龙等. 荒漠化程度遥感定量化评价中的尺度问题[J]. 自然灾害学报. 2007，16(6): 140～146

[10] 李金霞，殷秀琴，包玉海. 北方农牧交错带东段土地沙质荒漠化监测[J]. 中国沙漠. 2007，27(2): 221～227

[11] 弋良朋，尹林克. 基于遥感和GIS的塔里木河下游土地荒漠化的动态变化[J]. 吉林大学学报2005，35(1): 86～91

[12] 尹长林，张鸿辉. 城市规划CA模型在城市空间形态演化中的应用研究[J]. 测绘科学. 2008，33(3): 133～139

[13] 李智佩等. 坝上及邻区荒漠化土地地质特征与荒漠化防治[J]. 西北大学学报. 2007，37(3):437～443

[14] 吴薇. 土地沙漠化监测中TM影象的利用. 遥感技术与应用. 2001，16（2）：86～90

[15] 胡孟春. 奈曼旗土地沙漠化系统动态仿真研究. 地理学报. 1991.3（1）

[16] 贾华、祝国瑞、佐藤洋平. 土地利用变化中的细胞自动机与灰色局势决策. 武汉测绘科技大学学报. 1999.2（24）

[17] 张显峰、崔伟宏. 基于GIS和CA模型的时空建模方法研究. 中国图象图形学报. 2000.12（5）：1012～1018

[18] 段怡春，陈建平，厉青等.沙漠化：从圈层耦合到全球变化[J].地学前缘，2002，9（2）：277～285

28 退耕还林工程的系统动力学研究

吴　爽[1]　黄桂恒[1]　陈六君[1]

摘要

本文应用系统动力学的有关知识对退耕还林工程进行了比较全面的评价，包括其社会经济效益及对粮食安全的影响。文章指出退耕还林工程有着一定的社会经济效益，包括增加的林业产出与节约的人力资本，同时还指出退耕还林工程在推动各种效益增加的同时并没有影响粮食安全。

关键字

退耕还林　系统动力学　粮食安全

1. 退耕还林工程简介

我国生态环境的恶化,尤其是江河源头严重的水土流失终于导致了1998年全国性洪水爆发,给国民经济造成了十分惨重的损失。于是中央政府决定在长江、黄河流域的中上游地区开展退耕还林工作。1999年四川、陕西、甘肃三省率先开展退耕还林还草试点，2000年，工程试点范围扩展到西部17个省（自治区、直辖市）及新疆生产建设兵团的190个县（市、区、旗、师）。2002年，工程全面启动，工程范围从以西部为主的20个省（区）进一步扩展到全国25个省（区、市）的1897个县。覆盖了全国2万多个乡镇，10万多个村，涉及2000多万农户9700多万农民（国家林业局，2004，2005）。从图28-1可以看出，退耕还林工程经历了小范围试点、大规模扩张再到结构调整规模下降的过程。大规模耕地转换为林地，一定会对农民收益造成影响，因此国家投入大量资金对其进行补贴，从1999年启动退耕还林工程到2006年底工程告一段落为止，政府已累计完成退耕还林投资1300亿元左右。

退耕还林这项大型的生态工程，其涉及区域之广，政治投入之大，在中国建设史上是绝无仅有的。已有大量文献研究了它的社会经济效益和生态效益，既有关于效益评价指标的理论研究，也有对评价指标进行估算的实证研

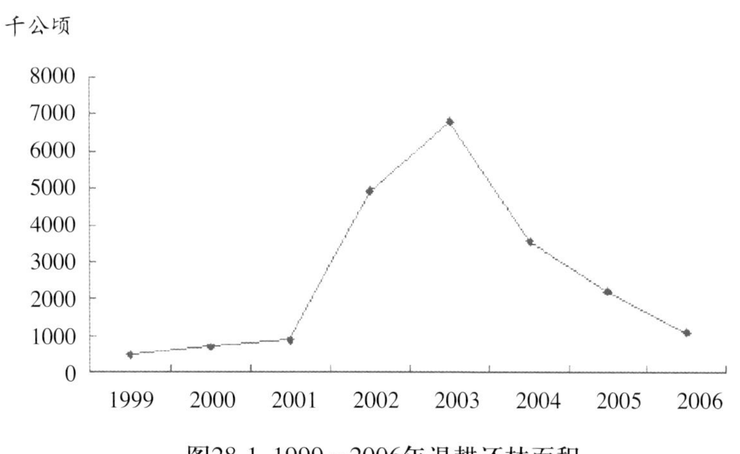

图28-1　1999～2006年退耕还林面积

[1]北京师范大学管理学院，100875，北京

究[1-4]。本文更关注该工程的社会经济效益如何，是否因为耕地的减少而影响到粮食安全，应用的研究方法为系统动力学。

2. 模型及模拟

2.1 系统关系图

退耕还林系统作为生态、经济、社会的复合系统，各子系统及各组成要素之间相互作用的机理比较复杂[5]，本文将退耕还林系统化为两个大系统：社会经济系统与生态系统，在对退耕还林系统做出详细分析后，建立了关系图28-2。

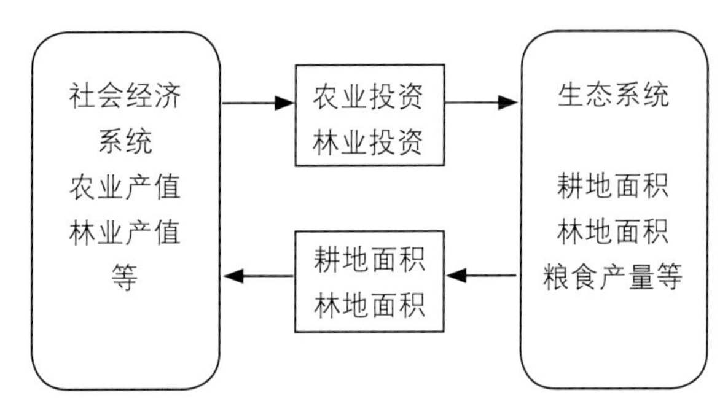

图28-2 系统动力学关系图

社会经济系统对生态系统的影响因素为农业与林业投资，它们直接影响了粮食单产，造林面积等；而生态系统中的耕地与林地面积也是制约社会经济系统的主要原因。

2.2 退耕还林动力学流程图

根据系统动力学的建模理论，在关系图的因果关系中，分析各种变量类型，运用Stella软件建立了流程图28-3。

模型的主要系统动力学方程：

（1）耕地面积

GDMJ(t) = GDMJ(t - dt) + (NGBMJ) * dt

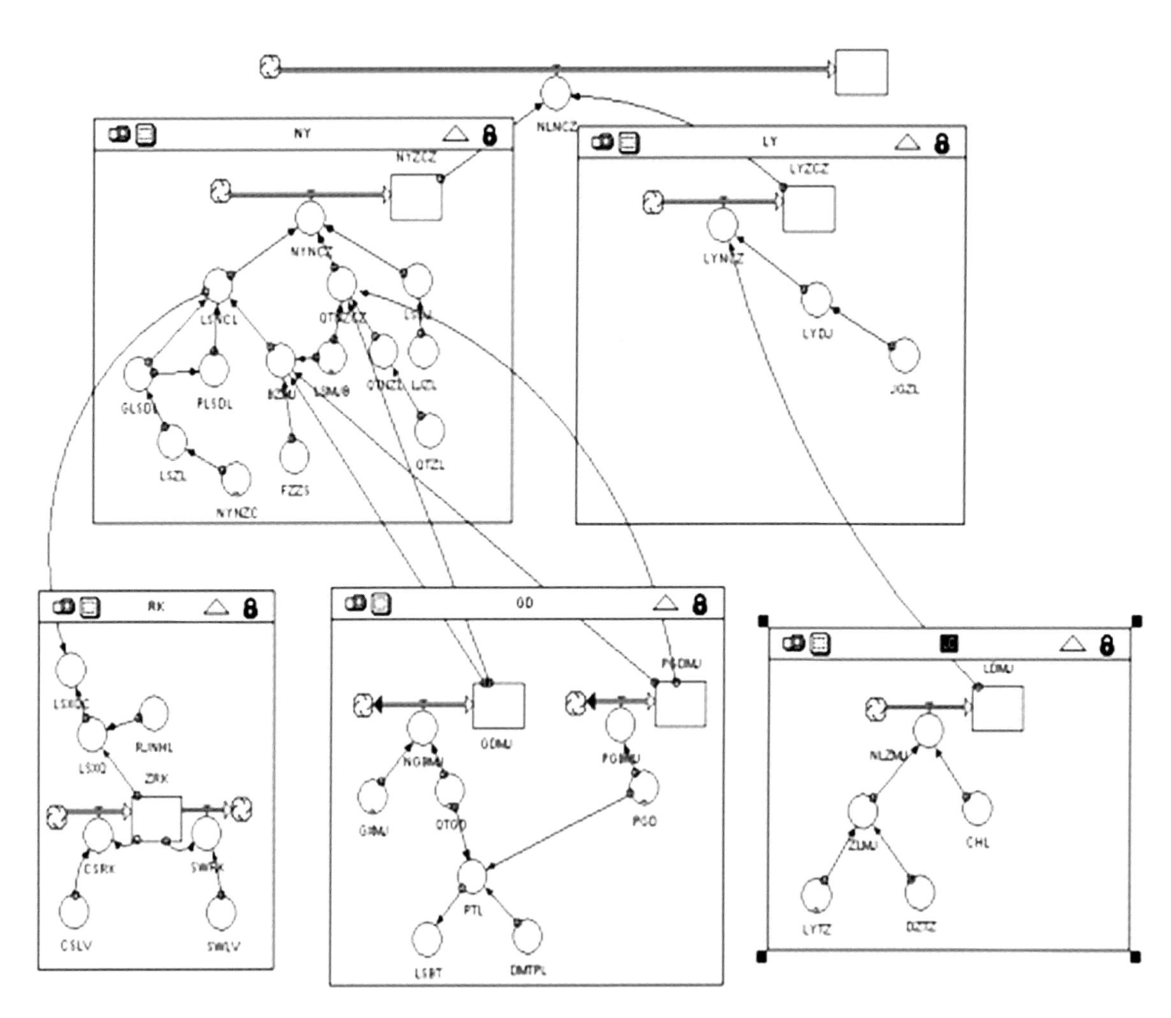

图28-3 退耕还林系统流程图

PGDMJ(t) = PGDMJ(t - dt) + (PGBMJ) * dt

式中，GDMJ为耕地面积（除25°坡耕地以外的耕地面积），NGBMJ为年耕地变化面积，PGDMJ为25°以上坡耕地的面积，PGBMJ为坡耕地变化面积。

（2）粮食年产量

BZMJ = (PGDMJ+GDMJ)*FZZS*LSMJB

LSNCL = 0.955*BZMJ*GLSDL+0.045*PLSDL*BZMJ

式中，FZZS为复种指数，LSMJB为粮食面积比。

（3）林地面积

LDMJ(t) = LDMJ(t - dt) + (NLZMJ) * dt

NLZMJ = DELAY(ZLMJ,2)*CHL

式中，LDMJ为林地面积，NLZMJ为年林地增加面积，ZLMJ为造林面积，CHL为成活率。

3. 退耕还林工程的社会经济效益分析

以往对退耕还林的社会经济效益分析大多数注重于退耕还林工程对社会经济生活的影响，如退耕还林对农民经济收入的影响，补贴是否能满足农民日常需求等[6]，本文将运用系统动力学从宏观上对退耕还林工程社会经济效益进行分析。退耕还林工程涉及的收益包括两部分：林业产值的增加，这是比较客观，明显的一部分，另外本文还将考虑退耕地后农村人力资本的节省。

林业产值的增加　退耕还林因为造林面积的增加而提高了林业产值。本文运用系统动力学的研究方法估算了退耕还林的林业收益，比较了退耕与不退耕两种情况下林业产值的变化。

1998～2000年的产值相同是因为造林前两年的树苗产生的收益很少，所以这里有一个时间延迟，即每年的造林树种在2年后产生效益。由表28-1可知，从1998～2006年底，如果不退耕的话9年林业累积产值为10953.88亿元，退耕后由于造林面积的增加，产值增为10963.67亿元，所以单纯由于林地面积增加而增加的林业产出有近10亿元。

人力资本的节约　退耕还林工程加快了农村产业结构调整的步伐，使大批劳动力从种植业中解脱出来，其经济收益非常显著，是退耕还林工程的又一项重要收益。1999～2005年累积退耕地造林面积为7825.428千hm^2，同时新修耕地的累积面积为2624.4千hm^2。由耕地面积与农业人口的比可知人均耕地面积约为0.4hm^2，则由于耕地减少导致的劳动力节省约为1300万人。如果其中有10%的人从事除农林以外的其他职业，并且设其平均年收入为5000元，那么从1999～2006年创造的总的经济收益约为520亿。

4. 粮食安全问题

最近10年，中国粮食总产量波动十分明显，从1994年逐步上升至1998年达到高峰，然后逐步下降到2003年的低谷，高峰年份与低谷年份总产量相19%[7]。1999年起我国开始在四川、陕西和甘肃三省试点启动退耕还林工程，自此之后，粮食产量连续4年大幅减少，从国家统计局发布的有关统计数据来看,粮食产量的减少在时间上与退耕还林工程实施的时间存在着较高的一致性，这些事实对正在执行中的退耕还林工程造成一定压力，“粮食减产主要是退耕还林造成”的主张颇为流行。

4.1 粮食生产的系统动力学模拟

1998全年的粮食产量还大于1997年，达到了51 229. 5万t。从粮食产量变化的时间上看，1999年开始，粮食产量出现下降的势头，如1999年的粮食产量为50 838.6万t，比1998年减

表28-1 退耕与不退耕的林业累积产值比较

年份	1998	1999	2000	2001	2002	2003	2004	2005	2006
不退耕	851.30	1904.46	3011.62	4175.54	5399.14	6685.47	8037.75	9459.37	10953.88
退耕后	851.30	1904.46	3011.62	4175.84	5399.77	6686.85	8040.52	9464.78	10963.67

少了39019万t，而到了2000年，粮食产量更是降到了46 217.5万t，2003年底，这种下降的趋势才得以遏制，同时粮食产量已经达到了最低水平43 069.5万t，与1998年相比，下降了8 160万t。在中央政府对退耕还林工程做出适宜结构调整之后的2004年，粮食产量得到了恢复性的增长，达到了46 946.9万t，超过了退耕还林工程全面实施的2002年的粮食产量，甚至高于退耕还林试点示范时期的2000年的粮食产量。在2005年，这种恢复性增长的势头得以延续，产量达到了48 402.2万t（图28-4）。

本文用系统动力学模型来模拟退耕后的粮食产量，可以看出系统动力学的模拟结果能够比较好的拟合实际情况。如果退耕的话，粮食产量如图3所示，1998年的粮食总产量为49955.02万t，为最高点，到1999年产量出现下滑趋势49522.31万t，2000～2003年产量继续下降，到2003年达到最低点，2004年开始恢复。

同时，本文还模拟了在相同粮食播种面积比条件下不退耕时的粮食产量，由图28-4可知，如果不开展退耕还林工程，其粮食产量依然在1998年后出现下降趋势，经过2003年的低谷然后开始恢复。不退耕的粮食产量的发展趋势与退耕情况下基本相同，并未出现大的变化，所以说退耕还林并不是我国粮食减产的主要原因。

一般而言，在一个较短的时期内，农业生产科技，进步对粮食产量增减变化的影响是很小的，于是粮食产量变化的原因可以归结到粮食播种面积的变化方面[8]。同期，我国粮食播种面积也经历了逐渐增长到大幅下降后又恢复性增长的趋势，但粮食播种面积减少的绝对量远远大于同期的退耕地还林面积，以2003年为例，粮食播种面积减少4481千公顷，而退耕地造林面积为3086千公顷，粮食播种面积减少的幅度远大于退耕地还林面积，这说明退耕还林对我国的粮食播种面积有一定影响，但不是影响粮食播种面积下降的惟一因素。退耕还林造成耕地的减少并不是粮食产量下降的主要原因，农业种植结构及建设占用耕地造成耕地减少可能是造成粮食总产量下降更为重要的原因[9]。

由于退耕还林的生态作用保护了耕地,客观上保护了粮食生产能力,在一个更良性的环境下维护了粮食安全。另外，由中国统计年鉴可知1998～2005年的人均年粮食需求量与人口数量，可以简单估算出每年的粮食需求量。图28-4模拟的是粮食需求与粮食产量之间的关系，由图28-4可以看出粮食产量远高于粮食需求量，单纯的退耕还林工程并不会对我国的粮食安全造成很大影响。在短期内,退耕还林工程导致了粮食产量的减少,但在长期内,退耕还林将对我国的粮食产量以及粮食安全产生积极的影响。

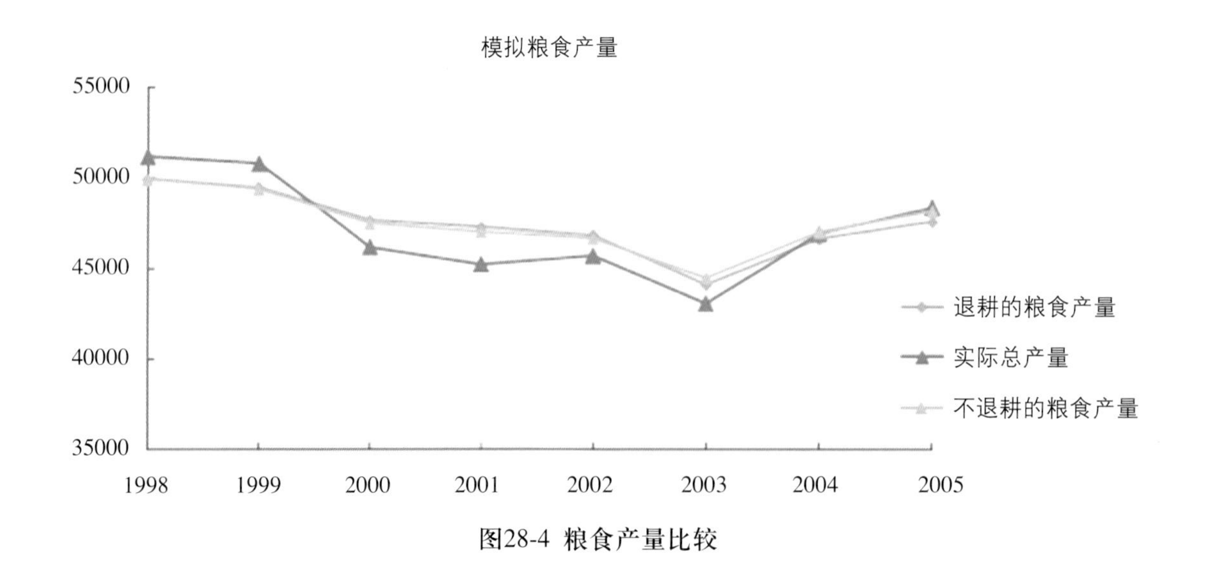

图28-4 粮食产量比较

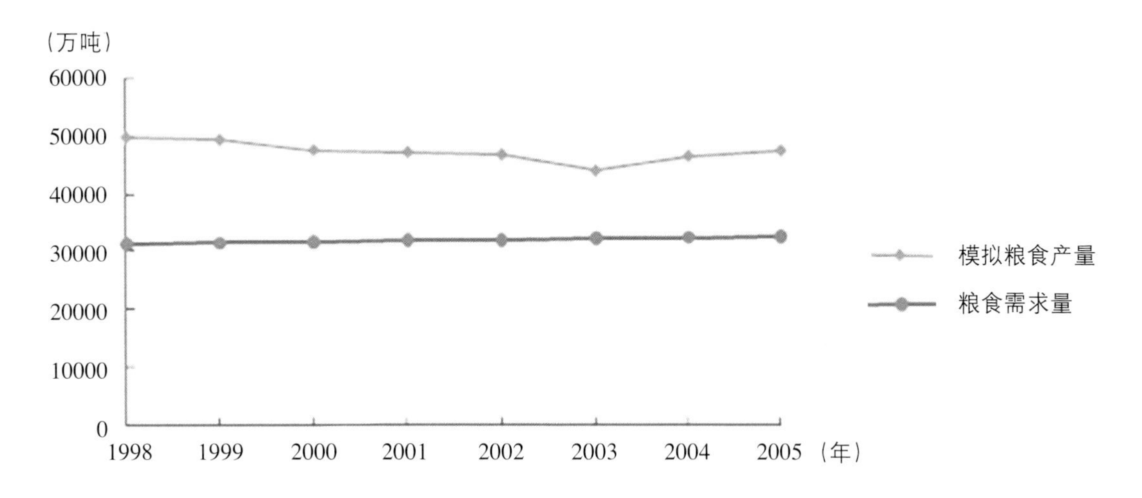

图28-5 粮食产量与需求量的比较

5. 结论

本文应用系统动力学模拟的研究方法讨论了退耕还林工程的社会经济效益及其对粮食安全的影响，指出退耕还林工程提高了一定的林业产出，节约了人力资本，增加了社会经济效益，另外在改善环境的同时，得到了巨大的生态收益价值，从退耕还林政策实施的实际情况来看，其在短期内影响了我国粮食产量，从长期来看，退耕还林还草所产生的生态效益，将非常有利于我国长期的粮食安全。

参考文献

[1] S.Zhou，Y.Yin，W.Xu. The costs and benefits of reforestation in Liping County, Guizhou Province,China[J]. Journal of Environmental Management, 2007, 85:722～735

[2] 张勇，李有华，杜轶等.区域退耕还林（草）工程综合效益评价研究[J]. 水土保持通报，2007,27(6):108～111

[3] 李蕾，刘黎明，谢花林. 退耕还林还草工程的土壤保持效益及其生态经济价值评估——以固原市原州区为例[J]. 水土保持学报，2004，18(1):161～167

[4] 封志明，张蓬涛，宋玉，等. 粮食安全：西北地区退耕对粮食生产的可能影响[J].自然资源学报，2002，17(3)：301

[5] 李涛. 陕北退耕还林的系统动力学研究[学位论文]. 西安：西安建筑科技大学.2005

[6] 赵玉涛，余新晓. 退耕还林工程效益及社会影响[J]. 林业经济. 2008.2:21～23

[7] 谢晨. 退耕还林与我国粮食生产及粮食安全[J]. 绿色中国(理论版). 2005.11:30

[8] 韩青，潘建伟. 中国食物安全状况的实证研究[J]. 农业技术经济，2002(5):13～17

[9] 刘诚，刘俊昌. 我国退耕还林政策的实施对粮食安全的影响. 北京林业大学学报(社会科学版). 2007. 6(4):42～47

29 中国林业重点工程对农民收入影响的研究

刘 璨[1] 吕金芝[1] 刘克勇[2]

摘要

本研究通过利用全国31省1997～2005年的农民收入、生产要素以及林业重点工程进展的面板数据分析得出：从全国来看退耕还林工程、京津风沙源治理工程和防护林工程对农民收入是有拉动作用的，而天保工程与速生丰产林工程对农民收入有负面影响，对东部、中部和西部的影响又各不相同。建议调整林业重点工程实施的相关政策，采取区域差异性政策。

关键词

林业重点工程、农民收入、林业经济

1. 引言

1978年，我国启动了三北防护林工程，此后陆续启动了一些重要林业重点工程。1998年启动天然林保护工程；1999年进行退耕还林工程试点；2000年在林业重点工程整合的基础上，退耕还林工程、天然林保护工程、野生动植物保护及自然保护区工程、三北及长江流域等防护林建设工程、京津风沙源治理工程、重点地区速生丰产用材林基地建设工程等六项林业重点工程正式启动。

1986年林业重点工程造林面积为110.67万公顷，占全国造林总面积的20.98%。随着各项林业重点工程的逐步启动，林业重点工程造林面积呈现出明显上升趋势，尤其是1998年以后，至2003年林业重点工程造林面积达到最高，为826.28万公顷，占全国造林面积90.62%，2003年以后，随着退耕还林工程任务的调减，林业重点工程造林面积呈现出明显下降趋势，但林业重点工程造林面积占全国造林面积的比重依然维持在65%以上（图29-1）。从图1的曲线变化中表明林业重点工程造林面积，尤其是退耕还林造林面积与全国总造林面

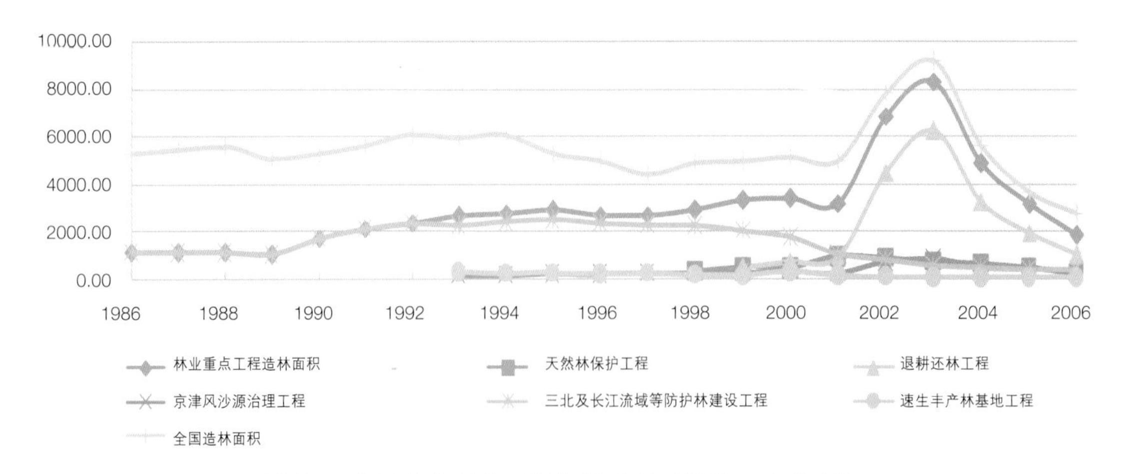

图29-1 我国林业重点工程造林情况（单位：千公顷）

[1] 国家林业局经济发展研究中心，北京，100714

[2] 财政部农业司，北京，100820

积的上升与下降趋势保持一致。2000年以来的六项林业重点工程造林面积中，以退耕还林工程造林面积最高，其次为天然林保护工程造林面积。

我国林业重点工程投资随着工程的展开呈现出明显地增加态势，从1990年的25 537万元增加到2005年的3 616 302万元，2006年出现小幅调减。六项林业重点工程中，投资最高的为退耕还林工程，投资增加幅度最为明显，从1999年的33 595万元增加到2005年2 404 111万元，2006年下降至2 321 449万元。京津风沙源治理工程的投资增加幅度次之。速生丰产用材林基地投资所占比重最小，并且呈现出下降态势。

在六项林业重点工程中，对农民收入和农村发展影响最大的为天然林保护工程和退耕还林工程。在一定期限内，对参与退耕还林工程的农户给予粮食、现金和种苗补助，1999～2006年对退耕地造经济林的给予5年的补贴；对退耕地造生态林的给予8年的补贴；黄河流域和长江流域分别每年给予1500千克/公顷和2250千克/公顷的粮食（2003年逐步改为按1.4元/千克的粮食价格给予现金补贴）。对划入天然林保护工程区的集体林地给予管护经费，但支持力度不大。在天然林保护工程和退耕还林工程启动初期并没有增加农民收入的目标。譬如为了保障退耕还林的顺利实施，2002年国务院第66次常务会议通过了《退耕还林条例》，2003年1月20日实施。《退耕还林条例》第四条规定："退耕还林必须坚持生态优先。退耕还林应当与调整农村产业结构、发展农村经济、防治水土流失、保护和建设基本农田、提高粮食单产，加强农村能源建设、实施生态移民相结合。"此时退耕还林工程目标中并没有明确提出消除贫困的目标。2005年颁发了《国务院办公厅关于切实搞好"五个结合"进一步巩固退耕还林成果的通知》（国办发[2005]25号），该通知明确提出了退耕还林工程要"实现农民脱贫致富"和"增加农民收入"的目标。因此，需要分析林业重点工程对农民收入和农村发展的影响。2007年8月《国务院关于完善退耕还林政策的通知》[国发[2007]25号]提出："为确保"十一五"期间耕地不少于1.2亿公顷（18亿亩），原定"十一五"期间退耕还林2000万亩的规模，除2006年已安排400万亩外，其余暂不安排。国务院有关部门要进一步摸清25度以上坡耕地的实际情况，在深入调查研究、认真总结经验的基础上，实事求是地制订退耕还林工程建设规划。"退耕地造林"补助标准为：长江流域及南方地区每亩退耕地每年补助现金105元；黄河流域及北方地区每亩退耕地每年补助现金70元。原每亩退耕地每年20元生活补助费，继续直接补助给退耕农户，并与管护任务挂钩。补助期为：还生态林补助8年，还经济林补助5年，还草补助2年。根据验收结果，兑现补助资金。各地可结合本地实际，在国家规定的补助标准基础上，再适当提高补助标准。凡2006年年底前退耕还林粮食和生活费补助政策已经期满的，要从2007年起发放补助；2007年以后到期的，从次年起发放补助。""加强后续产业发展，努力增加农民收入。"

京津风沙源治理工程内容主要包括退耕还林、小流域治理、生态移民和草地治理等主要内容。退耕还林补助标准参照黄河流域退耕还林工程补助标准，生态移民、草地治理和小流域治理给予不同形式和标准的补贴。重点地区速生丰产用材林基地建设工程主要是以市场为导向的林业重点工程，国家给予贴息贷款和一些政府投资扶持；对于"三北"及长江流域等防护林建设工程，国家给予造林补助等形式扶持；对野生动植物保护及自然保护区工程，以国家直接投资为主，对于生活在保护区内及周边地区的农民给予一些间接或直接的补助或者生活扶持等。六项林业重点工程的实施在不同程度上对农民收入带来了直接或者间接的影响，若农民的收益得不到有效地保障，那么林业重点工程实施将面临着重大困难，其可持续性亦是值得怀疑的。

1978年以来，我国农村居民家庭人均总收入得到显著提高，按照名义价格计算，农村居民家庭人均经营总收入从1978年的54.0元/人年提高到2006年的3309.95元/人年，是1949年以来农民收入增长最快的历史时期。农村居民家庭人均林业收入从1985年的7.4元/人年提高

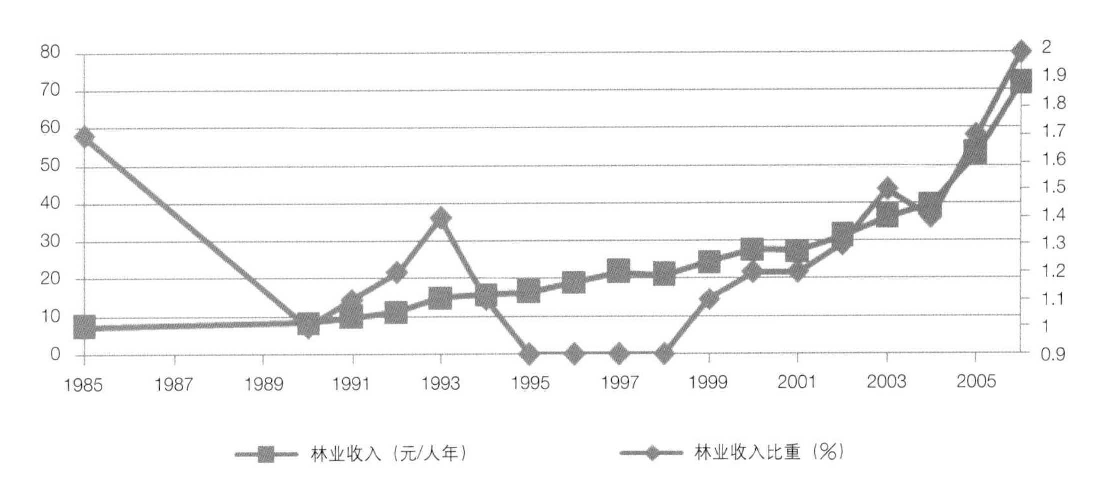

图29-2 1985～2006年我国农村居民家庭人均林业收入及其占农村居民家庭人均经营总收入的比重
（资料来源：国家统计局农村社会经济调查总队，2007）

2006年的65.03元/人年（图29-2）。林业收入占农村居民家庭收入的比重呈现出较大的波动，1985年此比重为1.7%，下降到1990年的1.0%；再逐步提高到1993年的1.4%；1994～1998年基本稳定在1%左右；1999年以后呈现出逐步上升的态势，2006年此比重达到1985年以来最高水平，为2%（图29-2）。1999年以后我国农村居民家庭人均林业收入绝对值以及其占农村居民家庭经营人均总收入的比重均呈现出明显上升态势。此时期恰恰是我国六项林业重点工程试点和实施时期，林业重点工程的实施对农村居民家庭收入的贡献是如此显著的吗？是否还有其他因素在发挥作用呢？林业重点工程对农村居民家庭收入的贡献发挥多大的作用呢？每项林业重点工程对农村居民家庭收入的贡献又如何呢？针对上述问题，有必要作进一步分析，为相关林业重点工程有关农民收入部分的政策调整提供建议。

2. 文献回顾

对我国林业重点工程与农民收入之间的关系已经开展了一些研究，多集中在对退耕还林工程和天然林保护工程，对其余四项林业重点工程研究较少。一些研究认为退耕还林工程的实施增加了农民收入，至少增加了农民短期收入。2003～2007《国家林业重点生态工程社会经济效益监测报告》的结果表明：退耕还林工程和京津风沙源治理工程促进了农民增收，天然林保护工程对当地农民收入的影响由负面影响逐步过渡到正面影响（国家林业重点工程社会经济效益测报中心、国家林业局发展计划与资金管理司，2004；2005；2006；2007；2008）。消除贫困在宏观意义上是可以实现的（唐秀萍，2004）；在接受补偿的5～8年里，退耕农户的收入将明显提高。如果项目结束后取消补助的话，种植生态林又不让砍伐，无疑将使农民失去生活来源（支玲等，2004）。赵丽娟和王立群（2006）以沽源县为例，利用显著性分析及相关性分析等方法得出结论：退耕还林对当地农民收入产生了积极的影响，退耕后农民收入明显增加。退耕还林促使了当地农民调整农业种植结构，由粗放式的种植传统粮食作物改为集约式的科学种植经济作物。胡霞（2005）对南部山区退耕还林的研究表明，退耕农户的收入增长水平明显高于非退耕农户；在收入结构方面，家庭经营收入比重明显下降，外出务工收入比重明显上升，而林业收入所占的份额相对较小，且退耕前后变化不大。中澳合作项目课题组（2005）认为退耕还林产生了替代收入，劳务收入明显增加，退耕补助和种植林草收入成为农户的新增收入。退耕农户主要通过调整农业种植结构和畜群畜种结构和转移剩余劳动力增加收入（宋阳等，2005）。从树种选择、农作物种植结构调整、畜牧业、基础设施建设、农村能源建设、生态移民、为农村剩余劳动力转移创造有利条件等方面推进后续产业发展的建议（郭颖，张文雄，徐海，2006）。刘璨、张巍（2006）认为小流域治理、生态移民和草地治理对农民收入影响不显著，因此重点分析了京津风沙源治理工程中的退耕还林强度、工程参与程度、村参与工程的时间对样本农户人均年收入的影响程度，结果表明，工程参与程度与对农户收入的影响为正向关系；如果在村级早一年实施工程，则人均年收入提高17.37%。退耕面积越大，则样本农户获得政府补贴越高；参与退耕还林工程时间越长，越有时间进行产业调整；现有林业重点工程中，退耕还林工程和速生丰产林工程是农民受益的工程，但其他的几项工程，农民在经济方面的收益就很小，甚至在天然林保护工程、野生动植物保护工程中，农民的利益受损而得不到补偿。因此，要对林业工程的相关利益主体进行适当的补偿。一些研究结果表明退耕还林政策对农户收入的影响不大或者收入前景不明朗。Uchida等人（2004）和Xu等人（2004）对退耕还林工程的成本—效应以及可持续性进行了评价，并分析了对农村消除贫困的影响，他们的主要结论在消除贫困方面为：①退耕还林工程已经相当成功，虽然我国贫困农户并没有成比例地成为受益者，但是他们已经从不断增加的资产中获益；②参与退耕还林工程的农户已经开始向非农部门转移劳动力的证据不足；③把目标定位在易受侵蚀的土地方面还有可改进的余地。徐晋涛、陶然、徐志刚（2004）通过对四川、陕西和甘肃等省的调查分析，发现退耕还林工程并没有使参与工程的农户与没有参与工程的农户的收入变化有明显的差异。根据这项研究的结论，退耕还林对于缓解贫困的作用有限，目前贫困的减少可能更多是由于经济的整体发展为农民提供了更多的机会，而非退耕还林所给予的直接补助。退耕还林工程实施6年以来，随着补贴兑现状况的改善，农民参与退耕还林前后的种植业收入可以基本持平，但是，退耕还林工程并没有带来非农就业和畜牧业生产显著增长的局面(易福金，徐晋涛，徐志刚，2006)。退耕还林通过改变土地用途影响了农户原有的收入结构和水平，但农村产业结构调整却难以在短期内顺利完成，无法支撑农户形成较稳定的收入结构，以维持和提高其可持续收入水平（朱山涛等，2005）。郭晓鸣（2005）认为虽然表面上现金收入有所增加，在新的稳定收入来源形成以前，当地农户生活水平短期内难以实现明显改善。能获得稳定收入且报酬相对较高的行业是农民谋生的首选，有资金积累或一定技能的农户正在将生计转向高附加值农业或第三产业（徐勇等，2006）。退耕还林工程造成一些退耕农户利益受损，主要表现为一些地方的补偿由于种种“理由”而没有及时足额到位（许勤，2003）；对林间间作和采薪进行限制而又没有提供适当的补救，导致较多地依赖林地资源农户的生计受到不同程度的负面影响，这些农户往往都是贫困户（胡崇德，2002）；参与退耕还林工程农户实际生活水平下降（郭晓鸣、甘庭宇、李晟之、罗虹，2005）。退耕还林工程的实施，对农户收入的影响呈现阶段性。第一阶段，退耕还林补助期，国家对退耕还林进行补助，该阶段农民不仅拥有林木，而且收入有所增加；第二阶段，补助结束到用材林成熟期之前，经济林(包括生态与经济兼用林)盛产期之前阶段，收入有所下降且不稳定；第三阶段，用材林成熟期，经济林(包括生态与经济兼用林)盛产期可得到较高的收入，但该阶段林产品受市场的影响较大，若经济林及生态兼用林比例过大，或看到什么赚钱就种什么，导致结构趋同，将来市场饱和，产品积压，果农损失更大（李若凝，2004）。

天然林保护工程对农民收入的影响基本上为负面的(倪家广等，2002；李怒云，2000；洪家宜，2002；吴水荣等，2002；徐晋涛等，2004；刘璨等，2005)。其他各项林业重点工程所开展研究也不多见，如自然保护区野生动物对生活在周边的居民带来的负面影响等（国家林业局，2007）。

林业重点工程从1998年开始试点，截止到目前已经运行了10年，除野生动植物保护及自然保护区工程以外，其余五项林业重点工程拟于2010年结束，即使考虑到2007年国发25号文关于延长退耕还林工程补助的政策决定，随着时间的推移，林业重点工程对农民收入的影响已经初步显现出来，此前开展的林业重点工程对农民收入影响的研究具有一定的时间局限性；目前开展林业重点工程对农民收入的影响具有更好的时间准备，这是其一。其二，2003年以后政府实施了减免农业税和以工补农的政策，且2003年后我国农民收入提高比较明显，在此背景条件下，林业重点工程对农民收入的影响如何呢？在此方面开展的研究尚不多见。其三，林业重点工程只是对农民收入影响的一个重要方面，尚需要充分考虑到其他生产要素的影响，同时，林业重点工程的实施对农民收入的影响是否具有区域性呢？我国很多省市区不仅实施一项林业重点工程，而是实施多项林业重点工程，不同林业重点工程对农民收入是否具有不同的影响呢？已经开展的研究多局限于案例研究，尚未从全国的角度充分考虑到其他生产要素、区域性因素、不同林业重点工程对农民收入的影响。最后，已有研究虽然开展一些计量经济学分析（徐晋涛等，2004；刘璨、张巍，2006），但此类研究尚不多见，有必要开展较为深入与细致的林业重点工程对农民收入的定量影响研究。

鉴于上述文献回顾的基础上，林业收入占农村居民家庭人均纯收入呈现出上升态势，并充分考虑到林业重点工程已经实施了近10年的状况，我们拟选取1997～2005年全国社会经济和林业重点工程有关统计数据，选取全国31个省市区作为样本，考虑到生产要素以及区域性等因素对农民收入的影响，采用我国中东西的经济区域划分的方法，从全国和中东西等角度分析林业重点工程对农民收入的影响，更为全面地分析林业重点工程对农民收入的影响，在此分析的基础上，提出一些政策含义。

本文结构为：在第一部分引言和第二部分文献回顾的基础上；第三部分讨论本文拟采用的数据与资料；第四部分为本文拟采用的研究方法；第五部分为林业重点工程对林业收入全国和中东西区域的经验性结果；最后一部分为结论与政策含义。

3. 数据

本研究选取1997～2005年全国分省市区的数据，所采用的数据包括农村居民家庭人均纯收入、工资性收入和家庭经营收入、林业重点工程面积、人均经营耕地面积、人均经营山地面积、农业机械总动力、化肥施用量、农村用电量和农村劳动力等。考虑到野生动植物保护及自然保护区多设置在地理位置偏僻的地区，对生活在自然保护区内及周边的农户具有影响，对其他农户的收入影响比较小或者没有影响。对于野生动植物保护及自然保护区工程对农户收入的影响分析，我们拟采用样本农户的数据进行分析。退耕还林工程造林分为退耕地造林和匹配荒山造林两个部分，退耕地造林补助或粮食直接发放到农户手中；匹配荒山造林补助不一定到农户手中，以及根据我们实地调研结果以及计量经济分析结果，不把匹配荒山造林面积作为自变量。根据我国统计资料，农村居民家庭人均纯收入分为家庭经营收入、工资性收入、财产性收入和转移性收入等四个部分构成，财产性收入和转移性收入占农村居民家庭人均纯收入的比重不高，2000年和2005年此两项收入占农村居民家庭人均纯收入的比重分别为6.12%和6.31%（国家统计局，2007），选取农村居民家庭人均纯收入、工资性收入和家庭经营收入作为收入指标，分析林业重点工程对农民收入的影响。

数据来源于1997～2007《中国统计年鉴》和1998～2007年《中国林业年鉴》的数据资料其中有关林业重点工程的数据采集于《中国林业年鉴》，其余数据采集于《中国统计年鉴》。根据《中国统计年鉴》历年的数据，采用各个省市区的农村居民消费价格指数折算成为1990年不变价格。1997～2005年31个省市区样本数据特征见表29-1。

4. 方法论

根据所获得的数据资料和研究目标，建立农民收入的扩展生产函数模型。根据上文分析，农民收入的扩展生产函数自变量分为生产要素和林业重点工程两个类型的变量，分别建

表29-1 样本数据特征

指标	乡村就业人数(万人)	农业机械总动力(万千瓦)	化肥施用折纯量(万吨)	农村用电量(亿千瓦小时)	农村居民家庭人均纯收入(元/人)	农村居民家庭人均工资性收入(元/人)	农村居民家庭人均经营收入(元/人)	经营耕地面(公顷/人)
平均	1548.32	1771.68	148.32	93.16	1339.22	487.43	765.00	0.146
最大值	4752.36	9199.33	693.95	825.10	3968.40	2963.73	1315.21	0.695
最小值	6.38	77.45	2.44	0.19	526.88	27.66	372.70	0.029
标准误	71.94	112.58	7.63	8.05	38.67	30.67	13.45	0.007

指标	经营山地面积(公顷/人)	天保面积(公顷/人)	退耕面积(公顷/人)	荒山荒地面积(公顷/人)	防护林面积(公顷/人)	京津面积(公顷/人)	速丰林面积(公顷/人)
平均	0.023	0.00	0.009	0. 011	0.052	0.004	0.002
最大值	0.464	0.102	0.140	0.182	0.412	0.190	0.009
最小值	0.000	0.000	0.000	0.000	0.000	0.000	0.000
标准误	0.002	0.001	0.001	0.001	0.004	0.001	0.000

立全国和划分为中东西分区域的农民收入的扩展生产模型。根据我国经济发展水平与地理位置，我国大陆区域整体上可以划分为三大经济地区（地带），即中部、东部和西部。东部地区包括北京、天津、河北、辽宁、上海、江苏、浙江、福建、山东、广东、广西和海南。西部地区包括重庆、四川、贵州、云南、西藏、陕西、甘肃、青海、宁夏和新疆；中部地区包括山西、内蒙古、吉林、黑龙江、安徽、江西、河南、湖北和湖南。农民收入的扩展生产函数模型为：

$$\ln totalincome_{it} \text{ or } productionincome_{it} \text{ or } wage = cons + б_1 \ln labor_{it} + б_2 \ln agromachine_{it} + б_3 \ln fertilize_{it} + б_4 \ln electricity_{it} + б_5 \ln farmland_{it} + б_6 \ln forestland_{it} + \beta_1 \ln pertuigengarea_{it} + \beta_2 \ln pertianbaoarea_{it} + \beta_3 \ln perfanghuarea_{it} + \beta_4 \ln perjingjinarea_{it} + \beta_5 \ln pershufengarea_{it} + \varepsilon_{it} \quad (1)$$

式中：Totalincome为农村居民家庭人均纯收入；productionincome为农村居民家庭人均经营收入；wage为农村居民家庭人均工资性收入；farmland为人均耕地面积；forestland为人均林地面积；agromachine为农业机械；fertilize为化肥使用量；electricity为电力；labor为劳动力；pertuigengarea为人均退耕还林面积；pertianbaoarea为人均天然林保护工程面积；pershufengarea为人均防护林面积；perjingjinarea为京津风沙源工程人均退耕还林面积；pershufengarea为人均速生丰产林面积；ε为误差项，假设为数学期望为零的白噪声；$_i$为省市区、$_t$为时间变量(设1997年t=1，依次类推t=2，3，4，……，9)；con、$б_1$、$б_2$、$б_3$、$б_4$、$б_5$、$б_6$、β_1、β_2、β_3、β_4、β_5、β_6、为待估参数。

5．经验性结果

利用全国1997～2005年数据，农村居民家庭人均纯收入、经营收入和工资性收入模型（1）的经验性结果见表42-2～表26-4。分为中东西区域的R^2优于全国的，但3个经验性结果均通过F检验，因此，这3个经验性结果可以用于分析。

5.1 农村居民家庭人均纯收入的经验性结果

表29-2的结果表明乡村就业人数对农村家庭居民人均纯收入的弹性不论是全国和区分为中东西部的均为负的，但是西部的弹性不显著；中部、东部和全国的弹性均在5%显著水平上显著。从全国的角度来看，农业机械总动力对农村家庭居民人均收入弹性为正向的，在1%

表29-2 农村居民家庭人均纯收入与林业重点工程经验性结果

变量	全国	西部	中部	东部
乡村就业人数	-0.0532** (0.0257)	-0.0136 (0.0428)	-0.2084** (0.0900)	-0.0686** (0.0343)
农业机械总动力	0.2200*** (0.0402)	0.0091 (0.0850)	0.0445 (0.0781)	0.0164 (0.0286)
化肥施用折纯量	-0.0521** (0.0235)	-0.1389*** (0.0486)	-0.0530* (0.0302)	-0.2295*** (0.0297)
农村用电量	0.1404*** (0.0217)	0.1878*** (0.0573)	0.2424*** (0.0524)	0.2646*** (0.0131)
人均经营耕地面积	-0.4082*** (0.0763)	-0.1226 (0.1041)	0.2134*** (0.0610)	-0.5204*** (0.0842)
经营山地面积	0.0226 (0.0299)	0.0025 (0.0433)	0.1900*** (0.0733)	-0.3129*** (0.0655)
人均退耕面积	0.2835*** (0.0733)	0.2720** (0.1341)	1.2022*** (0.1656)	0.5847* (0.2992)
人均天保面积	-0.4065*** (0.1383)	0.4858* (0.2814)	-0.1927 (0.2737)	7.8744*** (1.4223)
人均防护林面积	0.1971*** (0.0703)	-0.1184 (0.0972)	-0.3351*** (0.0482)	-0.0706 (0.0808)
人均京津面积	0.3081*** (0.0795)	(dropped)	-0.3098* (0.1616)	0.3028** (0.1414)
人均速丰林面积	-0.0077 (1.1299)	-8.9357*** (2.1799)	-1.0513* (0.5451)	2.6787** (1.0770)
截距	5.9803*** (0.2245)	6.9731*** (0.4431)	7.3707*** (0.2773)	8.1129*** (0.1019)
样本数	279	90	81	108
省市区个数	31	10	9	12
R^2	0.2707	0.6084	0.7733	0.9349

注1：* 为参数估计在10% 的显著水平上显著；**为参数估计在5%的显著水平上显著；***为参数估计在1%的显著水平上显著；注2：括弧中的数字为标准差。

显著水平上显著，中东西部的弹性依然为正的但不显著。化肥施用折纯量对农村家庭居民人均收入弹性为负，中部的此弹性系数在10%显著水平上显著；全国在5%显著水平上显著，西部和东部则在1%显著水平上显著。农村用电量对农村居民家庭人均收入的弹性为正的，全国和中东西部的弹性系数均在1%显著水平上显著，表明提高农村用电量能够有效地提高农民收入，在东部地区反映更为明显，其次是中部地区。人均经营耕地面积对农村居民家庭人均收入的弹性系数均为负的，除西部地区不显著以外，其他地区均在1%显著水平上显著。经营山地面积对东部地区的农村居民家庭人均收入的弹性为负的，这与东部地区的收入结构有一定的关系，经营山地面积对中部地区农村居民家庭人均收入的弹性为正的，且在1%显著水平上显著；经营山地面积对西部地区农村居民人均收入的贡献为正向的，但不显著。

人均退耕地造林面积对农村居民家庭人均纯收入均是显著的，全国、西部地区、中部地区和东部地区的弹性系数分别在1%、5%、1%和10%显著水平上显著；从绝对值的角度来看，人均退耕地造林面积对中部地区农村居民家庭人均纯收入的弹性最大，其次是东部地区；就全国而言，每增加一个单位的退耕地造林面积可以增加0.2835个单位的农村居民家庭人均纯收入。

天然林保护工程对全国农村居民家庭人均收入的弹性为－0.4065；其负面影响主要反映在中部地区，但不显著；天然林保护工程对西部地区和东部地区的农村居民家庭人均纯收入的弹性分别为0.4858和7.8744，分别在10%和1%显著水平上显著，天然林保护工程与已有研究形成鲜明对比的是，人均天然林保护面积对西部和东部地区的农村居民家庭人均纯收入的贡献为正的，主要原因在于本项研究持续时间比已有研究的要长，且最近几年陆续调整了天然林保护工程的有关政策，如允许在天然林保护工程区内允许人工林商品性采伐等，农民有较长的收入结构调整时间，如表29-3中人均天然林保护工程面积对西部地区的农村居民家庭人均经营收入的贡献为负的，表29-4中的人均天然林保护工程面积对西部地区的农村居民家庭人均工资性收入的弹性为正的，且这两个弹性均在1%显著水平上显著，就证明了这一观点。

人均防护林面积对中东西部的农村居民家庭人均纯收入的贡献呈现出负面影响，对东部和西部的农村居民家庭人均纯收入的影响不显著，而在中部地区表现为在1%显著水平上显著；但人均防护林面积对全国农村居民家庭人均纯收入的贡献为正的，且在1%显著水平上显著，其弹性系数为0.1971。在中东西部三个分区域的人均防护林面积对农村居民家庭人均纯收入的弹性为负的，但在全国层面上显示出正向显著，似乎存在自相矛盾，但是，我们考虑防护林建设的主要目的在于改善生态环境，改善农业生产条件，其所产生的生态效益不仅仅局限于所在的区域，而影响到其他区域，虽然防护林工程对中东西部地区农村居民家庭人均纯收入的影响表现为负面的，但由于生态效益非区域化导致对全国农村居民家庭人均纯收入的影响为正向显著性影响。

京津风沙源治理工程主要分布在属于中部地区的山西省、内蒙古自治区和属于东部地区的河北省、北京市和天津市的75个县市旗，在西部地区没有分布。该工程对山西省和内蒙古自治区的农村居民家庭人均纯收入的影响为负的，而对属于东部地区的河北、北京和天津等省市的农村居民家庭人均纯收入的影响为正向的。

人均速生丰产林面积对全国农村居民家庭人均纯收入的影响为负向的，但不显著。人均速生丰产林面积对西部地区的农村居民家庭人均纯收入的影响为－8.9357，且在1%显著水平上显著，在中部地区表现为－1.0513且在10%显著水平上显著；在东部地区表现为正向影响，其弹性为2.6787且在5%显著水平上显著，表明在东部地区发展速生丰产林能够有效地提高农村居民家庭人均纯收入；在西部和中部地区发展速生丰产林不利于农民收入水平的提高，这与中西部地区不利的自然条件存在较为显著的关系。

5.2 农村居民家庭人均经营收入的经验性结果

林业重点工程与农村居民家庭人均经营收入的经验性结果见表29-3。乡村就业人数、农业机械总动力、化肥施用折纯量和农村用电量对农村居民家庭人均经营收入的影响与对农村居民家庭人均纯收入的影响呈现出类似的影响。人均经营耕地面积对农村居民家庭人均经营收入的影响与对农村居民家庭人均纯收入的影响表现方向性一致影响，但显著性有所变化。经营山地面积对东部地区农村居民家庭人均经营收入的影响与对农村居民家庭人均经营收入的影响由负转正均在1%显著水平上显著。

表29-3的结果表明人均退耕面积对中西部地区的农村居民家庭人均经营性收入的弹性分别为0.4181和0.7797，且均在1%显著水平上显著，对东部地区的农村居民家庭人均经营性收

表29-3 农村居民家庭人均经营收入与林业重点工程经验性结果

变量	全国	西部	中部	东部
乡村就业人数	−0.0 583** (0.0240)	−0.0627 (0.0434)	−0.0716 (0.0983)	−0.4172*** (0.0598)
农业机械总动力	0.2220*** (0.0373)	0.1004 (0.0863)	−0.2029** (0.0853)	0.3908*** (0.0499)
化肥施用折纯量	0.0101 (0.0220)	−0.1072** (0.0493)	0.0874*** (0.0329)	−0.0149 (0.0517)
农村用电量	0.1200*** (0.0201)	0.1548*** (0.0581)	0.3787*** (0.0572)	0.1316*** (0.0228)
人均经营耕地面积	−0.0004 (0.0702)	0.0280 (0.1057)	0.5963*** (0.0666)	−0.0435 (0.1469)
经营山地面积	0.0345 (0.0279)	0.0390 (0.0440)	0.3078*** (0.0800)	0.7481*** (0.1142)
人均退耕面积	0.2609*** (0.0685)	0.4181*** (0.1362)	0.7797*** (0.1809)	−0.0327 (0.5217)
人均天保面积	−0.4860*** (0.1295)	−0.6206** (0.2857)	0.1679 (0.2989)	13.9407*** (2.4806)
人均防护林面积	0.0610 (0.0651)	−0.2333** (0.0987)	−0.3073*** (0.0526)	−0.5608*** (0.1409)
人均京津面积	0.2646*** (0.0745)	(dropped)	−0.3938** (0.1765)	0.5190** (0.2466)
人均速丰林面积	−1.7345* (1.0443)	−7.7177*** (2.2133)	−2.5034*** (0.5952)	2.7016 (1.8784)
截距	5.3569*** (0.2059)	6.2250*** (0.4499)	6.1608*** (0.3029)	6.2553*** (0.1778)
样本数	273	90	81	108
省市区个数	31	10	9	12
R^2	0.1762	0.4231	0.8632	0.6647

注1：* 为参数估计在10%的显著水平上显著；** 为参数估计在5%的显著水平上显著；*** 为参数估计在1%的显著水平上显著；注2：括弧中的数字为标准差。

入的弹性为负的，但不显著；从全国的角度而言，人均退耕还林面积对全国农村居民家庭人均经营性收入的影响依然为正的且在1%显著水平上显著。

人均天然林保护工程面积对全国和西部地区农村居民家庭人均经营性收入的弹性分别为−0.4860和−0.6206且分别在1%和5%显著水平上显著，对东部地区农村居民家庭人均经营性收入的弹性为13.9407且在1%显著水平上显著，对中部地区农村居民家庭人均经营性收入的影响为正的但不显著。天然林保护工程区域主要分布在中西部地区，且在实施的前几年中采取了比较严格的禁伐措施，虽然最近几年允许工程区内人工林的采伐，但农民的生产活动依然受到比较大的制约，进而导致中西部农村居民家庭人均经营性收入的下降。

人均防护林面积、人均速生丰产林面积和人均京津风沙源治理工程面积对农村居民家庭人均经营性收入与其对农村居民家庭人均纯收入影响的方向基本一致，弹性系数有所变化。

5.3 农村居民家庭人均工资性收入的经验性结果

国家统计的工资性收入界定为“农村住户成员受顾于单位或个人，靠出卖劳动而获得的收入。”乡村就业人数对全国农村居民家庭人均工资性收入的弹性为正的但不显著，对各地区的弹性有明显差异，对西部地区的农村居民家庭人均工资性收入的弹性为正的且在10%显著水平上显著；对中部地区的农村居民家庭人均工资性收入为负且在5%显著水平上显著；对东部地区的农村居民家庭人均工资性收入为0.4483且在1%显著水平上显著，表明东部地区的劳动力比较多，西部地区乡村就业人数在中东西部地区中为最小，但已经开展了劳动力转移；而且中部地区的乡村就业的工资性收入尚有大量空间。农业机械总动力的增加有助于中

表29-4 农村居民家庭人均工资性收入与林业重点工程经验性结果

变量	全国	西部	中部	东部
乡村就业人数	0.0041 (0.0677)	0.2346* (0.1242)	−0.4777** (0.2424)	0.4483*** (0.1406)
农业机械总动力	0.7390*** (0.1051)	−0.5535** (0.2467)	0.5954*** (0.2104)	−0.1327 (0.1172)
化肥施用折纯量	−0.0936 (0.0618)	−0.1068 (0.1410)	−0.3779*** (0.0813)	−0.7102*** (0.1216)
农村用电量	0.0743 (0.0568)	0.1972 (0.1663)	−0.0647 (0.1410)	0.4927*** (0.0535)
人均经营耕地面积	−1.3492*** (0.1982)	−0.6443** (0.3024)	−0.9584*** (0.1643)	−0.8772** (0.3454)
经营山地面积	−0.0380 (0.0786)	−0.0094 (0.1257)	−0.1329 (0.1974)	−1.4482*** (0.2683)
人均退耕面积	0.0056 (0.1928)	−0.5683 (0.3895)	1.8249*** (0.4461)	2.8347** (1.2264)
人均天保面积	0.3003 (0.3643)	4.8278*** (0.8170)	0.0810 (0.7372)	−0.1558 (5.8310)
人均防护林面积	0.6544*** (0.1837)	0.7034** (0.2822)	−0.3259** (0.1297)	0.9003*** (0.3311)
人均京津面积	−0.1003 (0.2096)	(dropped)	−0.6028 (0.4352)	−0.8609 (0.5796)
人均速丰林面积	1.8715 (2.9463)	−2.2287 (6.3297)	3.0795** (1.4681)	−2.0344 (4.4153)
截距	1.8415*** (0.5818)	7.1764*** (1.2867)	7.9617*** (0.7470)	6.1608*** (0.4179)
样本数	279	90	81	108
省市区个数	31	10	9	12
R^2	0.2255	0.6442	0.7988	0.8441

注1：*为参数估计在10%的显著水平上显著；**为参数估计在5%的显著水平上显著；***为参数估计在1%的显著水平上显著；注2：括弧中的数字为标准差。

部地区工资性收入的增加，而不利于西部地区农村居民家庭人均工资性收入的增加。化肥使用折纯量对农村居民家庭人均工资性收入的贡献为负的。比较容易理解，人均经营耕地面积和经营山地面积对农村居民家庭人均工资性收入弹性为负的结果，农民所经营的土地面积越大，需要将更多的劳动力投入到山地和耕地，即使耕地和山地的边际产出为负的情况下依然如此。故此，农民经营的土地面积越大，家庭人均工资性收入越低，表明我国农民经营并不是非常理性的。

根据国家统计局对农村居民家庭人均工资性收入的界定，林业重点工程对农村居民家庭人均工资性收入的影响主要在于农户能否从林业重点工程实施过程中通过劳动力投入而获得收入或者因为林业重点工程实施而产生的劳动力“挤出效应”，获得额外出卖劳动力的收入。表4中的结果表明退耕还林工程对全国农村居民家庭人均工资性收入的弹性为正的但不显著，但对中部和东部地区的农村居民家庭人均工资性收入的弹性为1.8249和2.8347且在1%显著水平上显著，对西部地区的农村居民家庭人均工资性收入的弹性为－0.5683但不显著。截止到2005年底，东部、中部和西部地区人均退耕地造林面积分别为0.0530公顷、0.2343公顷和0.5034公顷，西部地区简单地按照黄河流域的补助标准初步计算每年人均可以获得1208.16元的退耕地造林补贴，由于获得退耕地造林补助比较高，获得工资性收入的动力明显不足。东部和中部地区实施退耕地造林以后，投入到耕地的劳动力减少，采取外出务工等多种形式获取工资性收入的积极性逐年提高。

人均天然林保护工程面积对西部地区的农村居民家庭人均工资性收入的弹性为4.8278且在1%显著水平上显著，其余地区和全国均不显著。此结果表明天然林保护工程启动以后，由于实施天然林禁伐或者大幅度调减木材产量，农民丧失了原来依赖天然林获取收入的机会，不得不调整获取收入的手段。

防护林工程的实施采取国家给予补贴和农民投工投劳的形式，农民参与防护林工程建设可以获得工资性收入，人均防护林工程面积对全国农村居民家庭人均工资性收入的弹性为0.6544，并在1%显著水平上显著，东部和西部地区的人均防护林工程面积对农村居民家庭人均工资性收入分别为0.7034和0.9003，显著水平有所下降；中部地区人均防护林工程面积对农村居民家庭人均工资性收入的弹性为－0.3259且在1%显著水平上显著。一部分林地列为防护林工程则丧失了获取收益的机会，中部地区防护林工程采用国营林场租赁农民的林地的形式进行的居多，据我们实地考察，江西省相当大面积的防护林工程是采取国营林场租地的形式实施的，农民可以获得一定的极少量的林地租金，但难以获得出卖劳动力的收入。

人均京津风沙源治理工程面积对工资性收入影响不显著。人均速生丰产林面积对中部地区的农村居民家庭人均工资性收入的弹性为3.0795且在5%显著水平上显著，对其余地区和全国的农村居民家庭人均工资性收入的影响不显著。截止到2005年底，东部、中部和西部地区人均速生丰产林面积分别为0.025公顷、0.037公顷和0.018公顷，中部地区速生丰产林面积明显地高于西部和东部地区，因此，中部地区的农民可以从速生丰产林工程中获取较高的收益。

6. 结论与讨论

6.1 生产要素对农村居民收入的影响

化肥施用折纯量、乡村就业人数等对农村居民家庭人均纯收入和经营收入的弹性为负。1997～2005年东部、中部和西部地区和全国乡村就业人数增加了10.91%、15.01%、7.02%和11.29%，在二元结构条件，虽然存在向非农产业转移的趋势，非农就业转移属于一个换面的过程，从分析结果来看，这种转移依然不足，农村存在隐性失业的问题，中部地区在三个地区中乡村就业人数增长最快。表4中的结果表明乡村就业人数对中部地区农村居民家庭人均工资性收入的弹性为－0.4777，而东部和西部地区此弹性为正的，中部地区乡村劳动力尚需要加大转移力度。1997～2005年单位耕地面积的化肥施用折纯量东部地区增加了20.86%、中部和西部地区和全国分别减少了30.672%、

18.37%和10.67%，相应地化肥施用折纯量对农村居民家庭人均经营收入的弹性西部地区和东部地区为负，中部地区的该弹性为正的，因此，科学使用化肥施用可以增加农民收入；从农村居民家庭人均纯收入的角度来看，减少化肥施用折纯量能够有效地增加农民收入；工资性收入亦存在类似趋势，只不过显著性有所下降。

农村用电量对农村居民家庭人均纯收入、工资性收入（中部地区和全国的弹性不显著）和经营收入的弹性基本上为正，增加农村用电量能够有效地增加农民收入，用电的增加能够有效地改善农村生产和生活条件以及获取信息和改变观念，进而促进农民收入水平的增加。

农业机械总动力的增加亦基本上增加农民收入，中部地区农业机械动力对农村居民家庭人均经营性收入的弹性为－0.2029（表29-3），1997～2005年中部地区农业机械总动力增加了79.33%，明显地高于全国平均水平，而中部地区出现负弹性可能与快速增加有关；西部农业机械总动力对农村居民家庭人均工资性收入的弹性为－0.5535，出现这种结局的原因可能在于西部地区农业机械总动力的增加可能需要更多相对高素质的劳动力，而这一部分劳动力正是比较容易获得工资性收入的，我们尚需要获得进一步的数据资料加以解释。

人均经营耕地面积对农村居民家庭人均纯收入的贡献为负的（表29-3）；对中部地区的农村家庭居民人均经营收入的弹性为0.5963，其余地区和全国的此弹性要么不显著要么为负的，1997～2005年中部地区的人均经营耕地面积增加了17.40%；东部、西部地区人均经营耕地面积分别减少了9.76%和12.05%。在一定程度上，中部地区人均耕地面积的增加实现了耕地规模经济，表29-5中的结果也证实了这一点，人均经营耕地面积对农村居民家庭人均工资性收入的弹性为－0.9584且在1%显著水平上显著，比东部和西部地区的此弹性要高。

经营山地面积对东部、中部地区农村居民家庭人均经营收入的弹性为正的，对东部地区的农村居民家庭人均纯收入为负的（－0.3129）(表29-2)，这与表4中的对东部地区的农村居民家庭工资性收入弹性为－1.4482有关。中部地区发展林业可以有效地增加农村居民家庭收入。

6.2 林业重点工程对农民收入的影响

1998年开始林业重点工程试点和正式启动以来，林业重点工程的实施对我国农村居民家庭人均纯收入、工资性收入和经营收入产生了各异的效果；不同林业重点工程对农民收入产生了不同的效果。退耕还林工程的实施促进了全国农村居民家庭人均纯收入和经营收入的提高，促进了农村劳动力转移，尤其是在东部和中部地区（表29-3）。从全国的角度来看，天然林保护工程的实施降低了农村居民家庭人均纯收入和经营性收入；西部地区增加了农村居民家庭人均纯收入，这主要通过农村居民家庭人均工资性收入的增加（表29-4中的弹性为4.8278且在1%显著水平上显著）而获得；天然林保护工程的实施增加了东部地区农村居民家庭人均纯收入，主要通过增加其经营收入而实现的，根据我们的逐年迭代分析，允许天然林保护工程区的商品人工林采伐成为拐点，这是政策性调整所导致的。

人均防护林面积增加了全国农村居民家庭人均纯收入，人均工资性收入和人均经营收入亦呈现出增加态势，但若分别考虑不同区域则呈现出消极作用，主要原因在于防护林工程的成本与收益的承担呈现不对称。

人均速生丰产林面积对东部地区农村居民家庭人均收入有正向贡献；对中西部地区的农村居民家庭人均纯收入的弹性分别为－8.9357和－1.0513；人均速生丰产林面积对中西部地区的农村居民家庭人均纯收入及经营性收入弹性均为负的，出现这种格局的原因在于速生丰产林工程主要采用公司+农户的模式，作为弱势的农户在林地租赁以及相关过程中处于劣势，加上政府与村组织的干预，林地租赁价格偏低，甚至是非常低，农民因速生丰产林实施的机会成本明显增加。东部地区发展速生丰产林增加农村居民家庭人均纯收入的原因在于一些小型木材加工企业的发展以及向租赁和加工企业提供劳务。

京津风沙源治理工程涉及到5省市区75个县（市旗）的区域性生态建设工程，此工程的实施减少了山西省和内蒙古自治区的农村居民家庭人均纯收入和经营收入；而增加了河北、北京、天津等省（直辖市）的农村居民家庭人均纯收入和经营收入，与刘璨和张巍（2006）的研究结果类似，京津风沙源治理工程的实施并没有促进工程区的农村劳动力的转移。

6.3 建议

林业重点工程的实施对农民收入产生了不同的影响，且不同区域和不同时间阶段产生了不同影响，若农户不能从林业重点工程的实施中增加收入，那么林业重点工程实施的可持续性将非常值得怀疑。目前，我国每一项林业工程在每个大区域内实施一致的政策措施，但不同林业重点工程实施不同的政策措施，一刀切的政策措施没有充分考虑到各地的特殊情况，对农民收入产生不同的影响，如京津风沙源治理工程对工程区不同省市区产生了不同影响，因此，需要根据不同区域的特征细化林业重点工程的区域政策；同时需要考虑不同林业重点工程所采取的不同政策措施对农民收入所产生的收入歧视。

林业重点工程对农民收入结构产生了不同影响，如导致经营收入的下降和工资性收入的提高，收入结构调整过程是一个缓慢的过程，已有研究认为天然林保护工程对农村居民家庭人均纯收入为负的，随着工程实施的时间推移，东部、西部地区已经出现了积极倾向，对中部地区的影响已经不显著了，出现这一个格局与政策调整有关；亦与农民调整收入结构有密切关系，如天然林保护工程实施以后迫使西部农民采取外出务工等多种形式增加其收入，西部地区的人均天然林保护工程面积对农村居民家庭人均工资性收入的弹性为4.8278。

我们还需要清醒地认识到：随着农民收入水平的提高，按照目前政府实施的林业重点工程政策措施，林业重点工程对农民收入的影响将呈现出衰减态势，如我们计算的退耕还林工程对农民收入影响弹性低于一些已有研究（徐晋涛等，2004；刘璨、张巍，2006）；同时我们的林业重点工程实践迭代结果亦证实了这一观点。

林业重点工程的实施仅仅是影响农民收入的一些重要因素，若增加农民收入需要采取多种措施。

根据我们的研究结果，需要对现有的林业重点工程政策措施进行必要的调整，充分根据区域特征采取差异性政策；根据对农民收入影响的阶段采取差异性时间政策；改革林业重点工程的产权实施形式，有必要调整速生丰产林实施的产权形式。

参考文献

〔1〕郭晓鸣，甘庭宇，李晟之，罗虹. 退耕还林工程：问题、原因与政策建议—四川省天全县100户退耕还林农户的跟踪调查[J]. 中国农村观察，2005,（3）：72～79

〔2〕郭颖，张文雄，徐海. 退耕还林工程对农户生计的影响——以贵州省关岭县为例[J]. 云南地理环境研究，2006，（5）

〔3〕国家林业局. 中国林业发展报告[M]．北京：中国林业出版社，2005

〔4〕国家林业重点工程社会经济效益测报中心、国家林业局发展计划与资金管理司. 2003国家林业重点工程社会经济效益监测报告[M]．北京：中国林业出版社，2004

〔5〕国家林业重点工程社会经济效益测报中心、国家林业局发展计划与资金管理司. 2004国家林业重点工程社会经济效益监测报告[M]．北京：中国林业出版社，2005

〔6〕国家林业重点工程社会经济效益测报中心、国家林业局发展计划与资金管理司.

〔7〕2005国家林业重点工程社会经济效益监测报告[M]. 北京：中国林业出版社，2006

〔8〕国家林业重点工程社会经济效益测报中心、国家林业局发展计划与资金管理司.

〔9〕2006国家林业重点工程社会经济效益监测报告[M]. 北京：中国林业出版社，2007

〔10〕国家林业重点工程社会经济效益测报中心、国家林业局发展计划与资金管理司.

〔11〕2007国家林业重点工程社会经济效益监测报告[M]. 北京：中国林业出版社，2008

〔12〕国家统计局. 2007中国统计年鉴[M]．北京：中国统计出版社，2007

〔13〕国家统计局农村社会经济调查总队. 2006中国农村贫困监测报告[R]．北京：中国统计出版社，2006：32～33

〔14〕洪家宜，李怒云. 天保工程对集体林区社会影响评价[J]. 植物生态学报，2002，（1）

〔15〕胡崇德. 青海省的封山育林和退耕还林调查报告——村民如何对待封山育林[J]. 林业与社会，2002，（1）

〔16〕胡霞. 退耕还林还草政策实施后农村经济结构的变化——对宁夏南部山区的实证分析[J]. 中国农村经济，2005，（5）

〔17〕李怒云，洪家宜. 天然林保护工程的社会影响评价[J]. 林业经济，2000，（6）

〔18〕李若凝. 退耕还林对农村经济的影响及后续发展对策——以河南洛阳为例[J]. 农业现代化研究，2004，（5）.

〔19〕刘璨，孟庆华，李育明，吕金芝. 我国天然林保护工程对区域社会经济与生态效益的影响[J]. 生态学报，2005，（3）

〔20〕刘璨等. 林业重点工程对农民收入影响的测度与分析[J]. 林业经济，2006，（10）

〔21〕刘璨，张巍. 退耕还林政策选择对农户收入的影响——以我国京津风沙治理工程为例[J]. 经济学（季刊），2006，（1）：273～290

〔22〕倪家广，王艳萍，杨忠伟. 云南省"天保"工程区森林效益估算[J]. 林业调查规划2002（1）.

〔23〕宋阳等. 退耕还林对延安地区农业经济的影响[J]. 经济地理，2006，（5）

〔24〕唐秀萍. 林业重点工程与农民增收[J]. 中国林业，2004，（5B）

〔25〕Uchida, E., J. Xu, Z. Xu, and S. Rozelle, Are the poor benefiting from China's land conservation program?[Z]. Working draft, 2004

〔26〕吴水荣、刘璨、李育明. 天然林保护工程环境与社会经济评价[J]. 林业经济，2002，11～12

〔27〕Xu, Z., Jintao Xu, X. Deng, Jikun Huang, Emi Uchida, and Scott Rozelle. Grain for Green and Grain: a Case Study of the Conflict between Food security and the Environment in China[Z]. Working Paper, Center for Chinses Agricultural Policy, Institute for Geographical Sciences and National Resource Research, Chinese Academy of Sciences, and Dept. of Agricultural and Resource Economics, University of California, Davis, 2004

〔28〕徐晋涛，秦萍. 退耕还林和天然林资源保护工程的社会经济影响案例研究[M]. 北京：中国林业出版社，2004

〔29〕徐晋涛，陶然，徐志刚. 退耕还林成本有效性、结构调整效应与经济可持续性[J]. 经济学（季刊），2004，(1)：139～161

〔30〕徐勇等. 黄土高原生态退耕政策实施效果及对农民生计的影响[J]. 水土保持研究，2006，（5）

〔31〕许勤. 社区林业发展机制与退耕还林工程案例研究——以山西省和顺县为案例点[J]. 林业经济，2003

〔32〕易福金，徐晋涛，徐志刚. 退耕还林经济影响再分析[J]. 中国农村经济，2006，（10）

〔33〕赵丽娟，王立群. 沽源县退耕还林工程对农民收入的影响分析[J]. 林业调查规划，2006，（6）

〔34〕支玲等. 西部退耕还林经济补偿机制研究[J]. 林业科学，2004，（2）

〔35〕中澳合作项目课题组. 退耕还林效益显现——来自西北地区的调查报告[J]. 绿色中国，2005，（3）

〔36〕朱山涛等. 影响退耕还林农户返耕决策的因素识别与分析[J]. 中国人口，资源与环境，2005，（5）

第四篇

综合生态系统管理的实践与应用

30 防治土地退化促进可持续土地管理全球战略
31 运用综合生态系统管理原理做好我国荒漠化防治实践
32 中亚土地退化和土地可持续管理
33 中国土地退化监测数据协调与共享研究
34 土壤和水资源综合生态系统管理法律政策框架－新西兰模式
35 综合生态系统管理在甘肃GEF草地畜牧业发展项目中的应用和实践
36 亚洲开发银行宁夏生态及农业综合开发项目
37 在中国西部应用系统框架执行全球环境基金的目标
38 应用综合生态系统管理方法保护旱地生态系统生物多样性及防治土地退化
39 长江/珠江流域水土流失治理项目(CPRWRP) 对减缓长江上游流域水土流失的途径与挑战
40 关于在中国运用和推广综合生态系统管理的思考

4

30 防治土地退化促进可持续土地管理全球战略

Michael Stocking [1]

摘要

土地退化是一个全球性问题，亟待建立一个全球性的战略，在控制土地退化的同时促进土地的可持续经营。最近（2007年），全球环境基金（GEF）对土地退化重点区域的支撑策略进行了回顾，并将很快举行另一次战略对话，以谋求与2010～2014年全球环境基金的第五增资期的内容达成共识。本研究回顾了《全球环境基金第四期（GEF-4）土地退化重点区域策略》制定过程中一些需要优先考虑的问题 和GEF-5应该重点考虑的主题。 已经确定的方法是“可持续土地管理”，不仅强调可持续发展，也强调跨景观和生态学各种方法的综合性。

但是，将可持续土地管理付诸行动有理念上的和实际上的困难。在制定GEF-4战略目标时考虑了两个主要因素：有助于防治土地退化的政策和机构环境；如何才能最好地鼓励基层采取有效行动。这两个因素解释为两个专题：①能把可持续土地管理置于发展政策和实践主流位置的能力环境；②通过催化可持续土地管理投资活动产生大规模影响，逐渐扩大全球环境与地方生计的共同利益。

战略目标1强调土地退化防治综合方法，为了对政策框架、规划框架和监管框架产生影响，综合方法把景观和农业生态系统看作一个整体。战略目标2 确定能保证全球环境与地方发展互利、实现可持续土地管理投资最佳成本-效益的优先领域。GEF-4 战略接着把焦点放在：（1）至关重要的农业生态区域中的各种项目、规划；（2）能为GEF今后排列优先秩序提供信息的可持续土地管理创新方法，支撑该战略的是以下3个战略规划：①可持续农业和草原管理；②生产景观中的森林可持续管理；③可持续土地管理创新方法。最后一项规划是到目前为止用得最少的。

为了反映资金捐赠者的意愿并出于对投资效益进行必要的说明，目前，GEF仅仅重点关注某些影响指标，这些指标能够为项目目标的执行情况提供切实依据。GEF-4战略选用了5个影响指标：①用LADA项目目前使用的全球土地退化调查方法评估土地退化状况的变化；②用NDVI遥感调查方法评估地表的变化情况；③一个致富指标，选定的是评估小孩营养不良状况的指标；④生计问题最不确定、环境干扰最大的基层，其抗环境干扰的脆弱性；⑤气候变化弱适应性；应该指出，选出的这些指标为SLM项目投资提供了直接或间接的参考，同时，也包含了当前的一些热点话题，如气候变化等。

通过审视GEF全球战略，希望为今后10年提供重要的金融机制来支持可持续土地管理投资活动，以辅助其他捐资机构的投入，为人类社会和全球环境带来效益。

[1]全球环境基金科技组副主任、英国东安格利大学自然资源发展教授
Email: m.stocking@uea.ac.uk
http://www1.uea.ac.uk/cm/home/schools/ssf/dev/people/academic/Stocking

一、引言

自1992年以来，GEF已经成为实施生物多样性、气候变化等全球环境干预的主要融资机制，2002年10月北京GEF大会之后开始实施土地退化干预。至今为止，已经有32个捐赠国为转型中的160个发展中国家和经济实体捐资74亿美元作为增量成本，增量成本指签署公约的国家为实施生物多样性保护、控制气候变化、减少土地退化需要的超出国家责任之外的成本，同时还获得了其他配套资助280亿美元，支持这160个国家实施1950个产生全球环境效益的项目。

一个典型的例子是中国GEF甘肃/新疆草原发展项目，它以赠款1000万美元为基础获得世行6600万美元的贷款。GEF还资助该草原发展项目以外的其他活动如减少土地退化、保护生物多样性、固碳（世行2007）等，该项目于2003年9月获批，目的是通过改善草原管理、牲畜生产和市场体系来提高农牧民生计。这一GEF融资方式不仅把生物多样性、气候变化和土地退化系统地联系起来，同时也把环境保护和人类发展联系起来，对可持续发展发挥着独特的作用。

GEF第4轮增资规划（即GEF-4）目前（2008年11月）正处于中期的实施阶段，GEF-5（2010～2014）正开始。虽然GEF和其他捐赠机构投入了大量的资金，但是挑战生态系统可持续发展和人类未来发展的全所未有的全球环境问题正不断涌现。最近开展的各种评估如千年生态系统评估 (2005a)，IPCC 2007 评估，IAASTD2008评估均肯定：生物多样性正急速丧失，气候变化加快，生态系统退化，农业、渔业、林业生产亟需可持续性，人类生计受影响 (GEF STAP 2008)。全球环境概况- GEO4做出了目前最重要的全球性评估，关于土地，本书预言“对2050年展望是：各种最主要的趋势不可避免，无法做出各种风险预警，而它们对社会都产生严重影响”（UNEP 2007年，110页）。

本文将解释GEF-4土地退化战略规划（GEF2007）的流程，回顾战略规划考虑的因素及其基本内容，同时期待从中获得制定GEF-5规划需要的信息。要特别说的是本文确定了目前和今后的战略优先秩序，使土地退化防治和可持续土地管理投资产生全球环境效益。

二、土地退化防治全球意义

土地退化是一个全球性的过程，对全球产生影响，这一点是国际公认的（Stocking 2006）。它是生态系统功能和服务遭致破坏的首要途径，并因此而影响人类生计、经济和社会发展，是一个真正的全球性环境与发展问题。

不论是1991年全球土地退化评估获得的基础信息，或是GEF资助的LADA项目（干旱土地退化评估项目）进行的全球评估结果都说明全球的土地退化速度正加快、程度在不断恶化。全球土地退化评估，虽然被认为做的还不够（Sonneveld和Dent，2007），但它已经说明地球表面15%的面积已经退化，LADA项目认为24%的土地正在退化，另外，新一轮的评估确认许多新领域正在退化，早期退化的面积因其退化太严重所以现在的“生产力水平持续低下”(Bai et al. 2008a, p. i)。居住着15亿人的华南地区和其他热点地区因土地退化生活日益艰难，且缺乏可持续性(Bai et al. 2008b)。

因此，通过程序工具如农业过渡开发、开垦陡坡等导致的土地退化已经成为一个全球性的问题。如果把土地退化对全球环境和发展产生的效应如生态系统提供的产品和服务（包括减缓气候变化的碳贮存）等加入土地退化带来的直接影响，那么，土地退化可以巨幅放大，对我们这个星球形成巨大威胁。以土壤和土壤表层下生存的各种有机物（线虫，细菌，菌根真菌）为例，根据估算，土地和世界土壤生物区每年免费提供的各种服务价值达1.5万亿美元(Brussard et al 2007)。同时，土壤能贮存至少1500千兆千克的有机碳，远远超出大气层和全球所有植被所能承载的总量(Dance 2008)。由于各种土地退化过程使有机碳枯竭，因此对于导致环境变化有着极深刻的影响。

三、制定GEF-4土地退化战略

（一）挑战

在制定GEF-4 土地退化战略的初期阶段，其核心领域的目的就确定为“逐渐改变整个系统，以防治不断恶化的土地退化，产生全球环境效益”(GEF 2007,38页)。实现这一目标的“工具”是可持续土地管理和低本高效的、可产生一系列全球效益的土地退化防治各种投资方式(GEF-STAP 2006)。

问题是，人们通常不理解可持续土地管理，特别是它与其他景观综合起来之后对可持续发展发挥的作用。根据为可持续土地管理制定的影响监测指南确定了一个可行的定义，Herweg et al （1999，15页）简要地归纳为“如果不监测项目产生的影响，可持续发展仍是一句空话”，因此可持续土地管理被定义为“利用土地资源（土壤、森林、草地、水资源、动物、植物）来生产满足人类需要的各种物品的同时保证土地长期的生产能力”。可持续土地管理被认为是可持续农业和土地利用的基础，是可持续发展和减贫的一个战略组成部分，它解决的是因密集型经济和社会发展引发目标冲突的问题，同时维护和加强土地资源的生态系统支撑功能和全球生命支撑功能，土地利用者要开展增收却又不破坏作为生产基础的土地质量，就要实践可持续土地利用原则，这是不可多得的选择之一。同时，GEF-4制定了一套检测可持续土地管理投资是否实现全球环境效益和发展效益的指标，来跟踪监测项目影响。

GEF第4次增资期把3000万美元投入了核心领域，但是根据土地退化的规模及其密集程度，这些资源不可能满足所有受影响区域预防、控制、扭转土地退化趋势需要的成本，因此战略只能有选择地分配现有的资源。恢复活动、制定防治技术不能接受资助，因为这些活动要么缺乏底本高效性，要么更适合其他机构资助。而景观方法接受了生态系统原则，因此更适合用来为人们提供生态系统产品和服务，其运行规模可以是地方性的，也可以是全球性的。

（二）战略焦点和目标

前一增资期（即GEF-3）土地退化重点干预的领域是能力建设、实施创新活动、开展本土可持续土地管理活动。制定优先领域后收到了各种的建议书，都希望对程序性伙伴关系方法或以市场为导向的融资机制（如有偿环境服务）进行尝试。对GEF-3项目组合进行了分析， 分析结果表明，特别是最近出版的沙漠化合成（千年生态系统评估2005b）指出应该减缩GEF-4的干预范围。

沙漠化合成及后果分析（如Douglas 2006）凸显了土地退化防治的两个重要障碍：政策和机构环境不得力，表现为因缺乏全国性可持续土地管理问题优先排序而无法开展有效行动；无法对国家发展的杠杆作用形成增值，这一增值作用本来是可以通过目标可持续土地管理干预给若干部门同时带来多种效益实现的。后果分析与这一发现一致：这两个障碍，以及负责解决问题的全球性研究机构的低效，是土地退化防治的主要障碍(如 Stringer 2008)。

因此制定了两个战略目标：建立一个有利于土地退化防治的政策和机构环境，鼓励在基层有效行动（表30-1）。

1. 战略目标1：能力环境

可持续土地管理付诸行动有理念上的和实际上的困难，其中一个全球性的障碍是“能力环境”，指的是保证土地退化和可持续土地管理得到认真对待的机构、政策、法律框架和支持者。Hurni（2000，83页）指出“只有一个各层面利益相关者都参与的综合参与式方法才有潜力在一个有利的机构环境中制定出适合当地的解决办法”。

自然资源管理问题包括土地利用问题，实际上是处理碎片，由于部门政策和监管框架不协调，因此总的主导目标不清晰，可持续土地管理没有资金保证。负责土地退化的国家部委通常是政府方面力量最弱的被边缘化的机构。没有把环境问题置于发展政策和实践活动主流位置的、缺乏充分的机构能力的国家其土地退化也是最严重的，在这样的政策环境中，贫困问题和影响致富的各种疾病是土地进一步恶化的驱动因素。

战略目标1 因此要解决的是能力环境的问题，也就是现在倡导的用综合方法开展土地退

表30-1 土地退化核心领域战略目标、预期影响和指标

战略目标	预期影响	影响指标
战略目标1： 把可持续土地管理置于区域、国家、地方发展政策和实际行动主流位置的能力环境	土地退化趋势和严重性总体降低	净初级生产力和用雨效率提高比例
	生态系统功能和各种程序包括土壤、植物、生物区、淡水的蓄碳功能得到保护	蓄碳量（土壤和植物生物量）增加比例，淡水拥有量提高比例
	地方人口对气候变化影响弱适应性降低	因庄稼无收和牲畜死亡导致的死亡率下降比例
战略目标2： 催化可持续土地管理投资，产生大规模影响，实现全球环境和地方生计多重效益。	农村土地使用者（常缺乏资源）生计改善	贫困线下的农村贫困户数量下降比例
	可持续土地管理资金来源呈多样性	资金来源（如私有部门，CDM等）多样性提高比例

资料来源：GEF-4核心领域战略

化防治。建立综合管理机构能力解决整个景观问题的，涵盖所有自然资源管理生态系统原则的方法，是优先考虑的方法。基于这一战略目标范围，接着在土地退化驱动因素力量强大的、贫困和弱势群体深受影响的国家倡导政策改革，建设可持续土地管理能力。

GEF-4战略希望通过解决能力环境问题，逐步把土地退化问题纳入国家政策的主流，实现以下成果，使实践活动更加有效，实际上，该战略认为这几点是土地退化防治的前提条件。

可持续土地管理主流化：政策、监管、规划各框架（如机构政策和规划、土地租用权、用水权、其他激励机制）全力支持可持续土地管理。

机构和专业能力：机构有能力支持地方、次国家层面、国家层面开展可持续土地管理；区域和跨界机构有能力开展并推广跨界资源管理（如培训、教育、监测、研究能力提高并且推广到周边生态系统治中，被整合到其他综合方法当中）。

预算与资金分配：促进持续地获得可持续土地管理资金（如通过国家部门预算形成可靠的融资计划、环境服务资金、获得小型信贷等）。

GEF-4战略意识到实现这一该战略目标的前提是：有了必要的机构，即使这些机构的力量还比较弱。因此在根据需求排列国家优先秩序时，只有‘有机构建筑物’的国家才能进行项目投资。因此，先通过分析驱动因素和土地退化的影响（如现有的退化类型模式，土地利用方式、贫困和富裕、气候变化的脆弱性），来确定应获得可持续土地管理投资的国家，但最后还要看是否具备了一个前提条件，即是否有了机构，以及机构是否能在土地资源管理方面进行全国性和地区性授权包括提供培训、研究等服务。GEF投资接着努力使这些机构授权，做法是把可持续土地管理置于公共政策的主流位置和开展能力建设。

2. 战略目标2：逐渐扩大规模

项目只能覆盖有限的地域面积，这是不可避免的。即使是重大的战略投资项目如土地退化核心领域TerrAfrica (http://www.terrafrica.org) –非洲项目，也是从选定的干预国家中再选定国家和地区。资助限制意味着项目实施有空间面积和直接受益人数的限制，涵盖的主题和技术也受限制。许多项目在示范区开展示范活动，目的是希望通过示范活动积累经验教训，然后更广泛地推广应用。同时鼓励项目制定宣传计划，宣传项目成果。实际上，项目是否能把项目成果推广到项目区外是提供资助之前考虑的一个因素，如果项目产出能证明有理由开展某种行动而不需要增加GEF资源，那么这样的投资更有吸引力。这种能力就是我们所说的“扩

表30-2 扩大规模：形式与应用

扩大规模的形式	描述与应用
在数量上	“扩大”或“提高”项目影响；通过复制项目活动提高参与人数，也叫“横向扩展”
在功能上	项目把活动规模扩大到新的领域，如把土地退化防治投资扩大到小额贷款和小企业
在政治上	如：项目从提供土地退化防治技术服务转向政策和机构变革
在组织上	组织效率和效果改善，从而提高干预活动的规模和可持续性，这一点可以通过配套投资的杠杆作用、培训、网络体系和能力建设等实现

资料来源：Gündel et al 2001

大规模”的潜力，本质上，它能检测项目投资产生的影响潜力，这种潜力越大，得到资助的可能性就越大。已经识别了若干种扩大规模的形式（表30-2），这些形式均有利于GEF项目实现更大影响，产生全球环境效益。

战略目标2，因此对这些领域进行了优先秩序排列：可持续土地退化投资能在近期项目区内外（扩大数量）实现地域上和人口上的底本高效；全球环境和地方生计互利（扩大功能）；形成可持续土地管理新的政策和法律框架（扩大政治规模）；通过培训、增加融资等方法加强可持续土地管理机构（扩大组织规模）。

GEF-4战略强调必须识别出投资是否通过以下两方面实现底本高效：项目活动能够被复制并广泛推广；对地方生计产生具体利益以保证项目活动的可持续性。这是在联合国荒漠化公约波恩公约指导下制定的，公约强调：项目的作用是实现土地退化核心领域变化的催化剂〔http://www.unccd.int/cop/officialdocs/cop4/pdf/3add9(b)eng.pdf〕，同时也根据对通过综合方法可实现效益的科学理解制定。战略还鼓励在其核心领域目标中的增效作用，如气候变化适应性、生产景观中的生物多样性保护、减少污染、减少国际水域中的沉积物等。

确定扩大、优化项目投资影响的相互影响的各因素之后，战略目标希望实现以下成果：

（1）扩大可持续土地管理规模：系统、大规模地应用和推广可持续的、以社区主导的农业体系和森林管理体系

（2）发展利益：社区从应用、宣传可持续土地管理实践活动中获益

（3）更大规模地应用各种综合方法：实现可持续土地管理综合方法可持续性融资。

该战略目标范围包括那些对全球环境和地方群众同时产生多重效益的最佳土地退化防治活动和生态系统产品和服务的改善，这种改善是可以检测到的。要实现这些效益，必须具备战略目标1中的‘能力环境’，特别是运用土地资源管理综合方法的人和机构。

（4）优先主题、农业-生态区、战略规划：GEF-4战略意识到限制优先主题的数量对GEF投资有益，其他主题由其他机构和资助体系如CGIAR等执行更合适。GEF投资选定的土地退化核心领域应包括：①以重点农业-生态区域为目标的项目和规划；②能向GEF提供关于GEF-4优先领域之外的信息的可持续土地管理创新活动。

以下干预活动种类清单强调了在可持续发展的背景下产生全球环境效益的各核心领域之间的互相联系。有最高优先权的农业-生态区域包括：

干旱半干旱地区：农田、草场问题，土地混合利用，雨水储蓄，小型灌溉，草原体系，传统知识和地方知识（始终贯穿于干旱地区生物多样性的可持续利用和保护、地下水的可持续利用、气候变化的不适应性和适应性之中）。

半干旱、次湿润至温带地区：混合森林，草场和作物种植包括生存农业（温饱型农业），木材和非木材资源的利用，与野生动植物的相互作用（始终贯穿于生物多样性的可持

续利用和保护、地下水的可持续利用、气候变化的不适应性和适应性之中）。

山地和高地水流域：包括水源保护和栖息地自然资源管理，山地社区（始终贯穿于国际水域保护、生物多样性的可持续利用和保护、可持续林业管理、气候变化的不适应性和适应性之中）。

湿润森林边缘：大景观中森林和林地镶嵌包括作物和牲畜间种/养，森林边缘生物多样性保护，酸土（酸雨造成的）和泥煤（始终贯穿于生物多样性的可持续利用和保护、可持续林业管理、气候变化的不适应性和适应性之中）。

次湿润到次热带：雨养农业区域，包括土壤肥力问题，土壤流失控制，地下水的可持续利用（始终贯穿于气候变化、生物多样性和国际水域之中）。

为了组织这3个优先区域和主题，GEF-4战略设计了3个战略规划，为各种规划和项目界定全球范围（参阅 GEF 2007，表30-3：规划详细内容和描述）。

可持续农业和草原管理；生产景观中的可持续林业管理；可持续土地管理创新活动。

有意思的是，战略规划1和2 已经收到了大量的建议书，而战略规划3（即GEF-4）用创新方法开展可持续土地管理，到目前为止收到的建议书寥寥无几，其原因将会在规划GEF-5 时加以考虑，就‘什么是创新’和创新的重要意义可能会给GEF执行机构更多指导。

四、影响指标

广泛使用环境指标的原因有多种，例如可能用来评估环境条件、环境趋势在全球、国家、地区和地方的规模程度；用来预告各种趋势；用来提供早期预警信息；用来评估与目的、目标有关的各种条件(Bakkes et al 1994)。这些指标如果是谨慎选择的，它们将能提供证据证明是否实现了规划目标和项目目标，同时跟踪某一可持续土地管理投资的影响是否符合全球环境目标，因此这些指标有很充分的理由

表30-3 GEF-4 战略规划概要

战略规划	预期产出	成果指标
1. 支持可持续农业和草地管理	在干预领域中形成可持续雨养作物生产和草原管理能力环境，用综合方法管理各种自然资源（包括旱地森林、水资源和能源）。	每个伙伴国家为每种重要土地利用方式（农业、畜牧业）制定出新的和谐政策，以及/或采用一项国家土地利用政策 重点机构开展的推广活动反映了生态系统原则和理念 专业机构联合活动增加了多少 与自然资源有关的部门获得的资源分配增加了多少 农村土地使用者实际获得和人均获得农村信贷和/或相关资金 应用可持续土地管理最佳实践活动的地域面积增加了多少
2. 支持生产景观中的可持续森林管理	湿润地区森林边缘、森林碎片、林地资源，半干旱、次湿润生态系统与大片景观统一可持续管理。	每个伙伴国采用一种可持续森林管理新的森林和谐政策 重点机构的推广活动反映了大景观（包括森林和林地资源）管理生态系统原则和理念 给负责管理森林和林地资源的部委的资源分配增加了多少 森林和林地使用者净获得和人均获得的农村信用设施和/或相关资金提高了多少 应用可持续森林管理最佳实践活动的地域面积增加了多少
3. 投资可持续土地管理创新方法	促进应用科学技术方法了解不断涌现的问题，促进GEF-5的战略讨论，在土地退化农民协会中加强GEF运行	新形成的科技知识支持GEF-5的战略讨论 即将由GEF-5 资助的项目与其他的设计反映的新科技知识 新知识支持 GEF-4资助项目的准备和实施

资料来源：GEF 2007

反映了GEF-4的战略特点。

虽然GEF需要在投资组合（即核心领域）、战略规划、目标和项目各层面设定指标，但本文予以考虑的只有全球层面的指标。在自然资源管理中更多被选定的指标主题和好几个被提出来的指标看起来就像是面面俱到的购物单，都希望被定为主题，这并不符合指标设定的目的，即选定几个简要、清晰、合理的指标，这样的指标应该是切实可行的，能检测出项目结果产生了哪些影响（变化）。设定一套指标的目的是保证项目按照原来设计的方向实施（项目按既定的轨道运行）。为有效地指导项目前进，指标必须满足以下两个要求。

第一，指标不仅具有检测近期项目效力的作用，它必须具有更广泛的意义。例如，检测土壤保持技术如土堆技术是否有效，通常做法是测量每公顷土壤吨数流失的变化情况，但是如果要有效地检测项目的进展情况，指标必须具有更宽泛的服务范围，（针对‘土壤保持技术’）如果指标检测的是净初级生产率的变化情况也许更有力度，因为它能综合体现土壤保护、土壤肥力和产量各方面变化的情况。指标必须减少庞大的数据和程序，其形式应该是简单的，但保留项目投资希望获得的最基本的功效和意义。

第二，指标必须是规范的，这是首要，也就是说，它应该是项目的目标方向或者具有参考价值。这是项目在进展过程中理想价值和实际价值的真正差异，项目因此有可能被引导回到当初设计的目的。参考价值通常是项目设定的目标，但也有可能是广义上理想的成果。在土地退化核心领域，GEF投资项目严格要求项目必须瞄准产生全球环境效益如减少国际水域中的泥沙、提高固碳率等。但是，GEF投资项目更广泛的社会目标是有利于人类福利。因此完全有理由选择与此相关的各种指标，如假定某种方法能改善人类生计，而且是通过环境效益获得的改善。

GEF-4 土地退化核心领域战略选择了5个全球指标，各指标均通过整体映射（很容易进入）来体现。

（一）指标1：土地退化状况的变化

这一指标根据荷兰ISRIC于1981～2003为LADA项目测绘的全球土地退化图设定，图30-1结合了过去23年的生物量生产趋势和雨水利用效率趋势，其分辨率为8千米，图30-1显示

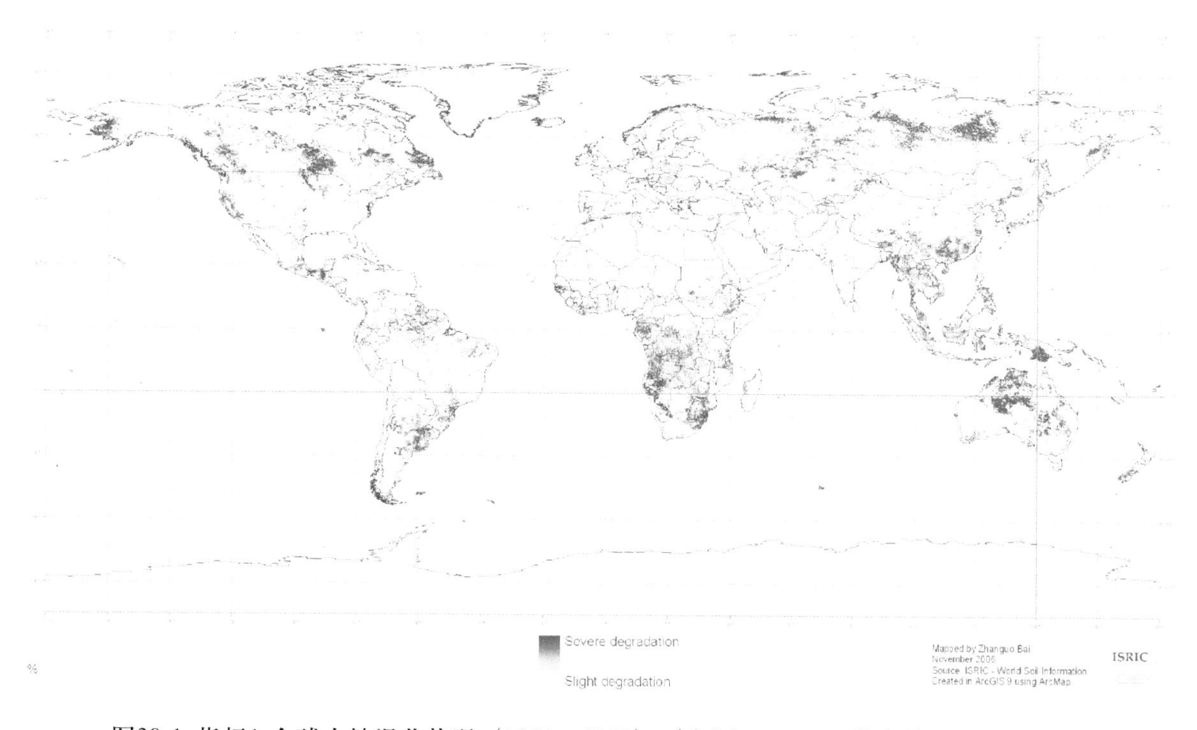

图30-1 指标1-全球土地退化状况（1981～2003）（来源：ISRIC工作文件，2007年2月）

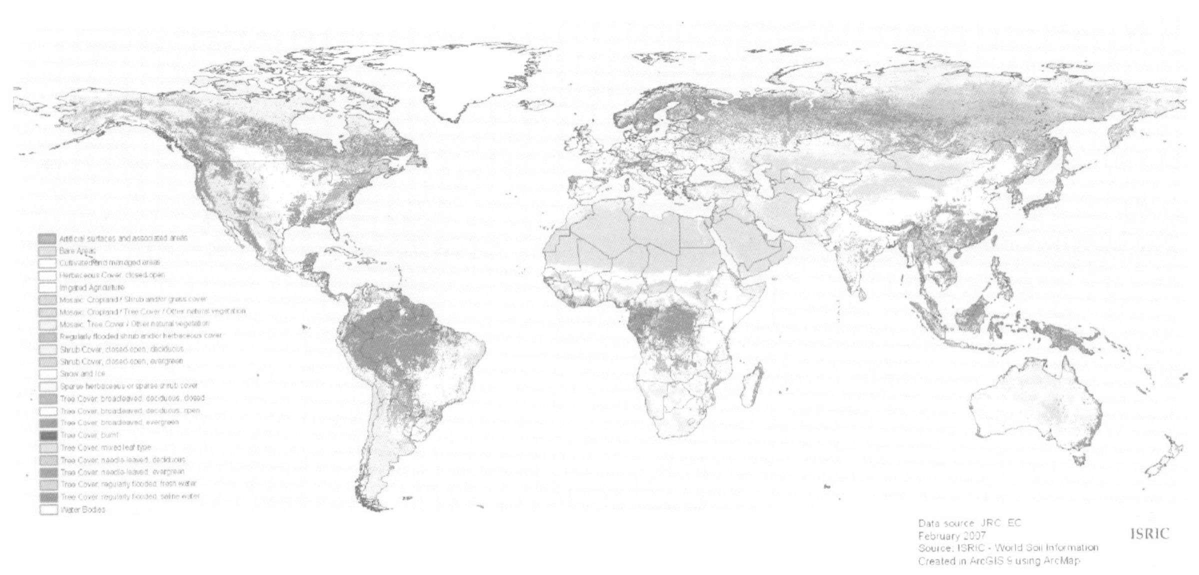

图30-2 指标2：2000年全球地表覆盖图（来源：欧盟联合研究中心，2000）

了生物量和雨水利用率趋势均为消极的区域，在灌区则只考虑了生物量趋势，城区不包括在内。还突显了在该时间段里已经发生土地退化的区域，它与历史遗留的总体土地退化区域并不一致。可以用来识别GEF干预的区域，也可用来进行项目干预优先排序。

（二）指标 2：地表植被覆盖率的变化

该指标根据位于意大利的欧盟联合研究中心对2000年地表评估结果设定，这一植被变化指数（NDVI）可检测大面积的地表植被覆盖的状况，从图30-2可清晰看出植被密度、植被稀少或没有植被的区域。根据卫星图片绘制的图30-2，其地表种类分辨率为1千米。图30-2可用来与全球土地退化图作比较，以便评估哪些种类受土地退化影响最严重。地表种类是土地利用形式和生态系统的取代物。

（三）指标 3：儿童营养不良状况

GEF-4战略选定该指标的目的是为产生效

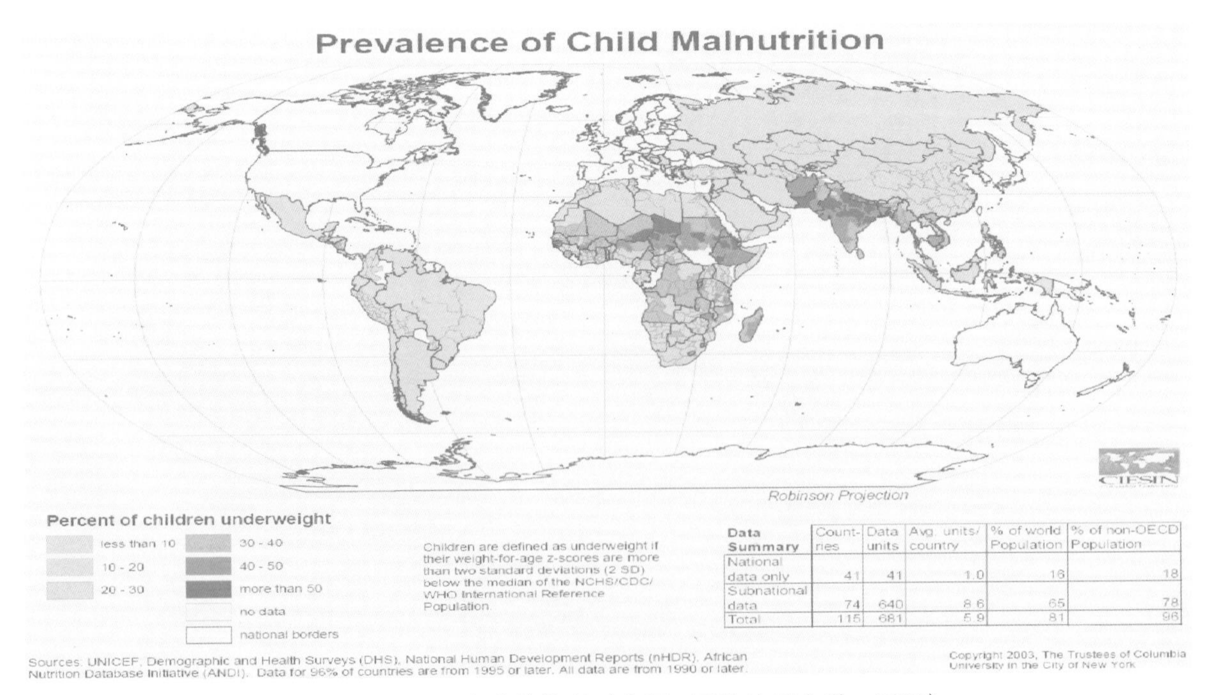

Data Summary	Countries	Data units	Avg. units/country	% of world Population	% of non-OECD Population
National data only	41	41	1.0	16	18
Subnational data	74	640	8.6	65	78
Total	115	681	5.9	81	96

图30-3 指标3：儿童营养状况（来源：哥伦比亚大学，2003）

益影响的可持续土地管理投资提供指导，也为减少发展压力（这里指的是儿童营养不良）进行可持续土地管理区域排序提供指导。图30-3是一个必要的贫困指标。如果儿童的体重/年龄Z积分居于世界卫生组织国际参照人口国家健康统计中心/疾病控制中心中等水平以下，则被定为体重不足。图30-3可以用来进行项目干预排序，也可以用来识别那些土地退化和贫困紧密联系，两者需要同时解决的区域。

（四）指标4：抗环境干扰的脆弱性

图30-4展示了人们对环境干扰的不同的抵御水平。环境可持续发展指数的检测方法有5

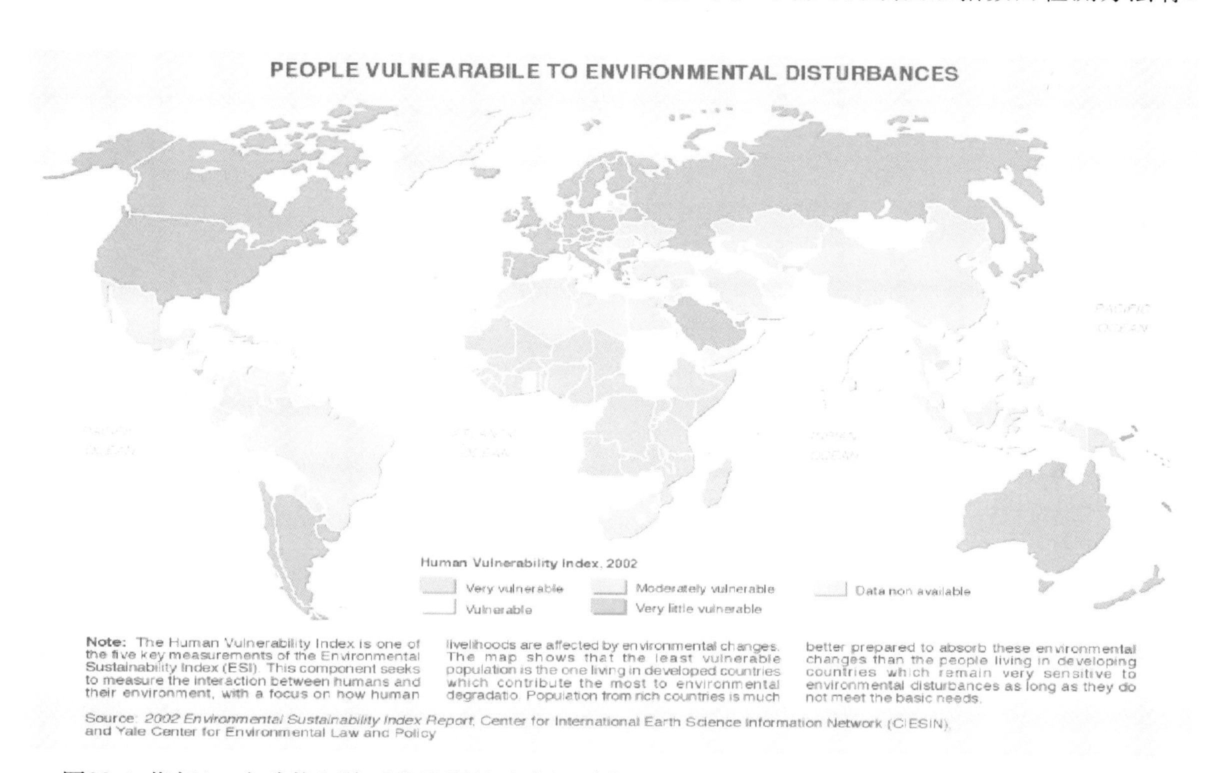

图30-4 指标4：全球抗环境干扰脆弱性分布图（来源：CIESIN 和耶鲁环境法与政策中心，2002）

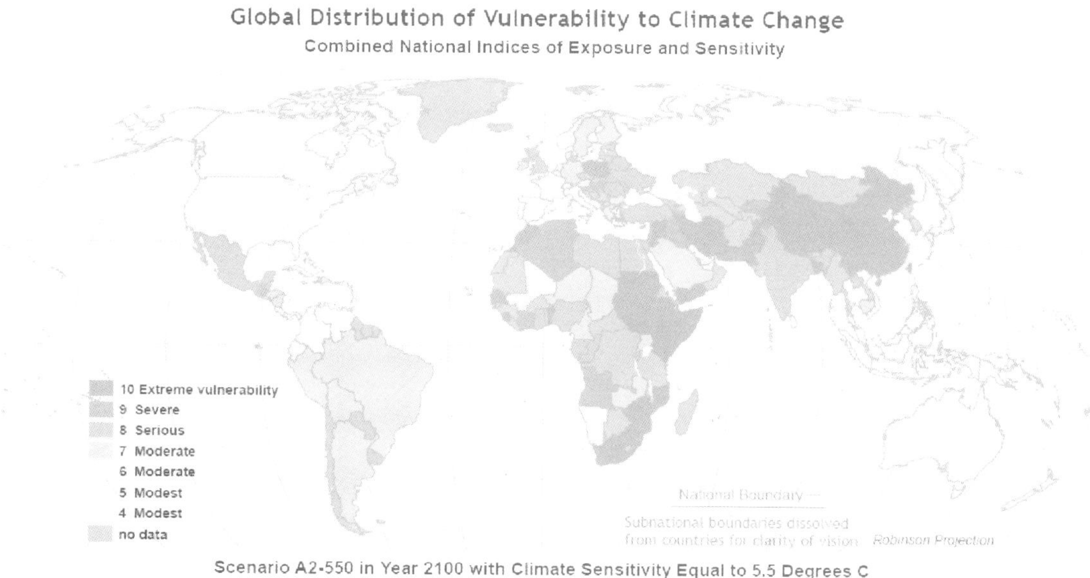

图30-5 指标5：气候变化弱适应性全球分布图（来源：威斯廉大学和哥伦比亚大学，2006）

种，人类脆弱指数是其中之一。这一指标旨在检测人类与其环境的互动水平，着重检测人类生计是如何被环境变化所影响。图30-4可以用来识别哪些区域中人们对环境变化非常敏感但却无法吸收这些变化，也可以用来对可持续土地管理干预减少农村人口抗环境干扰（如土地退化）脆弱性进行优先秩序排列。

（五）指标5：气候变化弱适应性

不论怎么说，气候变化带来的各种威胁是目前公认的最大的环境挑战。GEF理事会就有人提出应对所有项目提出防治气候变化的硬性要求，很明确，他们指的是气候变化。图30-5展示的是气候变化脆弱指数，它把全国照射指数和敏感指数和二为一，这两个指数关系到2100年年平均气温（3.3℃）的变化情况，根据A2-55 μg/g排放情景（乐观数字）计算结果，结合气候敏感性，平均气温应等于5.5℃（高值），如此大的差异其潜在的影响已经在指数中合计，脆弱性从中等到极端脆弱不等。图30-5可以用来识别受气候变化影响今后可能发生土地退化的区域，与全球土地退化图对比可以识别出现在没有退化风险但不久将来可能受土地退化严重影响的区域，因此可以采取防范措施。

五、结论

建立一个防治土地退化促进可持续土地管理的全球战略，是一个复杂的选择、细化和检测过程，建立这样一个全球战略是在GEF-4 增资讨论完成后决定的，因此2007年GEF技术顾问组成员在巨大的压力下开展这一工作，虽然在战略结构和内容定稿时没有机会进行广泛咨询，然而，该战略有效地使GEF各执行机构把注意力引到了GEF的几个侧重点，特别是全球效益及如何检测、跟踪全球影响这几个重点。如本文所言，制定GEF-5新战略已经开始，2009年将有大进展。我们将从GEF-4 中收集经验教训，制定出土地退化核心领域新日程和可持续土地管理运行方案，以指导我们的工作直到2014年。

六、感谢

本文的核心内容以GEF土地退化核心领域战略为基础，作者是GEF-4 技术顾问组5个成员之一。感谢技术顾问组其他同仁的贡献：Andrea Kutter (GEF秘书处), David Dent (IS-RIC), Youba Sokona (OSS), 和Goodspeed Ko-polo (联合国沙漠化防治公约秘书处)。特别感谢科技顾问组和GEF秘书处的大力支持。

参考文献

1. Bai, Z.G., Dent, D.L., Olsson, L. & Schaepman 2008a. *Global Assessment of Land Degradation: 1. Identification by remote sensing*. GLADA Report 5. World Soil Information (ISRIC), Wageningen.

2. Bai, Z.G., Dent, D.L., Olsson, L. & Schaepman 2008b. Proxy global assessment of land degradation. *Soil Use and Management* 24: 223-234.

3. Bakkes, J.A., van den Born, G.J., Helder, J.C. & Swart, R.J. 1994. *An Overview of Environmental Indicators: state of the art and perspectives*. Report UNEP/EATR 94-01, United Nations Environment Programme, Nairobi.

4. Broussard, L., de Ruiter, P.C. & Brown, G.G. 2007. Soil biodiversity for agricultural sustainability. *Agriculture, Ecosystems and Environment* 121: 233-244.

5. Dance, A. 2008. What lies beneath. *Nature* 455: 724-725.

6. Douglas, I. 2006. The local drivers of land degradation in South-East Asia. *Geographical Research* 44: 123-134.

7. GEF 2007. *Focal Area Strategies and Strategic Planning for GEF-4*. Council Document GEF/C.31/10, Global Environment Facility, Washington DC - http://www.gefweb.org/uploadedFiles/Documents/Council_Documents__(PDF_DOC)/GEF_31/C.31.10%20Focal%20Area%20Strategies.pdf

8. GEF-STAP 2006. *Land Degradation as a Global Environmental Issue: A Synthesis of Three Studies Commissioned by the Global Environment Facility to Strengthen the Knowledge Base to Support the Land Degradation Focal Area*. GEF Council Document GEF/C.30/Inf8. Scientific and Technical Advisory Panel of the GEF, Washington DC.

9. GEF-STAP 2008. *A Science Vision for GEF-5*.

Scientific and Technical Advisory Panel to the Global Environment Facility, Washington DC.

10. Gündel, S., Hancock, J. & Anderson, S. 2001. *Scaling-up Strategies for Research in natural Resources Management: a comparative review*. Natural Resources Institute, Chatham.

11. Hurni, H. 2000. Assessing sustainable land management (SLM). *Agriculture, Ecosystems and Environment* 81: 83-92.

12. IAASTD 2008. *International Assessment of Agricultural Knowledge, Science and Technology for Development*. Executive Summary of the Synthesis Report - http://www.agassessment.org/docs/SR_Exec_Sum_280508_English.pdf

13. Herweg, K, Steiner, K. & Slaats, J. 1999. *Sustainable Land Management: Guidelines for Impact Monitoring*. Centre for Development and Environment, Berne, 78pp.

14. IPCC 2007. *Climate Change 2007: Synthesis Report*. The Intergovernmental Panel on Climate Change, report approved at IPCC Plenary, Valencia, Spain - http://www.ipcc.ch/pdf/assessment-report/ar4/syr/ar4_syr_spm.pdf

15. Millennium Ecosystem Assessment 2005a. *Ecosystems and Human Well-Being: Current State and Trends*. Island Press, Washington DC.

16. Millennium Ecosystem Assessment, 2005b. *Ecosystems and Human Well-being: Desertification Synthesis*. World Resources Institute, Washington, DC.

17. Sonneveld, B.G.J.S. & Dent, D.L. 2007. How good is GLASOD? *Journal of Environmental Management* (in press – available online 20 December 2007, *Science Direct*)

18. Stocking, M. 2006. *Land Degradation as a Global Environmental Issue: A Synthesis of Three Studies Commissioned by The Global Environment Facility to Strengthen the Knowledge Base to Support The Land Degradation Focal Area*. Report for GEF Council, 5-8 December, Document GEF/C.30/Inf.8. Scientific and Technical Advisory Panel, Global Environment Facility, Washington DC, 17pp.

19. Stringer, L. 2008. Can the UN Convention to Combat Desertification guide sustainable use of the world's soils? *Frontiers in Ecology and the Environment* 6: 138-144.

20. The World Bank 2007. Global Environment Facility (GEF) Projects in China.

- http://go.worldbank.org/CY9L4WRNA0

21. UNEP 2007. *Global Environmental Outlook: GEO-4 – Environment and Development*. United Nations Environment Programme, Nairobi - http://www.unep.org/geo/geo4/report/GEO-4_Report_Full_en.pdf

31 运用综合生态系统管理原理做好我国荒漠化防治实践

刘　拓　国家林业局防治荒漠化管理中心主任

一、中国荒漠化现状及其影响

目前，中国荒漠化土地面积263.62万平方千米，占国土总面积的27.4%，分布于18个省（自治区、直辖市），有4亿多人口受其影响。

第一，威胁人类生存环境。在中国有5万多个村庄、1300多千米铁路、3万千米公路、数以千计水库、5万多千米沟渠常年受荒漠化影响。大家对沙尘暴问题感受最明显，每到春夏季节，我国华北地区仍遭受沙尘暴侵袭。这几年平均发生8.8次。

第二，制约经济发展。主要表现形式是：致使土地生产力下降，影响农、林、牧业收益；造成翻耕复种，浪费人力、财力、物力；毁损水利、交通、生产生活等基础设施，影响经济安全运行，增加发展成本。

第三，拉大地区差距。中国60%的国定贫困县分布在荒漠化地区，形成了“荒漠化——贫穷——荒漠化加剧——更贫穷”的恶性循环，进而导致区域发展失衡。

第四，荒漠化过程是碳源过程。植被破坏导致地表反射增加，引起局部气候恶劣。有学者提出，气候系统与陆地生态系统互为反馈，包括荒漠化在内的地表植被丧失破坏了碳平衡。2003年，麻省理工技术研究院发表专论，估算我国上个世纪因荒漠化造成的碳流失相当于15.4亿吨CO_2当量。

二、中国荒漠化防治基本原则、主要措施及成效

中国政府非常重视荒漠化防治工作，始终坚持以人为本，尊重自然规律和经济规律，按照以下原则防治荒漠化：

一是生态效益与经济效益相协调。在推进荒漠化防治的同时，注重群众生计问题，关注区域经济发展和农牧民脱贫致富。

二是重点治理与普遍预防相结合。突出对人居环境影响大、危害重的生态脆弱区域，进行重点治理，在面上全面推行预防和植被保护措施，做到自然力和人力并举，封育与治理并重，乔灌草有机结合，农林牧协调发展。

三是政府主导、企业参与、社会各界尽责。各级政府投入实施治理工程资金，实行优惠政策，吸引企业参与，动员社会力量广泛参与防治荒漠化。

四是实行依法、科学、综合防治。实施了以《治沙法》为主的法律制度；推广了100多项技术模式，建立了荒漠化监测和评价体系；实行多部门协作、多管齐下。

五是加强国际合作。我们与10多个国家、多个国际组织开展了合作与交流，组织实施了GEF-OP12项目、LADA项目、中意合作敖汉造林项目等一批外援项目，通过项目引进了资金、技术和理念。

采取的主要措施是：

（1）造林种草措施。1978年以来，实施了“三北”防护林工程、全国防沙治沙工程、京津风沙源治理、退耕还林等以植树造林种草为主要内容的荒漠化防治工程，提高林草植被覆盖。

（2）植被保护措施 。在荒漠化地区建立了严格的林草保护制度，推行了禁止滥樵采、禁止滥放牧、禁止滥开垦“三禁”制度，促进生态系统的自然修复。

（3）水资源管理和节水措施。实行了以流域为单元的生产、生活、生态用水的调配和

管理，推广了节水技术，提高了水资源使用效率。

（4）生态移民措施。对于不适合人类居住、生产、生活的区域，采取移民搬迁措施，使老百姓生活得到改善，植被得到恢复，生态受到保护。

（5）改革生产方式。农业上推广集约化经营，减少广种薄收，牧业上实行以草定畜和舍饲圈养，推广禁牧、休牧制度。

通过上述措施，荒漠化防治取得了明显成效：

（1）改善了生态状况。全国20%的荒漠化土地得到治理，重点治理区林草植被盖度增加20个百分点以上，并呈正向演替趋势。近五年来，全国荒漠化面积年均减少7585平方千米，大江大河泥沙淤积逐年减少。在京津风沙源治理工程区，土壤风蚀量在同等风力条件下减少近1/5，局部地区由过去的沙尘暴“强加强区”变为“弱加强区”。

（2）推进了区域经济发展。特色种植、养殖、加工和生态旅游等产业不断发展，一批龙头企业和知名品牌初步形成，农民就业增收渠道日益拓展，农民脱贫致富步伐明显加快。一些地方开始呈现生态与经济相互促进、人与自然和谐相处的喜人局面。在京津风沙源治理工程区，有1600多万农牧民直接从工程建设中受益，2005年与2000年相比，工程区农民人均收入增幅近50%。

（3）提高了可持续发展能力。以京津工程为例，通过五年建设，社会可持续发展能力提高22%，以种植为主的第一产业以年均1.2个百分点的速度递减，产业结构不断得到优化配置。

（4）为减缓和适应气候变化做出了贡献。通过采取植树造林措施，中国森林资源得到较快的增长，全国森林面积已达到1.75亿公顷，其中人工林面积0.54亿公顷（约合8亿亩），居世界第一位。中国森林吸收CO_2的数量也在逐年增加。据国内专家初步测算，2004年中国森林净吸收约5亿吨CO_2当量，相当于同期全国温室气体排放总量的8%。

三、下一步中国荒漠化防治战略

中国是荒漠化面积最大的国家，中国的国情、沙情决定了在荒漠化防治方面面临着巨大的挑战：一是荒漠化土地面积大，荒漠化占国土面积的27.4%，防治任务非常繁重；二是中国人口多、经济发展慢，在经济利益的驱动下，部分荒漠化地区滥开垦、滥放牧、滥采挖问题仍很严重；三是荒漠化防治投入严重不足，投入比例与繁重的治理任务很不协调。中国政府提出了“加强荒漠化石漠化治理”的要求，我们将以科学发展观为指导，坚持以人为本，以可持续发展为目标，采用综合生态系统管理的方法，按照“保护优先，积极治理，合理利用”的方针，逐步治理适宜治理的荒漠化土地，最终实现荒漠化地区经济、社会、资源、环境的协调发展，重点采取以下四大策略：

第一，植被自然恢复与重建策略。荒漠化防治的主攻方向是植被恢复与重建，应遵循生态学原理，实行分类施策、分区治理，坚持人工建设与天然恢复相结合、资源保护与合理利用相结合的原则，大幅度提高荒漠化地区植被覆盖率，逐步实现荒漠生态系统的良性循环。

第二，经济社会发展促进策略。实行沙区适度的人口控制政策，逐渐减轻人口压力，提高人口素质；优化沙区经济结构布局，调整农业、林业、牧业之间关系，发展沙区农产品加工业；以解贫、增加农民收入为重点，大力发展沙产业，促进沙区经济发展，着力解决群众贫困问题。

第三，荒漠化防治制度创新策略。荒漠化防治，建立以公共财政为主的稳定投入机制；实行“谁治理、谁所有”、“谁受益、谁补偿”，逐步完善生态效益补偿机制；完善产权制度，赋予农民土地和林地长期稳定的土地使用权；探索实行国家生态购买制度，改革水资源和草原管理制度等。

第四，荒漠化防治保障体系完善策略。完善组织保障体系，建立跨部门的综合决策协商机制，提高决策的科学化；建立法律保障体系，完善与防沙治沙法相配套的法规、制度，实行营利性治沙登记制度，建立沙区地方各级政府防沙治沙责任考核奖惩制度；建立科技支撑体系，完善荒漠化监测和预警体系。

目标是：力争到2010年，重点治理地区生态状况明显改善；到2020年，全国一半以上可治理的沙化土地得到治理，沙区生态状况明显改善；到21世纪中叶，建成稳定的生态防护体系，高效的沙产业体系和完备的生态环境保护与资源开发利用保障体系，使全国可治理的荒漠化土地基本得到整治，荒漠化地区实现人口、资源、环境与国民经济协调发展。

中国作为发展中大国，人口众多，资源相对不足，生态承载力弱，城乡、区域发展不平衡，仍有几千万贫困人口，防治荒漠化、实现可持续发展，任重而道远。我们愿与各方积极开展交流与合作，为实现可持续发展而努力。

32 中亚土地退化和土地可持续管理

Umid Abdullaev [1]

摘要

该文介绍了中亚地区土地利用情况和土地退化现状，分析了土地退化引起的环境后果和社会经济后果，总结了中亚地区土地可持续经营的经验，介绍了利用GIS/RS进行土地退化评价的方法。

一、基础数据

位置	欧亚中部
土地总面积	3 882 000 km^2
人口	530万人
每平方千米人口密度：哈萨克斯坦6人；吉尔吉斯斯坦26人；塔吉克斯坦45人；乌兹别克斯坦62人。	

二、中亚土地利用

百万公顷

	总面积	土地利用 (%)	可耕地			牧场	森林
			总计	灌溉地	雨养地		
哈萨克斯坦	272.49	30.6	22.65	1.47	21.18	189.03	0.02
吉尔吉斯斯坦	19.39	62	1.34	1.06	0.28	9.19	2.86
塔吉克斯坦	14.31	5.1	0.73	0.50	0.23	3.74	0.55
土库曼斯坦	48.81	81.3	1.73	1.70	0.03	38.15	2.21
乌兹别克斯坦	44.74	63	5.10	4.30.	0.80	23.00	2.81

来源: GM/UNDP (2007) 根据2006年 UNCCD国家报告

[1]中亚土地退化项目乌兹别克斯坦国家协调委员会成员，乌兹别克斯坦农业和水资源部水土资源合理利用委员会主席

三、土地退化现状

土地退化类型可能依具体的土地利用实践而变化。

百万公顷

	可耕地		盐渍地	水渍地	过量饲养
	水蚀	水渍			
哈萨克斯坦	272.49	30.6	22.65	1.47	21.18
吉尔吉斯斯坦	19.39	62	1.34	1.06	0.28
塔吉克斯坦	14.31	5.1	0.73	0.50	0.23
土库曼斯坦	48.81	81.3	1.73	1.70	0.03
乌兹别克斯坦	44.74	63	5.10	4.30	0.80

来源: GM/UNDP (2007) 根据2006年 UNCCD国家报告

四、海岸和海洋生态系统的荒漠化与咸海的干枯有关

咸海区自然生态系统的危机现况显示该区域各国不良水资源管理和农业经营所导致的最大问题。

年沙、盐运输量	百万吨	75
一般沙、盐沉淀量	千克/公顷·年	520
直接遭受风蚀的咸海面积	平方千米	42 000
遭受侵蚀的农业用地	百万公顷	2

五、环境与社会经济后果和威胁

环境对群众的生活水平和健康有直接影响，特别是社会上的弱势群体。这些影响包括： 粮食和经济作物产量明显减少（谷类48%、棉花39%、甜菜52%、土豆26%、蔬菜34%；由于牧场退化，饲料减产和农业生物多样性降低，导致奶牛育种效率下降；水污染和土壤污染导致粮食品质退化；人口发病率上升，尤其是育龄妇女。

中亚地区因水资源管理效率不高，每年损失17亿美元（或GDP的3%）；该地区农业生产估计每年减少20亿美元。

六、中亚土地可持续经营经验

实行保护性农业，面向土地可持续经营的项目；面向能力建设、提高土地资源和水资源综合管理认识的项目；面向牧场可持续经营的项目；旨在提高农民和地方社区能力的项目，开展“田间农民学校”、“田间一日”等活动。

33 中国土地退化监测数据协调与共享研究

吴 波[1] 张克斌[2] 刘若梅[3] 田有国[4] 卢欣石[5] 王文杰[6]

中国是世界上土地退化非常严重的国家之一，但是在土地退化监测方面还存在很多问题：①缺少通用的土地退化定义与分类系统：由于缺少通用的土地退化定义与分类系统，各部门大多根据自己的需要进行定义，一方面造成部门间某些监测内容重复，另一方面造成某些内容被遗漏。②缺少科学、系统的土地退化监测技术标准：我国土地退化调查、评价、监测等由多个部门管理，由各个行业部门主持制订的相关国家标准、行业标准或技术规定之间缺乏协调，存在许多不一致，使用的术语和采用的指标、调查方法、分级标准等都存在不同程度的差异，使来源于不同部门的土地退化数据缺乏可比性。③未建立土地退化监测的部门间协调机制：我国土地退化监测涉及多个部门，由于部门间缺乏必要的协调与沟通，造成部门间土地退化监测工作存在重复，造成浪费；而且由于某些土地退化数据有多个来源，使使用者无所适从，造成认识上的混乱。

本文在系统分析我国土地退化监测存在的问题的基础上，提出土地退化监测的技术标准体系框架和数据共享方案，以期为我国的土地退化监测体系和数据共享机制的进一步完善提供参考。

1. 土地退化定义与类型

土地是地理环境（主要是陆地环境）中由相互联系的各种自然地理成分组成的、包括人类活动影响在内的自然地域综合体。土地包含地球特定地域表面某一地段内的地质、地貌、气候、水文、土壤、植被等多种自然要素，还包含这一地域范围内过去和现在人类活动的种种结果。土地由生物组分和非生物组分组成，同时又被人类利用。因此，土地既具有自然属性，又具有社会属性。

"土地"是指具有陆地生物生产力的系统，由土壤、植被、其他生物区系和在该系统中发挥作用的生态及水文过程组成。"土地退化"是指由于使用土地或由于一种营力或数种营力结合致使雨浇地、水浇地或草原、牧场、森林和林地的生物或经济生产力和复杂性下降或丧失，其中包括：①风蚀和水蚀致使土壤物质流失；②土壤的物理、化学和生物特性或经济特性退化；及③自然植被长期丧失。

目前，国内外对土地退化类型的划分尚无统一方案，但多数研究者主要从土地退化的成因和后果划分。1974年联合国粮食与农业组织在《土地退化》一书中将土地退化粗分为侵蚀、盐碱、有机废料、传染性生物、工业无机废料、农药、放射性、重金属、肥料和洗涤剂等引起的十大类；1980年Allen对于土地退化的分类问题又补充了旱涝障碍、土壤养分亏缺和耕地的非农业占用。国内有学者根据土地退化的成因和特点，将我国土地退化分为水土流失、土地沙化、土壤盐碱化、土地贫瘠化、土地污染和土地损毁等6大类。

我国目前针对土地退化没有开展系统的研究，对土地退化类型也没有系统的划分方案。

[1] 中国林业科学研究院林业研究所，北京100091
[2] 北京林业大学水土保持学院，北京100083
[3] 国家基础地理信息中心，北京100048
[4] 农业部农业技术推广中心，北京100125
[5] 北京林业大学资源与环境学院，北京100083
[6] 环境保护部环境监测总站，北京100012

我国涉及土地退化的部门主要有农业、林业、水利、国土资源、环境保护、气象等。各部门中，只有林业部门和水利部门针对土地退化开展了定期或不定期的监测或调查，即林业部门对荒漠化进行定期监测，水利部门对水土流失进行不定期的调查；除此之外，各部门主要从资源管理角度对森林、耕地、草地、湿地等的资源状况进行监测或调查。

土地退化主要表现为土地的生物或经济生产力和价值的下降或丧失。土地退化具有多种表现形式，包括土壤退化、植被退化、生物多样性降低或丧失，以及土地利用价值的降低或丧失等。

可以把土地退化过程概括为3种过程，即物理过程，包括风蚀、水蚀、冻融侵蚀、重力侵蚀、人为侵蚀等；化学过程，包括土壤肥力下降、土壤盐渍化、土壤污染等；生物过程，包括植被生产力下降、生物多样性丧失等。这3种过程不是孤立发生的，很多时候是相互作用、相互影响、相伴发生的。

土地退化发生时土地的各种性质也发生了变化，如土地的物理性质的变化，包括风蚀、水蚀、冻融侵蚀、重力侵蚀、人为侵蚀等；土地的化学性质的变化，即土壤肥力下降、土壤盐渍化、土壤污染等；土地的生物性质的变化，即植被退化、生物多样性丧失等；以及土地的经济性质的变化，即土地利用方式发生变化使土地利用价值降低或丧失等。

根据上述分析，首先根据土地的各种性质的变化将土地退化分为4大类，即土地的物理性质退化、化学性质退化、生物性质退化和经济性质退化。在此基础上列出土地退化的主要类型，即风蚀、水蚀、冻融侵蚀、重力侵蚀、人为侵蚀、土壤肥力退化、土壤盐渍化、土壤污染、植被退化、生物多样性丧失、土地利用转化等。不同土地退化类型之间存在一定的交叉与重叠，如发生风蚀或水蚀时，植被也发生了退化；土壤污染发生时，其上生长的植物也受到了影响；土地利用方式发生变化时，土地的物理、化学和经济性质可能都不同程度地发生变化。

2. 土地退化监测技术标准

2.1 土地退化监测相关机构

根据国务院政府职能划分，我国与土地退化监测与评价相关的政府部门包括国家林业

表33-1 我国土地退化监测相关机构

相关政府部门	对应的土地退化类型	具体管理部门	监测实施机构
国家林业局	荒漠化/沙尘暴 森林资源	防治荒漠化管理中心 森林资源管理司	中国荒漠化监测中心 局属四个森林资源监测中心（规划院）
	湿地 生物多样性	野生动植物保护司	国家林业局湿地资源监测中心 局属陆生野生动物与野生植物监测中心
水利部	水土流失 水资源	水土保持司 水资源管理司	水利部水土保持监测中心 水文局
农业部	草原 土壤肥力 生物多样性	畜牧业司 种植业管理司 种植业管理司	农业部草原监理中心 全国农业技术推广服务中心 中国农业科学院
环境保护部	生物多样性	自然生态司	南京环境科学研究所 中国环境科学研究院
	沙尘暴 土壤污染	污染控制司	中国环境监测总站 中国环境科学研究院
中国气象局	沙尘暴	预测减灾司	中央气象台、气候中心、卫星气象中心
国土资源部	土地利用	地籍管理司	中国土地勘测规划院

局、水利部、农业部、环境保护部、国土资源部、气象局等(表33-1)。

2.2 土地退化监测技术标准

各个行业的主管部门制定了针对不同土地退化类型的技术标准、规范或技术规定。例如，国家林业局制定了《全国荒漠化监测主要技术规定》（1998），对荒漠化和沙化土地监测指标、分级标准、技术方法等做出了详细规定，其中包括风蚀、水蚀、盐渍化和冻融；水利部发布的《土壤侵蚀分类分级标准》（SL-190-96）对各种土壤侵蚀类型的监测指标和分级标准进行了详细规定，其中包括水蚀、风蚀、冻融侵蚀、重力侵蚀、人为侵蚀；农业部发布的《天然草地退化、沙化、盐渍化的分级指标》（GB19377-2003）对草地退化、草地沙化和草地盐渍化的监测指标和分级标准进行了规定。此外，农业、林业、水利、国土资源、环境保护、气象等各个部门围绕自然资源的监测与调查、环境监测等制定和发布了许多技术标准、技术规程等，为土地退化监测与评价提供了重要的技术支撑。

目前，我国尚未建立以土地退化为主题的完善的技术标准体系。土地退化调查、评价、监测等由多个部门管理，由各个行业部门主持制订的相关国家标准、行业标准或技术规定之间缺乏协调，存在许多不一致，使用的术语、采用的指标、调查方法、分级标准等都存在不同程度的差异。如国家林业局1997年12月完成的《全国荒漠化监测主要技术规定》中包含了荒漠化监测的主要内容、监测范围、监测技术体系及精度要求，也包含了土地利用分类系统、荒漠化土地分类系统、评价指标和沙化土地分类系统及相关自然和社会经济调查技术规定等，水利部1997年2月发布的《土壤侵蚀分类分级标准》（SL-190-96）中规定了土壤侵蚀类型的区划、土壤侵蚀强度分级、侵蚀土壤程度分级、土壤侵蚀潜在危险分级和水蚀侵蚀模数的确定方法等，其中有关风蚀的内容不一致，因此，国家林业局发布的《中国荒漠化和沙化状况公报》与水利部发布的《全国水土流失公告》中的风蚀数据不存在可比性。另外，国家林业局《全国荒漠化监测主要技术规定》中关于盐渍化的指标和标准与农业部《天然草地退化、沙化、盐渍化的分级指标》（GB19377-2003）中关于草地盐渍化的指标和标准也存在差异。

2.3 土地退化监测技术标准体系框架

在中国开展富有成效的土地退化监测的当务之急是建立科学的土地退化监测技术标准体系。土地退化监测技术标准体系概括地说可以包括5类技术标准，即指导标准、基础通用标准、信息内容标准、技术方法标准和数据管理标准，各类别简单的关系结构如图33-1所示。

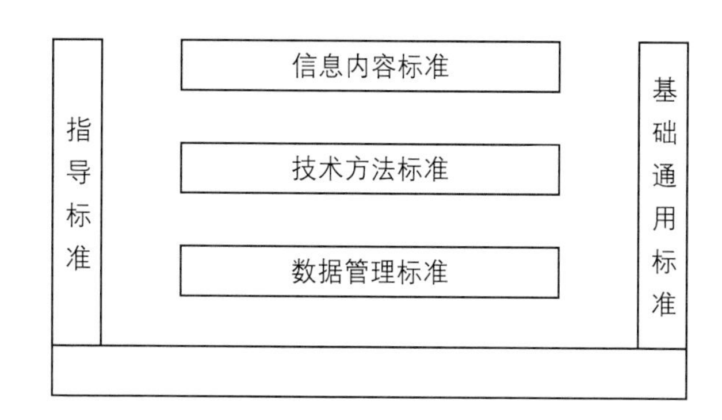

图33-1 土地退化监测技术标准分类及其相互关系

（1）指导标准：为了采用统一的方法制定土地退化监测技术标准，使制定的一系列标准整体效益最佳，需要一组指导标准。指导标准本身并不与土地退化监测信息直接相关，而是指导该类信息标准制定的标准，即为制定一致的土地退化监测技术标准，应规定此类标准的格式、制定程序、协调方式等。

（2）基础通用标准：此类标准是制定土地退化监测信息标准的基础，主要包括土地退化术语、土地退化信息元数据和土地退化数据质量控制的标准以及土地退化专题地图编制规范等，是各类土地退化信息的公共基础标准。此外，还应包括土地退化监测需要的相关标准，例如基础地理信息、气候气象信息、植被分类、土壤分类、行政区划代码、共享服务接口、信息交换格式与传输编码规则等标准。相关标准一般为已经颁布的国家标准或行业标准。

（3）信息内容标准：一组规定土地退化监测信息的内容、语义及表示所需的标准，如土地退化类型、类型标识和对各种不同类型的土地退化的诊断指标、分级、阈值等进行规定的标准等。

（4）技术方法标准：此类标准对各种土地退化的诊断指标的调查方法进行规定，例如遥感调查技术规程、抽样调查方法、物理或化学测试方法等。

（5）数据管理标准：包括数据汇交与验收规定、数据共享与发布技术要求、数据安全与保密、数据的更新与维护规范、系统运行与维护、数字档案管理规范等标准。

上述各类标准，部分已经是国家标准，部分是行业标准，如基础地理信息的有关分类代码标准、气候与气象信息的技术标准、土壤的各种理化性质及调查方法的技术标准等，这些标准只要能够满足土地退化监测的需要，就可以直接采用，不需要再制定新的标准。但是，有的标准虽然已经建立了，但受颁布时间、主管部门、专业侧重等因素的影响，使得相关的标准内容之间存在许多不协调，如使用的术语、采用的指标、调查方法、分级标准等存在差异，不能满足国家级土地退化监测、评价和信息共享的需求，需要对这些技术标准进行修订或重新制定适用于土地退化监测要求的技术标准。另外，对于某些尚未建立的技术标准，需要组织来自各个部门的专家研究制定。上述各类标准中，指导标准和基础通用标准一般为国家标准，其他三类标准视需要可以制订国家标准，也可以制订行业标准。但是无论是国家标准还是行业标准，均需要相关部门在技术上统一协调，认真贯彻实施。

建议在国家标准化管理委员会下成立由多部门参与的全国土地退化监测标准化技术委员会，统一组织协调土地退化监测技术标准的编写、审定。

3. 土地退化数据共享现状

3.1 国际信息共享现状

发达国家在推动信息流通、数据共享方面开展了大量工作。在自然灾害信息系统建设方面，自20世纪80年代起，全球逐步建立了若干个以灾害信息服务、灾害紧急事务处理为目标的灾害信息共享系统，如：由加拿大紧急管理署主持的全球危机和紧急管理网络；由美国联邦紧急事务管理局主持的全球紧急管理系统，主要业务包括连接国际互联网系统，进行灾害管理、减灾、风险管理、救助搜索、灾害科研等；由联合国国际减灾十年办公室主持的国际灾害信息资源网络等等。上述系统的内容均是为资源、环境监测与管理服务的各种基础数据源和信息资源，其目的都是为了向社会各界提供信息咨询和查询服务。

从目前国际上信息共享的现状来看，共享数据或信息主要有以下3种类型：①由国家税收支持收集的有关信息，如气象信息、遥感信息等，无条件对全社会实现免费共享。②具有盈利性质的机构或部门通过自筹经费收集的有较大用户市场的信息，一般以有偿方式共享。③科研项目所产生的信息，一般通过与数据的采集者和拥有者签订一定形式的协议，从有偿服务逐渐过渡到完全无偿共享。

近20年来，从国际组织到单个国家特别是发达国家，在信息技术广泛应用与发展的基础上，不断加强科学数据、资料和相关信息的获取、管理与面向社会服务的步伐，积极推进科学数据的流动与低成本使用，并从政策、法律制度、技术规范、组织管理各个方面保证科学数据信息的管理与应用的正常秩序。国外科学数据管理与服务的发展趋势是：①诸多发达国家，在不断增强对具有科技推动力的现代科技基础设施和科学数据采集系统建设的同时，政府投入大量的资金支持科学数据的长期积累、高效流动和低成本使用。②从法律制度、政策、管理体制和信息技术等多方面保障科学数据的管理与共享服务的正常秩序。③公益性、基础性科学数据管理与共享服务采用国家调控下的事业性运行模式，兼有商业化运行模式，其数据发布策略可以归纳为公开访问、成本回收和公私合作三种方式。④数据服务业已经成为衡量一个国家信息技术水平和信息产业发展的主要依据。数据管理与服务系统的建设都有国家政策的扶持和政府资金的大量注入，随着数据加工服务业的兴起与市场的成熟，企业参与建设的比例迅速增加。

3.2 国内信息共享现状

经过近20多年的努力，我国在信息共享的相关政策与法规的制定方面取得了一定的进展。在政府部门的高度重视和支持下，有关部门相继出台了信息共享的部门规章或管理办法等，在一定程度上促进了信息共享的发展。

为了加速我国信息基础设施建设，促进信息共享，发展我国信息产业，协调国内政府部门间及行业间的信息共享，近年来国家相继成立了高层的信息管理、指导及标准化的协调机构，如2000年4月成立的国家地理空间信息协调委员会，1997年成立的全国地理信息标准化技术委员会等。

基础地理信息是土地退化监测的基础信息。20世纪80年代初期，在总结和吸取国际上经验和教训基础上，我国将基础地理信息的标准化和规范化作为GIS发展的重要组成部分。20多年来，制订了一系列基础地理信息数据标准和数据共享标准，包括元数据规范等。

目前我国尚未专门制定土地退化方面的信息共享标准与规范。与土地退化监测有关的林业、农业、水利、环境保护、气象、国土等管理部门制定了一系列行业信息共享技术标准和规范，以保证和规范行业内部数据交换与共享，这些标准和规范一部分已成为国标或部门技术标准。

随着计算机技术和信息技术的快速发展，近年来我国在信息共享方面也取得了很大进步。如近年建成的中国可持续发展信息共享网络（http://www.sdinfo.net.cn/）和科学数据共享工程（http://www.sciencedata.cn/）等。

3.3 国外土地退化数据共享现状

国际上目前可以进行土地退化信息共享的网络包括FAO、UNDP、UNEP、GEF、IFAD以及其他与土地退化相关的机构网站，其中专业网络有由FAO资助建立的国际土壤资料信息中心（ISRIC）土壤数据库（International Soil Reference and Information Centre SOIL Database，http://www.isric.org/），国际土壤协会于1986年建立的世界土壤及地形数据库（World Soil and Terrain Digital Database，SOTER）。SOTER试图建立1：100万比例尺以及1：500万比例尺全球土地退化图。全球土壤退化评价（The Global Assessment of Human Induced Soil Degradation（GLASOD）数据库）以及UNEP于1985年在日本筑波建立的全球资源信息数据库（Global Resource Information Database，GRID，）。

联合国粮食与农业组织（FAO）于2002年开展了干旱区土地退化评价项目（Land degradation assessment in dryland，简称LADA）。配合该项目，FAO建立了相应的土地退化评价网站（http://lada.virtualcentre.org/）。LADA网站提供了有关土地退化评价方法（指南）、监测与评价指标体系以及其他土地退化相关数据。

欧盟土壤数据库（European Soil database：http://eusoils.jrc.it）中包含可以共享的土壤侵蚀的数据，具体有欧洲土壤侵蚀（Soil Erosion in Europe），欧洲土壤表层有机碳（Organic Carbon in Topsoils in Europe），多尺度欧洲土壤信息系统（Multiscale European Soil Information System）以及阿尔卑斯地区生态土壤图（Ecopedological Map of the Alps）等数据。

美国农业部自然资源保护网（http://soils.usda.gov/sqi/）中包含有关土地退化评价与监测方面的内容，如土壤侵蚀（包括水蚀和风蚀），土壤评价指标、美国各州土壤资料（包括图）及世界土壤专题图等信息。该网络可以进行网上在线土壤调查。

3.4 国内土地退化数据共享现状

近年来，随着科学技术的发展和社会的进步，一方面，数据共享是大势所趋；另一方面，土地退化综合防治对土地退化数据的共享提出更高的要求，各部门和社会各界土地退化数据共享的需求越来越迫切。与土地退化有关的政府部门，正在对过去积累的大量原始数据进行整理，并逐步实现信息对社会的开放和共享。

随着政府上网工程的实施，各部委门户网站陆续开通，土地退化的一些基本信息可以通过政府门户网站进行查询。

另外，为了促进科学数据的共享，在科

技部和中国科学院组织下，相关科研单位结合科研项目，实现了部分数据的共享，其中包含部分土地退化的内容。科技部支持建立的中国可持续发展信息网络（http://www.sdinfo.net.cn/）、科学数据共享工程网络（http://www.sciencedata.cn/）以及中国科学院建立的科学数据库（http://www.sdb.ac.cn/）和中国科学院资源环境科学数据中心（1个本部及9个分中心）(http://www.resdc.cn)，包含大量与土地退化有关的内容。国内土地退化共享情况见表33-2。

表33-2 国内土地退化数据共享现状一览表

土地退化类型	可进行数据共享机构	网址
荒漠化	国家林业局网站 中国荒漠化信息网 北方沙漠时空分布数据库	http://www.forestry.gov.cn/ http://www.desertification.gov.cn/ http://sdb.casnw.net /bfsmh/
水土流失	水利部网站 中国水土保持监测中心 中国水土保持生态建设网络 中国科学院水利部水土保持研究所 中国科学院的成都山地灾害与环境研究所	http://www.mwr.gov.cn/ http://www.cnscm.org/ http://www.swcc.org.cn/ http://www.loess.csdb.cn/ http://www.mountain.csdb.cn/
森林资源	国家林业局网站 中国林业信息网 中国可持续发展网林业分中心 科学数据共享林业数据中心	http://www.forestry.gov.cn/ http://www.lknet.forestry.ac.cn/ http://www.sdinfo.forestry.ac.cn/ http://www.lknet.ac.cn/ly/
草原	中国农业信息网（农业部主页） 中国草地资源信息系统网 中国草地科学数据发布系统	http://www.agri.gov.cn/ http://www. grassland.net.cn/ http://www.grassland.org.cn/
土壤	中国农业信息网（农业部主页） 全国农技推广服务中心网站 中国科学院南京土壤所 中国科学院科学数据库-土壤数据库 中国科学院资源环境科学数据中心	http://www.agri.gov.cn/ http://www.natesc.gov.cn/ http://www.issas.ac.cn/ http://www.csdb.cn/ http://www.resdc.cn/
生物多样性	国家环境保护总局门户网站 中国农业信息网（农业部主页） 国家林业局网站 中国自然保护区网 中国生物多样性与自然保护信息网 中国国家生物多样性信息交换所	http://www.zhb.gov.cn/ http://www.agri.gov.cn/ http://www.forestry.gov.cn/ http://www.wildlife-plant.gov.cn/ http://www.biodiv.org.cn/ http://www.biodiv.gov.cn/
沙尘暴	中国气象局门户网站 中国沙尘暴网 中国气象科学数据共享服务网 中国气象卫星信息服务网	http://www.cma.gov.cn/cma_new/ http://www.duststorm.com.cn/ http:// www.cdc.cma.gov.cn/ http://www.dear.cma.gov.cn/is_nsmc/
水资源	水利部门户网站	http://www.mwr.gov.cn/
土地利用转化	国土资源部门户网站 中国科学院资源环境科学数据中心	http://www.mlr.gov.cn/ http://www.resdc.cn/
湿地	中国湿地网络 中国科学院资源环境科学数据中心	http://www.chnsd.com/ http://www.resdc.cn/

3.5 土地退化监测数据共享存在的主要问题

经过近年来的努力，国内信息资源和信息（网络）建设取得了巨大成就，土地退化监测数据共享也取得了较大进步。目前土地退化监测数据协调与共享方面存在的问题是：

（1）缺少法律保障。根据其他国家的经验，立法是实现信息共享的基本保证。从我国的大环境看，信息共享缺乏法律保障，因此，土地退化监测数据共享存在许多困难。通过法律的形式，对数据共享所涉及的各方的责任、权利和义务进行规定，以保证各方面的利益。

（2）缺少数据共享必需的技术标准和规范。因为我国数据共享起步较晚，数据共享必需的技术标准和规范的制定滞后，目前缺乏土地退化监测数据共享必需的统一的、结构化的标准和规范，如分类代码体系、指标体系、数据库格式规范和转换标准等，元数据标准不一致，许多数据库停留在内部交流的水平上，不具备网络运行的条件。

（3）共享信息的质量控制和更新机制不健全，知识产权不明确。部分共享信息无元数据信息或无署名，数据不完整或未经校核，多数信息得不到及时的和持续的更新。

4. 中国土地退化数据共享方案

4.1 土地退化数据共享机制的总体结构

建立国家土地退化监测评价数据共享网络机制，形成内部和公开信息、离线与在线信息、国家和地方以及综合与专题信息相结合的完整共享体系。该体系可分6个层次：管理层、技术层、用户层、服务层、数据层和网络层，结构见图33-2。

（1）用户层 是用户见到的系统。从用户角度看，系统是一个信息服务机构，有可以通过Internet访问的一个Web站点，在这里可以通过各种方式浏览自己关心的信息，并可以对它们无偿或有偿下载，或查询到信息的其他获取方式。

（2）服务层 为用户提供高质量的服务，包括信息查询、定制、数据下载、分析模型应用等等。服务层建立在数据层（分布式的包含了空间信息和非空间信息的数据库）之上，并支持用户层。在表现形式上，它主要表现为同网络、硬件与数据相结合的一套整合的软件系统，包括购买的商业软件和自己开发的软件包。为了更好地展现数据层的数据，服务层上运用了一些技术，例如WebGIS技术、元数据发布与管理技术等。

（3）数据层 是整个网络体系的核心。数据的实用性、完整性、精确性、动态更新能力等从根本上决定了该共享网络系统的价值。土地退化监测评价数据从内容上是有关土地荒漠化、水土流失、森林退化、草原退化、土壤退化、生物多样性退化和气候等多方面的权威数据和科研成果，从表现形式上是存在于网络系统门户网主中心和多个分节点的分布式数据

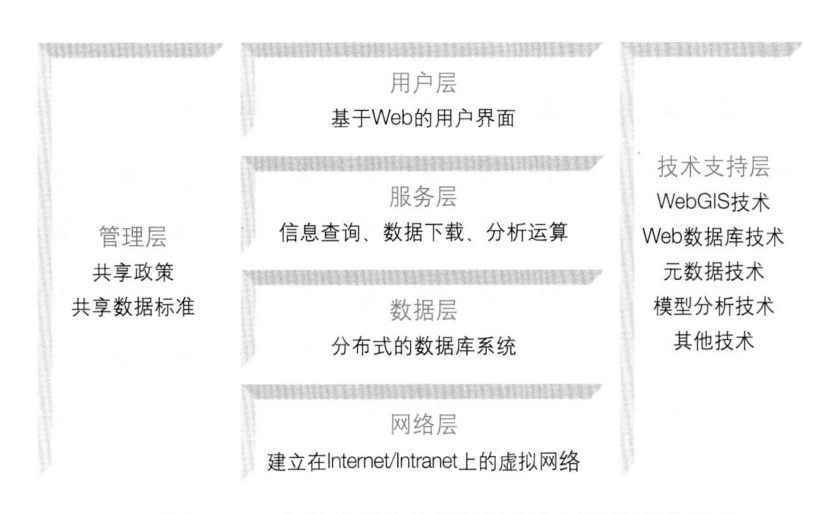

图33-2 国家土地退化监测数据共享网络的总体结构

库。这些数据库具有空间或非空间属性，对于空间数据需要建立在一个统一的基础地理信息平台之上。

(4) 网络层 给整个系统传输数据，把系统连接成一个整体，并通过Internet或Intranet使用户可以访问。数据拥有者发布数据或元数据，通过网络到达Internet或Intranet覆盖到的任何地方的用户手中。网络层上表现为一个建立在Internet或Intranet上的通过统一的管理、统一的技术、统一的用户界面组织起来的一个虚拟的网络。

(5) 技术服务层 贯穿用户层、服务层、数据层和网络层4个层，通过结合使用各种技术，确保系统的目标得以实现。在技术层上，一方面本系统运用现有的成熟技术，如网络技术、数据库技术、Web技术等，使得实现系统的基本目标有可靠的保证；另一方面，需要研究建立基于网络的分析模型，为土地退化分析评价提供技术支撑。技术服务层同前面四个层次上相结合，使得系统的实现在技术上成为可能。在网络层上，它要确保网络中心和各个分中心同Internet/Intranet顺畅地连接，并保证各中心的网络安全；在数据层上，要完成原有数据库的改造并建造一个分布式的数据库系统；在服务层上，要开发前端和后端的各种软件，并与各种商业软件相集成；在用户层上，要建立完美的系统主页，与用户有效地交流，在用户中树立系统的完美形象。

(6) 管理层 同其他五个层都有密切的联系，是共享系统得以完成和以后正常运行的保证。在网络系统建立阶段，管理层要协调各方面的力量来实现共同的目标。在系统建成后的维护阶段，要保证它是一个能够自己维持，健康运行的系统。从数据提供方说，可以从信息共享中获得足够的经济效益，用以维持运行、改进服务、取得收益，并吸引其他尚没有共享的数据库参加到系统中来，使得系统不断扩展，价值不断提高。对数据使用方来说，由于系统提供具有价值的数据和良好的服务，有利于信息在社会各个方面发挥出应有的效益。因此，管理层的主要任务是为保证系统建立和运行、以及数据再利用等提供软环境的支持，即提出数据共享的政策法规方面的建议和确立信息共享标准。

4.2 建立国家土地退化监测数据共享机制的原则性建议

建立国家土地退化监测评价数据共享机制是我国土地退化防治的需要，势在必行。由于土地退化的复杂性，建立和完善国家土地退化监测评价数据共享机制是一项长期的任务，需要多个部门的参与和协作。下面从3个层面提出10条关于建立国家土地退化监测评价数据共享机制的原则性建议，其中(1)和(2)属于政策层面，(3)～(5)属于管理层面，(6)～(10)属于技术层面。(1)、(3)和(6)是目前迫切需要解决的，否则，建立国家土地退化监测评价数据共享机制将无从谈起。

(1) 制定共享政策、管理办法和协议

在国家有关法律法规和部门规章的基础上，参照国内外有关信息共享政策、办法，结合国家土地退化监测与评价数据获取、存储和发布的实际情况，协调有关主管部门，制定国家土地退化监测与评价数据共享政策、管理办法和共享协议，其中应包含促进共享的激励机制内容。

(2) 建立安全保障机制

数据安全包括数据备份、数据保密、历史档案管理、异地存储等。制定有关规章制度，及时更新升级使用的软件和硬件，不断开发和扩展系统功能，建立系统安全防护体系和用户管理系统，有效监督和防止病毒、黑客和其他非法侵入及破坏，建立系统日志，定期进行系统检测和系统备份，保障系统和网络的安全运行。

(3) 建立协调机构

建立相关部门间的国家级土地退化监测与评价数据协调机构，或由某个部门牵头，与国家土地退化监测与评价数据相关的部门和单位参加，建立“国家土地退化监测与评价数据协调工作组”，负责协调国家级和省级与土地退化监测与评价数据采集、处理、应用、更新有关的工作，最大限度地避免重复工作，提高数据的应用水平。

（4）适当调整机构

根据国家土地退化监测与评价数据协调与网络共享现状和现代化高新技术发展的需要，改革现有国家土地退化监测与评价工作流程，适当调整不相适应的机构和机构内部的管理体制，建立与国家土地退化监测与评价数据协调和网络共享相匹配的机制。需要适当调整的机构包括部门信息收集和发布机构，以及共享信息的分析研究、综合集成、动态监测与评价机构等。

（5）建立国家、省（区）两级共享体制

依据国家土地退化监测与评价数据协调机构的宗旨和职责，在各有关省建立对应省级协调机构，实现国家和省两级网络体系和服务体系，建立国家和省级数据共享和更新机制。

（6）建立技术标准体系和制定相应标准

根据国家标准体系制定原则和方法，制定国家土地退化监测与评价数据共享标准体系，在其指导下对现行相关国家标准、行业标准进行整理（包括废止过时的标准、协调和修订可继续实施的标准），并制定数据协调和共享所必须的标准。主要和急需的标准有：数据分类体系、分析评价指标体系、元数据、数据字典、数据质量控制、数据互操作（或交换格式）和服务等，开发相应标准实施工具软件，形成完整的国家土地退化监测与评价数据标准体系。

元数据标准在共享网络中占有重要地位，建议采用《地理信息元数据》（GB/T 19710:2005）国家标准，按照该标准的扩展原则，制订适应于土地退化监测与评价信息的专用标准（profile）。

（7）建立统一的基础地理公共平台系列

根据国家土地退化监测与评价数据的空间分布特点，确定统一的专题数据空间定位用基础地理公共平台数据的比例尺系列、相应的内容、参照系、投影及其参数，使提供共享的信息可以方便地集成在统一的基础地理公共数据平台上，便于分析利用。

（8）现有专题数据的标准化改造

根据相关国家标准和行业标准，对已经建成的所有国家土地退化监测与评价数据库进行自身标准化改造，与相应的基础地理公共平台进行空间匹配处理，不同专题数据进行空间位置和关系协调，确定和规范专题统计（属性）数据的内容、名称、定义和指标体系等，使共享数据在空间、语义和表达等多层面具有一致性。

（9）构建共享网络体系

建立国家土地退化监测与评价数据门户网站或交换网络，以建立中心主节点，在各相关部门或单位以及各省（直辖市、自治区）建立分中心，形成土地退化监测与评价数据专用共享网络体系。门户网站统一信息发布管理，提供“一站式”服务，整合现有网站，根据需要建设新的网站，同时，共数据内容的发布和信息服务采取内外有别的政策，大部分数据内容和信息服务功能对内与电子政务专网相连，并在物理上隔离的前提下，将部分数据内容和信息服务功能对外与国际互联网相通。

（10）扩展数据应用领域和用户对象

充分利用现有科研成果、监测数据和调查资料等，开发支持分析应用方法或模型的软件工具，实施应用示范工程，提高数据共享的实际应用成效。适时开展应用技术培训，普及土地退化监测、防治等相关技术，推动共享数据的更广泛应用。

4.3 数据协调与共享机制备选方案

建立完善的数据协调与共享机制，需要在现有机制下在管理、技术、用户、服务、数据和网络6个层面上进行设计、调整和落实。以下提出的三个方案，从中国土地退化监测与评价相关部门现状出发，分别设计完善的、一般的和现实可行的三种数据协调与共享机制。

（1）方案一

目标是通过新建机构，建立全集中式发布、处理和共享数据，实现完全无障碍共享。

集中力量在某单位建设与维护“国家土地退化监测评价数据共享系统”网络中心（总中心），购置比较强大的应用服务器。同时建立一个存在于网络总中心和各数据站点的分布式数据库系统，通过应用服务器与该分布式数据库连接，使各数据站点只担负数据库的建设与维护任务，数据上传或以其他方式汇交给网络中心，网络中心承担整个网络的运行与维护任务。用户通过浏览器与网络中心建立连接，获取网络资源与相关服务。对用户来说，数据所有权是分属不同部门的，但索取数据窗口只有一个，即网络主中心。

（2）方案二

目标是通过部分机构的调整，全集中式发布和共享数据，集中和分布式处理数据，建立一般完善的共享机制，实现基本无障碍共享。

在某单位原有信息中心的基础上，建设与维护“国家土地退化监测评价数据共享系统”主中心，补充添置应用服务器；同时，建立一个存在于网络主中心和各数据分中心的分布式数据库系统，通过应用服务器与各分布式数据库连接；各数据站点不仅担负数据库的建设、维护任务，也要建立与其本地数据库相结合的应用服务器，通过本地服务器与本地数据库打交道，然后把其结果根据上一级节点应用服务器的要求返回。网络主中心承担整个网络的运行与维护任务。用户使用浏览器与网络主中心建立连接，获取整个网络的数据资源与信息服务，网络主中心担当全局控制与管理的角色。

（3）方案三

目标是基于现有机构，集中和分布式发布、处理和共享数据相结合，建立现实可行的共享机制，实现基本数据共享。

在各单位原有信息中心、网络中心等的基础上，建设与维护“国家土地退化监测评价数据共享系统”的门户网站（主中心）和分中心网站，分别补充添置应用服务器，同时建立一个存在于主中心和各分中心的分布式共享网络系统。用户管理集中在主中心，其他各站点体系结构独立但保持一致，即每个站点都建立自己的web服务器、应用服务器、数据库管理系统及按照统一标准采集、发布的元数据库。主中心及各分中心存放本地信息的元数据和数据实体，安装统一的元数据管理工具软件、搜索引擎。主中心与分中心的区别在于，根据各部门间达成的共享协议，主中心提供集中共享的基础信息，如通用基础地理信息平台数据、专题基础信息和多专题综合数据等，分中心提供分布式共享的各专业详细信息。

4.4 不同方案优缺点分析

方案一：集中发布、管理和提供服务全部信息，即共享信息、数据本体、元数据、用户信息和提供网络分析应用等。

方案二：分散管理共享信息、数据本体，集中管理元数据、用户信息和提供网络分析应用服务等。

方案三：集中管理用户信息、专业基础性、综合性信息和相关元数据，分散管理共享专业详细信息、数据本体、相关元数据和提供

表33-3 数据协调与共享机制方案比较

指标	方案一	方案二	方案三
技术先进性	好	好	好
结构合理性	一般	一般	好
与政策、机制、管理办法的结合能力	好	好	好
易扩展性	差	差	好
可行性	差	差	好
实用性	一般	一般	好
网络主中心负担	大	大	小
易管理性（建设经费及运行维护费用）	高	高	低
开发时间	较长	较长	短
维护人员	集中	集中	分散较少
用户使用效率	高/集中	高/集中	高/分散

网络分析应用服务等。

综合对比上述三个方案，基本评述见表33-3。

通过对3种备选方案的优缺点进行综合比较与分析，认为方案三最为现实、可行。除了上面列出的优点，相对于其他方案，方案三还有以下特点：①对各数据站点在技术上约束较少，集中开发元数据采集、管理、发布等工具软件，方便下载、安装和使用，容易实现集成；②建站灵活性较大，对不同的站点，根据其条件，可以有伸缩自如的解决办法，从而避免因经费不足造成的一系列问题，对于省、区等地方单位更容易实现；③整个网络系统的数据资源的一致性容易得到维护，不需要因为数据站点及数据内容的变动而对主中心系统做太多的维护工作；④可以结合信息持有单位已经开展的信息共享工作，在原基础上增加土地退化监测与评价的数据内容和服务，既可满足本项目的需要，也丰富了国家可持续发展信息共享或科学数据共享等方面的信息。

5. 结论

开展土地退化监测需要尽快建立科学的土地退化监测技术标准体系。土地退化监测技术标准体系概括地说可以包括5类技术标准，即指导标准、基础通用标准、信息内容标准、技术方法标准和数据管理标准。

需要尽快建立国家土地退化监测数据共享机制，形成内部和公开信息、离线与在线信息、国家和地方以及综合与专题信息相结合的完整共享体系。该体系分六个层次：管理层、技术层、用户层、服务层、数据层和网络层。

土地退化监测数据共享的现实方案是：基于现有机构，集中和分布式发布、处理和共享数据相结合，建立现实可行的共享机制，实现基本数据共享。集中管理用户信息、专业基础性、综合性信息和相关元数据，分散管理共享专业详细信息、数据本体、相关元数据和提供网络分析应用服务等。

34 土壤和水资源综合生态系统管理法律政策框架–新西兰模式

David P Grinlinton[1]　Kenneth A Palmer[2]

摘要

近30年来，“可持续”以及“风险预防原则”已经成为人类与自然环境相互作用过程中国际普遍接受的指导性原则。尽管这些理论在国际条约与协议中都有所体现，但却很难将其运用到本国的法规制定中形成有实际意义的、可实施的法律条款。

自20世纪80年代中期以来，新西兰已经实施了一个非常有效的环境和资源管理改革计划。该计划包括各种层面上的改变。通过立法改革，不但对中央和地方的政府机构进行了重组，而且地方主管部门和各城市的运营管理也发现了变化。在“综合环境管理”（IEM）理念指导下，新西兰逐步引入了一系列政策和法律措施，希望应用综合方法来加强土地和水资源管理。

1991年，新西兰将“可持续管理”原则作为新西兰《资源管理法》（RMA）的立法目标。《资源管理法》放弃了原来的设想：分别针对水土保护、清洁空气及噪声控制制定法律，以综合方法使用和管理土地、空气和水资源。为了实现可持续管理目标，《资源管理法》提到了代际公平问题、环境保护和生态完整性问题。该法还提供了一套全面的政策制定及规划制度，采取了综合的许可和执行制度，并创建了专门的环境法院。所有政策制定、规划和决策功能都要求服务于可持续发展这一终极目标。风险预防方法隐含在这一法律制度之中，但对此一直存在争议。

在水土保持方面，无论是在制定正式土地和水资源利用政策文件和规划手段时，还是在具体的水土资源利用决策过程中，都应考虑到这些原则。该法律制度已执行16年，从实际效果来看，许多方面都失败了，这一点是很明显的。另一方面，这一法律制度已使“可持续发展”成为任何土地及水资源利用中都必须考虑的基本问题。

本文概述了新西兰《资源管理法》中的综合环境管理框架。希望该法律制度可为其他地区提供一个基于法律政策实现综合的、可持续的土地管理的模式。

一、引言

简要总结新西兰的主要生态环境问题，有助于阐述法律政策制定的来龙去脉。目前已经明确的有以下几个方面的问题（环境部，

[1] 第一作者，奥克兰大学环境法中心法律副教授。地址：新西兰奥克兰Private Bag 92-019。电话: +64 9 3737599，转87230，传真：+64 9 3737440，邮址: d.grinlinton@auckland.ac.nz . 网址: http://www.law.auckland.ac.nz/

[2] 奥克兰大学环境法中心法律副教授。地址：新西兰奥克兰Private Bag 92-019。电话: +64 9 3737599，转87828，传真：+64 9 3737440，邮址: ka.palmer@auckland.ac.nz . 网址: http://www.law.auckland.ac.nz/

1996；2007第9章‘土地’）：①侵蚀，包括表土流失、河/溪岸侵蚀等；②碳和有机物丧失；③压实度提高，土壤结构破坏；④养分耗竭；⑤土壤酸化；⑥工农业化学污染。

从地质上看，新西兰是一个相对较年轻的国家，其形成原因是由于太平洋板块俯冲到印澳板块之下引起的活跃的地质构造运动。伴随着断层作用、褶皱作用、冰川冲刷及火山活动，形成了多种地形地貌，有高山，有湍急的河流，有犬牙交错的海岸和各式各样地质段。新西兰2/3多的山坡坡度大于12°，近50%山坡坡度大于28°。全国2/5的地区海拔高度为300米，1/5的地区超过900米（新西兰统计局，2008）。

在有人类定居之前，新西兰78%地区覆盖着森林。自从波利尼西亚人和欧洲人先后定居于该岛，目前只剩下24.5%的天然林和7.3%的人工林（环境部，2007：231页表9-4）。欧洲人于19世纪初才开始定居于新西兰，却迅速砍伐森林，种植牧草，建立农场，目前农牧场占新西兰国土总面积的51%。新西兰近75%的国土面积属于容易被侵蚀的沉积型岩石和土壤，年降雨量高达600～1600 mm，超过了南阿尔卑斯山的10～1 2000 mm的水平。

最新的新西兰环境现状报告阐述了目前土地利用和土壤的现状及趋势（环境部，2007）。土壤侵蚀是新西兰长期以来面临的一个主要问题（Memon and Perkins, 2000），大约10%的土地面积属于“极其容易侵蚀”这一类。土壤及其养分的流失每年给新西兰造成的损失达1亿～1.5亿纽币（环境部，2007：4～5）。土壤侵蚀的主要原因是长期以来砍伐森林开垦牧场，人们甚至在土壤易侵蚀的陡坡上垦种牧草。此外，土地混合利用、植树造林力度不够致使森林面积减少以及砍伐经济林之后没有及时补种等也使问题进一步恶化。

新西兰这种土地利用模式还进一步引起碳和有机物的丧失及养分耗竭，特别是在盛行单一作物栽培地方，由于采用了密集种植，已经导致了养分的耗竭。种植牧草也消耗土壤养分和有机物，因而不得不人为地大量提高土壤的养分。由于使用石灰和磷肥来提高生产能力，所以造成土壤酸性增加。在一些奶牛场，这些人为添加的养分已经达到饱和点，过量的氮因此渗流到地下水和河流中（环境部，2007：228，237～239）。密集型农业和畜牧业还导致了土壤压实，引起土壤结构破坏。牲畜、车辆和耕种方式是土壤压实的原因，其结果是大孔隙度下降。大孔隙度如果低于10%的阈值，就会对作物生长和产量产生不利影响。新西兰有一半的奶牛场，约新西兰国土面积的3.5%，已经下降到这一阈值以下（环境部，2007：231，239）。

工农业化学污染是新西兰长期面临的一个问题。据1992年估计，新西兰有7000～8000个污染源，其中1500个对人类健康或环境都有很高的污染风险。目前还没有全国性的标准对土壤污染的程度作出规定，国家主管部门主要依赖工业部门或地方当局的主动汇报。污染源主要分布在城区和工业区，但是农业和农村地区也受其影响。这些污染源包括长期、大量使用砷的木材浸渍处理点，以及大约50 000个因使用化学和生物药剂提高牲畜健康水平和生产率而被污染的牧羊点。其他污染源包括石油生产点、煤气厂和生物污泥 (下水道污水及其他工业和生活废物) (环境部，2007：248～251)。

二、早期的监管措施

新西兰很早就意识到保护和妥善管理森林的重要意义，并于1874年通过了《新西兰森林法案》，其导言称：“然而，当前亟需通过植树造林保护土壤和气候，为将来提供工业木材，用娴熟的管理能力和正确的控制方法来管理部分乡土森林，以构建国家森林体系。”

1941年开启了一个“新时代”，《土壤保护和河流管制法》拉开了土壤和水资源综合保护的帷幕（Baumgart and Howitt, 1979），其目的是促进土壤保护、防止和减少土地侵蚀，防止洪灾破坏。土壤和水资源综合保护与天然集水区保护相一致，更好地体现水资源和土壤的自然进程。根据该法案的规定，成立了全国土壤保护和河流管制局，另外还成立了集水区董事会来管理和运行集水区。

土壤和水资源综合保护获得了多方面的成

功，部分原因是地方获得了利益、土地私有者拥有一定的政治力量及多部门共同执行法案。

1967年制定的《水土保护法案》在综合方法的应用上又向前迈出了一步。它摒弃了普通法的水权，将“处于天然状态”的水资源控制权赋予国家。根据法案的规定，成立了水资源地区理事会。该法案规定，如果个人要取水、分流水、筑坝贮水、用水或将废物废水排入河流水域中，必须取得水资源地区理事会颁发的用水许可证。通过这个规定，基本上将水资源的使用权收归国有。同时，现行的用水制度仍可继续。家庭用水和贮存用水可获得豁免，无需取得用水许可证。但如果要将废物废水排入淡水或地下水中，并且这些废物废水有可能因此流入自然河道，就必须取得用水许可证（水资源和土壤保护法，1967，s 21 ）（参阅Palmer，1983：856～893）。该水资源管理制度的一个重要特征，是反映了根据集水区保护和管理的要求而制定的条例的需要性，这一管理要求在后来的法律中一直得到充分的体现。

三、新西兰“综合环境管理”

近年来，新西兰试图建立相应的政策和监管体制，以反映土地、空气和用水等各环境要素之间相互作用的复杂性。应用这种“综合环境管理”的目的不在于制定单独的法律措施，而是制定一个综合性的、涉及行政管理、监管和实施等不同方面的法律体制，其中包括：①行政结构；②政策制定与规划；③法律法规；④参与和决策过程；⑤运行实施，包括环境监测、影响评估、行动执行、职责履行。

（一）1986 ～ 1989 年的行政管理改革

新西兰政府长期以来把水土资源管理作为国家要事，但资源管理由区域和地方政府负责。从20世纪80年代末到90年代初，新西兰进行了行政改革。

（二）中央政府机构重组

1986年《环境法》的颁布其实就是中央政府改革的一项举措，目的是将中央政府部门的行政管理职能和经营职能相分离。直到此时，工程与发展部主要承担全国公众建设工程的规划和实施。

按照该法的规定，成立了环境部，任命了国会环境专员。国会环境专员是独立的环境“体系保护人”（《环境法案（1986）》，第4.i 条）。“环境”这一术语第一次被赋予了更广泛的意义，涵盖生态系统及其组成要素，包括所有自然和物理资源及其社会、经济、文化与审美内容（《环境法案（1986）》，第 2 条）。此外，该法还确认，在自然物理资源管理中，应充分综合地考虑生态系统的内在价值、人们对环境质量的重视程度、毛利人（新西兰土著民族）的权利、自然和物理资源的可持续发展、后代的需求等（《环境法案（1986）》，导言）。《环境法》的这一目的在可持续管理的论述中得以反映，并在后来的立法中予以充分的体现。

接着，新西兰又于1987年通过了《保护法》，成立了新的保护部，负责管理全国所有公园、公共（皇室）保护地。同时，保护局还负责对占新西兰国土面积约30%的土地进行保护和可持续管理的宣传(参阅保护局, 2008；Nolan (ed), 2005: 2.25～2.29)。此外，还成立了其他政府部委，负责农业、林业、渔业、交通、卫生、民防和紧急事件管理的推广促进。后来还成立了建筑和住房局，专门推广可持续房屋建设(Nolan, 2005: 2.30～2.37)。

（三）地方政府部门重组

中央政府政策层面的改革增加了战略和政策制定的透明度，而地方层面的改革则与中央政府改革相互补充。1988～1989年，地方政府委员会对所有地方主管部门进行了评议，促成了一项重要改革，削减了主管部门的数量。法定的指导方针要求既承认不同地区的现状，又要确定地方主管部门的需求，以保证其能高效行使其职能、义务和权力，并为服务的提供建立有效的问责制度。

最终结果是大量减少了现有公共机构的数量，将整个国家分成12个区74个行政区，并选举出地区议会，成为本地区的权力机构。同时，选举出城市议会或行政区议会为行政区管理部门。在确定各地区界线时，由地方政府委员会根据集水区的边界审慎地划定，以实现水土保护综合管理。河流控制和陆地排水系统的管理责任则交给了地区委员会和行政区议会。各地区委员会负责本地区的规划工作，为土地利用规划提供广泛的政策指导，而各行政区则负责具体的实施工作（参阅 Palmer，1993，7～10）。

（四）1988～1991年环境管理法律政策改革

20世纪80年代末到90年代初，政府通过新成立的环境部进一步制定并实施一系列新的政策和法律。实施环境改革措施的根本目的是希望把“可持续发展”这一标准性原则纳入统一的资源管理综合系统中(Grinlinton, 2002, 19～46；Williams, 1997, chapters 2～3)，其理念与世界环境与发展委员会提交的《布伦特兰报告（1987）》相一致，普遍认识到可持续发展是地球将来生存的必要条件，承认必须通过财富的重新分配以保证代内公平，并通过维持生态系统的活力保证后代的利益和代际公平。

（五）《资源管理法案（1991年）》

《资源管理法案（1991年）》是各项改革的中心。该法案试图把土地、空气和水资源管理相关的法律规定纳入一部立法之中，代替了其他50部相关法案。该法案的首要目的是提供综合资源管理，保证在解决环境问题时充分考虑到其他问题可能带来的后果。《资源管理法案》要求在采用综合方法进行规划和管理，必须在环境目标、社会文化目标和经济目标之间保持平衡。该法案并不要求具备深刻的生态理念，而是提供了相对简易的实用的生态标准，作为实施活动的基础。

《资源管理法案》的目的和原则。资源管理法案的中心目的是“自然和物理资源的可持续管理”(第5(1)条)。

第5（2）条接着阐述了可持续管理的定义：

“5（2）本法案的可持续管理指自然和物理资源的利用、开发或保护能为人民和全社会提供社会、经济和文化福利，为保证其健康和安全，同时做到：

(a) 维持自然和物理资源（不含矿产）的潜能，满足可预见的后代的需求；

(b) 保护空气、水资源、土壤和生态系统的生命支持能力；

(c) 避免、补救或减少任何对环境有负面影响的活动。”

根据该法案履行的所有职能和决策行为，均须遵循可持续管理这一目的，同时必须积极地推动可持续管理。从这一意义上说，该法案本身就是对政府政策强有力的阐述。

可持续管理目的在新西兰国内立法中为独一无二，但是这一定义解释起来有些难度。为全社会提供福利这一“管理目的”似乎符合了第5(2)(a)～(c)条中所谓的“生态底线”的要求，但是法院认为，目的和原则应有更广泛的含义，“管理目的”不应受生态“底线”的严格限制，这一主流观点在“北部海岸城市议会诉奥克兰地区议会”这一判例中（1997）得以阐述，其内容如下：

“应用第5条的方法涉及整体全面地判断某一建议能否推动自然和物理资源的可持续管理，这个判断承认了法案只有一个目的……，这样的判断将比较不同规模或层度的相冲突的各类考虑因素，以及其在最终成果中的意义或所占的比重。”

这种可持续管理目的的实用主义观点承认，在评估和决策过程中，有必要形成一种“整体全面的判断”，并且这种必要性已得到广泛的支持和赞同。可持续管理的理念、目的或者说伦理已经被视为首要目标，而不是狭义的法律方法的一种指导。可持续管理可以看作是宪法性的条文，承认环境的内在价值，并承认为子孙后代的福利保护环境的需要。

《资源管理法案》第6条还包括几个“对国家有重要意义”的补充性目的，第7条列出了需要决策者考虑的其他问题，其中许多问题直接关系到水土保护。

（六）《资源管理法案》中的政策与规划结构

《资源管理法案》形成了一个纵向与横向综合的环境管理结构。它既是中央政府制定政策的工具，也是地区政府制定政策和规划的工具，同时还是城市进行规划的工具。各级政府资源管理责任既有区分又相互涵盖。较低层面的计划和政策必须服从于较高层面的规划和政策，从而实现纵向综合（《资源管理法案》第67(2)、(3)和 75(3)条）；在制定法律和政策时，必须与邻近地区的议会、中央政府部门、非政府机构、其他利益群体相协商，从而实现横向综合。

1. 全国性政策和标准

根据该法案，中央政府可以颁布针对环境保护和自然资源管理各个方面的《国家政策报告》和《国家环境标准》。但《资源管理法案》并没要求颁布针对水土保护的《国家政策报告》和《国家环境标准》，这可以说是《资源管理法案》的一个缺陷。但是，有其他报告和文件指导地区议会等部门的相关工作。

根据《资源管理法案》，经环境部建议和议会通过，由州长签署《水资源保护令》（《资源管理法案》第214条），保护令旨在尽可能地保持任何有重要意义的水体的自然状态、保护水生生物的生境、保护渔业、保护荒野、风景或其他自然特征、保护科学和生态价值、保护休憩场所、古迹、精神和文化胜地等及保护对毛利人有重要意义的其他资源（《资源管理法案》第199条）。水资源保护令在任何时候均应遵从于《资源管理法案》可持续管理目标。

由于公共发电机构的反对，目前几乎没有颁布水资源保护令，这些发电机构更愿意有足够的水资源用以发电或作其他用途（参阅Nolan (ed), 2005: 8.62-8.85）。

2. 地区和地方（城市）的政策和规划

土地、空气和水资源的战略规划及运行管理大部分都由地区委员会和地方主管部门（城市、行政区委员会）制定实施(参阅 Palmer, 1993, 564～568； Grinlinton, 2002, 19～20)。

《资源管理法案》第三部分包括了若干可执行的“职责与限制”，第9条规定土地利用不得违反《资源管理法案》以及任何计划或地区或行政区计划中的规定等，除非获得资源许可证。法案第12、14和15条还非常严格地禁止海滨活动、水资源利用活动、向水体或大气排放污染物等行为，除非已获批准或获得资源许可证。

《资源管理法案》第17(1)条进一步规定：“人人都有责任避免、补救或减少因个人活动所产生的任何对环境产生的不利影响，无论该活动是否符合某一计划中的某一规定、（或）某资源许可证的要求……”。

可通过地区议会或地方主管部门颁布的“消减通知书”来履行这一责任，或通过环境法院颁布的“执行令”来执行。如不遵守这些法令，即触犯法案，有可能被判徒刑或遭到重罚。

3. 地区委员会的职责

各地区委员会对本地区的用水管理、废弃物排放和土地利用负有主要责任，如制定土壤保护和土壤侵蚀控制措施等。根据《资源管理法案》第 30(1)(a)条，地区委员会必须制定并执行各种措施，实现本地区的“自然和物理资源综合管理”。第30(1)(c)条明确要求其“控制土地利用，保护土壤”。

要修改或审核计划，必须为此制定相关的计划或规章。在制定之前，地区委员会必须考虑替代方案、效益和成本，尤其是必须进行评估。在评估过程中，应考虑到“在有关政策、法规或其他方法的信息不确定或不充分的情况下所采取某种行动或不采取行动的风险性”（《资源管理法案》，第32(4)(b)条）。这一程序保证了在解决土地管理问题时应采取风险预防措施。

4. 水资源分配计划

地区委员会的另一职责是制定在重要水域取水、用水和水资源分配的政策和规章（《资源管理法案》，第30条）。在实践中，《资源管理法案（1991年）》赋予的制定政策和计划的权力并没有得到真正的实施，原因是现有的各种灌溉方案的延续，并且1991年法案前授权的各种活动继续进行，如许多重要水力发电站在较早以前建成，其现有的用水权仍然有效，且受到法案的保护，法院也予以认可。

在特殊情况下，中央政府为了国家利益可以放弃这些原则，把某一用途置于其他竞争用户的利益之上，这一点已得到各方的一致承认。这需要专门立法，而这样的立法有时能反映社区的接受程度，有时却不能。如果地区委员会没有制订水资源分配计划，环境部有权要求地区委员会履行其职责（《资源管理法案》第 25A条）。

5. 地方（城市）主管部门

城市和行政区委员会主要负责本地区的土地利用和再分配、空气利用和大气污染物排放管理。

6. 海岸管理

海岸管理政策是中央政府的首要职责，由保护局具体制定和实施，也有些海滨地区的管理权移交给地区委员会。海岸侵蚀则由保护局和地区委员会管理机构共同管理。

7. “资源许可证”制度

要开展对环境有影响的活动，必须先申请资源许可证。通常而言，某一项活动可能需要若干不同的资源许可证。如开办一家工厂可能需要一系列的许可证，包括土地利用许可证、水资源使用许可证和排放许可证。

资源许可证的申请过程体现了该制度的综合性。根据法定告示标准，资源许可证的申请过程及结果可能对公众公布，也可能不公布。委员会对申请进行听证，在公示期间，“任何人”都可以提建议。能否通过审批，取决于其是否达到“促进可持续管理”这一法定目标，以及是否能实现计划的目标和标准。反过来，计划必须服从于上级或政府政策报告，同时还应服从于可持续管理目的。

由来自各许可证颁发部门的代表组成的联合听证委员会使决策过程更具综合性。委员会开展听证，在一次听证和决策过程中颁发所有的资源许可证。如果进行了公开告示，在资源许可证申请的听证会上，任何人无需有正式陈述权即可公开反对或同意。

许可证颁布部门必须依据《资源管理法案》第5、6、7条规定的目的和目标来审核申请。必须考虑颁发许可证对环境的实际和潜在的影响，并以相关政策报告和计划为依据。在评估过程中，具有决定意义的不是个别事项的审核，而是对所有相关的问题进行全面审核（《资源管理法案》第104条）。颁发许可证的前提条件是必须补救、减少对环境的负面影响（《资源管理法案》第108和222条）。

申请排放许可时，许可证颁发部门还要考虑排放的性质和环境对负面影响的敏感程度，以及是否有其他排放方法（《资源管理法案》第105条）。

此外，关于污染物排放的问题，无论是直接排入水中，还是先排入地面然后再进入水体，许可证主管部门均须考虑排放物排放到水中后是否产生了明显地油性和油脂膜、颜色是否明显改变、清澈度是否得以改变、是否释放出难以忍受的臭味、是否导致该水资源不适合用于农场牲畜饲养、对水生生物有负面影响等。如果出现这些情况，许可证颁发部门不能颁发排放许可证，除非属于例外情况，或临时性的排放，或临时的维护工作（《资源管理法案》第 107条）。

申请人和反对者都可以到环境法院对委员会的决定提起上诉，并且可就法律问题或优缺点问题提起上诉。环境法院根据《资源管理法案》可持续管理目的予以审定。只有法律问题包括司法评审，才能进一步上诉到高级法院（《资源管理法案》第 299和302条）。

（七）保护地

对于保护局管理的国家公园、保护区和其他公共用地，《资源管理法案》的效力很有限。虽然这部分用地约占新西兰国土面积的30%，然而由于《保护法案（1987年）》规定的土地管理政策与规划体系和《资源管理法案》所规定的十分相似，因此在保护局管辖的土地上开展活动必须遵守《保护法案》规定的政策与计划，必须申请许可证或“特别许可”。并且，对这些申请将进行严格的评估，以判定其是否严格遵守法律规定的保护原则及相关政策和计划。

（八）推动水土保护的其他措施

从全球范围看，新西兰是若干关于土壤退化防治和管理的国际政策报告和协议的签字国和签约国，这些国际政策报告和协议包括《世界保护战略》（1980），《布伦特兰报告》

（1987），《环境与发展里约宣言》（1992）和《21世纪议程》（1992）。

新西兰政府还撰写了许多报告（环境部，1997，2007），制定了各种战略（环境部，1995，1996），编写了各类手册（环境部，2001）等，建立了各种数据库（如土地关爱研究，2008）。

还有许多半官方行动和非政府机构也参与到提高土壤保护意识、实施实践措施的活动中。

四、结论

对于如何解决世界土壤和水资源可持续管理和保护中的难题，并没有简单的答案或统一的模式。各种国际协议、公约和战略如《里约宣言》和《21世纪议程》只为各国提供了常规的指导方针。然而，困难的是在如何在国家层面有效地解决这些复杂的全球性问题，特别是如何处理地球物理学、生态学、社会学等问题的相互作用和相互影响。

“综合性”问题需要“综合性”办法来解决。综合性必须体现在各个层面上。首先，可能这也是最首要的一点，任何土壤管理和保护制度都必须有规范性很强的指导原则，“可持续发展”和“风险预防方法”就是此类指导原则；其次，这些原则必须充分地纳入各级行政管理、政策制定、规章制度及制度实施之中；再次，制度本身必须是综合环境管理结构的一个组成部分，反映土壤健康和生物圈其他方面之间的各种关联。

新西兰已经实施了综合环境管理制度。之前实施的制度需要进行重大改革，包括提高中央和地方政府行政管理结构的综合性、环境与资源立法的综合性等。《资源管理法案》虽然还有不足之处，但该法案已为我们提供了一个以可持续发展原则为基础的环境与自然资源综合管理的成功模式。

参考文献

1. Baumgart, I. L. & Howitt, P. A. 1979, ‘Trends in Law Relating to Conservation and Preservation of Natural Resources’, *New Zealand Journal of Ecology*, Vol 2, p 68.

2. Department of Conservation 2008, [Online] Available at: www.doc.govt.nz.

3. Grinlinton, D. P. 2002, ‘Contemporary Environmental Law in New Zealand’ in *Environmental Law for a Sustainable Society*, ed. K. Bosselmann & D. P. Grinlinton, NZCEL Monograph Series, Vol 1, NZCEL, Auckland.

4. Landcare Research 2008, New Zealand Land Resource Inventory (NZLRI), [Online] Available at: http://www.landcareresearch.co.nz/databases/nzlri.asp.

5. Memon, P. A. & Perkins, H. 2000 *Environmental Planning and Management in New Zealand*, Dunmore Press Ltd, Palmerston North, pp 148-149, and 152.

6. Ministry for the Environment 1995, *Environment 2010 Strategy: A Statement on the Government's Strategy on the Environment*, MfE, Wellington.

7. Ministry for the Environment 1996, *Sustainable Land Management Strategy*, [Online] Available at: http://www.mfe.govt.nz/issues/land/soil/strategy.html.

8. Ministry for the Environment 2007, *Environment New Zealand 2007*, [Online] Available at: http://www.mfe.govt.nz/publications/ser/enz07-dec07/index.html.

9. Ministry for the Environment 2001, *Soil Conservation Technical Handbook*, MfE, Welington), [Online] Available at: http://www.mfe.govt.nz/publications/land/soil-conservation-handbook-jun01/index.html

10. Nolan, D. (ed.) 2005, *Environmental and Resource Management Law*, LexisNexis, Wellington.

11. Palmer, K. A. 1983, *Planning and Development Law in New Zealand*, Vol 2.

12. Palmer, K. A. 1993, *Local Government Law in New Zealand*, Law Book Co, Wellington.

13. Statistics New Zealand 2008, *New Zealand Official Yearbook on the Web*, Para 16.3 Environmental and resource management [Online] Available at: http://www2.stats.govt.nz/domino/external/PASFull/pasfull.nsf/b45013b35df34b774c2567ed00092825/4c2567ef00247c6acc25697a0004407a/OpenDocument

14. Williams, D. A. R., et al, 1997, *Environmental and Resource Management Law in New Zealand*, 2nd ed, World Commission on Environment and Development, 1987 *Our Common Future* (Gro Brundtland, Chairperson, referred to herein as “*the Brundtland Report*”).

35 综合生态系统管理在甘肃GEF草地畜牧业发展项目中的应用和实践

花立民[1]

摘要

综合生态系统管理是一种可持续自然资源管理的全新方法和理念，它将生态学、经济学、社会学和管理学原理综合应用到对生态系统的管理之中，旨在创建跨越部门、行业或区域的综合管理框架。2003年，由世界银行执行的全球环境基金（GEF）甘肃草地畜牧业发展项目首次引入综合生态系统管理的方法和理念，在甘肃祁连山区和黄土高原区实施相关的草地畜牧业可持续发展项目。本文主要论述了甘肃GEF草地畜牧业项目区存在的主要环境问题及其原因，并根据参与式调查评估（PRA）的结果和GEF项目目标，描述了各种项目活动以及取得的产出，同时总结了执行GEF项目的经验。

1. 背景

土地退化和生物多样性减少是中国西部的主要生态环境问题，也是造成农牧民贫困和制约当地经济发展的主要原因。中国政府高度重视西部生态环境问题，经过多年的建设和保护，特别是西部大开发战略的实施，西部土地退化防治取得了明显成效。虽然有关部门从传统方式和现代方式的角度都对土地退化、生物多样性减少进行了积极的探索，但是，这些尝试都基于某一部门，涉及面窄，故存在政策片面性和不连贯性以及实施的局限性。因此，土地退化形势依然十分严峻。2003年，全球环境基金（GEF）依照业务规划生态系统综合模式（OP12）资助中国甘肃、新疆畜牧发展项目，是对解决中国日益严重的土地退化问题的一个颇有价值的尝试。

草原是中国西部生态环境的主要土地类型。甘肃省地处黄土高原、青藏高原、蒙新高原和西秦岭山地的交汇衔接过渡地带，地形复杂，气候多样，草原面积达1790万公顷。是中国六大牧区之一。有天祝白牦牛、滩羊等许多珍贵家畜资源，有大面积种植苜蓿的悠久历史，有红豆草、岷山红三叶、岷山猫尾草等许多饲草品种资源，野生动植物资源也很丰富。

甘肃省GEF项目实施区主要是祁连山区和黄土高原区。祁连山草原是石羊河、黑河、疏勒河三大水系、56条内陆河流的注水区，是河西走廊绿州农业区的惟一水源，因此，祁连山草原的生态状况直接关系着河西走廊绿州农业的成败和人们的生产生话。祁连山草原类型多样，有荒漠、温性草原、高山草甸等，其生物多样性非常丰富。但是近30年来由于种种原因，祁连山区冰川畏缩，草原退化，对其生物多样性保护带来挑战。部分项目区属于黄土高原区，该区域人口压力较大，过度开垦严重，降雨少导致植被稀疏，由于降雨多集中在夏秋季，且缺乏植被保护，水土流失严重。

2. 项目区存在的主要环境问题及其原因分析

甘肃GEF项目区多位于生态脆弱区，环境

[1] 甘肃省世界银行贷款牧业发展项目管理办公室环境官员，E-mail:Hua-lm@263.net

问题较为突出，主要表现在草地退化、水土流失严重，生物多样性减少以及碳固定能力下降等，这些生态环境问题不仅影响了农牧民收入和当地经济发展，而且还威胁到本土文化和社会安定。寻找引起草原退化的原因并有针对性的采取相应措施是实施甘肃GEF项目的前提。通过在项目实施前期的调研和分析，项目区存在以下主要问题（图35-1）。

2.1 草畜矛盾与农民生计

众所周知，草畜矛盾是导致草原退化的直接原因。但是究竟是什么原因导致了草畜不平衡？全球各地原因不尽相同。从甘肃GEF项目区的情况来看，可以从“草少”和“畜多”两个方面进行分析。“草少”，即在畜牧生产系统中饲草供给量少。主要原因一是由于甘肃天然草原多属于高寒草原、高寒草甸以及荒漠草原，草地生产力低，加之气候恶劣和可供开发饲草生产的土地有限，不利于饲草生产，草原牧区季节性畜牧业主要问题就是冬春季饲草缺乏从而影响了畜牧生产效益；二是在半农半牧区和农区，由于受到人口的压力和粮食安全的政策影响，粮食生产处于第一位，饲草饲料生产只能屈从于粮食生产。尽管近年来中国农村加大了种植业调整的力度，但是有限的饲草料生产仍然不能满足畜牧业日益发展的需要。所以，不论是在纯牧区还是在半农半牧区，饲草供给量低是导致草畜矛盾的主要问题。“畜多”，即过多的牲畜数量超出了草地的承载能力。原因主要是农牧民增加收入渠道有限和粗放的畜牧业生产方式，在其生活压力下不得不扩大养殖规模以维持其生计需要。如在甘肃肃南县GEF项目区，牧户每年的收入只有来自畜牧业，但其支出受到居住环境和自然条件的影响，在教育、卫生、交通等方面支出明显大于其他地区的农牧民。因此，解决草地退化首要措施是解决草畜不平衡问题。在甘肃GEF项目区，在适宜发展人工饲草生产地区域通过扩大饲草种植面积来增加饲草产量，以及引进优良牧草品种提高单位面积的饲草产量来达到增加饲草供给量的目的。同时，引进优良畜种开展畜种改良并改善牲畜管理以达到通过提高质量来减少牲畜数量的目的。

2.2 政策影响

研究表明，中国草原退化趋势最为严重的地区是位于半农半牧区。因为半农半牧区带受农业文化的影响，加之草原面积相比典型牧区草原面积小，当地政府不重视草地畜牧业发展。半农半牧区的草原虽然毗邻牧区草原，但是多年来草原管理非常薄弱，由于人口压力而迫使当地政府无法制定并推行草原承包、草畜

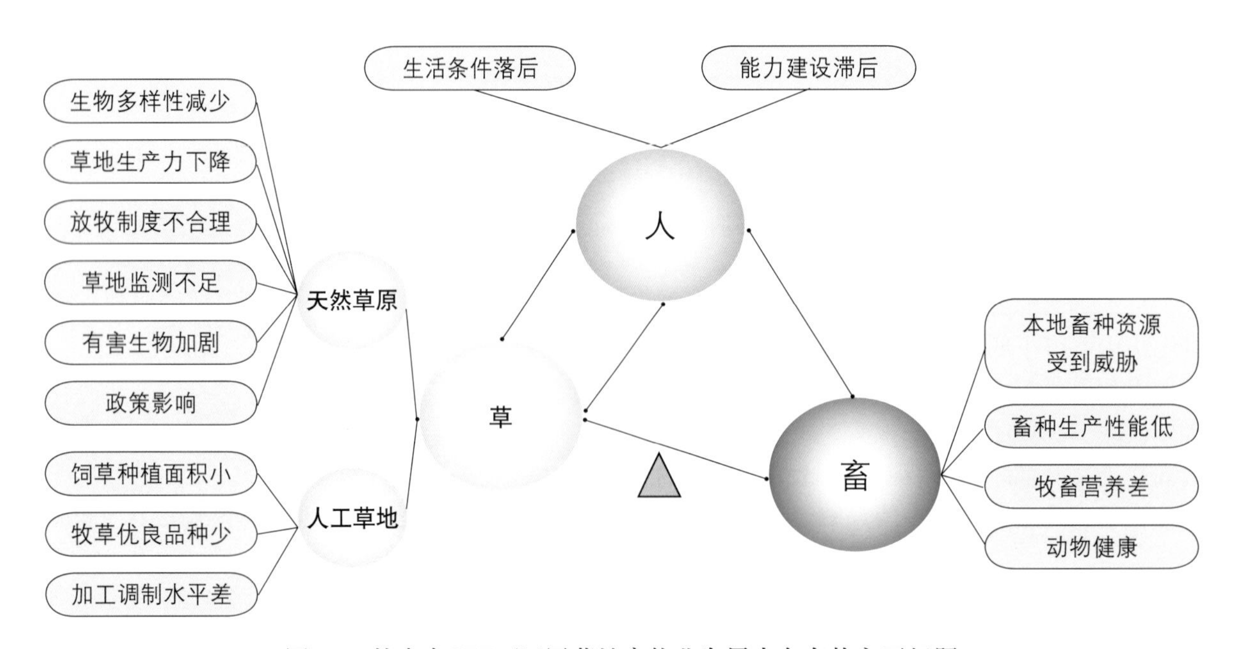

图35-1 甘肃省GEF项目区草地畜牧业发展中存在的主要问题

平衡制度等政策措施。如在甘肃永昌县、凉州区等GEF项目区，草地畜牧业收入在当地农牧民收入占到很大比例，约占65%～75%，但是按照农户占有草场面积分别是135亩/户（永昌）和149亩/户（凉州）。在人口压力下，由于每户占有的草场面积过小，致使两县（区）无法仿效典型牧区推行草原家庭承包责任制，也没有开展其他有效地草原管理措施，导致草地过度利用，退化现象十分严重。这种草地退化成因，草原管理政策没有指定或指定不及时是主要原因之一。

2.3 生物多样性受到威胁

甘肃由于地处黄土高原、青藏高原、蒙新高原的交汇地带，生物多样性较为丰富。既有非常适应高寒地区的独特畜种—天祝白牦牛，也有属于古地中海孑遗植物的裸果木（*Cymnocarpos przwalsii* Maxim.），甚至地处祁连山西段的高原湿地和河西走廊的低地草甸为野生候鸟提供了非常重要的栖息地。由于人类活动的干扰和对自然资源的不当利用，甘肃GEF项目区的生物多样性受到影响，特别是祁连山草原，由于超载过牧、矿产开发等原因，草原植物种类减少，毒杂草增加，而且还影响到野生动物的栖息和繁殖。根据甘肃GEF草地畜牧业项目区的实际情况，主要针对农业生物多样性，有效开展保护工作。

2.4 农牧民能力建设滞后

虽然说草地退化的直接原因是草畜不平衡。但从深层次来讲，草地畜牧业发展中出现的问题无一例外都与草地的使用者——人有极大的关系，农牧民的能力建设一直是限制草地畜牧业可持续发展的主要因素之一。受到交通、培训设备等基础设施的影响，甘肃，甚至中国牧区的农牧民能力建设相比草原保护的基础设施建设来讲比较滞后。究其原因，一是农牧民能力建设未能引起政府决策者们的高度重视，国家投资的草原保护项目，如退牧还草项目，没有将农牧民能力建设作为主要建设内容；二是由于农牧区劳动力转移，外出打工对开展有效培训带来很大压力。据甘肃省第二次全国农业普查主要数据公报，2006年全省农村外出从业劳动力247.8万人，占全省农村劳动力资源总量的20%。外出从业劳动力中，初中和高中文化程度占63.6%，21～50岁占81.6%。这也意味着有知识、青壮年劳动力离开了农村，对开展农牧民能力建设带来很大挑战。

2.5 小农户的生产模式

中国草地畜牧业的主体是以农牧户为单位的家庭经营模式，不同于加拿大、澳大利亚等国的商业牧场经营模式。这种小规模的家庭经营模式对于草原的利用是粗放的，大部分家庭牧场饲养种畜、生产畜甚至好几种畜种，这种“小而全”的畜牧业生产方式，不利于经济效益的提高。而且中国传统的家庭观念，即子女长大成人后或兄弟分家时，家庭草场再次进行分配。如肃南县，从1954年的1508户增加到2007年的6818户，总草场利用面积没有改变，但是每户利用的草场面积减少。这种过小的草场使得牧户难以开展有效地划区轮牧、草地改良等管理改善措施，进而导致家庭牧场较低的经济效益，影响到了农牧民生计问题，进而传递到草原管理处于一种不可持续的状态。

3. 项目策略和方法

从甘肃GEF草地畜牧业项目区存在的环境问题分析可以看出，造成草畜不平衡的因素分为人为可控制因素（草地、家畜生产能力下降、草地管理技术落后等）和人为不可控制因素（干旱、气候异常等）。甘肃GEF草地畜牧业项目主要从人为可控制因素入手，以增加饲草供给量（包括技术层面和管理层面）为项目切入点，配套实施畜种改良和改善饲养管理，最终以提高农牧民、基层管理人员和技术人员的能力建设为目的，为类似自然条件的地区在控制草原退化方面积累经验。

在实施方法上，运用参与式方法，注重社区在草原保护和可持续利用中的地位和作用。基于参与式调查评估的基础，项目活动的设计充分考虑到GEF项目目标、农牧民需求和其他利益相关方的意见。实施过程中，农牧民依靠技术援助（包括培训和应用研究）开展各项项目活动，年度项目活动结束后，由项目协调员与项目受益户共同对项目活动的效果进行评价，以确定下一年度的项目实施计划。这种项目实施的理念和方法对以政府主导的生态建设工程是一个很好的补充和经验的借鉴。

4. 项目活动

根据项目区草原退化的主要原因和GEF项目目标，基于参与式调查和评估的基础上，甘肃GEF项目实施的主要活动有：

4.1 以增加饲草产量和提高草地生产力为目的的项目活动

（1）人工饲草地建设：在适宜发展人工饲草生产的地区，通过扩大种草面积和引进优良牧草品种，达到增加饲草产量和质量的目的。

（2）饲草调制加工：为了解决饲草在储存、饲喂过程中的营养损失，配合饲草种植为农牧户购买割草机、铡草机以及修建青贮窖等，改变原有饲草加工利用模式，提高饲草质量并重点解决冬春季饲草缺乏问题。

（3）天然草原划区轮牧、休牧和禁牧：针对不同退化程度的草场，分别实施划区轮牧和休牧等草原管理措施。目的是通过强制性的外来干预措施以期在较短时间内恢复原有植被。

（4）草原鼠虫害控制：在鼠虫害严重危害区，研究鼠虫害发生原因和危害程度等，支持利用生态方法，如修建鹰架利用天敌控制鼠害，以及使用生物药剂控制鼠虫害发生。

（5）草原野生牧草种子采集和补播：选择适宜生产野生牧草种子的天然草场作为种子采集地，采集天然草种并进行再次繁殖或直接用于草场补播。

4.2 以提高牲畜生产力为目的的活动

（1）引进良种：根据不同项目区实际情况，通过引进野牦牛、藏羊、肉用种羊等改良当地品种来提高家畜生产性能，培训农牧民重视牲畜质量而不是牲畜数量。

（2）暖棚建设：冬季寒冷是影响家畜掉膘的主要因素之一，也是增加饲草消耗减少农牧民收入的因素之一。支持农牧民建设暖棚是较为经济的解决办法。

（3）制定草地放牧管理制度：在社区成员协商讨论的基础上，建立本社区草原放牧管理制度，规范和约束各成员的放牧行为，如约定不同季节草场放牧和休牧的时间，社区成员对草原管理应负责任等。

（4）家畜饮水点建设：清洁的水源对于家畜生产有着非常重要的作用，保护水源，改善家畜饮水条件对提高家畜生产性能有重要作用。

4.3 配套草地畜牧业生产，以改善农村能源和环境保护相关的项目活动

1）为农牧民购置太阳灶：西部地区农牧民砍伐灌木、挖草皮以补充能源不足的问题，为农牧民购置价格低廉的太阳灶可以有效缓解这一矛盾。

2）为农牧民购置太阳电池板：草原牧区由于地形复杂，加之牧民游牧转场，电力匮乏也是影响牧民看电视、听广播等分享信息的障碍。配备太阳灶，提高农牧民生活质量，也是扩大GEF项目影响的一项重要措施。

3）修建沼气池：扩大了养畜规模和暖棚的建设，为沼气池修建奠定了基础。通过项目出资和农牧民出工相结合，在暖棚内修建沼气池，即可以改善农牧民生活条件，又可以利用沼渣作为肥料，走生态农业之路。

4.4 保护生物多样性有关的草原管理活动

（1）濒危植物保护：根据国家濒危植物保护名录，在项目区选择裸果木、麻黄等濒危植物进行围栏保护，监测保护效果并积极探索可持续的保护措施。

（2）水源涵养地和湿地管理：在内陆河-榆林河源头以及河西走廊典型绿洲湿地，开展有关湿地资源调查、监测和保护工作，并制定有关湿地保护和利用规划，探索湿地资源可持续管理。

4.5 半农半牧区草原产权制度改革

针对两个半农半牧区项目县草原管理薄弱的主要原因，即草场属于公有草场，无序利用的局面，GEF项目分别在这两个地方开展草原联户承包和竞价承包两种不同模式的尝试，为中国半农半牧区草原管理积累经验。

4.6 本地畜种保护

在甘肃，天祝白牦牛和景泰滩羊受到GEF资助。本地畜种保护活动开展的目的一是保护现有本地畜种数量资源不要消失，主要措施是通过稳定或扩大现有本地畜种饲养数量；二是保证现有的本地畜种遗传资源不要消失，主要措施是通过选育、提纯、复壮等措施，保护本地畜种有较纯的基因。

（1）建立核心群：为了保护纯种的本地畜种—白牦牛和滩羊，按照已有的国家标准进行选育并建成核心群是十分必要而且很关键的一项保护工作。GEF项目在天祝和景泰分别建立了基于农户养殖的核心群。

（2）生物技术保种：保存本地畜种优良个体的遗传资源，如血液、精液等，对生物多样性保护同样至关重要。GEF项目资助采集优良白牦牛精液并进行冷藏，一则可以保护遗传资源，二则可以推动项目区人工授精工作，扩大优良种公牛影响。

（3）保种信息中心建设：GEF资助项目区购买电脑等设备，准确、全面、系统记录保种选育工作的所有数据，为白牦牛的保护和育种建立数据库，以正确指导生产。目前，白牦牛保种遗传数据库已经建立。

（4）改善饲养管理体系的活动：

①扩大饲草生产活动：一是推广适合于高寒牧区的优良牧草品种，增加饲草产量；二是提高养殖户的饲草加工利用水平，如干草调制、青贮制作等。

②天然草原生产力监测：为了获得有效数据实施科学放牧，草地生产力监测是非常重要的一项工作。天祝白牦牛场技术人员选择有代表性的监测点并实施月度监测，为开展草畜平衡管理提供了技术保障。

（5）疫病防治及监测系统建设：购置必要的急救设备和药品，培训当地技术人员和农牧民，加强本地畜种疫病监测和防治，也是重点工作之一。

4.7 培训、咨询服务和应用研究

（1）培训：加强能力建设是GEF项目的重点。甘肃GEF草地畜牧业项目从调查培训需求开始，针对不同的培训对象，开展了国外、国内、省级、县级和农牧民不同层次的培训活动。目前培训重点已向农牧民倾斜，培训方式采用技术人员帮助农牧民开展参与式示范培训活动。

（2）环境教育：在开展技术培训的同时，对项目区小学生进行了环境教育，开设环境教育课程、组织环境教育课外实践课等，重点教育孩子关注自己生活家乡的环境问题，并能影响家庭其他成员对环境问题的关注。

（3）咨询服务：鉴于GEF项目非常注重咨询服务在项目实施过程中的作用（咨询服务费用占总投资的40%），根据项目实施中存在的技术问题和农牧民需求，甘肃GEF项目设计并开展了19项应用研究和技术服务，内容主要包括三个方面，一是资源调查类，如草地资源调查、野生动物调查等，主要目的是了解和掌握项目区基本的资源状况，为开展其他工作奠定基础；二是社会经济类，我们意识到解决草原退化问题不能单纯依靠自然科学技术来解决，有些问题需要社会科学和人文科学来分析和研究，因此，开展草原政策研究、社区发展等方面研究是必要的；三是针对生产实践中存在的问题，开展相关的应用研究来指导和改善草地畜牧业管理。截至目前，这些应用研究和技术服务项目已发表论文10余篇，预计项目结束时可发表50余篇。甘肃GEF草地畜牧业项目咨询服务开展的活动详见图35-2。

4.8 项目管理、监测与评价

（1）项目管理：甘肃GEF项目是世界银行贷款甘肃牧业发展项目的配套项目，其项目管理沿用世界银行牧业发展项目管理之规定，如机构管理、财务和采购管理等。但在项目活动上各有侧重，GEF项目更多地关注于能力建设，包括培训和技术援助，能力建设投资占到GEF项目总投资的55%。

（2）监测评价：为了提高项目执行质量，在项目实施过程中的监测与评价是必不可少的。甘肃GEF草地畜牧业项目每年度由项目协调员到农牧民中间了解项目实施的进度、执行效果以及项目实施中存在的问题，以便于更好

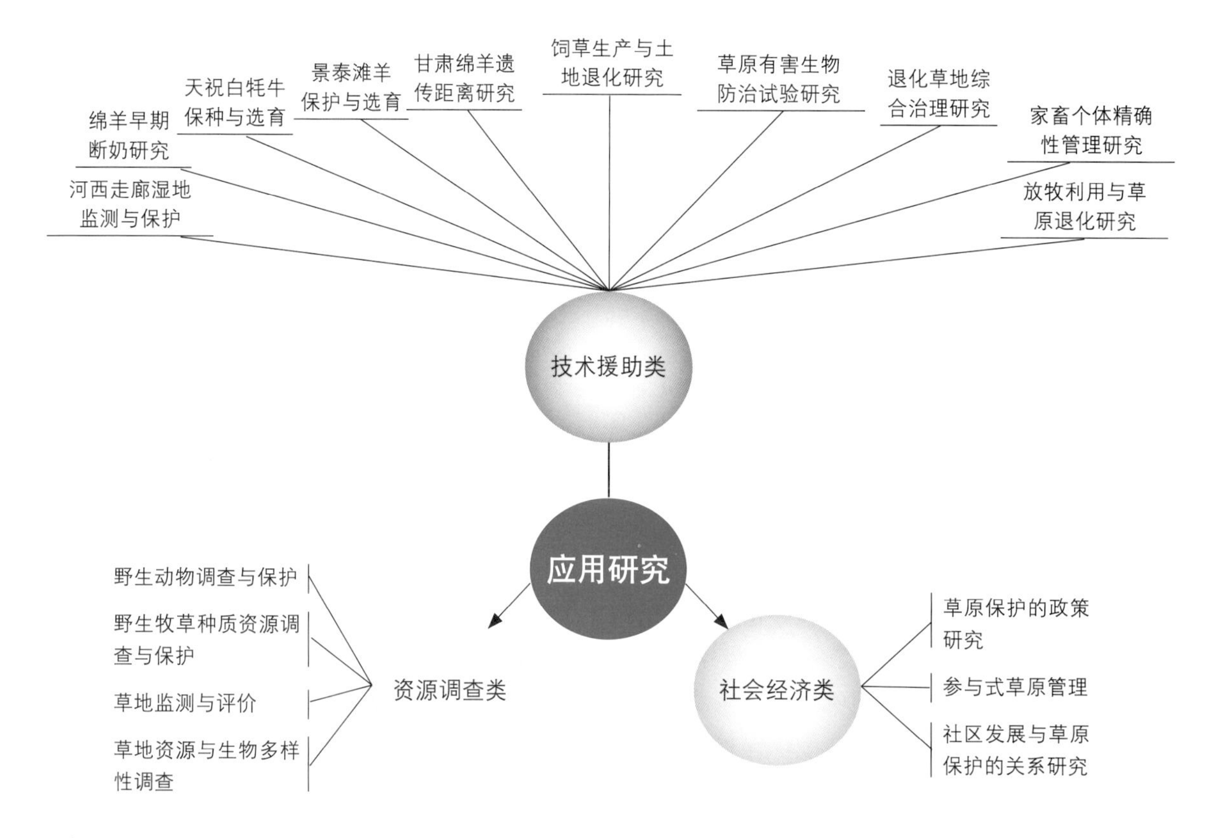

图35-2 甘肃省GEF项目应用研究任务图

的改进项目活动和项目管理。每年年初制定项目实施方案时，根据上年度的检测评价结果，只有符合农牧民意愿且对应项目目标的项目活动才能保留下来。除GEF项目自我监测评价外，加拿大Agriteam公司也承担着第三方监测评价任务。

5. 项目产出

（1）以村为基础的参与式草原管理计划效果显著。在不同的项目县选择有代表性的村作为示范点，通过社区成员和其他利益相关方的参与，共同制定了适合当地的草原管理计划，项目效果显著。例如甘肃部分GEF项目村实施了天然草原禁牧，但通过扩大饲草种植面积，购置铡草机、修建青贮窖等一揽子有助于增加饲草供给量的项目活动，支持农牧民进行畜种改良，提高家畜生产性能，同时将农牧民生产技能培训贯穿到每个项目活动中。这样既有利于降低草场放牧压力，保护生物多样性。又能保证农牧民收入的增加，实现了草地畜牧业的可持续发展。

（2）完善了项目区的基础设施建设。甘肃地处贫困落后地区，生产条件落后。项目从参与式需求评估入手，把农牧民需求、项目目标以及专家意见有机地结合起来，在项目活动上，针对当地畜牧业生产体系中薄弱环节进行综合发展。从人工草地建设、青贮窖、暖棚建设 直到家畜良种引进等诸多方面进行组装配套，使畜牧业综合生产力进一步提高，群众生产生活条件明显改善。

（3）强化了能力建设。尽管改善生产基础设施是广大农牧民和基层政府的迫切需要，但是，从多年来各种项目实施的经验来看，加强能力建设，改变基层项目管理人员、技术人员以及农牧民的意识，提升他们的能力更是重点。项目通过世界银行督导团专家以及项目聘请的技援专家的帮助，多次组织各级项目管理人员、技术人员和农牧民参加不同层次的培训。特别针对农牧民能力建设，从以前简单的课堂宣教式培训转变为由技术人员承担示范性的试验培训为主，即提高了技术人员实际解决问题的能力，又通过“干中学”提高了农牧民畜牧业生产技能。这种“软硬件”相结合的实施方法，得到了项目区的管理人员、技术人员和农牧民的欢迎。

（4）开展了以社区为基础的草原产权制度改革。中国西部草原严重退化的原因之一就是草原产权制度不清晰，特别在半农半牧区。项目选取了具有代表性的永昌县和凉州区对草原产权制度改革进行尝试，力图从政策层面上对改进草原管理起到试验和示范作用。通过在永昌县采取联户草原承包和在凉州区采取农牧户竞价拍卖不同方式的试验，配套人工饲草生产、家畜改良等有助于解决饲草缺乏和提高家畜生产性能的措施，试验区内草原放牧压力明显降低，农牧民收入并没有受到影响。半农半牧区草原产权制度改革对于中国解决农牧交错带草原退化问题是一项有意义的尝试。

（5）开发了适宜的培训材料。项目实施之初，培训教材选用了一些出版书籍作为培训材料。但在实际应用中，发现针对性不强，培训内容过多难于掌握等问题。针对这些问题，甘肃GEF项目聘请专业人员从培训需求评估开始，针对不同需求的培训者编撰了不同的培训材料。截至目前，已开发了12本针对技术人员和项目管理人员的培训手册，针对农牧民开发了简单的折页、挂图以及VCD。这些培训材料的开发为达到能力建设的目的起到重要作用。

（6）开展了草原生态环境教育活动。项目实施之初重点放在农牧民生产技能的培训上。但是，从培训效果的评估结果和从其他外援项目学习的经验来看，加强学生的环境教育并建立长效机制，从儿童入手教育他们的环境保护意识并逐步影响他们家长的意识，对农牧民培训工作也是一个很好的补充。由于草原环境的特殊性和牧区学校的特殊性，从环境教育评估入手，借鉴其他项目经验。通过各级项目办、咨询专家和学校老师的共同努力，截至目前，已经开发了学校教师的环境教育指导用书，学生环境教育科普读物以及相关VCD课件。部分项目点学校已经将环境教育活动纳入到本校的正常教学计划中。

6. 讨论

尽管甘肃GEF草地畜牧业项目按照“综合生态系统管理”的理念和方法组织开展各项工作，但是受制于法律、行政体制等制约，甘肃GEF草地畜牧业项目与“综合生态系统管理”的要求相差较远。特别是项目管理和执行机构仍没有达到“跨部门”合作或管理，项目管理权只局限在单一部门。我们在项目实施之初也曾经尝试过实行多部门合作，但是由于协调难度大、耗时过多等因素，影响到项目的实施进度。从目前甘肃GEF草地畜牧业项目执行过程来看，我们更注重强调项目活动的跨学科和综合性，如将草原管理、畜牧生产、林地管理或湿地管理等结合起来，还在开展草原管理等自然技术研究的同时，将政策、社区发展等社会学研究有机地结合在一起，以便系统性地解决相关问题。这虽然只是“综合生态系统管理”的起步阶段，但对目前实施或即将实施的其他国内项目也许有很好的借鉴作用。

7. 结论

（1）解决草原退化需要考虑到草原生产力的提高和降低放牧压力等“一揽子”的综合措施，还要考虑到牧民生计、社区发展等社会学问题。甘肃GEF草地牧业项目针对不同项目区草地畜牧业生产特点和存在的问题，将各种单项项目活动整合到畜牧生产和社会发展活动中，突出项目活动的综合性和系统性。

（2）参与式方法是实施项目的基础。参与式方法的应用使项目决策更加民主，项目活动更加符合当地实际情况。特别是参与式监测的结果对于项目活动的调整更加科学。

（3）能力建设是项目长期影响的保障。GEF项目的实施给各级项目管理人员、技术人员和农牧民提供大量培训机会。这种培训机会不仅仅是管理和生产技能的提高，更重要的观念改变且具有长期的影响力。

（4）关注小农户生产模式。中国草地畜牧业的主体是以农牧户为单位的家庭经营模式，不同于商业牧场经营模式。基于此点认识，甘肃GEF草地畜牧业项目更多的关注于农牧户层面，项目活动更关注农户生计问题和项目模式推广的可复制性。

（5）政策的影响更为长远。中国草原退化是一个非常复杂的问题，不仅是各种技术的组装配套，更重要的是政策层面的影响,如土地政策、牧区经济政策、多部门合作等。因此,解决有些地区草原退化的矛盾必须首先解决政策的制约,这样才能使得其他技术措施得以有效长期的发挥作用。

8. 致谢

感谢世界银行北京代表处Sari Söderström女士给我这个机会参加这次大会，也感谢她多年来对我工作的支持。正是由于她的支持，才能使我更加有效地开展各项工作。同时也感谢中国-全球环境基金干旱生态系统土地退化防治伙伴关系项目执行办公室给我做报告的机会，以便学习和分享项目执行的经验。同时，还要感谢Victor Squires 先生，David Michalk先生对我执行甘肃GEF项目期间给与的大力支持和帮助。最重要感谢给所有甘肃GEF项目区的技术人员、管理人员和农牧民，他们积极认真的工作态度和淳朴的民风，让我终生难忘。

参考文献

1. 蔡守秋. 论综合生态系统管理[J]. 甘肃政法学院学报，2006（5）：19～20

2. 江泽慧. 综合生态系统管理[M]. 北京：中国林业出版社，2006

3. 甘肃省草原总站编，甘肃草地资源[M]，兰州：甘肃省科学技术出版社，1999，15～18

4. Hua Limin. Barriers to using feed balance systems for range livestock production – Case study at Dacha Village. Sunan County of Gansu Province[J],世界草地./草原大会2008年学术论文集，2008

5. 程序. 农牧交错带研究中的现代生态学前沿问题[J]. 资源科学，1999，21(5)：1～8

6．甘肃省第二次全国农业普查主要数据公报（第四号）. http://www.gstj.gov.cn/doc/

36 亚洲开发银行宁夏生态及农业综合开发项目

马闽霞　宁夏自治区财政厅副厅长

摘要

该文介绍了宁夏贺兰山东麓生态与农业综合开发项目建立的背景、项目概况和项目实施的几点启示。项目区位于宁夏贺兰山以东、黄河以西，占地3655平方千米，涵盖了银川市的三区、两县及农垦系统的9个国营农场，总人口110万。该地区环境条件复杂，以草原生态系统为主；环境因素组合不协调，自然生态功能偏低；环境容量小，生态平衡脆弱。人类的经济基础活动对环境的强烈干预，使部分地区产生了土地沙化、水土流失、天然草地退化问题。

贺兰山东麓生态环境保护是自治区党委和政府确定的十一五规划发展项目，对于保护和恢复银川市的生态环境、水源地、生物多样性具有十分重要的意义。经GEF OP-12项目框架和项目官员的反复调研，通过多次论证和分析，提出了既符合生态自然发展规律的项目，即贺兰山东麓生态与农业综合开发项目。项目包含IEM能力建设、水土资源管理、改善乡村生计、生态系统保护四类项目，共27个子项。项目总投资16.6亿元，其中借用亚洲开发银行贷款1亿美元，申请全球环境基金（GEF）赠款460万美元，地方配套资金8.5亿元。项目的总体目标是改善环境管理，恢复生态系统和增加项目区农民收入。项目具体目标是：①利用IEM示范方法，通过相关政策，法规和机构改革，提高生态系统管理的能力；②通过养殖、种植等项目活动提高农民收入，解决农民生计问题；③通过水资源综合管理，减少每单位耕地面积农药和水的使用，提高水资源利用率；④为通过9个主要湖泊和湿地系统，减少农业用水流失来提高水的配置；⑤生物多样性保护，保护全球威胁的15种野生物。项目主要建设内容包括：①银川西部生态防护林体系建设；②通过围栏、种植水生植物恢复湿地10.48万亩；③水资源综合管理；④替代生计项目。

一、贺兰山东麓生态与农业综合开发项目建立的背景

（1）GEF OP-12项目的由来

2002年，中国政府与GEF达成了IEM项目协议；2002年8月，全国人大常委会组织专家来宁夏调研；2003年1月，中国/GEF基本确立了加强机构能力建设项目。

（2）项目调研和交流引起的思考

各行业、部门保护和“越位”和“缺位”现象； 政策和法律不完善，存在真空和缝隙；信息资源不能共享，存在重复劳动。

（3）以项目为基础，带动IEM的实施

各部门之间的合作；各政策法律之间的衔接；多功能示范项目的设计；各产业在相对空间内进行有机结合；农业、林业、水利、畜牧、植保、加工等行业和产业之间形成产业链。

（4）贺兰山东麓生态环境保护是自治区党委和政府确定的十一五规划发展项目，对于保护和恢复银川市的生态环境、水源地、生物多样性具有十分重要的意义。

（5）在GEF OP-12项目框架和项目官员的反复调研，经过多次论证和分析，提出了既符合生态自然发展规律又满足自治区党委和政府要求的项目，即贺兰山东麓生态与农业综合开发项目。

二、亚行贷款生态与农业开发项目概况

1. 宁夏概况

宁夏位于中国西北部，土地总面积6.64万平方千米，人口610万人，是我国五个少数民族

自治区之一。地势南高北低，南部为黄土丘陵区，中部为鄂尔多斯台地，北部为黄河冲积平原。亚行项目区位于北部平原，是银川平原西部一道重要生态屏障。

2. 亚行生态与农业开发项目范围

项目区位于贺兰山以东、黄河以西，占地3655平方千米，涵盖了银川市的三区、两县及农垦系统的9个国营农场，总人口110万。项目包含IEM能力建设、水土资源管理、改善乡村生计、生态系统保护4类项目，共27个子项。

3. 贺兰山东麓生态系统的特征

环境条件复杂，以草原生态系统为主；环境因素组合不协调，自然生态功能偏低；环境容量小，生态平衡脆弱；人类的经济基础活动对环境的强烈干预，使部分地区产生了土地沙化、水土流失、天然草地退化问题。

4. 贺兰山东麓生态系统的划分

山地生态系统；洪积平原生态系统；黄河绿洲生态系统；湿地生态系统；沙地生态系统。

5. 项目区存在主要生态问题

气候变暖、降雨减少造成生态环境恶化；滥垦。盲目开垦土地，导致原始植被破坏；滥采。无序开采建筑用砂石造成地表植被破坏；滥牧。过量超载，使草场严重退化；滥伐。由于人为的采樵，使项目区灌木面积减少了38%；地下水资源的不合理利用，使地下水以每年1米的速度下降。

6. 项目投资

项目总投资16.6亿元，其中借用亚洲开发银行贷款1亿美元，申请全球环境基金（GEF）赠款460万美元，地方配套资金8.5亿元。

7. 项目目标

项目的总体目标是改善环境管理，恢复生态系统和增加项目区农民收入。具体目标是：利用IEM示范方法，通过相关政策，法规和机构改革，提高生态系统管理的能力；通过养殖、种植等项目活动提高农民收入，解决农民生计问题；通过水资源综合管理，减少每单位耕地面积农药和水的使用，提高水资源利用率；为通过9个主要湖泊和湿地系统，减少农业用水流失来提高水的配置；生物多样性保护，保护全球威胁的15种野生物。

8. 项目主要建设内容

银川西部生态防护林体系建设；通过围栏、种植水生植物恢复湿地10.48万亩；水资源综合管理；替代生计项目。

三、几点启示

提高意识和推广IEM长期性和艰巨性，需要不断的探索和积累。管理机构有较高层次具备综合协调能力，执行机构之间信息资源共享。人的理念非常重要，管理人员和专家要符合，不可偏废。GEF、ADB、WB等国际机构提供长期的技援，实现共同的目标。

37 在中国西部应用系统框架执行全球环境基金的目标

Victor R. Squires [1]

摘要

世行/GEF项目在甘肃新疆实施，解决草原问题。项目目标是改善生计，实现草原的可持续利用。这是中国-全球环境基金伙伴关系框架下的第一个大型项目。本文阐述的是该项目给我们的启示。

一、序言

甘肃、新疆草原发展项目是伙伴关系下第一个大型示范项目，是亚行资助的土地退化防治能力建设项目的补充项目，目的是通过这两个项目及下期5个项目总结经验教训、建立综合土地管理模式供中国西部乃至全国复制。GEF组分是甘肃新疆草原发展项目中的一个子项目，在甘肃和新疆两省（区）实施。

作为甘肃新疆草原发展项目的配套项目，GEF资助的是那些与农村发展密切相关的活动，即本次研讨会的焦点内容。GEF项目为在改善农牧民生活生计、实施中国西部大开发战略和西部经济发展过程中突显生物多样性保护和生态系统管理主流位置提供了机会。

二、GEF 项目目标

甘肃新疆草原发展项目的总体目标是在改善草原管理水平，提高畜牧业生产和营销体系，改善项目区农牧民生活生计水平的同时维护牧草资源。项目提供设备、材料、技术援助和培训，旨在提高从省（区）层面机构到乡镇各局到农民协会各层级的能力，社区则需要投入劳动力作为配套投入，这是基本情况。

项目的全球环境目标是维护、发展天然草场生态系统，提高全球环境效益。项目在中国西部祁连山脉、天山山脉、阿尔泰山山脉的草场、沙漠和森林各种生态系统里推广综合生态系统管理，目的是减少土地退化，保护生物多样性，促进碳吸收，这些都是具有全球意义的。

项目包含5个子项目，计划用6年时间实施，子项目包括：①草场管理；②改善畜牧业生产能力；③开发市场体系；④适用技术研究、培训与推广；⑤项目管理、监测与评估。项目于2004年启动。项目设计时有意使5个子项目有交叉重复，从而体现项目的综合特点。草场管理与发展、牲畜繁殖与生产以及市场体系各环节的有力链接构成发展活动的支撑。

作为综合草原发展项目，其核心是畜牧业生产与草场管理，GEF子项目则在选定的区域内保护重要山地草场生态系统及其生物多样性和固碳能力，这些都具有全球意义，为实现这一目标，项目开展了以下活动：①制订并实施全球环境友好型参与式草场管理计划，包括示范投资活动的管理计划；②示范推广景观层面的草场生态系统管理；③提高公众对生物多样性保护与可持续草场生态系统管理之间联系的认识力度。全球环境目标是维护、发展天然草场生态系统，提高全球环境效益，特别是要减少土地退化，保护具有全球意义的生物多样性，促进碳吸收。相关GEF业务运行计划包括：运行计划4—关于山地生态系统，运行计划

---

[1] 全球环境基金世行新疆甘肃草原发展项目专家，E-mail: dryland1812@internet.on.net

12—关于综合生态系统管理，运行计划13—关于生物多样性保护与可持续利用对农业的重要意义。

利用GEF活动在地方畜牧局、草场监测站和其他地方政府实体开展环境管理能力建设活动，作为把生物多样性保护目标纳入地方活动的手段。

作为该世行资助大项目的一部分，GEF组分的宗旨是维护和发展天然草场生态系统，具体的目标是：

（1）减少土地退化

（2）保护具有全球意义的生物多样性

（3）促进碳吸收

选定了祁连山、天山和阿尔泰山作为GEF项目区。项目区属国家环境行动计划（1998）和生物多样性战略行动计划确定的优先区域，也是具有区域重要意义的生物多样性走廊。

三、在系统框架中实施GEF各项活动

项目目标之一是保证草原的可持续发展，即为子孙后代留下发展机会，因此必须以科学原则为基础，理解“为什么”，而不是“如何”。当然我们必须知道如何才能使牲畜长得更壮，知道如何预防和控制土壤侵蚀，知道如何把更多雨水引入土壤里使草长得更旺盛。但是要实现草原的可持续发展，就要把“知道如何”当作副标题纳入一个大框架里，这个大框架就是生态系统承载能力限度，也就是人们在土地上生产他们想要的东西时，不能超出生态系统承载能力的限度。

甘肃新疆草原发展项目中的GEF项目终极全球目标是在项目区内开展具有全球环境意义的山地草原生态系统及其生物多样性保护，提高碳吸收能力。

大部分项目县都有三大要素（人、草场和牲畜）。项目制订了3套活动系列，这三套活动既相互交叉，又与三大要素相关，每套活动都致力于减轻草场压力。换另一种说法就是通过对广袤的草原实施管理，实现生物多样性保护、促进碳吸收、同时改善上百万人们生计这一全球目标。

项目活动在村级开展，使草场资源管理获得社区最大程度的参与。从该项目的实施中学到的一条经验教训是在设计干预活动时，设定一定数量的活动，单一因素不太可能很有效。项目成功的主要原因是同时开展了“几套”相互交叉的干预活动。这一做法对表面上看互不关联的活动和投入如培训、实用技术研究、畜牧业生产和草场改善等产生深远的影响，现在看来这些活动和投入都是一个综合草原系统里的组成部分。这一做法和随后制订的行动计划拉近了我们和综合生态系统管理目标之间的距离。

可持续草场管理是一个平衡生产用地、水资源、植被和人类需求的过程。制订改善草场管理计划，使畜牧业生产更具综合性，必须取得土地使用者（村民和牧民社区）的支持，因为他们参与权衡草场带来的经济、社会和环境利益。另外，没有社区的支持，分享、管理草场资源需要的监管行动就不可得到有效实施。社区支持来自对可持续管理程序的理解和土地使用者的同意。

不了解草场-牲畜-人这个系统如何运转，就不可能在可持续草场管理上取得进展。GEF项目从一系列可能采用的干预活动清单中选出与技术或政策干预提议相吻合的选项，作为项目干预活动。

在制订社区导向草场管理计划时会遇到可能影响干预活动效果的制约因素。社区导向草原管理计划的基础构架是战略框架，框架需要

框图37-1 GEF资助的项目活动

- 示范：在中国西部具有全球重要意义的祁连山、天山、阿尔泰山，由村级社区制订并实施参与式资源管理计划；
- 培训：牧民和省、县级局工作人员综合生态系统管理核心能力，在最大牲畜数量和环境保护之间取得平衡；
- 设计并实施一个监测评估体系，跟踪项目的全球环境影响；
- 保护地方牲畜品种。

土地使用者（农牧民）对可持续环境管理保持敏感，承认利用某区域内的可再生自然资源要有限制。这与过去传统的理解有出入，对于草原自然资源（牧场和水），传统的理解是“大地的礼物”，可以自由取用。项目必须克服这一意识上的障碍，因为项目必须取得整个社区的合作才能制订出综合草场管理计划，而计划的基础是代表整个大草原的一小点示范区。

治理土地退化问题不能只治理后果，必须从根源上解决。过去在解决土地退化问题时，只解决了一些小问题，对于如何提高草料单产，而没有解决生产率低的根源，并且土地享有年限不保证，放牧者权利界限不清，对于如何平衡牲畜数量和草料供应缺乏清晰的政策等。近两年来，项目在意识建设方面取得了进展，土地使用者（农牧民）和县、省级技术人员对可持续发展的关键因素和市场经济真实情况有了更深的理解。

大家都意识到在管理方法上，土地使用者没有多少选择的余地，现存可选择的管理方法可分为两种：

减少总的放牧压力（来自牲畜、哺乳动物竞争者如啮齿类动物和野生动物的压力；来自蚱蜢和其他无脊椎害虫的压力），办法是更精心挑选牲畜，精确管理，挑出无生产能力的牲畜，达到减少牲畜群规模的目的。品种改良作为一项长期战略也属于这一管理类型，但是这不是解决所有问题的万灵药。改良的牲畜品种需要更优质的草料，否则达不到理想的效果！

增加草料供应、高效利用草料（种植人工草地和饲料作物，更充分利用作物残留物如利用尿素处理，以干草或青贮形式保存饲料等）。更合理地计算舍饲养牲畜的日粮，这样才能更充分地利用现有的饲料，根据牲畜的特别需要裁定合理的日粮。当然，减少草原害虫（啮齿动物和蚱蜢）带来的竞争压力应该成为减少放牧压力战略的一部分内容。

项目给我们提供这样一条信息：“多意味着少”。我的意思是牲畜多通常意味着收入少，并不意味着收入多。研究和示范显示，可以做到：①精确管理现有的载畜量，淘汰无生产能力的牲畜，从而提高利润；②用更低的载畜量维持利润。

治理土地退化问题不能只治理后果，必须解决问题的根源。世行/GEF项目没有委托权去涉及政策和规章方面的问题，但是我们要指出这是亚行/GEF项目的关键所在，也是本次研讨会的核心内容，我们期待着源于此项工作的改革。

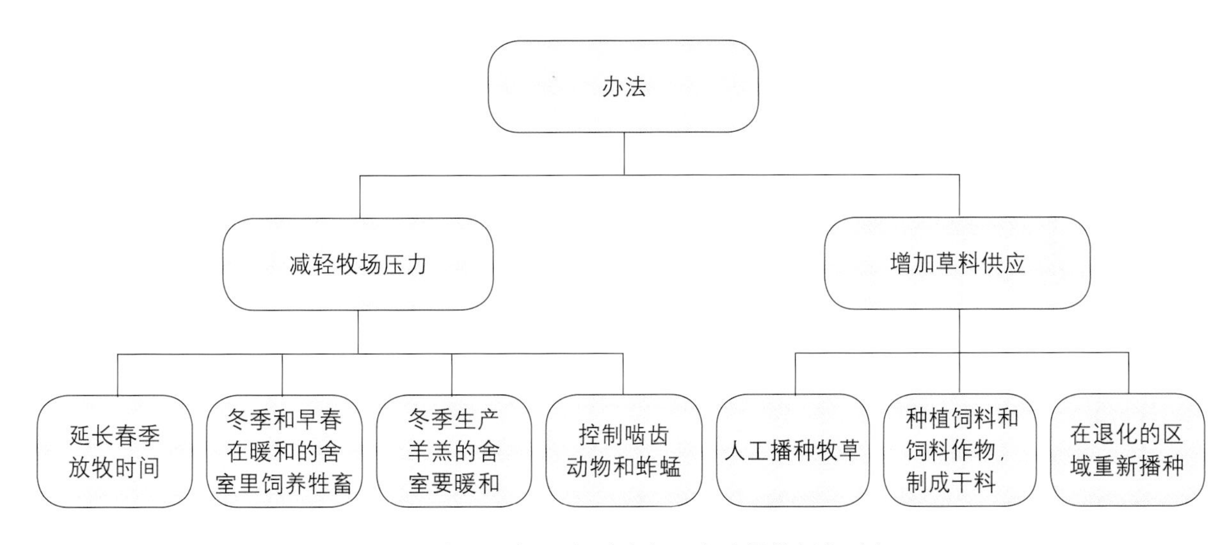

图13-1 中国西部只有两种主要办法供牧民们选择

38 应用综合生态系统管理方法保护旱地生态系统生物多样性及防治土地退化

郑　波　国际农业发展基金项目官员

摘要

该文介绍了国际农业发展基金会在中国开展农业项目的历史、政策背景、立项标准、综合生态系统管理（IEM）目标以及项目开展的程序和过程等内容，并对每个项目区及其子项目的项目背景、项目目标和项目活动进行了分别介绍。

国际农业发展基金会（IFAD）于1981年进入中国，到目前为中国21个农村发展项目提供了贷款，总计5.28亿美元。项目内容包括土壤改良、灌溉和水土保持以及粮食、经济作物、畜产品和水产品的生产。正在实施的项目包括内蒙农村发展项目、新疆农业发展项目、甘肃南部扶贫项目、农村金融项目和宁夏山西环境保护及扶贫项目。各项目区在地理分布、生态环境和社会经济条件等方面具有较强的代表性，各项目及其子项目的目标和活动内容都进行了系统而周密的设计，项目成果中的经验将在农发基金的项目和类似国内项目中推广应用。

一、国际农业发展基金会（IFAD）

1981年进入中国；到目前为中国21个农村发展项目提供了贷款，总计5.28亿美元；项目区：边远、山区、少数民族、贫困地区；目标群体：贫困人口、农村女性；项目内容包括土壤改良、灌溉和水土保持以及粮食、经济作物、畜产品和水产品的生产；中国大约有21个省份的3000万人口在IFAD项目中受益。

二、实施中的项目

内蒙古农村发展项目；新疆农业发展项目；甘肃南部扶贫项目；农村金融项目；宁夏山西环境保护及扶贫项目。

三、过程

主要里程碑和日期	相关关键产出
项目识别－(2003年3月)	编制概念文件 (土地退化)
启动团及研讨会－(2006年5月)	项目准备启动
当地项目准备 (2006年6～12月)	完成了20项研究 (草案)
省级IEM研讨会 (2006年8～9月)	确定了项目区
GEF 暂停资助 (2006年10月)	项目准备暂停
GEF－PRC 同意项目重新定位 (2007年1月)	项目预算萎缩，增加生物多样性保护
GEF项目识别框架（PIF）提交并认可	3000万美元 (GEF 450万＋50万)
准备团 (2007年9月)	预算减少/将保护区纳入项目
逻辑框架研讨会 (2007年11月)	确定了目的/目标/影响
最后准备团 (2008年2月)	确认预算/最终研讨会

四、政策背景

GEF：①综合生态系统管理 (OP 12)；②可持续土地管理 (OP 15)；③对农业具有重要意义的生物多样性保护和可持续利用 (OP 13)；④

目的和目标

项目目的	发展目标
"……在受到土地退化影响的相关旱地生态系统中显著缓解生物多样性丧失……"	"……制定并实施各项目点具体IEM计划，保护和恢复受到土地退化威胁到现有保护区……"

干旱半干旱地区生态系统 (OP 1)。GEF-PRC 计划：①PRC – GEF 土地退化伙伴关系 (国别规划框架CPF和项目 1：创造适宜环境加强能力建设)；②中国生物多样性伙伴关系和行动框架 (CBPFA)。PRC国家计划：①退耕还林，②禁牧，③植树造林。省级计划：三省（区）十一五规划。IFAD 项目：①甘肃南部贫困 (甘肃)；②环境保护和扶贫(宁夏和山西)。

五、应用综合生态系统管理方法保护旱地生态系统生物多样性及防治土地退化

1. 项目区确定项目采用的标准

参照了OP12项目已经开展的工作；国家环保局的生态功能区划，农业部的农业生态区划（SEPA eco-function zoning）考虑到了GEF与IFAD项目最大程度的重叠。

（1）太子山项目（甘肃）

位置：青藏高原-黄土高原；生态区：黄土高原；IEM项目面积：2138 km^2 (太子山保护区面积（847 km^2）外围地区（1291 km^2）；地貌：草原 (34%)，耕地 (30%)，天然和人工林 (22%)，荒地 (6%)，湿地 (1%)，其他 (7%)；土地退化：严重退化，沙漠化扩大率估计为80%；337 330人，179 村，(95 IFAD 村)，18乡镇，2 县；生计：雨养农业、畜牧、中草药、果树；经济状况：贫困县 (农民人均纯收入 1300元)；PA目标：严格自然保护区 (野生保护)；PA面临的主要威胁：滥砍，砍柴，挖中草药。

（2）哈巴湖 IEM 项目区 (宁夏)

位置：毛乌素沙漠；生态区：从荒漠草原向干旱草原过渡区；IEM项目面积：5400 km^2〔哈巴湖 PA（840 km^2）外围地区（4560 km^2）〕；

地貌：草地 (58%)，林地 (19%)，耕地 (9%)；其他 (14%)； 土地退化：严重退化，沙化面积达总面积的 80%；83 432人，58个村 (32 IFAD 村)，5乡镇，1个县；生计：畜牧，雨养农业，劳动力输出；经济状况：贫困县 (农民人均纯收入 2480 元)；PA目标：严格自然保护 (野生保护)；PA面临的主要威胁：放牧、非木材林业产品。

（3）芦芽山IEM项目区 (山西)

位置：吕梁山脉；生态区：山区落叶针叶林和灌丛生态区；IEM项目区面积：1147 km^2〔芦芽山PA（215 km^2）外围地区（932km^2）〕；

地貌：林地 (46%)，耕地 (19%)，草地36.1 km^2，水域 20.7 km^2，建设 22 km^2，其他农用地 3.7 km^2，未使用土地 311.9 km^2。 草地 (34%)，耕地 (30%)，林地 (22%)，荒地 (6%)，湿地 (1%)，其他 (7%)； 土地退化：严重退化 (40%土地不同程度的水土流失)；65 000人，213个村 (189 IFAD村)， 8个乡，3个县；生计：雨养农业，畜牧，中草药，农业加工、劳动力输出；经济状况：贫困县 (农民人均纯收入 1100 元)；PA目标：栖息生境/物种管理地区；PA面临的主要威胁：放牧、采药、薪柴。

2. 子项目及活动

子项目 1：规划、政策和机构能力建设；子项目 2：基于社区的生态规划和修复；替代/可持续生计；子项目 3：保护区及生物多样性保护；子项目 4：提高公共意识；子项目 5：项目管理、监测评价、知识管理。

3. 子项目 1：规划，政策，机构能力建设

（1）目标："促进改善政策环境，加强机构能力，支持在三省区实施 ......"。

（2）活动规划：项目区生态规划，指导随后的项目活动，保护和恢复相关生态区。

（3）政策评估：研究评价现有政策的影响，支持未来制定政策过程中促进可持续土地管理措施和保护生物多样性。

（4）机构能力建设：提高项目办及跨项

目办、技术部门、农民协会，尤其是项目区村级、乡级和县级机构的能力，在开展工作中采纳并应用生态理念。

4. 子项目2：基于社区的生态规划和修复，开展替代生计/可持续生计活动

（1）目标：①在村级发展规划过程中，纳入生态规划和修复活动；②针对威胁保护区完整性的具体因素，在保护区外围的村庄支持开展实地活动。

（2）活动：①在村级，将IEM理念融入乡村评估/村级发展规划过程中，支持开展增量活动（比如在植树活动中，增加树种的种类）；②在乡/县级，支持促进采纳更可持续的活动（比如：种植中草药），采用替代生计（比如，采用沼气技术）。

5. 子项目3：保护区和保护区外生物多样性保护

（1）目标：①加强项目区保护区，保护对全球具有重要意义的生态系统和生物多样性；②在保护区外围地区修复退化的土地，由此部分修复一些生态过程和功能。

（2）活动支持：①编制总规和管理计划；②人员培训；③边界标识；④在当地社区的直接参与下，采纳社区共管；⑤采购设备；⑥技术研究；支持：①应用当地草种补种天然草原；②应用当地种修复退化的林地。

6. 子项目4：提高公共意识

（1）目标："……提高当地社区、决策者和公众的意识，促进改善环境，了解干旱和半干旱地区采纳IEM原理所带来的效益……"。

（2）活动：针对环境问题，中国已经开始在中小学实施行之有效、宏伟的正规环境教育计划，本子项目补充这些正规教育活动，开展公共教育宣传活动，以支持村级土地利用者选择替代发展目标作为优先。第二个目标群体是负责土地政策管理和决策者，包括乡县决策者。

六、将GEF 支持的活动融合于IFAD和GEF在中国支持的其他项目

（1）GEF支持的活动对IFAD活动补充

IFAD 活动 (基线)	GEF 活动 (增量)
• 建立 VIGs • 编制VDPs • 确定优先活动 • 支持实施优先活动 (不完全活动实例) - 开发可灌溉土地 - 改善旱地农业 - 控制荒漠化 - 经济作物 - 植树 - 畜牧	• 增强IEM意识 • 村级生态计划 • 制定选择标准，列出GEF可供资的活动 • 支持实施优先活动 (不完全活动实例) - 树种多样化 (增加生物多样性&炭沉积) - 种植植物带 (增加生态服务) - 促进替代生计 (减轻对生态系统和农业生物多样的压力) - 修复村庄公共土地 (栖息地修复和炭沉积)

（2）推广应用

获得的经验将在农发基金的项目中推广应用；在类似国内项目中推广。

39 长江/珠江流域水土流失治理项目(CPRWRP)对减缓长江上游流域水土流失的途径与挑战

Piet van der Poel　中国欧盟流域管理项目水土保持专家

1. 简介

经过几年的准备，世行/欧盟资助的长江珠江流域恢复项目（CPRWRP）于2006年底启动。

世行提供1亿美元贷款，支持各省实施项目，欧盟提供1000万欧元赠款，主要用于补贴土地利用变更和保护措施，提高农村家庭收入，项目还设置了特别贫困赠款，用于资助干预区域最贫困的家庭，以减少总的贷款额。

长江珠江流域恢复项目从欧盟-中国流域管理规划中获得技术支持，技术支持由一个长期顾问、各种短期顾问、研讨会支持、培训、考察、出版物和各种研究调查组成。

长江珠江流域恢复项目采用的方法是在世行黄土高原项目的方法基础上，根据两地生态和社会经济条件的不同加以调整形成的。项目区的土壤层较浅、多石、肥力差，年降水量为800～1400毫米，而黄土高原土壤层较深、土壤肥力好、气候较干燥，因此要求采用不同的保护方法。例如，用拖拉机和推土机整地在黄土高原相当普遍，但在长江珠江流域恢复项目区大部分小流域里却几乎不用，项目还对黄土高原项目方法加以许多修改，更加注重监测，同时还建立了一个管理信息体系。

项目区包括位于云南、贵州、湖北和重庆市境内37个县（市）的各种丘陵和多山亚流域。选定的许多亚流域都存在严重的水土流失问题，例如贵州和云南两省有大面积的石漠化，其他地区的退化问题没有达到极端的程度，但许多亚流域是少数民族居住区。项目选择了该地区内最贫困的几个县作为项目县。农村贫困农户是项目的主要目标群体，为了促进贫困农户参与实施项目活动的力度，欧盟设立了“贫困赠款”。

项目方法以参与式为原则，以项目村和项目办协作为基础，制定并实施“亚流域初步设计”。为协助开展亚流域活动规划，制作了“参与式设计手册”，在流域管理规划的支持下最近对该手册内容进行了改进和更新。设计分4个阶段进行：

（1）项目准备阶段

包括亚流域的选择，这一阶段目前大部分已经结束。但是由于项目结构重新调整（由于材料和劳动力大幅上涨，美元与人民币兑换率大幅下跌），还要减掉几个不太合适的亚流域，部分县市由于社会经济发展，不再符合当初制定的选择标准。

（2）亚流域准备阶段

这一阶段要收集现有的信息，制作、分发宣传手册、海报，内容主要是项目目标和项目方法；召开村民会议组织村民讨论项目，由村民对是否接受项目投票表决，如果村民接受项目，那就要选出村级规划小组，小组成员由农民代表和各种不同利益相关群体代表组成。

（3）宣传、意识提升和规划阶段

这一阶段讨论项目活动和支持活动的具体内容，开展参与式农村评估和实地调查，编写、审批“亚流域初步设计报告”。

（4）村级详细规划阶段

这一阶段农民直接参与讨论通过村级规划小组提议的各种措施，接着马上开始实施项目活动。与农民就项目活动达成协议和实际的实施开始之间会有间隔时间，为了减少这一间隔时间，这一阶段不包含在“亚流域初步设计报告”的规划过程里。

亚流域初步设计应该是很适合地方环境和社会经济现状的，地方群众的参与和各相关直属单位的参与也应该促进这一目标的实现。但是需要一定的灵活性，因为可能需要修改调整计划使它更有利于个体农民，这需要审计单位显示出其灵活性。

2. 项目方法遭遇的主要挑战

2.1 水土保持措施和生计改善措施的成本 - 效益率缺乏吸引力

水土保持措施一般有两方面的成效：减少土壤侵蚀，长期地改善土壤肥力、有机物含量、持水能力，防止土壤进一步退化。提高土壤水分渗透力，从而提高作物产量，因为影响干旱地区生产能力的主要因素是水分。

在干旱地区，水土保持措施可立即产生积极的效果，而在比较湿润的地区，土壤保护措施需要较长时间才显示效力，当地农民通常无法在短期内察觉到这种效力，因此在湿润地区开展水土保持困难就大得多，而引进的各种保持措施本可以带来更多经济和社会效益从而对农民更有吸引力的。土壤保护措施一个好范例是：在处于半干旱地区的马里，在没有土壤保护项目的情况下，当地人采用树篱的办法就能保护土壤不被侵蚀。研究显示，采用树篱这一办法的主要原因其实是树篱能防止强大的邻居每年趁犁地的机会一点点地侵占他们的土地，树篱还能减少牲畜破坏，而土壤保护只是第三个理由。

最近有人统计，在项目区给梯田垒石墙的办法也能产生边际效益。在西非干旱地区，沿着地里的等高线垒石线这一做法已经很普遍，原因是农民明显地看到石线边上的作物比两石线之间中间部分长得更高更旺盛，产量也更高。

针对水土保护措施成本效益率不明显这一问题，项目也支持各种有经济效益的措施来弥补，但强调必须与引进的水土保护措施有直接联系。例如，项目资助农民购买小牛，养大出售或产奶、肥料或繁殖，要求必须舍养，不能放养，以免破坏土地和植被。项目还援助农民改变坡地利用方式，即由种粮改为种果。但是如果品种选择不当，或树苗养护不得力，农民的收入将受影响。

结论：把重点放在短期内带来经济或社会经济效益的、或同时实现水土保持与生计改善的水土保持措施上。在干旱地区要着重抓好土壤水分的保持。

2.2 高投资成本

长江珠江流域恢复项目主要是鼓励改变土地利用方式，把传统的坡地种粮改为种果，头两年果园里可间种作物，但是果树一旦长大，农作物产量就下降，这时果树还未结果，农民收入就受影响，产生非常严重的问题，尤其是对于温饱还有问题的贫困农户。许多农户没有能力投资水果种植，贫困农户几乎没有钱投入各种水土保持措施，如果保护措施可能影响他们的温饱问题，那就不能形成激励。为了促进土地利用方式的改变，应为农户提供贷款，使他们有投资来源，在开始偿还贷款之前应有一个宽限期，农户才有可能把一年生作物种植转变为常年生作物种植。由于配套资金不到位，项目也没有请求世行预支贷款，农户和承包人通常要预先为项目活动投资，一些地方农户特别是贫困农户已经遇到问题。

结论：项目活动开始阶段，配套资金或其他资金来源必须到位，想尽办法让农户或承包人避免为项目措施预支经费。

2.3 为农民提供贷款

许多项目和许多政府活动免费提供种苗和基础建设材料，农民出劳动力完成种植和建设任务，因此农民们可能不愿意在贷款合同上签字，因为签合同说明他们必须偿还部分投资成本。 在云南省，财政局要求农民签订新的贷款合同，新贷款合同则是根据实际工作量而不是计划预定的工作量制定的，所以农民们似乎很不情愿。不愿意签订贷款合同的还有其他原因，如许多“贷款”是农民预支的，获得项目措施认证后再从世行贷款中报账。如果由农民预支，也许就没有必要贷款了；如果农民已经从别处（如村委会）获得贷款，世行贷款（通常指项目办报账）只能充当替代性贷款，另外，农民也看不到钱，因为报账的钱直接支给了种苗供应商，因此他们认为这并不是贷款。他们还认为，贷来的款怎么花应由他们自己决定而不应该由项目来决定。许多农民贷款的数额并不多，却似乎给财政局增加许多工作负担。

结论：关于免费为农户提供种苗或其他物品或服务等，大家还可以继续讨论，但是各种项目和政府活动应该避免不同的政策，除非出于示范研究需要。对于农民偿还贷款的问题应该有清晰明确且可执行的政策。

2.4 缺乏长期影响力

过去，土壤保护项目的特点是缺乏长期影响力。在印度尼西亚，执行政府绿化项目的区域由于没有持续的维护，项目结束几年后就和没有被治理的区域一样，没有什么差别，人工种植的草带最后也只剩零星的草丛，但是，一个村子有牛奶合作社，所以还有种草的市场，村民们的梯田因种上草带而全都得到保护，这是例外。项目措施失败的原因之一属措施选择不当，适合当地生物条件的不一定适合当地的耕作体系。项目采用的参与式方法应该能保证人们积极地参与项目规划和实施，包括选择什么保护措施、采用什么品种等，保证各种保护措施和品种是农民自己选择的、是他们认为适宜的措施和品种，因此会用时间和努力去维持这些措施和品种。

结论：提议的措施要符合当地的社会经济条件，也要符合村民们的农业体系，解决实际的或已经认识到的问题；选择措施和品种时，用参与式方法，规划、实施、监测工作进度和财务管理等都要用参与式方法。

2.5 项目没有解决某地区的主要问题

项目并没有能力解决某个亚流域所有的主要问题，因为项目只有有限的资金开展项目活动，如解决了饮用水的问题但却解决不了卫生和教育问题。长江珠江流域恢复项目与各县政府一道用“整合资源”的办法来解决这一问题，县各相关部门形成协力用综合方法解决了若干亚流域的各种问题。整合资源应该能解决项目办报告的高层支持不足的问题，应更容易地与其他部门形成协作，因为不仅有水利厅的土壤保护项目，县级其他部门也在努力解决亚流域里的各种问题。

结论：保证解决村民们的重要问题，探索各种可能性联合其他项目力量，形成综合办法。

2.6 忽视对环境的影响

有时，选择的保护措施和品种可能会无意中产生副作用，包括以下几种情况：①等高线耕种措施导致径流集中，形成冲沟或山崩；②引进的品种具侵犯性，如银河欢；③种植单一树种，也许能减少土壤侵蚀，生产建筑木材或柴木，但可能减少生物多样性，如种植某一树种，代替天然草场。

结论：选择保护措施/品种前，对实地各种条件和可能对环境形成的影响进行评估，尽可能地恢复原始植被。

3. 实施遇到的主要困难

2008年4月，世行对项目进行了评估，项目执行等级评级结果还比较令人满意，但是后来进度开始放慢，原因有多方面：

3.1 缺乏上级支持

人们认为项目是水利厅/局的项目，难与其他部门的下属单位和乡镇人员协作，报告称县领导小组没有发挥作用。下属部门和乡镇人员对与项目协作缺乏兴趣的原因可能与缺少激励办法有关。中国流域管理项目长江珠江流域恢复项目说明，通过“资源整合”他们愿意与其他参与部门采用共同的综合的方法解决流域各种急需解决的问题。

建议：应考虑某种程度的“资源整合”，但要保证透明度。

3.2 中央项目实施办公室缺乏权威

在项目管理方面，中央项目实施办公室没有获得水利部的正式授权，因此在与各项目省的关系上缺乏权威，中央项目实施办公室提出的各种建议有时被忽略。而世行的贷款虽然是给各省的，但应有清晰明确的管理结构。

3.3 项目办工作人员工作量太大

大家常抱怨工作量太大，项目办工作人员认为有两个主要原因：参与式方法和管理信息系统缺乏效力使工作量加倍。与传统的自上而下的方法相比，参与式方法要求工作人员付出更多的时间。大家相信如果有村民们真正的参与，最终结果会更好更具有持续性。项目报告称，某些活动如植树活动，在真正的参与式项目中，村民们可以承担更多责任，从而减少项目办工作人员的工作负担。

高效的规划可减少许多时间，效果也会更好。例如在某亚流域，项目办工作人员召开了所有主要自然村村民大会，虽然我们要肯定他们付出的努力，但是如果只召集3个行政村村民开会也许更有效一些。要促进农民代表参与并开展各种讨论，项目办应提前一周通知，制作各种宣传手册并分发到各自然村村民和村领导手中，使他们对要开会讨论的项目内容有所准备。另外，会议应从本村目前存在的问题开始，说明项目将如何协助村民解决或减轻他们的问题，这样做比长时间专门讨论项目目标、项目活动及条件会更有效，要让村民们感觉项目要解决他们的一些问题。部分任务可以简单化或跳过，项目办好几个工作人员认为要求农民承诺投入劳动力没有多大意义。

虽然中央项目办和流域管理规划努力使管理信息系统运行起来，但是到目前为止还没有真正发挥作用，大家抱怨说是该系统要求双倍的数据输入，对县项目办工作人员编写各种计划、规划报告和进度报告没有太大帮助。因此最近许多人对中央项目办提出完成亚流域实施数据输入的要求置之不理。

建议：努力争取真实的参与，而不仅仅是咨询讨论，把解决主要目标群体的利益作为项目焦点来抓。

3.4 乡镇级缺乏兴趣

项目在省、地区、县三个层面工作，但是县级工作人员通常无法开展流域日常工作，而把工作交给了乡镇水土保持技术员。但是乡镇人员却没有运行经费，而参与式工作方法需要密集劳动力投入，据报告称，好几个县的乡镇工作人员对项目工作缺乏兴趣。

建议：县项目办应想办法调动乡镇人员完全支持项目的积极性。

3.5 农民缺乏兴趣

农民对项目的兴趣似乎也在减少，原因有农民不但没有获得项目贷款或项目物资，反而要预支项目投资，还要支付项目提供的物资或服务的部分费用，另外，还有投资报账所给的单位价格也低，这是不现实的，进一步降低了农民的兴趣。农民预支费用实施项目措施在目标群体（也就是贫困农民）当中通常会遇到很大困难，这也是承包人对项目干预活动缺乏兴趣的原因。其实可以用世行贷款预支项目活动经费来解决这一问题的，但是不知为什么还没有人提出要求，配套资金如果能及时到位，也能解决或减少这方面的问题。

选定的主要目标群体之间的冲突：贫困户与许多项目办工作人员希望选人口多的农户的愿望之间的冲突， 项目支持人口较少的农户，给他们购买奶/母牛或牛犊， 而政府方面却在推广大户养殖。

项目办工作人员发现大户工作起来更容易，进展更快，对新思想反应也更快。这是可以理解的，因为这些农民有钱投资可能产生长期利益的活动，而贫困农户更关心的是生产全家人今年的粮食，而试验新的保护措施可导致短期减产，这是他们做不到的。对他们来说，可靠的产量最重要，避免风险是上策，即使产量不那么高或没有高产的潜能。另外，与大户一起工作也能减少项目工作人员的工作量。

资助贫困户使他们能在农村地区多呆几年几乎没有任何意义，这似乎是应该记住的。但是流域管理规划成立的农民协会小组指出，项目应该注重贫困的、小型或中等规模的农户，这些农户会留守在农村，因为大城市对他们并没有吸引力（某些少数民族就属于这样的情况），或者其他理由使他们长期稳定地留在农村。较富裕的大户一般不需要项目支持，因为他们自己有足够的力量与中间商建立联系，出售商品时获得合理价格，他们也有能力获得必要的技术支持。在重庆，政府政策是为贫困户提供住房和职业培训然后把他们迁移到城市，项目目标似乎与这一政策发生了冲突。

为了达到项目目标，大户的农业生产利润与坡地侵蚀量应纳入计算。

建议：寻找办法把要选定的收益人与现行政策结合起来。

3.6 参与

似乎就是协商与提供信息，而不是利益相关人员认真参与项目规划与决策过程。参与式方法好像是停留在了真正的参与式方法和传统的自上而下的方法之间。许多项目工作人员是工程师，缺乏参与式方法的经验，也没有在这方面获得培训，不少人已经表示参与式方法还是个问题，需要更多培训。而管理层却认为技术投入比软科学如参与式方法和农民协会的培训更重要。应继续努力提高项目工作人员对参与式方法的理解能力和实际应用能力。应提高项目管理层的认识力度，使他们认识到参与式方法的重要性，并理解其理论知识和应用技巧。对于项目工作人员不愿意接受参与式方法培训这种态度，应及时予以纠正。

建议：必须为各层级的项目工作人员提供关于参与式方法原则与技巧的培训。

3.7 项目措施的单位价格

项目措施的单位价格特别的低，对项目办和农民都没有吸引力，导致这一问题的原因是国内材料价格和劳动力价格提高过快以及美元与人民币兑换率长期处于低水平。各省项目办和中央项目执行办已经提议更新单位价格，最近已经通过商务部提交世行审批。如果接受新的单位价格，那么就要求项目重整结构，降低预期产出规模，此事目前正在商议之中。

建议：单位价格设定要符合实际，设计出容易调整的方法，避免花费大量时间重整项目结构。

3.8 项目设计与实施的不足之处

项目聘用的人员主要是工程师，因此对项目方法是否有社会影响肯定没有给予足够的重视。有时，引进的项目措施其技术方面的问题也被疏忽或没有考虑替代办法。

项目援助引进果树品种，并建议与作物间种，一般来说作物行间和作物之间的间隔距离一般是相等的。而其实不少品种如果沿着等高线或田地的边界当作树篱来种植，其土壤保持的效果会更好。目前正在讨论把这事当作树篱来考虑。

另外，中方政府更注重数量上的效果，不太愿意把经费花在有可持续效果的做法上。如某个县为了节省修筑梯地石墙的成本，把石墙的石线减少到了接近现有土台阶的边缘。后来被告知这些阶梯效果不好，才修筑了正确的石墙。

已经证明过去引进的措施难以实现，如项目援助建立的各种果园，同时因缺乏维护与管理，对生产率带来负面影响。项目根据流域管理规划采用的方法支持建立了农民协会，但是由于没有运行经费，在长江珠江流域恢复项目目前的条件下可能没有太大的作用，因此有必要重新考虑建立农民协会这一做法是否可靠。协会要面对的是产品的市场营销和资源管理的问题。

项目步骤不清晰或太复杂或太严格。直到近期，项目一直是在没有完整的项目实施手册的指导下运行的，引起了不少困惑，因为项目工作人员不清楚应该按照什么步骤去执行。直到最近，在世行一位专家的协助下，中央项目执行办才完成了项目实施手册大部分的内容。流域管理规划协助中央项目执行办修改了PDM，目前又在协助制定监测与评估框架和监测与评估操作手册。中央项目执行办将与流域管理规划协作，共同为农民制定PDM。项目实施手册中这部分内容完成后，关于步骤及责任等问题应该就减少了。但是县项目办还抱怨说，报账需要过多文件这一问题并没有解决。

目前看来，项目实施手册可能有1500页，其中455页是关于采购和管理步骤的，600页是保护性文件，100页是关于项目设计管理的，100是关于监测与评估的，还有更多内容待写。这么多内容好像太多了，有些内容重复、与其他章节矛盾；一些保护性文件篇幅过大，完全没有必要，因此很难选出有关联的指导纲要和建议。造成内容上有出入和矛盾的原因是不同的内容由不同的机构编写。

建议：项目开始之前或项目初始阶段就应该编写项目实施步骤、指南和操作手册，内容要清晰、准确、完整、连贯；保护性文件应有所限制，简要概括、给予清晰准确的指导与说明即可。

3.9 管理信息系统

由于根据不完整的标准来设计，目前还没有发挥令人满意的作用。设计这一体系的目的本来是要减轻项目工作人员的劳动负担，而实际上因为它无法提供管理信息而增加了工作量。可以说管理信息系统的设计是不成熟的，只是根据要求，中央项目办必须在项目开始时有一个管理信息系统。系统并没有提供必要的产品，而是要求双倍的数据输入，因此其速度极慢且不稳定，许多项目县已经置之不理。经流域管理规划和中央项目办的共同努力，部分问题已经解决，系统得到了一定程度的改善，但是其主要弊端尚未解决，许多项目县仍然不太愿意输入所有的数据，而数据输入正是建立管理信息系统的目的，是为满足高一级管理层管理需要而设计的，它对项目办并没有任何利益。如何解决这些问题目前继续讨论。

建议：管理信息系统应该生产各种初始亚流域设计报告和规划图，以及各种项目进展报告和地图，才能对县项目办有所帮助。系统应从简单起步，使它发挥最重要的功能，必要时才考虑扩展其规模。

由于以下原因，流域管理规划的支持速率慢：

①起动慢，包括人员变动；②复杂的官僚程序；③一些短期专家编写的报告只勉强可以接受；④难以识别、聘用合格的中方短期专家。

现在看来，如果项目启动期间聘用一个长期技术顾问，一定会带来许多益处，简单的、更灵活的步骤也会有帮助意义。

4. 其他困难和问题

4.1 由其他项目引进种植的品种并非项目所提倡的品种

其他项目引进的并不是项目提议种植的品种，例如，据说云南省正在引进100万公顷的麻疯树，但是世行已经排除了此品种，原因是每公顷产量低，收果时需要大量密集的劳动力，该品种的经济前景并不是特别好，但是其他项目这样引进，会给项目工作人员带来困惑。

4.2 其他项目引进的品种不按照保护原则种植

其他项目或其他农民引进的措施不能促进土壤保护，项目本身也会犯这样的错误。例如云南省好几个县为养蚕种植桑树，种植方法是占用了整块地按竖行间隔种植，而桑树当作树篱来种植是最合适的，行间宽一些，树的间隔小一些，与山坡形成直角。麻疯树的种植也一样，如果就在现有的田地边上当作树篱来种植更适合，并不需要占用整块地。推广树篱已经成为最近举行的研讨会上讨论的主题，项目将给予更多关注。

4.3 其他项目引进同样的活动，但支持措施不同

同一地区引进相似的项目但缺乏综合性，通常会引发问题。在项目区会有样板项目或政府项目引进的沼气池建设项目，提供的条件比长江珠江流域恢复项目的条件更优惠。因此农民们可能会变得挑剔，从而使项目之间形成竞争而不是协作。项目工作人员就曾遭遇这样的困难，农民知道政府项目给予的条件比项目给的更优惠，而项目却很难和农民解释，因为项目瞄准的是贫困县和贫困农户。

4.4 项目区内其他活动导致严重土壤侵蚀

同一地区内其他经济活动或发展活动可能会抵消项目侵蚀防治措施带来的积极效果。如修路，它在某个亚流域内形成的侵蚀会大于项目努力减少的侵蚀。亚洲大部分国家的道路建设仍然把投资限制到最低程度，但却因侵蚀率高而需要高成本地维护。路堑边坡的山崩，修路时路的边缘负担过重形成的山崩尤其多发。

40 关于在中国运用和推广综合生态系统管理的思考[1]

蔡守秋[2]

摘要

本文阐明了综合生态系统管理的基本含义和内容，归纳、介绍了国外在政策法律领域运用综合生态管理的基本情况，总结、概括了中国在政策法律领域运用综合生态系统的基本情况。提出了关于我国在政策和法律领域采用和推广生态系统综合管理的四点建议：第一，在今后国家环境资源的基本法律中，例如在《国家环境资源基本法》中，明确规定包括综合生态系统管理在内的生态方法。第二，在修改《森林法》时，明确规定包括综合生态系统管理在内的生态方法，并将综合生态系统管理的指导原则、基本原则和措施转化为或上升为具体的森林法律规则和法律制度。第三，在制定其他有关森林、草原、土地、陆上水、海洋、野生动植物、生物多样性等资源环境方面的法律、行政法规、地方法规、部门规章、地方政府规章等法律规范性文件和其他政策文件时，应该尽量采用和推广包括综合生态系统管理在内的生态方法，并结合实际情况将其具体化。第四，建议制定专门的综合生态系统管理法律规范性文件。建议国家有关部门先制定《森林综合生态系统管理办法》《湿地综合生态系统管理办法》等政府部门规章。

关键词

环境资源法 土地退化防治 生态方法 综合生态系统管理

一、综合生态系统管理的基本含义和内容

生态学（ecology）是研究有机体与其周围环境相互关系的科学，是制定环境政策和法律的主要理论根据。生态学的核心概念是生态和生态系统。生态学方法，又称生态方法（Eco—approach）、生态化方法、生态化调整机制，是指运用生态学的原理、规则的方法。生态方法是资源环境政策和资源环境法律研究所特有的方法，它充分体现了资源环境政策研究的特点。

在资源环境政策和资源环境法学研究中运用的生态方法主要是生态系统方法。生态系统方法(the ecosystem approach，简称EA)，又称综合生态系统管理（IEM，Intergrated Ecosystem Management）、综合生态系统方法（或途径或方式）（IEA，Intergrated Ecosystem Approach）、生态系统管理等。也可以认为，综合生态系统管理是综合生态系统方法理论在资源环境管理领域运用的产物，或者说是生态系统方法的集中反映、重要表现和典型代表。2000年5月，于肯尼亚内罗毕召开的《生物多样性公约》第五次缔约方大会通过的第V/6号决定《生态系统方式》认可了专家组提出的综合生态管理方法的12原则和5项导

[1] 本文是作者承担的“土地退化防治基础条件和机构能力建设”项目（“中国-全球环境基金干旱生态系统土地退化伙伴关系项目”）的研究成果之一。

[2] 蔡守秋是中国环境资源法学研究会会长，武汉大学、华中科技大学教授、博士生导师，是中国/全球环境基金土地退化防治能力建设项目的咨询专家。

则，将其作为该公约内的一个重要实施框架。该决定认为："综合生态管理是有关土地、水、和生物资源综合管理的策略，目的是采用一种公平的方法促进它们的保护和可持续利用。"从资源环境政策角度进行概括，综合生态系统管理是指管理自然资源和自然环境的一种综合管理战略和方法，它要求综合对待生态系统的各组成成分，综合考虑社会、经济、自然（包括环境、资源和生物等）的需要和价值，综合采用多学科的知识和方法，综合运用行政的、市场的和社会的调整机制，来解决资源利用、生态保护和生态系统退化的问题，以达到创造和实现经济的、社会的和环境的多元惠益，实现人与自然的和谐共处。

综合生态系统管理的主要内容，主要指综合生态系统管理的各种原则、准则和指南。《综合生态系统管理（第V/6号）》提到的5项实施性导则是：①综合生态管理是有关土地、水和生物资源综合管理的策略，目的是采用一种公平的方法促进它们的保护和可持续利用。②综合生态管理是建立在合理的科技方法利用的基础上的，特别是关于生物圈各层次的研究。生物圈包括有机体以及它们环境间的基本结构、程序、功能、相互作用。它承认人类及它的文化多样性是构成许多生态系统的重要组成部分。③对结构、程序、功能和相互作用的关注是符合生态系统的定义的。《生物多样性公约》的第二条对"生态系统"的定义是："生态系统是指植物、动物和微生物群落和它们的无生命环境交互作用形成的、作为一个功能单位的动态复合体（a dynamic complex）。④综合生态管理要求采用合适的管理方法来处理生态系统的复杂和动态性问题，并要解决对生态系统功能认识上的不足这个问题。⑤综合生态管理并不排斥其他的管理和保持方法，例如生物圈保护、保护区、单一种类保护项目，以及在现行国家政策和立法框架下的其他方法。

综合生态系统管理（第V/6号）的12项原则是：①确定土地、水及其他生命资源管理目标是一种社会选择；②应将管理下放到最低的适当层级；③生态系统管理者应考虑其活动对邻接的和其他的生态系统的（实际的和潜在的）影响；④考虑到管理带来的潜在收益，通常需要从经济学的角度来理解和管理生态系统；⑤为了保持生态系统服务，保护生态系统结构和功能应成为生态系统方法的一个优先管理目标；⑥生态系统的管理必须以其自然功能为界限；⑦应在适当的时空范围实行生态系统方式；⑧认识到生态系统进程的特点是时限的变化性和效应的滞后性，应从长远制定生态系统管理的目标；⑨管理必须认识到变化的必然性；⑩生态系统方式应寻求生物多样性保护与利用间的适当平衡与统一；⑪生态系统方式应该考虑各种形式的有关信息，包括科学知识、土著民和当地人的知识、创新的和习惯；⑫生态系统方式应该要求所有相关的社会部门和科学部门参与。上述综合生态系统管理的12项原则不仅仅是理论，更是实施的行为指南。

包括综合生态系统管理的主要特点是：①在基本理念方面强调：生态（环境）正义的理念；生态（环境）公平（包括代内公平、代际公平、种际公平和区际公平）的理念；生态秩序（包括维护生态安全和生态平衡）的理念；生态基础制约或环境承载力有限的理念；热爱自然、尊敬生命和保护环境的理念；人与自然和谐相处、人与人和谐相处的原则和理念等。②在方法上主要采用生态法学的系统分析方法，特别是综合生态系统方法。运用到政策和法律研究方面，除了强调包括"老三论"（系统论、控制论和信息论，简称SCI论）、"新三论"（耗散结构论、协同论、突变论，简称DSC论）和熵理论（Entropy）、混沌论、灰色系统理论、博弈论在内的系统科学理论外，还重视和强调政策科学研究方法和法学研究方法。

二、国外在政策法律领域运用综合生态管理的概况[3]

包括综合生态系统方法在内的生态方法

[3] 蔡守秋著《综合生态系统管理法的发展概况》，登于《政法论坛》2006年第3期。

对资源环境保护工作、资源环境政策法律建设的影响和作用，已经得到广泛的承认和肯定。它们对资源环境政策法律的制定和实施具有重要的理论和实践指导作用，目前已经在资源环境政策研究和资源环境法制建设中得到广泛应用。

早在1970年，美国政策分析家考德威尔（Lynton Caldwell）发表了一篇文章，提倡用生态系统作为公共土地政策的基础。[4]他认为这将要求美国采用一种新的政策方式，但70年代的美国环境保护运动还没有强大到足以影响美国作出如此重大的政策变化。20世纪80年代初，美国环境政策法律学者海伦·M·英格拉姆和迪安·E·曼在总结美国的环境政策时指出，当代环境保护运动是一种范式变迁过程，是一种新的社会思潮，而这种范式变迁和社会思潮就集中地表现在生态学和生态学方法（简称生态方法）上。他俩指出，"环境保护主义所采取的是生态观点；对生态系统和人类在其中的地位，采取了统一的或'总体的'观点。……他们所希望的平衡，不是指资源使用上的平衡，而是从生态学的意义上谋求保护食物链和物种（包括人类）的生存。他们更精确地运用科学知识，来维护他们那些往往与自然保护主义者相同的价值观。"[5]

目前国外已经制定一些体现综合生态系统管理的政策和法律，已经有许多国家开展综合生态系统管理的试点，一些国家在运用生态系统综合管理方法已经取得一些经验。例如，瑞典于1987年制定的《自然资源管理法》是一个体现综合生态系统管理的环境资源法律，它确定了合理开发利用自然资源的基本方针和具体要求，将社会、经济和生态环境统一考虑，建立了一种将利用水域和土地资源的不同利益结合在一起模式。该法第一章第一条中明确规定："对土地、水及一切自然物质环境都应从社会、经济、生态的观点出发，在永续利用的基础上加以开发。"美国、澳大利亚和加拿大等国都曾由于粗放的土地利用方式和不适当的政策，导致干旱地区严重的土地退化和生态系统的破坏。他们经过反复的探索和实践，在综合的自然资源和生态系统管理方面，已经分别走出自己的成功之路。例如，《韩国环境政策基本法》(1990年8月1日制定，分别于1991年12月31日、1993年6月11日修改) 第24条（自然环境的保全）明确规定："鉴于自然环境和生态系统的保全是人类的生存及生活的基本，因此国家和国民应努力维持、保全自然的秩序和均衡。"《澳大利亚政府间环境协定》(1992年)[6]强调，"生态多样性和生态完整性的保护应该成为一种最基本的考虑"。美国林务局在1992年宣布了一项多元利用的生态系统管理新政策，为了适应新的生态系统管理观，该局改变了过去施行的"基于资源"的管理政策。[7]1995年，美国环境质量委员会、农业部、陆军部、国防部、能源部、住房和城市发展部、内政部、司法部、劳动部、国务院、运输部、环境保护局和科学技术政策局等14个单位，签署了"鼓励生态系统方法的谅解备忘录"。接着成立了联邦部门间生态系统管理任务组(Federal Interagency Ecosystem Management Task Force)，以促进美国联邦政府有关部门对生态系统方法的认识。1999年通过的《加拿大环境保护法》在其前言中强调"加拿大政府认可生态系统方法的重要性；在第2条中强调，在本法的执行中，加拿大政府除应当遵守加拿大宪

[4] Caldwell, L 1970. The ecosystem as a criterion for public land 2 . poltcy. Natural Resources Journal 10(2):203-221.

[5] [美]海伦·M·英格拉姆（Helen M.Ingram），迪安·E·曼（Dean E.Mann）.环境保护政策.载于[美]斯图亚特·S·那格尔编著的《政策研究百科全书》，北京：科学技术文献出版社，1990，534.

[6] Australian Intergovernmental Agreement on the Environment(IGAE) of 1992，是澳大利亚联邦政府与各个州、地方以及澳大利亚地方政府协会共同签署的、用来协调全国环境行动的一个具有法律效力的文件.

[7] USDA Forest Service. 1992. Ecosystem management of the National Forests and Grasslands. Memorandum 1330- 1. USDA Forest Service, Washington, D.C..

法和法律，还应当“实施考虑到生态系统的独特的和基本的特性的生态系统方法。俄罗斯联邦森林法》（1997年制定，2007年修改）也纳入或体现了“生态系统方法”等新概念和新思想，该法将一种现代的、艺术级的生态系统方法应用于森林经营，明确了生物多样性保护、森林资源环境和社会功能的保护和开发。例如：该法规定了一个程序上一致的、综合性的（生态系统方法、多目标森林经营）、强制性的、基于调查的、由国家资金资助的森林经济规划。该法在森林经营原则中规定：“森林经营必须是可持续的，维护森林生物多样性并遵循生态系统方法的要求”，“为了社会大多数成员的利益进行多目标、可持续的森林经营”，“森林保护措施必须反映主要的土地条件和森林的生态特性”。

三、中国在政策法律领域运用综合生态系统的概况

虽然我国对包括综合生态系统方法在内的生态方法在资源环境政策法律领域的应用起步较晚，但有迹象显示，它们正在得到我国政府和政策法律研究人员越来越多的关注和重视。

我国从21世纪初开始引入生态方法、综合生态系统管理理念，探索创立一种跨越部门、行业和区域的可持续的自然资源综合管理框架。国家环境保护总局于2002年3月28日发布的《全国生态环境保护“十五”计划》，已经将“生态系统方式的管理思想”作为我国生态环境保护的一项重要指导原则，该计划在“指导原则”中强调“生态系统方式的管理思想。要树立大系统、大环境的观念，在搞好单要素保护的同时，强化区域 、流域多要素、多系统的综合管理和生态结构与功能的维护”。2003年1月国务院发布了《21世纪初可持续发展行动纲要》，对“生态保护和建设”作了比较全面的规定。2003年，国家环境保护总局有关领导就强调：要坚持“生态系统方式”的管理思想，即近年来在国际上推崇和流行的生态保护综合管理的指导思想，主张生态保护应以生态系统结构的合理性、功能的良好性和生态过程的完整性为目标，从单要素管理向多要素综合管理的转变，从行政区域向流域的系统管理转变，生命系统与非生命系统的统一管理，生态监测与科研为基础的科学管理，将人类活动纳入生态系统的协调管理；生态环境是一个完整的、有机联系的系统，对生态环境的诸要素应采用系统的观点，统筹管理，更加强调生态环境管理体制的统一性和综合性。[8]在全球环境基金的大力支持和我国财政部的直接指导下，经过政府有关部门和亚洲开发银行以及西部六省（区）的共同努力，中国/全球环境基金干旱生态系统土地退化防治伙伴关系项目于2004年7月正式启动，10年内项目计划投资15亿美元对我国西部土地退化进行综合治理。这是中国政府与全球环境基金在生态领域第一次以长期规划的形式，将综合生态系统管理理念引入到中国西部退化土地治理事业中来。其主要目的是创立一种跨行业、跨区域、跨领域的可持续的自然资源综合管理框架。目前我国正在开展的西部土地退化防治项目已经涉及全国人大法制工作委员会、国家发展和改革委员会、科技部、财政部、国土资源部、水利部、农业部、国家环镜保护总局、国家林业局、国务院法制办和中国科学院等部门。《国务院关于落实科学发展观加强环境保护的决定》（2005年12月）在关于“完善环境管理体制”的政策中已经明确指出：“按照区域生态系统管理方式，逐步理顺部门职责分工，增强环境监管的协调性、整体性。”这是具有行政法规形式的国务院文件首次肯定和强调生态系统管理方式在我国资源环境保护管理和政策法律领域的应用。

四、关于我国在政策和法律领域采用和推广生态系统综合管理的建议

目前我国已经有了几个包括综合生态系统

[8] 王娅. 树立科学的生态保护观. 中国环境报，2003年3月25日。

管理在内的生态方法的政策文件或法律规范性文件，但是还没有包括综合生态系统管理在内的生态方法的的法律和行政法规。有的政策法规性文件，规定了比较丰富的包括综合生态系统管理在内的生态方法的内容，但是没有明确提到包括综合生态系统管理在内的生态方法。例如，中共中央国务院《关于加快林业发展的决定》(2003年6月25日)是一个全面体现生态方法的、综合性的政策法律文件。该决定肯定了“森林是陆地生态系统的主体”的地位，确立了“确立以生态建设为主的林业可持续发展道路，建立以森林植被为主体、林草结合的国土生态安全体系，建设山川秀美的生态文明社会，大力保护、培育和合理利用森林资源，实现林业跨越式发展，使林业更好地为国民经济和社会发展服务”的指导思想，明确了提出了“坚持依法治林”等基本方针，规定了一揽子森林综合生态管理的方法、措施和制度。但是，仅仅差一步，该决定还没有明确采用包括综合生态系统管理在内的生态方法。为了进一步运用和推广包括综合生态系统管理在内的生态方法，笔者提出如下建议：

第一，在今后国家环境资源的基本法律中，例如在《国家环境资源基本法》中，明确规定包括综合生态系统管理在内的生态方法。

第二，在修改《森林法》时，明确规定包括综合生态系统管理在内的生态方法，并将综合生态系统管理的指导原则、基本原则和措施转化为或上升为具体的森林法律规则和法律制度。

第三，在制定其他有关森林、草原、土地、陆上水、海洋、野生动植物、生物多样性等资源环境方面的法律、行政法规、地方法规、部门规章、地方政府规章等法律规范性文件和其他政策文件时，应该尽量采用和推广包括综合生态系统管理在内的生态方法，并结合实际情况将其具体化。

第四，建议制定专门的综合生态系统管理法律规范性文件。如果由于目前的生态管理体制，无法制定全国统一的、适用于所有自然生态系统的法律规范性文件，建议国家有关部门先制定《森林综合生态系统管理办法》《湿地综合生态系统管理办法》《草原综合生态系统管理办法》《流域综合生态系统管理办法》《海洋综合生态系统管理办法》《沙漠综合生态系统管理办法》《山地综合生态系统管理办法》等政府部门规章。至于这些部门规章的具体内容，应该根据综合生态系统管理的各种原则、准则和指南，结合我国各类生态系统的实际情况确定。

第五篇

气候变化与土地退化

41 气候变化对中国的影响及中国应对气候变化的行动
42 综合生态系统管理及在中国的发展机遇
43 气候变化与固碳林业
44 保护性农业在减缓气候变化和提高农业对气候变化适应性中的作用
45 共同参与防治草原退化
46 REDD和木质林产品碳储量变化

5

欧洲委员会提出的的理由是，如果有一个接替的国际条约通过，形势将会发生变化。委员会还同时提议逐渐取消所有的项目信贷，通过人为地降低对经核证的减排量（CERs）的需求让碳汇市场和市场参与者受到严重打击，结果给欧洲以外的减缓排放的市场和投资带来冷却效应，这一点已经很明显。委员会的提议是向在欧洲以外投资开发气候变化项目的投资者表明，不可能依赖欧洲需求获得碳信贷。委员会还在寻找力量阻止其成员国用信贷的方式（如经核证的减排量）来履行京都协议规定的各项职责，而信贷方式已经被排除在欧洲排放交易体系之外。这就决定了，今后类似的信贷不论是否被欧洲排放交易体系接纳（或被成员国使用），不论有没有一个接替条约，结果当然是为顺应欧盟和欧盟成员国的要求而抬高价格上升，同时为顺应附录1列出的国家和工业的要求而降低价格。

首相和GLOBE8最近指出，现在是从环境总理事会和联合国手里接过碳市场规章，然后交给具有金融专长的人来监管的时候了，这些专长是能确保市场规模及重要性所必需的。如果还需要更多证据证明这场战争太重要了而必须交到有经验的人手里，证据就是：最近环境粮食农村事务部（DEFRA）提议对自愿抵消提供者供应经核实的减排量（CERs）实行限制，也就是完全服从于它的工具。为什么环境粮食农村事务部认为为获得清洁发展机制批准而支付了所有费用之后，还给它（为质量分的通过）支付额外的、多余的监管费用，然后把产生的经核证的减排量卖给自愿购买者是有意义的？由于对强制性购买者必须出高价购买持反对意见属大部分理性观察员的观察之外。与强制购买者相反，自愿购买者对于显然是草率行事的环境粮食农村事务部的咨询，绝大部分回应是：英国的自由市场（自愿市场）应该包括森林信贷和来自其他要么支付不起清洁发展机制成本或无法按规章行事如避免采伐森林的项目的信贷，环境粮食农村事务部对此根本就不考虑。然后要求企业提供单个自愿标准并证明其效力 — 基本上是复制“经核证的减排量”— 充其量是虚伪的。环境粮食农村事务部知道咨询之前就有健全的标准存在（芝加哥气候交流所、WWF黄金标准以及气候、社区和生物多样性联盟标准），他们知道咨询期间又颁布了更综合的标准，且获得工业界广泛的支持（自愿者碳标准）。它的结论是：虽然经过多年与各种利益相关者进行了广泛咨询，但是没有一个标准适合用来保护英国公众——这是自大！环境粮食农村事务部的标准只不过是重复了清洁发展机制的各项规定，这不是领导，是倒退，说明不理解或不接受市场需求和市场演变。这种顽固的指令性的规范方法（与之相反是灵活的、以原则为导向的方法）是典型的欧洲监管方法和“清洁发展”下的方法，是一个正在失败、注定要失败的方法。[13~20]

监管机构所损失的是，或者说它们带来的消极影响是市场导向方法用来应对气候变

[13] 登录以下网站查阅福尔蒂二氧化碳预告，价格上扬http://www.reuters.com/article/rbssFinancialServicesAndRealEstateNews/idUSL2564255920080125

[14] 一个重要不同是Mckinsey用价格作为边际成本，而欧盟委员会EU Commission把它看作是价格应该被操纵上扬的基础

[15] McKinsey公司温室气体减少成本曲线McKinsey季度值

[16] 前面引用的欧洲共同体委员会Commission for the European Communities

[17] 参阅Agcert股市交易可疑公司寻求政府保护点碳公司，2008年2月21日

[18] 前面引用的欧洲共同体委员会

[19] 参阅英国议会呼吁欧洲银行分配欧盟的 2012年后条约，点碳公司，2008年2月21日，立法者称应从联合国手里接过碳市场调控权，点碳公司，2008年2月25日

[20] 参阅SFM向委员会提交的关于自愿者市场的口头和书面报告http://www.publications.parliament.uk/pa/cm200607/cmselect/cmenvaud/331 /33102.html

化的原因是为了降低人类实现气候变化目标的成本。顽固的规章制度如欧盟和清洁发展机制执行委员会针对土地利用变更与林业LULUCF实行的禁令，是操纵市场以获得比应该的还要高的价格。不论混淆市场角色（目的是寻找资本的最有效的利用办法）会产生什么结果，也不论观察家所谓的魔幻思维的结果是什么，其意图很明显，就是希望对经济进行突然的激进的变革，类似做法过去已经发生多次，如中国的"大跃进"，其结果都一样具破坏性。欧盟委员会目前正努力操纵碳的价格，以此对欧洲经济实行休克疗法，但看起来不太可能成功，对减轻气候变化更是没有任何帮助，因为没有哪个国家会照搬这种方法，即追求高成本而不是低成本的应对气候变化的办法（即更高效）。

在全球变暖这样的背景下，欧洲堡垒方法显得无效且产生反作用。一些人暗示，这只是用来讨价还价迫使美国和中国参与制定实施一个接替制度的砝码，听起来是聪明的做法，但我认为是聪明过头了。如果联合国充当监管机构，美国将接受联合国碳市场规则，这实在是不可思议。对于中国来说，在现在这样的经济发展阶段接受指令性抬高碳价格的规章是不太可能的。对于仍然依赖农业和林业的发展中国家来说，用切断投资和碳市场达5～10年作为一个信号，暗示他们将终有一天从中获利，也是极不可能的。在巴厘就可以察觉到他们对清洁能源机制在10年里没有任何利益所表现出来的失望。即使欧盟委员会有经济理由提议因未来不确定因素排除所有项目信贷，即使可以协商制定未来条约，发展中国家的反应是显而易见的：继续应对现实的而不是虚构的市场信号。扩大本土森林采伐，把森林变为农业，按实际需求（棕榈油，牛肉，大豆和食糖等）提高商品生产是不可避免的，而这正是我们想要避免的。

许可证拍卖获得的收入将指定拨给各种项目，只能说明其虚伪，因为财政部长们已经明确表示他们不会接受任何拍卖收益担保契约，即使接受，也不会有机构去分配这样的税收。有援助支撑的项目是不够的。私有部门，是类似资助的惟一现实的来源，如果对于谈信贷市场的长期稳定性和可预见性有信心，他们就会进行长期投资，顽固地用政治和监管来干预市场供需（即价格）只能延迟这样的投资，在许多情况下妨碍这样地投资。中心位于伦敦的碳市场其参与者面对欧盟委员会的提议和已经证明的清洁发展机制的无效性，正在重新考虑参与的可行性。一旦市场崩溃，就不可能再恢复。即使委员会提议接纳，拒绝项目导向的碳信贷，今后几年其他交易中心如纽约等很可能代替其位置。

机制

解决因采伐和森林退化导致排放的问题的机制已经存在或者说原则上已经存在：碳交易市场。尽管需要对监管实行重大改善,但没有必要制定新的机制。如果森林碳有完全自由的顺应性，同时能进入自由市场、碳市场，那么热带雨林采伐和森林退化这一关键问题将得以成功解决，森林采伐和森林退化源生的排放将大量减少，要实现这些目标必须制订长期的减排目标，对市场调控进行机构性调整，这也是最近 GLOBE8提议的。

可持续性

森林采伐和森林退化的根本问题实际上是土地利用的问题，也就是土地用来做什么，这样利用土地会产生什么影响等。目前森林碳没有任何市场价值，因此土地现在和将来都将继续被用来生产木材和农产品。这些产品，不论是商品或用来解决温饱问题，对土地的主人都有真正的价值，不论其主人是公有部门的、集体的或者是私人的。除非为土地主人改变土地利用方式出价钱，如用土地来贮存碳或固碳（而不是生产木材或农产品），其价格至少等同于或高于木材、大豆、棕榈油、牛肉、食糖、玉米的价格，也就是经济学家所谓的机会成本，否则森林采伐和森林退化仍将继续。对这些产品的需求将无法缓解人口的增长和生活水平的提高，问题是如何把生产引入可持续发展的方向，但是没有商业上的可持续性就不会有可持续发展。一旦停止为碳汇付钱，森林土地利用将被改变，随之而来的排放问题又将继续。

因此，必须在今后几十年持续地为每个森林地区支付可预测的机会成本。而除了提供信贷使碳截存于生物质中以备顺应性市场使用之外，还没有任何提议被认为有可能实现这一做法。近15年来没有这样做，可以说是一个悲剧，是加重人类难以在气候变化挣脱人类控制之前，在剩余的有限时间内解决气候变化问题的根源之一。幸运的是，热带和亚热带雨林碳截存的机会成本评估工作已经进行，而且还在继续，评估表明顾客是买得起的，也就是说其价格只相当于或低于减排技术来源的成本。目前为土地主人和为奖励改变土地利用方式支付费用的惟一障碍是迄今为止为碳市场强加设置的监管机构，特别是由欧盟和清洁发展机制强制设置的监管机构。[21~22]

斯特恩报告(气候变化的经济学)是以减少采伐的机会成本为基础开展的研究。研究预计涉及的8个国家占因土地利用形成排放的机会成本的70%。如果这些国家的森林采伐量减少50%，机会成本将上升到至少每年50亿～100亿美元（按大约平均1～2美元/吨二氧化碳计算）。虽然提出了各种各样提议要求公有部门资助，但是各种捐资政府和机构并没有表明有能力在今后几十年提供达到必要的资金额度。[23~24]

如果以可替换的透明的方式把热带雨林纳入碳信贷交易体系，那么为避免采伐形成的碳信贷可使热带雨林具有商业替代性价值。碳市场可以在许多情况下调节森林保护经济。世行对这一主题的最新研究结果表明，砍伐热带雨林种植牧草的价值为200～500美元/公顷，但按雨林二氧化碳固存量为500吨/公顷计算，其价值为1500～10 000美元/公顷（按3～20美元/吨二氧化碳计算）。即使按更低的碳价格计算，许多土地体系里森林如果在碳市场上获得信贷，采伐仍然是无利可图的。

由于15个发展中国家的一个提议，国际社会已经理解应把减少因伐树和森林退化形成的排放纳入“后2012制度”，近两年来也在对话当中。巴厘会议上各缔约方在他们的决议中纳入了“减少发展中国家因采伐森林形成的排放：刺激行动的方法”，制定了各种措施来评估和实施解决这一排放来源的各种机制。相关具体机制解决的问题是：考虑在土地利用中用政策方法和各种积极的激励方法减少因森林采伐和森林退化形成的排放……。在巴厘路线图中，碳市场在这种减少排放的努力中的作用得到认可，路线图指出：发达国家和发展中国家应用各种方法，包括利用市场机遇，来提高减排行动的低本高效性，促进减排行动力度。森林终于被认为是将来制定气候变化条约的一把至关重要的、低本高效的钥匙，森林提供各种环境服务包括促进农村贫困人口适应气候变化的重要意义终于被认可。目前碳市场已经被公认为是实施政策目标最适宜的手段。

“雨林国家联盟”26个发展中国家已经表明：要么补偿本土森林为世界提供的碳汇服务，要么他们就继续开采本土森林,以寻求能源、粮食和木材产品，后者暗示，印度尼西亚是世界上第三大温室气体排放国，其排放几乎全部源自不间断的森林采伐，巴西是第四大排放国，原因在很大程度上一样。只有把减少因森林采伐和森林退化导致的排放与碳市场连接起来，也就是把森林与世界金融市场连接起来，才有充足的资本保证全球森林采伐持续地

---

[21] 参阅：应从联合国手中接过碳市场的控制权，立法者如是说，点碳公司，2008年2月25日

[22] 斯特恩报告：气候经济. Nepstad et al, 2007: 减少巴西亚马逊地区因森林采伐和森林退化导致的排放成本与效益

[23] 2006年斯特恩的斯特恩报告：气候变化的经济学

[24] 2000年Castro. G 和I. Locker的保护与投资图：关于资助拉丁美洲和加勒比地区的生物多样性的评估。华盛顿特区：生物多样性支持规划

减少，在我们剩余的时间内成为实实在在的持续的资本来源。[25~35]

为土地拥有者支付费用虽然是必要，但并不足以实现可持续发展，理解这一点极为重要。巴厘会议意识到必须形成新的可持续的木材和森林产品管理，才能满足不断增长的需求，这需要每年数十亿美元的投资。欧盟禁止森林信贷和清洁发展机制关于植树造林的各项规定阻碍了发展中国家在这方面的投资，为实现可持续供应和可持续发展设置了困难。我们不能光减少或停止采伐本土森林而没有提供可替代的补给。对于《京都议定书》而言：没有植树造林和森林恢复，我们就无法减少因森林采伐和森林退化导致的排放。

方法

连接土地与资本市场的方法已经成熟、被理解， 科技咨询附属机构（SBSTA）研讨会（2007，凯恩斯）结论：大家普遍同意：稳定地判断排放量的方法、工具和数据是健全的，政府间气候变化委员会土地利用、土地利用变化与森林好实践活动指南和政府间气候变化委员会2006指导方针也为估算采伐森林形成的排放量和减排量提供了良好的基础。

20世纪90年代初期起，就可以用卫星有把握地测量森林面积的变化情况，国家层面用地面观测站分析从飞机或卫星发回的遥感数据，这一技术也很成熟。一些发展中国家有国家层面监测土地利用状况的监测项目，如巴西和印度。其他国家正在培养这方面的能力，或已经成功地用航片监测森林，这并不需要复杂的技术或计算机资源。已经形成了充分的监测采伐面积的方法，适用于不同国家森林特点、成本限制、科技能力，核实监测结果准确性的技术和方法也已具备。另外，90年代已经有了足以制定热带森林采伐基线的遥感数据库，这是具有历史意义的。[36~42]

根据目前的能力水平，可以准确地判断出因森林采伐形成的GHG排放量。这种判断来自对林地上生物物质的碳洁存量的估算，也来自其他用政府间气候变化委员会好实践活动指导纲要报告为指导制作的模型和默认数据估算的森林碳池量。森林库存可根据森林种类以及利用方式（如是成熟的森林、或被密集砍伐、择

---

[25] 世界银行 Chomitz. K，2007：对立/冲突，热带雨林的农业扩张、扶贫与环境

[26] 引用前面的Chomitz

[27] 联合国气候变化框架公约2005/CP/12：减少因发展中国家森林采伐导致的排放：刺激行动的方法，2005年12月6日

[28] 参阅‘决定- /CP.13’：减少因发展中国家森林采伐导致的排放：刺激行动的方法

[29] 参阅‘决定- /CP.13’：减少因发展中国家森林采伐导致的排放：刺激行动的方法

[30] 登陆网站查阅‘巴厘行动计划 http://unfccc.int/documentation/decisions/items/3597.php

[31] 点碳公司 2008年2月21日：日本将在下次G8峰会上提出给森林管理予优先权

[32] 粮农组织2007年罗马：农业、林业和渔业对气候变化的适应性：前景、框架和优先权

[33] http://www.rainforestcoalition.org/eng/

[34] 让经济增长清洁起来，Stilts 2005，项目企业联合

[35] 登陆国际湿地组织网站：http://www.wetlands.org/ckpp/publication.aspx?ID=1f64f9b5-debc-43f5-8c79- b1280f0d4b9a

[36] 巴厘行动计划，决定-CP.13

[37] 2007年3月7～9日澳大利亚凯恩斯：减少因发展中国家森林采伐导致的排放第二次研讨会，预备会议主持人摘要

[38] 美国国家科学院论文集，DeFries, R, 2002：星观测站提供的80年代和90年代热带采伐和重生形成的排放量

[39] http://www.fao.org/gtos/gofc-gold/series.html 德国耶拿 2006，森林与地表覆盖观察 GOFC-GOLD 研讨会， Herold M et al, 2006: 监测热带森林采伐补偿的减排量研讨会报告

[40] PRODES项目NPE2005：卫星监测巴西亚马逊森林

[41] 2004年印度森林勘查，国家森林报告，印度德拉敦

[42] DeFries, R, et al, 2005：新兴碳市场热带森林采伐监测，热带森林采伐与气候变化，由IPAM与环境防御的Paulo Mountainho 和StephhanSchwartzman 编辑

伐和休耕期等）提供生物物质。许多发展中国家没有充足的国家层面的森林库存数据，应该协助它们开发这方面的信息并建立相关管理制度。即使在缺乏信息和管理制度的情况下，联合国粮食与农业组织数据库也能用分层法为各主要生态区域提供一个国家碳固存默认值。用生态实验地或其他永久性实验地组编的数据也能判断出不同森林种类的碳固存量，但这取决于专项科研实验地的设计。

有各种办法和潜在的机制为各种避免森林采伐和避免森林退化的活动提供信贷，这些活动应该是反映出目标受益国有历史经验的活动。不论这些国家采用的是指令性或非指令性的排放目标，最佳办法是多种方法的灵活组合。有必要在宽泛的原则导向规则指导之下建立一个基于国界或基于国家管理要求的部门方法，用来与目前清洁发展机制规定的项目评估的方法相对照，因为部门方法不仅简便、尊重主权，也排除了许多一直困扰清洁发展机制市场发展的方法性问题如泄漏量和增量问题。发展中国家采用的国家森林排放目标是目前激励森林可持续管理、减少森林采伐的最有效的途径，这一方法将为资本市场在监管环境中运作打下基础。

土著人、土地利用和治理方法

巴厘会议关于"减少因发展中国家森林采伐导致的排放：刺激行动方法"的决定承认："在采取行动减少因发展中国家森林采伐导致的排放时，必须解决地方和土著社区的需求"。在讨论森林碳信贷的过程中，市场把大部分参与者排除在外的重要原因之一是因为要求有明确的土地拥有权或土地使用权利，除非购买者有把握碳信贷购买是合法的购买或合法的转让，否则他不会购买。设计交换市场和票据交换所的目的就是为了保证商品交易是"诚实交易"。碳信贷购买者要暴露在公众和监管机构的监督之下，当然不希望他们购买的信贷来源于侵犯人权，或来自盗用的土地。对于所有的市场来说，清晰的所有权是必须的，土地利用权市场如碳截存市场也不例外。[43~45]

市场总是很快惩罚和排除那些讨价还价却无法交货的人。碳市场对森林碳"诚实交易"有适宜的标准，这些标准已经制定，正被各交换所的柜台交易和自愿市场采用，诚实交易要求合法交易，遵守国内国际法律如国际劳工组织169等。简单地说，良好的治理是构成规范市场的条件之一，也是市场所要求的。类似市场所带来的利益就是市场本身有强有力的激励机制来改善治理方式包括建立可接受的土地享有年限标准，满足长期资本投资者对注册、保护弱势社区的要求等。

森林退化

如果按单位面积计算，因森林退化导致的碳排放量也许不如整片森林被砍伐移除形成的排放量大，但是森林退化往往以大区域的形式出现，所以占森林损失导致的总体排放较大的比率。与森林采伐相比，森林与退化的森林之间差异更微妙。退化的林区通常比森林砍伐的面积小。在技术上，监测森林退化比监测森林采伐难度更大，但现在已经有了可行的技术。各种措施已经建立并且在平稳地改进当中。例如在华盛顿Carnegie研究院就有一个团队，他们已经开发了自动遥感分析技术，用Landsat卫星图片结合密集的实地工作对择伐进行分析，结果表明，如果把择伐排除在监测系统之外，那么碳排放来源就大量减少，这还说明监测可以在遥远的地方进行。森林退化必须根据减排目标或为了碳市场信贷纳入生物物质的计

[43] 土地利用，土地利用变更与林业好实践指南 — 政府间气候变化委员会国家温室气体库存规划与全球环境战略研究院，日本神奈川

[44] 2007年3月7～9日澳大利亚凯恩斯：减少因发展中国家森林采伐导致的排放第二次研讨会，预备会议主持人摘要

[45] 联合国粮食与农业组织2006：全球森林资源评估 2000，联合国粮食与农业组织林业论文147

算当中。

我们的建议是鼓励有能力有资金的国家监测森林退化，以此机会出售因减少森林退化或因避免森林采伐形成的碳信贷，建议各国选择代表本国的碳水平（定期评估），有资金和能力的国家可以立即减少退化，形成减排，从而创造碳信贷，对于没有技术能力的国家，则应予以协助。[46~49]

更多的碳汇机制

一些发展中国家还缺乏充分实现市场潜力的基础设施，但重要的是为他们提供能力，使他们也能从中获利。一些国家需要协助测量、监测、核实他们的碳截存量，一些国家缺乏健全的土地享有年限制度和登记注册制度，一些国家需要协助建立行政管理制度和公共问责制度，一些需要协助执行法律法规等，这些都是市场发挥作用的基本要素。在这方面，即能力建设方面，公共部门和各种多国机构可以利用他们的专业知识和制度化的经验发挥重要作用。如果公共部门现有的资源被充分利用，各地的碳汇就会因其利益而会被市场充分重视。如果“资金”发挥作用（这本是制定清洁发展机制的初衷），那么就奏效了。

清洁发展机制和联合实施机制是否发挥作用？如果改善这些机制？如何在林业或减少因土地利用导致排放的项目中更好地利用这些机制？清洁发展机制和联合实施机制项目是否应该在可持续发展中发挥更大的作用？在排放交易体系中或在实现减排目标中，允许使用来自清洁发展机制和联合实施机制的信贷，允许使用的额度是多少？

很明显，清洁发展机制和联合发展机制对土地利用和林业没有任何贡献，原因是设计问题，即使所有林业和土地利用足以说明附录1那些国家的作用，在开始讨论发展中国家的作用时，清洁发展机制就把森林采伐完全排除在外。后来在2001年马拉喀什COP 7 会议上，清洁发展机制采纳了几条规则（也就是马拉喀什协定），用这些规则限制，使得甚至是植树造林这样的项目也几乎无法获批。

无需多说，即使有了相当多已经批准的清洁发展机制项目方法，要通过清洁发展机制来投资林业已经不可能了。总共有106个方法获批，其中10个与植树造林有关，占9.4%。但是在登记在册的945个清洁发展机制项目中，只有1个造林项目，占0.1%。更有甚者，该项目设计产量只有34万吨二氧化碳（到2012年底），而其他登记在册的项目设计为11.7亿吨二氧化碳。从今天开始，没有经联合实施机制核准的林业项目。这是对土地利用、土地利用变更与林业持有偏见，在目前这种制度下，已经没有任何有意义的商业投资。[50~54]

虽然当初清洁发展机制排除了森林采伐，但是发展中国家森林采伐问题还是回到了日程。巴厘会议一致同意，必须尽快解决热带地区的森林采伐和森林退化问题。发展中国家也明确表态，如果不补偿碳汇，他们就不会同意制定后2012协定，他们的要求是无懈可击的。除非他们为“不把森林变为农业”得到补偿，

[46] http://www.chicagoclimateexchange.com/, NYMEX http://www.greenfutures.com/: http://www.climate-standards.org/, http://www.v-c-s.org 芝加哥气候交易所；NYMEX；气候、社区和生物多样性应用，CCBA；自由碳标准：VCS

[47] http://www.unhchr.ch/html/menu3/b/62.htm 关于独立国家土著和部落民族的公约

[48] Asner et al, 2005, 巴西的择伐: 480～482

[49] Asner et al, 2005, 西西的择伐 : 480～482

[50] COP 7 决定11：土地利用、土地利用与林业

[51] COP 9 决定19：京都议定书第1承诺阶段清洁发展机制植树造林项目活动形式与步骤

[52] 参阅 http://cdm.unfccc.int/Statistics/index.html

[53] 参阅 http://carbonfinance.org/Router.cfm?Page=BioCF&ft=Projects 参阅

[54] http://ji.unfccc.int/J1_Projects/ProjectInfo.html

否则他们就无法实现经济的持续发展。他们是低廉的生产者，生产各种农产品，也是工业国家需要的木材的主要来源，因此他们当然不会白白放弃自己的优势，此外，他们还要供养不断增长的人口。

要获得理解，森林采伐问题必须首先被看作是国际和国内市场力量的回应，全世界对粮食和森林产品的需求持续增长，这是不争的事实，因此只能用形成这种需求的市场力量引导它走向可持续供应的道路，碳市场能发挥这一关键作用，但前提是现在引进适宜的监管方式，必须制定出结构性的监管重组方案，市场才可发挥理想的效应。要阻止热带雨林丧失，我们建议立即采取以下7个步骤。

第一步是纠正《京都议定书》中对发展中国家持有偏见的条款。任何接替性协定必须以同样的方式对待“南”和“北”，也就是把同样综合的森林和农业土地信贷制度延伸到附录1的国家，延伸到所有的附属条款当中，不再有任何理由继续对热带碳汇抱有任何歧视，目标应该是把所有的碳计算在内，在衡量国家减排进展时，把所有的生物物质纳入计算，目前已经有了科技措施。获得这种待遇惟一需要的资格是技术和行政管理能力，没有这种能力或者无法为此支付的国家应该获得国际资助，可以通过世行的森林采伐行动等获得资助。

第二步是取消清洁发展机制对碳信贷项目的审批权。世界上没有一个机构能拥有必要的能力、专业知识和资源对100多个国家农业和工业程序中所有的事情做出判断。制定接替性协定，在监管制度中应采用原则导向方法来代替清洁发展机制现有的指令性方法，如目前金融服务管理局采用的监管制度。项目的审批权应完全下放到参与国家，由他们指定机构负责按照接替性协定制定的宽泛原则来调整自己的规则。如果在稳定的制度内市场可以进行操作，就没有必要以家长作风让别人第二次猜测。[55~58]

因此必要的第三步是就减排目标达成长期的协议，减排目标不应受定期的政治或监管干预。京都议定书和欧盟排放交易体系共同的弱点是设定了保证政治和监管干预的各种“5年顺应期”，这一要求产生了完全没有必要的不确定因素。不可能在这样的背景下实施今后几十年必须开展的投资活动，特别是森林和土地利用方面的投资。必须制定清晰的减排总目标，在制定的减排水平和期限内减排目标必须完成。比较现实的时间至少到2030年，最好是之后。世界经济不可能在任何较短的时间内发生根本性改变，如果定期的政治和监管干预构成挑战，资本和交易市场都无法通过运行来促进经济上的改变。

第四步是提高私有部门参与监管过程的力度，近期制定的气候变化目标、法律和规章制度都没有与私有部门、资本市场甚至金融市场监管者进行有意义的咨询。斯特恩报告是政府资助的第一份经济分析报告，在里约大会（会上发布了京都议定书程序）后大约15年，也就是2007年出版。 报告出版之前关于气候的各种讨论没有以任何经济分析或金融分析资料作为参考。据作者所知，联合国和欧盟都没有向资本市场和商品市场方面经验最丰富的银行家（如中央银行家）、市场监管者和市场实践家寻求有意义的投入。这种封箱式的做法导致了近期各种失败：欧盟排放交易体系第一阶段市场价格的崩溃；热带森林采伐速度加快，因指令性的生物燃料标准导致粮食价格上涨，以及最近经核证减排量市场的萧条等。

第五步是必须有更开放更有效的决策过

[55] 全球环境概论、UNEP 2007

[56] 马拉喀什协定决定，11/CP.7IPCC, 2000，气候变化政府间专门委员会：土地利用、土地利用变化与林业报告，剑桥大学出版社 UNFCCC COP7

[57] http://www.greenhouse.gov.au/ncas/ 参阅澳大利亚国家碳计算系统

[58] 参阅森林碳伙伴关系办公室

http://carbonfinance. org/Router. cfm?Page=FCPF&FID=34267&ItemID=34267&ft=About

程，不论是国际或国内层面的决策过程。清洁发展机制的决策过程缺乏透明度，现在已经成为传奇，形成了巨大伤害，伤害特别大的是那些愿意按其规则行事的人。对投资的伤害体现在一个项目从征求公众意见到登记注册需要的时间。清洁发展机制要求每个项目从开始征求公众意见到请求登记注册需要（平均）237天的时间，然后从申请登记注册到获得登记注册又要用84天。因此，要用超过一年的时间才形成一份“经核证的减排量”，清洁发展机制执行委员会已经积累了多年的经验，应该可以加快这一过程的速度了，但是目前这一过程的速度不是加快了而是正在放慢。2005年6月，项目申报从申请登记注册到获批需要70天，而2007年6月却需要110天。创新方法项目的审批过程需要305天（平均），也就是说，那些为寻求创新方法而开发项目的人要等2年或更长的时间才能开始行动。如果要让发展中国家参与解决气候变化问题，我们当然没有这么多时间浪费在这样一个官僚程序上。关于决策过程中的政治和个人偏见，还有许多趣闻证据。[59~60]

第六步是废除那些已经堵住了森林和土地利用投资的规则和监管说明。要求使用违反事实的方案、采纳鲜为人知的没有解析支撑的概念等做法已经产生了一个监管需要的“平行的宇宙”，是现实商业中必须完全避开的。上面提到的第一步也是关键的一步，向发展中国家推广向附录1中列出的国家提供的范围相同的森林项目信用类型。这将形成第二次改革，促使所有与土地利用相关的活动被纳入，包括：避免森林采伐、避免森林退化、森林恢复/迹地更新（自然的或人工的），可持续森林管理、植树造林、少耕或免耕农业等。指令性规章如清洁发展机制制定的关于造林和森林恢复/迹地更新的规章应该取缔，包括以下产生反作用的措施：

（1）附录1中国家使用森林恢复/造林信贷的顺应性要求限定在1%

在第一个承诺期，清洁发展机制的林业规则把附录1国家的年度顺应性要求使用造林/森林恢复信贷的额度限定为1%，这一规则对市场形成了明显的“冷却效应”，阻碍了造林/森林恢复项目的投资，为用采伐天然林来满足木材和燃料需求提供了机会。不应对附录1国家有这样的限定。

（2）造林和森林恢复/迹地更新项目限于1990年以前森林已经被砍伐或启动时仍被采伐的土地或农业用地；1990年以来被采伐地区或退化地区的恢复活动除外。

这一条规定把所有的对1990年起被破坏的森林进行恢复或造林的信贷排除在系统之外，因此目前有1.25亿～1.95亿公顷的遭森林采伐的土地面积（法国国土面积的3倍）不符合清洁发展机制关于林业的规定。采伐面积每年以一个希腊国土面积的规模在增加，尤其因为没有给避免砍伐森林发放信贷，采伐的地区是生物多样性最丰富的，同时也是世界上最后剩下的土著民族的栖息之地。

（3）60年后必须找到造林/森林恢复（迹地更新）信贷的替代办法。[61]

森林是一个能长期贮存碳的大仓库。千百年来森林覆盖着地球表面广袤的面积，容纳了60%贮存在陆地生态系统里的碳。清洁发展机制的规定要求造林/森林恢复信贷要么是临时的(tCERs)，要么是长期的(lCERs，60年），以便在伐树轮之间的间歇时间里用其他方法代替。这一规定不但减少了对森林恢复活动的奖励，而且还鼓励为了60多年以后取得购买替代信贷的现金，而清理健康的森林。世界上没有其他的碳市场会认为这样的规定是必要的。

新的规则应以原则为导向，应认识到热带和亚热带林地固碳的全部价值。土地利用、土

[59] 前面引用的欧洲共同体委员会

[60] 前面引用的Trade in AgCert Shares AgCert股份交易

[61] http://cdmpipeline.org/ 参考UNEP Riso中心

地利用变化与林业项目能带来多重相互连接的效益，促进可持续发展。这些相互连接的效益包括保护土壤、控制土壤侵蚀、净化水资源、减少洪灾、 减少农业污染、促进降雨、保护生物多样性等。这些效益也给本土社区和土著居民带来好处，鼓励他们解决土地享有年限问题，提高对气候变化（旱灾、暴风雨、野火、洪灾等）的应对能力和适应能力。新的规则除了鼓励为碳固存出钱之外，还应该鼓励补偿森林提供的这些服务，这样才能开始充分评价热带和亚热带森林的多重利益。

第七步也就是最后一步是保证公众问责制度，包括对监管者他们自己和他们颁布的各种规章效率的问责。例如，清洁发展机制执行委员会的任命过程是晦涩的，那些被委员会各种决定影响的人却无话可说，对委员会成员是否拥有相关经验或专业知识也没有提出要求，委员会的资源没有经过任何预算审查。制定规则时，没有认真地考虑成本或效益，没有评估对气候变化、或土地利用与林业的影响，没有评估对生物多样性、对社区以及其他关键资源如淡水资源等的影响。对这样一个监管体系，市场和普通大众没有信心。

结论

热带和亚热带森林的多重利益和减缓气候变化的潜能没有得到充分准确的认识，原因是它们被那些容易被误解的监管制度排除在碳市场之外。与这些有负面效果的规章形成的各种假设相反，市场本身实际上非常善于保证市场交易产品的完整性，并惩罚不诚实的交易和交易人员。在保证资本形成和价格发现功能上，由适宜的监管制度而不是人为操纵的监管制度支撑的市场纪律总比官僚性的尝试更有效。[62~63]

市场有卓越的能力区分各种竞争产品的质量，给产品及其相关的风险定价，没有必要告诉市场做什么和怎么做，没有必要挑选获胜的技术和方法，这样做的结果只有付出巨大而不必要地成本。欧盟生物燃料目标就是最近的这样的案例之一。

结构调整是有必要的，只有调整才能接过联合国和欧盟委员会对碳市场的监管权，交给有经验的诚实守信用的机构如中央银行和证券市场。联合国的角色应该是设定由各国执行的排放目标，制定各国必须坚持的广泛的原则，不应该尝试制定具体的妨碍发展中国家充分参与的规章如清洁发展机制制定的规章。世界银行和其他多国机构应该集合各种资金并发放到发展中国家进行能力建设，使所有国家都能从碳市场促成的投资中获利。

我们坚信，在排放交易体系中和在实现减排目标过程中，没有限量地利用森林和土地利用信贷这一观点是正确的，土地利用广义上包括农村土地利用所包含的方方面面。气候研究已经显示，要避免全球气候发生灾难性变化、形成不可逆转的系统分裂，气温的上升一定不能高于一个临界值：前工业化时期的气温的2%。要达到这一目标，必须大幅度地减排。因时间尺度问题，减排任务显得异常艰巨。以占世界经济最少的成本量来完成减排任务应该是政策制定者首要考虑的。各种排放交易体系就是本着为工业污染定价、形成最低成本来源为宗旨而设计的。因此敞开交易体系大门，接纳各种信贷来源将使市场推动各种投资朝着低成本方案的方向发展。减少因森林采伐和森林退化导致的排放（REDD）和土地利用、土地利用变化与林业（LULUCF）的无限制的信贷将占低成本方案的25%，还将降低总体顺应性成本，为工业实施低成本方案平衡争取时间。如果我们不把从碳市场中排除信贷这一错误做法纠正过来，我们稳定气候的努力将以失败告终。

---

[62] 国际气候变化专门委员会（IPCC），土地利用、土地利用变化与林业：IPCC一份特别报告（剑桥，纽约，剑桥大学出版社，2000）

[63] 皇家协会Swingland, I, 2002, 固碳与保护生物多样性：市场方法

适应气候变化，发展中国家是否有足够的支持?

发展中国家的农村土地利用投资，现在不能，也永远不能没有私有部门的投资。适应气候变化是昂贵的，必要的资金来源于何处目前尚不清楚。根据斯特恩报告，经济合作与发展组织（OECD）成员国气候变化弹性措施需要的基础设施建设，加上预计将来气温更高形成的成本，每年需要约为150亿～1 500亿美元的成本（占GDP的0.05%～0.5%）。斯特恩报告强调指出，发展中国家气候变化适应措施几乎没有可靠的预计，但是报告预计发展中国家适应气候变化需要的额外增加的成本就达每年40亿～370亿美元，而这只是适应气候变化的投资，保护他们不受气候变化风险的危及。大家一定别忘了，即使采取措施适应气候变化，肯定还有各种重要影响发生。发展中国家农村贫困群体的主要适应措施与热带、亚热带森林可持续管理以及农业用地的可持续管理是不可分的，这是不必说的。没有这方面的投资，没有自己稳定的环境，特别是没有土壤资源和淡水资源，14亿依赖森林资源为生的人口中，将有数百万而不是几十万人被环境所迫变成移民，这对他们的社会和我们的社会都将产生深刻的负面影响。[64~66]

---

[64] www. stabilisation2005. com/programme.html

欧洲委员会通讯“把气候变化限制在摄氏2°：通往2020年及以后之路”，Stern, N, 2006，斯特恩报告：气候变化经济学；Meinshausen, Malte“超过2℃的风险”-“稳定温室气体聚集量国家研讨会”论文集——避免危险的气候变化，埃克塞特（英国），2005年2月1～3

[65] 农业、林业、渔业气候变化适应措施：前景、框架及优先权，FAO，2007年，罗马

[66] 全球经济概况，UNEP 2007

43 气候变化与固碳林业

刘世荣[1]　蒋有绪[1]　史作民[1]

摘要

森林是陆地生态系统的主体。森林大量地吸收固定大气中CO_2，成为巨大的碳汇。全球森林的碳贮量约占全球植被的77%，森林土壤的碳贮量约占全球土壤的39%。但是，森林破坏将增大CO_2等温室气体的排放，毁林已成为仅次于化石燃烧的大气 的重要排放源。由此可见，森林生态系统在全球碳循环与平衡中具有极为重要的和不可替代的地位和作用。

为减缓不断加剧的全球气候变化，林业正在经历发展方向的调整与转变，国际上已经兴起了固碳林业（Carbon Forestry）。固碳林业涉及4个方面：①增强碳吸收汇的林业活动，包括造林、再造林、退化生态系统恢复、建立农林复合系统等措施增加陆地植被和土壤碳贮量；②保护和维持森林碳库，即保护现有的森林生态系统中贮存的碳，减少其向大气中的排放；③通过森林可持续经营，采用一系列的碳管理措施，减少碳排放、增加碳汇，获取最大的固碳收益；④碳替代措施，通过耐用木质林产品替代能源密集型材料，利用可更新的木质燃料(如能源人工林)和采伐剩余物回收利用作燃料。

为减缓全球气候变化，清洁发展机制（CDM）孕育而生，建立林业碳汇的市场化运作机制，实现了生态资产转化为工业货币，即实现了碳贸易（Carbon Trading）。中国发展碳汇林业和实施CDM碳汇项目有广阔的前景，对中国加快林业生态建设、改善区域生态环境、减少贫困、开发林业生物质能源等均具有促进作用，为中国林业发展也提供了新的发展契机。发展固碳林业，需要开展林业碳汇的管理政策、森林碳源汇动态、碳汇计量方法学、碳汇贸易等科学研究，为发展固碳林业提供经验、技术、试验与示范。

关键词

森林、固碳林业、碳汇、碳贸易

一、引言

IPCC第四次评估报告（2007）指出：在过去的100年里全球平均温度升高了0.74±0.18℃。20世纪北半球温度的增幅可能是过去1000年中最高的。降水分布也发生了变化。大陆地区尤其是中高纬地区降水增加，非洲等一些地区降水减少。有些地区极端天气气候事件（厄尔尼诺、干旱、洪涝、雷暴、冰雹、风暴、高温天气和沙尘暴等）的出现频率与强度增加。IPCC第四次评估报告（2007）预测，到2100年全球平均气温将上升1.8～4℃，海平面升高18～59厘米。

中国气候变化的趋势与全球变化的总趋势基本一致。近百年来，中国气温上升了0.4－0.5℃，略低于全球平均的0.6℃。从地域分布看，中国气候变暖最明显的地区在西北、华

[1] 中国林业科学研究院，北京，100091

北、东北地区，其中西北变暖的强度高于全国平均值。中国的气候情景预测，到2020～2030年，全国平均气温将上升1.7℃；到2050年，全国平均气温将上升2.2℃（秦大河等，2006）

大量的观测迹象和研究结果表明，大气中二氧化碳等温室气体浓度不断增加产生的温室效应引起了全球气候变化。IPCC第四次评估报告（2007）认为，过去50年全球平均气温上升“极可能”与人类使用石油等化石燃料产生的温室气体增加有关，这意味着90%是由人类活动导致的大气温室气体浓度增加所致。

全球气候变暖对地球上许多地区的自然生态系统已经产生了影响，如海平面升高、冰川退缩、冻土消融、中高纬度地区生长季节延长、动植物分布范围向极区和高海拔地区延伸、某些动植物数量减少、一些植物开花期提前等。同时，气候变化对人类的生存、健康与经济社会可持续发展也产生了巨大的影响，并构成了严重的威胁。气候变化问题受到国际社会的特别关注，已经成为当前国际政治、经济、外交和国家安全领域的一个热点。

森林是陆地生态系统的主体，约占全球陆地面积的1/3，其年光合产量约占陆地生态系统的2/3。森林在与大气CO_2的关系中起着双重作用。一方面森林大量地吸收固定大气中CO_2，成为大气CO_2巨大的吸收汇、贮存库和缓冲器。另一方森林的破坏是大气CO_2的排放源。森林在稳定和调节全球碳循环和陆地生态系统碳平衡方面发挥着重要作用，因此，国际气候变化公约及其相关的协定等均将森林问题作为全球温室气体减排增汇的重要途径和手段。为适应和减缓全球气候变化，森林经营与林业发展正在面临新的挑战和发展机遇。

二、森林生态系统是全球重要的碳库和吸收汇

森林具有广袤的分布面积和巨大的生物量。全球森林面积达38.69亿hm^2，约占全球陆地面积的30%。据IPCC（2001）估计，全球陆地生态系统碳贮存量约2477GtC，其中植被碳贮存量约占20%，土壤碳约占80%。占全球土地面积27.6%的森林，其森林植被的碳贮存量约占全球植被的77%，森林土壤的碳贮存量约占全球土壤的39%。单位面积森林生态系统碳贮存量是农地的1.9～5倍。可见，森林生态系统是陆地生态系统中最大的碳库，其增加或减少都将对大气CO_2产生重要影响。

中国森林植被和土壤碳贮存量估计分别为5GtC和15GtC左右（张小全等，2005）。中国森林碳汇功能持续增长。据我国公布的《应对

表43-1 全球植被和1m土壤碳贮量(Ciais et al., 2000)

生物群区	面积 (10^6hm^2)	碳贮量(GtC)		
		植被	土壤	合计
热带森林	1,760	212	216	428
温带森林	1,040	59	100	159
北方森林	1,370	88	471	559
热带稀树草原	2,250	66	264	330
温带草地	1,250	9	295	304
荒漠和半荒漠	4,550	8	191	199
冻原	950	6	121	127
湿地	350	15	225	240
农地	1,600	3	128	131
合计	15,120	466	2,011	2,477

气候变化国家方案》，2004年中国森林净吸收了约4.5亿吨二氧化碳当量，约占当年全国温室气体排放总量的8%。中国造林碳汇将呈持续增长趋势，到2010年，森林覆盖率预计达到20%，其碳汇数量比2005年增加约0.5亿吨二氧化碳。预计到2050年，中国森林年净碳吸收能力将比1990年增加90.4%。以1990年为基年，到2010年、2030年和2050年造林再造林活动形成的碳汇量分别为0.26亿吨碳/年、1.24亿吨碳/年和1.91亿吨碳/年。

森林具有比农田和草地更高的净第一生产力和长期累积的巨大生物量，使其具有比草地植物和农作物更强的固碳能力。大气测量和模拟研究表明，20世纪80年代陆地是一个0.2 ± 1.0 GtC/a的吸收汇，即1.9 ± 1.3 GtC/a的陆地碳吸收与土地利用变化引起的1.7 ± 0.8 GtC/a碳排放之差；90年代汇增加至0.7 ± 1.0 GtC/a，即2.3 ± 1.3 GtC/a的陆地碳吸收减去土地利用变化引起的1.6 ± 0.8 GtC/a的碳排放 (Ciais *et al*., 2000)。北美的实测和模型研究表明，北半球中高纬度森林植被是一个重要的汇，它在减小碳收支不平衡中起着关键作用（Brown *et al*., 1999；Schimel *et al*., 2000）。从CO_2通量观测结果分析，无论是北方森林、温带森林还是热带森林均表现为碳汇，但是碳汇强度大小受森林类型、气候环境变化、自然与人为干扰的影响（毛子军，2002）。

毁林或森林破坏、退化均能够导致森林生物量和土壤中碳的释放，从而降低森林碳贮存量和碳汇潜力。林地转化为农地后，土壤有机碳（SOC）损失可高达75%，10年后土壤有机碳平均下降30.3 ± 2.4%，如果剔除土壤容重变化的影响，土壤有机碳平均下降22.1 ± 4.1% (Murty et al., 2002)。据IPCC估计，在1850～1998期间，全球范围内土地利用变化引起的碳排放达136 ± 55 GtC，其中87%由毁林引起，13%由草地开垦造成，而同期化石燃料燃烧和水泥生产的排放量为270 ± 30 GtC (Ciais *et al*., 2001)。所以，大面积毁林、森林破坏和退化可以成为仅次于化石燃烧的大气 的重要排放源。

三、固碳林业与减排增汇

为减缓不断加剧的全球气候变化，林业正在经历经营发展方向的调整与转变，以最大限度发挥其重要的且不可替代的作用。目前，国际上已经兴起了新的林业发展方向－固碳林业（Carbon Forestry）。固碳林业包括以下几个方面。

首先，通过造林、再造林、退化生态系统恢复、建立农林复合系统等措施增加森林植被和土壤碳贮存量，以此增强森林碳吸收汇的功能。全球可用于造林再造林和农用林的土地面积约3.45亿公顷，如果全部实施造林再造林和农用林，造林碳汇潜力可达28 GtC，农用林为7 GtC（Reed *et al*., 2001)。热带地区2.17亿公顷的退化土地的植被恢复可新增固碳11.5 G～28.7 GtC (FAO，2001b)。预计中国在2008～2012年间的第1承诺期，通过大规模的造林和再造林可净吸收碳0.667GtC；到2050年，中国森林年净碳吸收能力将比1990年增加90.4% (Zhang & Xu, 2003)。作为固碳林业，中国的农用林尚有较大的发展空间。

第二，保护和维持森林碳库，即保护现有的森林生态系统中贮存的碳，减少其向大气中的排放。主要措施包括减少毁林、改进森林经营作业措施、提高木材利用效率以及更有效的森林灾害（林火、洪涝、风害、病虫害）控制措施减少对林木和土壤干扰所产生的碳排放，不但能够逐渐增加长期的森林生态系统的碳贮存量，而且达到保护生物多样性和发挥生态系统服务功能的目的。这最适合于生长慢、干材质量差的林分和采伐木利用机会少的地方。由于毁林直接导致森林生态系统的碳贮存量在数年内排放到大气中，因此相对造林和再造林而言，降低毁林速率是减缓大气CO_2浓度上升的更直接手段。未来50年全球减少毁林的碳汇潜力可达14 GtC（Reed et al., 2001)。

第三、通过实施森林可持续经营，采用一系列碳管理的措施，实现减排增汇的目标（见图43-1所示）。降低造林、抚育和森林采伐对林木和土壤碳的扰动影响是保护现有森林碳贮存的重要手段。传统的采伐作业对林分的破坏

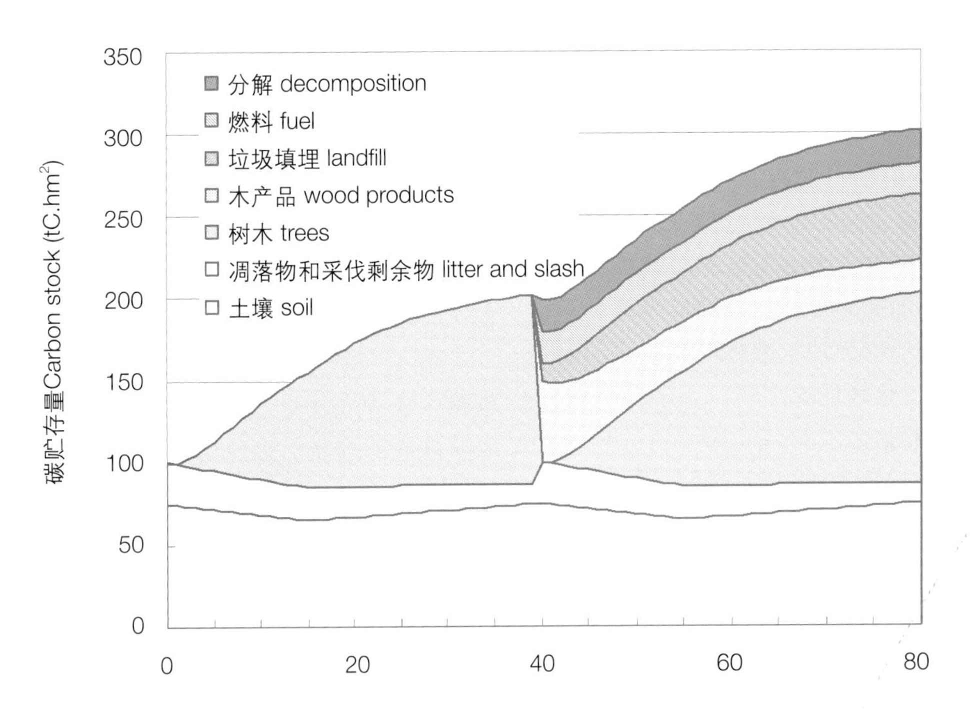

图43-1 森林在两个轮伐期内碳贮存量的变化(Health, 2001)

很大，通过改进森林采伐措施可使保留木的破坏率降低50%(Sist *et al*., 1998)，从而降低森林采伐引起的碳排放。此外，通过提高木材利用率，可降低分解和碳排放速率；增加木质林产品寿命，可减缓其贮存的碳向大气排放；废旧木产品垃圾填埋，可延缓其碳排放，部分甚至可永久保存。

第四，从可更新资源的角度，着眼于森林生态系统的碳循环过程和传统的森林木材生产目标，采用碳替代措施，即通过耐用木质林产品替代能源密集型材料（水泥、钢材、塑料、砖瓦等），不但可增加陆地碳贮存量，还可减少生产这些材料过程中化石燃料燃烧的温室气体排放。尽管部分木质产品中的碳最终将通过分解作用返回大气，但森林资源的可再生性可将这部分碳吸收回来，最终避免化石燃料燃烧引起的不可逆转的净碳排放。利用可更新的木质燃料（能源人工林）和采伐剩余物回收利用作燃料，以生物能源替代化石燃料可降低人类活动碳排放量（图43-1所示）。IPCC估计，2000～2050年，全球能源植物替代可达20G～73GtC (Watson *et al*., 1996)。碳替代措施适于速生的同龄人工林和以能源林为目标的短周期萌生林经营，但是需要将森林管理对森林土壤的干扰影响降低到最小程度。

四、碳贸易及其潜力

为减缓全球气候变化和实现《联合国气候变化框架公约》的目标，1997年达成了《京都议定书》。《京都议定书》规定，规定工业国家在2008～2012年的承诺期内，其温室气体排放量在1990年排放水平基础上总体减排至少5%。工业化国家可通过其造林、再造林、减少毁林和森林管理等活动，或通过在发展中国家实施清洁发展机制（CDM）造林项目，获得的碳信用（Carbon Credit）用于抵消承诺的温室气体减限排指标。2001年达成的“马拉喀什协定”，为《京都议定书》有关土地利用变化和林业活动的定义和相关实施规则达成一致。2003年12月第9次缔约方大会为清洁发展机制（CDM）造林项目实施的方式和程序制定了详细的国际规则(UNFCCC, 2003)。CDM机制的产生，建立了发达国家与发展中国家之间互惠互利的“双赢”机制，也为固碳林业提供了新的发展契机。

鉴于国际上已经约定了各国使用的CDM造

林和再造林项目的碳汇总量，即不能超过其基准年排放量的1%乘以5 (UNFCCC, 2001)，所以批准《京都议定书》的国家允许的CDM碳汇量约为每年3200万tC，若按每公顷碳汇30～50 tC计算，全球CDM造林项目潜力约320～530万公顷。全球CDM造林项目规模还不到中国目前1年的造林面积，约占我国2001～2020年规划造林面积的6%～10%。因此，在中国实施CDM造林项目具有较大的潜力。

目前，CDM碳汇项目仅限于造林、再造林项目，所以林业CDM机制为造林、再造林的林业活动提供市场化的运作机制。作为一种市场行为的运作模式，二氧化碳排放大的企业可以通过购买碳信用祢补其超限的二氧化碳排放，实现了生态资产转化为工业货币，即实现了碳贸易（Carbon Trading）。在第1承诺期可利用的CDM造林再造林项目的买卖市场潜力在4千万至1亿多tCO_2-e/a。中国约占6.7%～37%，而乐观估计中国在第1承诺期可能获得20%的市场份额，即3300万吨碳的潜力，相当于70万～110万公顷的造林面积。按世界银行生物碳基金的碳汇价格计算（每吨二氧化碳约 3 ～ 4 美元），相当于3.63～4.84亿美元（张小全等，2005）。

一般来讲，发展中国家的落后地区通过实施CDM机制开展造林、再造林项目，既可以使发达国家完成承诺的温室气体减排抵消其排放量，而且有助于贫困地区的人口获取造林的碳收益，减少贫困，增加就业、发展经济和改善环境。因此，由CDM产生的碳贸易将会给发展中国家落后地区的成千上万的贫困人口带来显著的社会、经济和环境效益。通过碳贸易每年可流入世界上贫困人口的资金约为3亿美元。

发展碳汇林业和实施CDM碳汇项目符合中国林业发展战略，对加快中国林业生态建设、改善区域生态环境、开发生物质能源和减少贫困均具有具有促进作用，也为中国林业发展提供了契机。所以，在中国开展碳汇林业和实施CDM造林项目是可行的。目前，中国在广西成功开发了全球第一个造林再造林碳汇项目，在此基础上，仍需要加大CDM在中国市场的运作以及相关政策、标准和方法学研究与试验示范，拓展未来更大的碳汇交易市场份额。

五、发展固碳林业的研究需求

伴随科学研究的不断深入和联合国气候变化框架协议与京都议定书等国际谈判的不断进展，人们对森林在减缓气候变化中的角色和作用的认识正逐渐提高。但是，这种认识仍然有极大的不确定性，尤其是关于如何优化利用森林和木材生产来抵消人类活动导致的温室气体排放。如果对与森林和木材生产有关的碳和温室气体库以及通量进行定量分析，我们会很容易认识到通过林业途径减缓气候变化将是最佳的选择。然而，目前许多国家和组织包括政府对于通过森林固碳减少大气CO_2浓度持谨慎态度，因为森林固碳获取的潜在价值具有不确定性，而且计量程序相当复杂。此外，森林可以固持的碳是有限的，这部分固持的碳可通过采伐、森林火烧、或者发生病虫害等释放出来。因此，我们需要实施森林的可持续经营，并将固碳效益作为森林多种生态服务功能的中的一个方面最终才能达到可持续的固碳林业的发展目标。

发展固碳林业，需要深入加强森林碳管理的相关研究，开展不同地区、不同类型森林以及森林产品相关的碳储量、碳源汇及其动态变化的研究，提高我们对森林和疏林地对区域和全球碳和温室气体平衡作用的认识。为此，需要优先建立国家森林碳计量系统，编制国家森林碳和温室气体排放清单，同时定量评估木质产品和生物能源的建设温室气体排放中的作用，为有效管理森林和疏林中碳和温室气体变化提供科学依据。森林碳管理研究的主要内容包括：建立国家森林碳计量系统和温室气体排放清单，开展森林碳和温室气体通量变化的长期监测并定量评估碳收支，研发碳和温室气体计量的模型或者方法，评估木材产品和木材作为替代产品在国家碳收支中的作用，生物能源（来自薪炭林和短轮伐期的萌生能源林）的碳平衡预算，研究森林经营措施、气候和土壤因子对森林碳、氮循环和碳平衡的影响，研究制定减缓和适应气候变化的森林管理对策和森林管理风险评估方法。

参考文献

1. Christine L. Goodale, Michael J. Apps, Richard A. Birdsey, Christopher B. Field, Linda S. Heath, Richard A. Houghton, Jennifer C. Jenkins, Gundolf H. Kohlmaier, Werner Kurz, Shirong Liu, Gert-Jan Nabuurs, Sten Nilsson, and Anatoly Z. Shvidenko, 2002, Forest carbon sinks in the northern hemisphere, Ecological Applications, 12(3): 891~899

2. Fang, J.Y., A.G. Chen, C.H. Peng, S.Q. Zhao & L.J. Ci, 2001, Changes in forest biomass carbon storage in China between 1949 and 1998, Science, 292: 2320~2322

3. 毛子军. 2002. 森林生态系统碳平衡估测方法及其研究进展. 植物生态学报，26(6):731-738

4. 联合国气候变化框架公约(UNFCCC). United Nations Framework Convention on Climate Change. 1992. http://unfccc.int/resource/docs/convkp/conveng.pdf.

5. UNFCCC. Kyoto Protocol to the United Nations Framework Convention on Climate Change. 1997. FCCC/CP/1997/7/Add.1. http://unfccc.int/resource/docs/convkp/kpeng.pdf

6. UNFCCC. Modalities and procedures for a clean development mechanism, as defined in Article 12 of the Kyoto Protocol. In: Report of the conference of the parties on its seventh session, held at Marrakesh from 29 October to 10 November 2001, Addendum: Part two: Action taken by the conference of the parties, Volume II. 2001. FCCC/CP/2001/13/Add.2, 20~49, http://unfccc.int/resource/docs/cop7/13a02.pdf

7. UNFCCC. Modalities and procedures for afforestation and reforestation project activities under the clean development mechanism in the first commitment period of the Kyoto Protocol. In: Report of the conference of the parties on its ninth session, held at Milan from 1 to 12 December 2003, Addendum: Part two: Action taken by the conference of the parties at its ninth session. 2003. FCCC/CP/2003/6/Add.2, 13~31, http://unfccc.int/resource/docs/cop9/06a02.pdf

8. UNFCCC. Simplified modalities and procedures for small-scale afforestation and reforestation project activities under the clean development mechanism in the first commitment period of the Kyoto Protocol and measures to facilitate their implementation. Buenos Aires, 6–17 December 2004. 2004. FCCC/CP/2004/L.1

9. IPCC (2001). Climate Change 2001 (The Third Assessment Report).

10. IPCC (2007). Climate Change 2007 (The Fourth Assessment Report)

11. Schimel D,Melillo J, Tian H Q, McGuire A D, Kickleghter D, Kittel T, Rosenbloom N, Running S,Thornton P, Ojima D, Parton W, Kelly R, Sykes M, Neilson R,Rizzo B, 2000, Contribution of increasing CO_2 and climate to carbon storage by ecosystems in the United States, Science, 287: 2004~2006

12. Brown S L, Schroeder P E, 1999, Spatial patterns of aboveground production and mortality of woody biomass for eastern U.S. forests, Ecological Applications, 9: 968~980

13. The Royal Society working group on land carbon sinks, 2001, The role of land carbon sinks in mitigating global climate change, Policy document 10/01 of the Royal Society, 18

14. 张小全，李怒云，武曙红. 2005. 中国实施清洁发展机制造林和再造林项目的可行性和潜力〔J〕. 林业科学

15. 张小全，武曙红，侯振宏，何英. 2005. 森林、林业活动与温室气体的减排增汇〔J〕. 林业科学，41(6): 150~156

16. 秦大河等. 中国气候变化评估报告〔M〕，北京：科学出版社，2006

44 保护性农业在减缓气候变化和提高农业对气候变化适应性中的作用

Des McGarry[1]

摘要

政府间气候变化专门委员会（IPCC）第四次评估报告指出，全球范围内已经出现了气候变化（CC），并认为气候变化所产生的潜在影响会日益恶化。虽然农业用地占全球陆地面积的40%～50%，仅占全球人为造成的温室气体（GHG）排放量的 10%～12%。然而，在 N_2O 与 CH_4气体总排放量中，农业分别占了47%与58%。CO_2在大气与农业用地之间的年度交换量较大，但据估计，其净通量基本趋于平衡，占全球人为CO_2排放量不到1%的份额。在1990年至2005年期间，农业CH_4与N_2O的排放量增加了近17%，其中增加量的32%来自非附录Ⅰ国家（“最不发达国家”），这些国家的排放量占所有农业排放量的75%，而附录Ⅰ国家的GHG排放量总体上则下降了12%。

一些机构（如IPCC）已经意识到，农业部门（在全球范围内）已制定了若干具有影响力的政策和措施，通过减少温室气体的排放量来应对气候变化，并在互利的基础上，实现土地可持续管理、保障粮食与水资源安全、减轻农村贫困。上述这些策略统称为保护性农业（有时也称为“低投入农业”），属于非指令性策略，但要求当地农业部门根据实际情况进行调节，以确保实用性并取得更大的成效，其核心主题有3个：①维持土壤表面永久性的有机覆盖层；②尽量减少土壤扰动（免耕）；③实施轮作的方式确保土壤有机质和生物多样性。此外，采用有交互关系的实践活动来减缓气候变化的进程，实现生态系统的可持续发展，包括利用动物粪便生产沼气（CH_4）、间作、开发利用生物燃料以及平衡化肥应用实地营养管理等。

要广泛成功地实施这些举措，必须把保护性农业及其相关行动与各种国际性和国家性应对气候变化活动、可持续发展活动紧密联系起来，例如IPCC报告、国家发展战略和千年发展目标、马拉喀什进程、以及数个非附件Ⅰ国家制定的国家适应能力行动计划（NAPA）。此外，如果在实施更高级别政策的过程中纳入这些举措，将有助于各部门修订相关的管理条例。另外，可以采用参与式的实施办法，由国家推动、区域联网、跨部门协作，确保多层次利益相关者的利益，在若干关键的农业体系内保护土地、水资源和生物多样性，并通过减少投入与产出比率来提高农业效益，实现农村扶贫目标。

本文将通过实例来阐明目前的保护性农业及其相关策略，以及它们在减缓气候变化中所起到的作用。当前的目标是建立一个良好的实施“框架”，说明保护性农业在减缓气候变化中发挥的作用。可以预见，随着时间的推移，这一个框架将会不断地得到完善和推广，以确保这些实例能够在各种各样环境中得到很好的实践。

[1] 土地与环境管理咨询专家（澳大利亚布里斯班）E-mail: desmcgarry@optusnet.com.au

一、概要

本文论述的是 一系列相互联系的、实用的策略，这些策略已经得到农业部门的实践，因此是共知的（主要是保护性农业及其相关实践活动），目的是为减缓气候变化、降低农业部门应对气候变化的脆弱性、总体提高自然资源特别是农业和农村生计对气候变化的适应能力助一臂之力，同时实现互利，如提高经济的可持续性（通过降低投入：产出的比率）、减轻贫困、保障粮食和水资源的安全。要实施并实现多层级赢利，必须有综合、多层级的组合方案，并以有力的、可接受的（对于终端用户来说）、多部门合作的、贯穿全局的实践活动为基础，还要有强大的科研基础、核实和监测措施，和必要的政策改革。其理想的成果是农民广泛地接受这些对减缓与适应气候变化有重大意义的措施，从而实现高产、粮食和水资源安全、可持续土地管理、减少城乡社会经济不公等多重效益。

本文侧重论述的是两个相互联系问题的概念及其实用性："在减轻气候变化的各种努力中，农业能发挥什么作用？"，"农业在提高气候变化适应能力的过程中能发挥什么作用？"。这两个问题与目前各种文献所论述的气候变化有所不同，它更侧重于可预见的气候变化将给农业带来的各种影响（直接的和间接的影响），换一句话说就是气候变化给农业带来的风险，气候变化的原因、程度、自然和地理差异。

出于需要，本文被赋予了较浓的学术性质，然而，文章从一开始就指出，这些讨论的目的或结果是贯彻本文谈及的主题和行动。希望本文对制定各种行动方案包括贷款-资助方案（如世行、亚行等）、赠款-资助方案（如全球环境基金）等有所支持和帮助。为达到这些目的，本文将展示的是一幅全球性的农业与气候变化的大画面，但最终目的是局部地方必须坚定地解决气候变化问题，这是一系列最可实施的组合方案。目标是取得一系列有效的可操作的组合方案，改善'很多'农村社区、个体农民粮食与水资源安全的方案，同时支持高层（政府和国际援助机构）在应对人口不断增长，石油、化肥价格不断上升以及饮食变化与气候变化的关系中制定出粮食与水资源安全、土地退化、城市化等的组合措施。

一开始，本文并不打算详述主题的每一个部分。相反，本文的主要目的是创建一个把讨论"农业在应对气候变化中的作用，以及气候变化中农业的适应性"的主要议题都包括进去的框架，朝注重实效、易于实施的方向发展。因此，框架将包含几个连贯的、相互联系的主题，实现多层级相互联系的目标：①对文献进行批评性的评估 — 协助（愿意在这方面继续研究的人员）理顺目前关于气候变化的各种出版物的内容，从中分出与本文首要主题相关的主题；②评估政府和国际机构、NGO和个人在气候变化方面的调查工作或经费投入情况，再次把与目前主题相关的工作选出来；③利用这两个评估结果（根据气候变化工作的特点，需要几年的时间）来概括目前在各种环境中实施的主要的减轻战略实例，应科学论述该问题的规模和应对措施对气候变化的预期影响）；④寻找利益各方，组成各种机构间、国家间、领域间的伙伴关系，共享成功与失败经验的信息，共享各种实施方案、采纳途径、机构间互相支持、整套培训材料、农场成本/效益/障碍、逐渐扩大相关农业战略效益到区域与全球范围。

以上第2到第4点认识到把现有的各种战略直接地与目前的主题连接起来，并贯穿在相关主题领域当中，将大大地保证各种努力的成功。

这几点还说明，到目前为止关于基层工作已经开展了不少的讨论，各种书面材料（下文将进行回顾）包括IPCC和UNFCCC各种文本、各种国家发展规划（如扶贫战略规划）、各种国家可持续发展战略、千年发展目标、不少非附录1国家的国家宣传（National Communications (NC)和适应性行动规划等也予以论述。但就农业在减轻气候变化中的作用，这些文本只提供一般性的信息，对于如何在基层形成实用的基层干预方法、或可实施的政策、或必要的能力建设/培训等减轻气候变化活动没有给予充分的阐述。各种特定的"基层"活动已经开展几十年，应该对个体农民、农民协会、农作物种植群体（如澳大利亚棉花和粮食种植群体）有特定的作用，许多特定基层活动有巨大潜能成为减轻气候变化战略，如保护性农业。但是，目前开展这些活动的原因并非为了减轻、预防气候变化，而是为了降低成本投入、防旱灾和土壤侵蚀。

因此，这就要求把本文的核心以及核心涉及的相关内容确定为：对一套减轻/适应气候变化战略（实用的农场层面的干预办法）进行定义性的、建议性的论述，以及战略与相关支持政策的联系、如何获得扶持政策的支持、必要的能力建设/培训、网络等，再次强调：如何形成农场层面的活动，随后应采取什么途径逐渐扩大这些战略规模并进行复制，从而能对气候变化和环境的可持续利用产生大范围的影响。

二、前期工作与目前开展的工作

首先回顾目前与本主题相关的文献资料和实际开展的活动，以寻求相关的文字材料和实际活动来补充和丰富信息。此处要回顾的内容有8个主要方面，均是有活力的内容，希望将来有人结合本文予以总结扩展。

（1）Pew报告（Paustian et al. 2006）指出：虽然在导致全球气候变暖总的人为效应中，农业部门(包括土地利用变化)只占了1/3的份额（其他主要是矿物燃料燃烧排放的二氧化碳），但是在减轻全球气候变暖中农业的独特作用在于它能形成多个相互联系的、产生协同作用的战略，带来多重效益，而各种战略自身能证明新措施是正确的，并能为农业提供适应气候变化或改善适应气候变化条件的方法。因此，农业有能力减少自身的排放，同时通过光合作用、利用植物和土壤来贮存碳从而减少大气层中来源于其他途径的二氧化碳（植物和土壤固存1吨碳就能消除大气层中3.6吨的二氧化碳）。农业还能提供生物燃料以替代矿物燃料的利用。如果对农业实施最佳的管理实践活动，还可减少来自农业土壤中N_2O的排放，牧业生产和粪便中 CH_4的排放，以及农田能源利用中CO_2的排放。

（2）始于2003年的马拉喀什进程旨在为实施可持续消费与生产（SCP）建立政治支持，为可持续发展委员会（CSD）18/19 协商做好准备。马拉喀什进程是一个全球性自发行为，是关于SCP 10年规划框架的详细补充，也被可持续发展世界首脑会议（World Summit on Sustainable Development，WSSD）称为约翰内斯堡行动计划，它的目标是协助各国实现可持续发展，在发展经济的同时重视环境的保护问题、协助企业制定可持续的商业模式、鼓励消费者采用更具可持续性的生活方式。马拉喀什程序对农业和农村发展中的可持续消费与生产做了具体报告，指出在农业领域实现更具持续性的消费和生产方式，就能减少农业上的密集投入，提高资源利用率，并以此为手段增强农业部门竞争力。报告敦促在农业生产活动中推广良好的环境实践活动，实现可持续农业发展、减轻贫困，通过保护性农业恢复已经退化的开发过度的土地。报告还指出生物燃料生产可以促进农业在减少GHG排放过程中的作用。

（3）Julian Cribb 的文章与本文主题直接相关。对气候变化导致的全球粮食安全问题和价格上升问题，Julian Cribb坚决认为农业可产生积极影响。他指出，在协助拯救人类文明免遭不断增加的多种问题破坏的过程中，全世界农民都可以发挥重要作用。目前破坏文明对全球产生影响的问题有：目前的世界粮食安全为50年来最低水平；不断上升的粮食价格（大米价格从400美元/吨涨到1 000美元/吨）；人口增长过快（预计到2050年人口将达91亿）；蛋白质食品需求增加（特别在是中国和印度）；粮食总需求预计到2050年增加110%；全球性水资源危机（城市用水达过去粮食生产用水的一半，同时各国用于农业生产的地下水水位下降）；优良的可耕地面积减少（因城市面积扩张、土壤侵蚀和退化）；燃料、化肥、农药价格大幅上涨；生物燃料生产快速扩大侵占粮食生产土地面积（预计到2020年每年消耗4亿吨粮食，等于世界粮食总收获）；气候变化作怪（预计到本世纪末地球的一半将遭遇定期性旱灾）。他指出，世界权威部门必须认识到“农业政策是防御政策”，应贯穿于难民、移民、环境、卫生、粮食和经济各项政策之中。世界粮食生产必须翻一倍，承认没有“高招”。解决方案应该是少用土地（质量不断降低的土地）、大幅度减少用水、大幅度减少对营养物的需求以对抗愈来愈多的旱灾。因此要求在全球范围，要求每个人、每个政府和国际机构采取综合的贯穿各领域的行动。目标领域包括：不断提高各种作物的用水效率（灌溉用水与雨水）；实施有机的、低投入的农业体系；提高蔬菜产量和消耗量；用低成本投入的、“更直接的”食物如脉冲食物和谷物来代替蛋白质和碳水化合物食物；承诺回收所有营养物——农场中（来自发酵液的泥浆），食物链中或污水处理厂里的营养物（利用城区污水生产甲烷）——大规模引进‘绿色城市’解决城市发展中产生的环境影响。要意识到这些困难远非琐碎的小事情。但是，人类已经用农业革命和绿色革命来解决前两次全球粮食危机，现在让我们重演一次“可持续粮食革命”。

（4）政府间气候变化专门委员会第4份评估报告的第3卷（IPCC 2007）要比前两卷更进了一步。前两卷只考虑气候变化的物理科学基础和预计的自然和人为的结果（关于IPCC的气候变化报告）。第3卷与本主题更加切题，它分析了利用农业减缓气候变化的方法、成本、效益以及减缓、避免气候变化不同方法需要的不同的干预政策。此外与本主题直接相关的第3卷还对减缓气候变化实践活动和政策如何与可持续发展实践活动和政策均衡一致进行了分析。第8章是专门关于农业的内容，认为在农业领域中有各种不同的办法来减缓GHG排放，包括改善农艺实践活动（营养物的使用、耕地、残渣管理等）；恢复有机土壤（流失）和退化的作物生产用地；提高水资源和水稻管理；闲置土地和改变土地利用方式（把农作物用地变为草场等）；农林结合；改善牲畜和农家肥管理。本章节还指出，根据目前的技术水平，可以立即开始实施这些有助于减缓气候变化的活动，当然将来还必须开发出新的技术来提高减缓措施的效率。

（5）Pew 中心早期的一份报告（Burton et al 2006）介绍了一种理念（再次与本主题直接相关）把气候变化适应性措施纳入所有的可持续发展活动当中，报告认为这是最直接最有效的手段，它可以阻止那些导致气候变化脆弱性被提升的投资，鼓励提高气候反弹力的投资；可制定并实施以发展为中心的战略，用来补充基于公约的方法，有助于保证公约支持的国家适应性战略得到实施，随时调动更多的资源。对于提议的投资活动，可以就其自身对气候变化所存在的脆弱性、在本国对气候变化脆弱性产生哪些更广泛的影响进行评估，同样也可以进行环境影响评估，为决策者提供关键信息，而目前的环境影响评估均由多边借贷方执行。那些可大幅度降低气候变化脆弱性的可持续发展项目或被确定为国家宣传与适应性项目的优先活动（参阅下两条）应获得优惠待遇。

（6）国家宣传是联合国气候变化框架公约（UNFCCC）各方必须提交的关于缔约方大会公约实施情况的报告。附录1和非附录1各方的国家通讯的核心要素是关于排放和GHG移除的信息，以及某缔约方已经开展的公约实施活动的详细内容。国家通讯通常包含国家现状的信息以及脆弱性评估、经费资源、技术转化、教育、培训和公众意识等方面的信息。但是附录1各方的通讯需另外包含政策与措施方面的信息。已经签署了京都议定书的附录1各方必须在其国家通讯、年度排放与GHG移除计划中包含补充信息，证明他们已经履行了对议定书的承诺。

（7）40多个最不发达国家已经获得相关UNFCCC的资助，用来制定国家适应能力行动规划，利用现有信息解决气候变化、气候风险和脆弱性中迫切需要解决的问题，同时确定气候变化适应能力的优先行动。制定国家适应能力行动规划的理由是因为最欠发达国家应对气候变化负面影响的适应能力有限，他们急需提高自身的适应能力以应对气候变化。国家适应能力行动规划应结合基层现有的应对战略，并以这些战略为基础确认活动优先秩序，把对社区层面的投入放在主导的地位，认识到基层社区是主要的利益相关者。到目前为止，大约40个国家已经制定了国家适应能力行动规划。

（8）全球环境基金（GEF）管理联合国气候变化框架公约（UNFCCC）下面的气候变化适应能力资金，拥有项目拨款权。由于全球气候变暖越来越明显，缔约方大会已经指示GEF把重点由准备变为实施。作为回应，GEF通过4个不同的途径来支持适应能力活动：适应能力战略性优先权，最欠发达国家基金，气候变化专项基金和适应能力基金。为保证与UNFCCC的指导一致，这4个途径支持的项目要求在所有发展领域中如水资源、农业、能源、卫生和脆弱生态系统等整合适应性政策与措施。适应能力战略性优先权目标是通过支持GEF核心领域的示范项目解决地方适应性需求同时产生全球效益，来降低脆弱性，提高适应能力来应对气候变化带来各种负面影响；最欠发达国家基金解决的是最欠发达国家的极端脆弱性和有限的适应能力。最欠发达国家基金起初支持制定国家适应能力行动规划（如上文所述），国家适应能力行动规划列出有优先权的项目，然后用最欠发达国家基金支持这些项目的实施。气候变化专项基金是作为回应 UNFCCC各方大会提出的指导而设立了，其初衷是支持以下领域的活动：适应能力，技术转化，能源，交通，工业，农业，林业，垃圾处理和经济多样化；适应能力基金由清洁发展机制股份收益支撑。因此，进入京都议定书执行期后，清洁发展机制(CDM)项目的股份收益将被纳入适应能力基金。许多GEF支持的项目是近期才执行的或正在执行当中，这些项目产生的与本主题相关的成效将会很有意义，另外GEF项目产生什么成果还有待调查发现。

三、问题

为什么需要农业来协助减轻气候变化，同时需要农业提高自身的适应能力？一些驱动力量在Cribb 2008的评估中已经做了说明，下面还将做些补充：

（1）首先考虑的是农业在气候变化中所占的位置。虽然农业用地占全球陆地面积的40%～50%，但仅占全球人为造成的温室气体（GHG）排放量的 10%～12%（2005年为：5.1 Gt～6.1 Gt CO_2-eq）。然而，在人为的N_2O与 CH_4气体总排放量中，农业分别占了47%与58%。众所周知，CH_4和 N_2O具有使全球气候变暖的潜力，这种潜力高于CO_2 21倍和310倍。CO_2在大气与农业用地之间的年度交换量较大，但据估计，其净通量基本趋于平衡，占全球人为CO_2排放量不到1%的份额。在1990年至2005年期间，农业CH_4与N_2O的排放量增加了近17%，其中增加量的32%来自非附录Ⅰ国家（“最不发达国家”），这些国家的排放量占所有农业排放量的75%，而附录Ⅰ国家的GHG排放量总体上则下降了12%。

（2）关于粮食安全问题，联合国粮食与农业组织估算2003～2005年间全球有8.48亿人长期处于饥饿状态，比1990～1992年的8.42亿增加了600万人。粮食、燃料、化肥价格飙升使问题进一步恶化。2007～2008年粮食价格提高52%，化肥价格是过去一年的两倍。

（3）大部分世界人口的饮食结构正在发生变化，发展中国家的尤其变化大(Delgado 2003, FAO 2008a），饮食结构过去以谷类、薯类和脉冲类为主，而现在趋向更多的牲畜产品、植物油、水果和蔬菜。 发展中国家肉类总产量从1970年到2005年翻了5倍（从2 700万吨上升到1.47亿吨），虽然增长的速度已经放慢，但是预计到2030年全球肉类需求还将增加50%以上。 有一份报告指出，到2020年，发展中国家消耗的肉类和奶类将比1996～1998年分别多1.07亿吨和1.77亿吨，而相比之下，同一时期发达国家只增加了1 900万吨肉类和3 200万吨牛奶。肉类和牛奶消费增长意味着饲料生产的增长（粗粮和含油饲料）。有人估计，由于畜牧业产量增长，到2020年饲料年需求量将达3亿吨，同时化肥需求也增加。土地利用由种植谷物变为种植蔬菜和水果也需要更多化肥，因为种植蔬菜和水果需要比种植谷物双倍的肥料。

（4）GLADA（Global Assessment of Land Degradation and Improvement, GLADA）项目最近的一份报告指出，世界上许多地方的土地退化其规模和严重性正不断加强，20%的耕地面积、30%的森林面积和10%的草地面积已经退化。15亿人，也就是1/4的世界人口赖以生存的土地正在退化。土地退化降低生产能力，对迁移产生消极影响，导致粮食不安全，破坏基础资源和生态系统，致使生物多样性丧失。此外，土地退化对减缓、适应气候变化有重要影响，因为生物物质丧失，土壤有机物把炭释放到大气层，从而影响土壤质量和土壤水分与营养的涵养能力。GLADA项目研究结果表明1991年开始的土地退化已经影响到新的区域，之前已经退化的土地由于退化程度严重，已经被遗弃或只能勉强维持很低的生产能力。因为土壤有机碳减少、植被覆盖率减少、反照率的增加、反射比的增加提高了变暖程度等，退化的土地无助于减缓气候变化。

（5）由于土地退化面积不断扩大，世界已经快没有了耕地（Cribb 2008）。种植粮食的耕地面积从20世纪60年代的人均0.45公顷下降到目前的人均0.23公顷，而且随着人口增长这种状况还在继续。人口增长意味着必须在更小的土地面积上提高产量，或者提高目前认为是边际土地的生产能力，但前提是开展可持续实践活动，否则形势（边际程度和退化程度）会进一步恶化。

（6）石油成本：从20世纪80年代中期到2003年9月，原油价格从每桶不到25美元，上升到2005年8月的60美元，2008年6月上升到146美元，到2008年9月初才回落到110美元。石油价格严重影响了农业领域中的方方面面，受影响最直接的是农业机器燃料价格，而实际上化肥价格以及农产品运费也受影响。

（7）化肥价格：近来众多发展活动使全球化肥价格在过去18个月大幅度飙升，上升的幅度超过了这一时期内石油价格和其他商品价格上升的幅度。2007年1月磷酸氢二铵的世界价格为335美元/吨，14个月后上升到1110美元/吨，同期，其零售价格也从610美元/吨上升到1 220美元/吨；2004年中期前尿素的价格稳定于200美元/吨，但是2004年下半年尿素的世界价上升到约325美元/吨，接着从325美元/吨继续攀升到2008年1月的400美元/吨，到了2008年5月尿素价格已经上升到超过600美元/吨。

（8）不断增长的人口：因为农村部分最好的农田已被用于城市开发，城市土地面积与农村土地面积的比率上升。虽然世界人口的增长速度从1996～2005年的1.26%将下降到1.10%（预计2006～2010），但是年度绝对增量还很大。预计世界人口每年增加5000万～7000万人，这一速度将持续到21世纪30年代中期。人口增长主要发生在发展中国家，尤其是最欠发达国家。为了满足新增人口的衣食需求，同时为全球8.3亿营养不良的人口每日增加食物供给，即使人口增长速度放慢，也还要大幅度地提高粮食产量。

（9）生物燃料：居高不下的石油价格以及将来石油贮藏量的下降将为用作生物燃油原材料的农业商品创造新的市场机会。目前许多政策都倡导生物能源，主要是用来生产被认为是更安全的液体燃油、同时提高农村收入，降低温室气体排放量，为发展中国家提供经济机会。目前已有约1400万公顷也就是1%的耕地面积种植生物燃料作物，供应约1%的交通运输燃油。预计到2030年，这一面积将翻倍，达约3 500万公顷。如此大幅度的增长正在引起恐慌。如果用粮食作物（玉米和甘蔗）来生产生物燃料，或者在生产粮食作物的土地上生产生物燃料作物，全世界上百万人的粮食安全问题将受到影响，因此必须权衡利弊。另外还可以预见目前被认为是边缘的土地将会被用来种植某种生物燃料作物（更加耐寒、耐旱的灌木品种），而这些土地如果改善其耕种方式如勉耕、残渣覆盖、间种或种植下层木等，将会成为具有生产能力的土地，同时也会受到保护而不发生退化，实现长期的可持续性。

石油价格飙升与化肥需求、生物燃料生产是相互联系的。高油价使农作物种植成本提高，从而使大部分农作物价格提高，也使作为生物燃料原材料的农作物的需求量增加。石油价格居高不下，加上解决环境问题的愿望，促使生物燃料生产迅速扩大。今后多年，原料如玉米、食糖、油菜籽、大豆、棕榈油和小麦的需求量会被提高，但主要有赖于生物燃料领域本身的供需原则。高油价可能抑制化肥（用石油生产的）的使用，在过去半个世纪里，化肥的使用就一直落后于农业生产的提高。

（10）水资源减少，农村用水量在增加，与工业用水形成竞争，城市面积不断扩大，可以预见气候变化会加深某些地区的干旱程度。必须采用大幅度提高用水效率的耕作方式，即提高雨水和灌溉用水的效率。

（11）气候变化改变土地利用方式，研究结果预计由于全球气候带的变化、人口增长、饮食结构变化、生物燃料需求等原因，大面积的天然生态系统将会被变为农作物用地。例如，由于气候变化，非洲东部大面积的草地变得比较湿润，今后40年，湿润的草地会吸引粮农开垦草地种植粮食。

四、解决办法

1.综合的办法

根据以上阐述的多重连带关系，另外连带关系在许多情况下对土地、环境和农业生产形成协同压力，最近有多种呼吁改变常规做法，来减轻对经济发展形成的短期伤害、应对注定长期增长的人口。针对这3个方面开展行动的主要目标是引导、鼓励那些认为有必要采取行动但却不知应采纳什么步骤的政府和民众，举3个例子来说明：

（1）UNEP最近出版的“为改变而规划”(Matthew 2008) 敦促国际社会为减轻气候变化采取更可持续的生活方式，减少自然资源的利用，减少二氧化碳排放；2002年在约翰内斯堡举行的可持续发展峰会上，经过讨论，UNEP在报告中指出：目前越来越清晰，如果还沿用陈旧的消费和生产模式，世界不可能实现可持续经济增长；“马拉喀什进程（实现可持续消费与生产方式国家和区域10年行动框架）”也指出，提出这些指导方针的目的是协助政府和其他利益相关人员建立“可持续消费和生产方式”国家行动规划。为如何制定、实施、监测可持续消费与生产方式国家规划提供了10个步骤，同时还强调这些步骤必须贯穿各个领域，目的是把规划与现有的各种战略连接起来，包括与各种国家发展计划（如扶贫战略计划）和国家可持续发展战略的连接。专门制定、实施了一系列的衡量可持续消费和生产的指标。此外，为共享经验教训，提供了9个国家个案研究和世界上其他说明政府如何实施可持续消费和生产模式的优秀实践范例。

（2）Smith et al (2007) 在IPCC的第4次评估报告的第8章“农业”中指出：根据优先机制，有3类广泛的农业活动参与减轻温室气体的排放：①通过更高效地管理农业生态系统中的碳和氮的流动，以减少GHG的排放；②改善管理，减少土壤有机碳丧失，促进消除大气层中的二氧化碳，包括减少秸秆燃烧、减少侵蚀、提高碳汇能力，以及其他农林结合实践活动、种植多年生植物、免耕、秸秆还田等，提高土壤有机碳；③避免（或减少）排放，如使用生物燃料代替矿物燃料，因为碳是起源于大气的。

减轻温室气体排放的更具体的农业实践活动：① 田地管理：（更高的产量、种植常年生作物、间种、种植豆类、作物轮种、谨慎使用化肥、给予更多的土壤有机物，尽量少耕或免耕，避免土壤有机物因耕地和侵蚀而流失，建立土壤有机碳与土壤动物区系等）；改善灌溉方式提高产量，提高土壤有机碳；非种植季节排干稻田，减少CH_4 排放；农林结合可提高碳汇量，减少土壤侵蚀，保护并转化可耕地为草地或常年生灌木等都有助于提高SOC。②草地管理与改善：改善品种和营养，改善土壤有机碳，提高用水效率，减少侵蚀，停止采伐、刀耕火种可减少大量的温室气体排放，提高土壤有机碳。③恢复已经退化的土地：恢复植被，提高土壤有机碳，提高用水效率，改善水土保持。④牲畜管理：主要目的是减少肠胃发酵形成的CH_4，改变喂养方式和饲料，用动物粪便生产沼气。⑤农家肥和生物固体管理（同4）。⑥生物能源生产：生物燃料、可耕地上粮食生产与燃料生产的平衡。

（3）保护性农业在许多国家和农业部门已经实践了40年。保护性农业可定义为：‘一种能产生很实用的基层成果的资源理念—用较高的可持续的生产水平努力实现令人满意的利润同时实施可持续土地管理、保护环境的节约资源型农业生态系统生产方式’ (Unger 2006)，保护性农业在不同的条件下有不同的方式，并没有规定性的方式。它的共同特征是：①维护土壤表层永久性的植被覆盖层，覆盖物为当前种植作物和间种作物的叶子和茎秆加上前一茬作物遗留的残留物；②尽量少耕地，最好免耕；③实行轮种和间种，提高土壤有机碳，同时保护覆盖在土壤上面的生物多样性，还可以避免生成害虫和杂草。

这3条保护性农业原则在农业、粮食安全和气候变化方面面临着各种挑战（FAO 2008b）。但最近采取了一项举措（召开研讨会）：关于“为了保护世界未来的粮食供应，能否以更可持续的农业体系代替以耕地为基础的农业生产方式？”，大家已经公认，世界粮食供应正越来越依赖于单位面积产量的提高，因此，要求农民采取的农业生产方式更具可持续性的、更高产的、更有利润，同时不破坏土壤、土地和环境。研讨会把注意力集中在保护性农业为基础的农作制度上，这种农作制度可在全球范围推广使用（目前免耕面积已达1亿公顷），从而保证世界粮食供应的充足、安全，同时也改善农民的生计。目前的困难是如何加快自愿大规模地采纳保护性农业的速度，同时符合地方条件、克服地方制约。

2. 更具体的办法

目前有几项具体的措施具有减轻气候变化的潜力，可以使农业更适应气候变化，同时有助于可持续土地经营以保证粮食安全和促进农村社会经济发展。尤其要对这些措施进行联合测试，需要那些对这些措施有需求的农业部门和各国各地区对每项措施进行调查研究后才能实施，然后逐渐扩大规模，使地方和全球利益最大化，将来尽可能广泛地自发地采纳。对发展区域网络的可能性展开调查也是很值得的。共同开展新技术培训和能力建设，共享新思想、技术突破、设备、培训人员、实验设备和监测结果等；开发这些措施的应用模式，有助于把它们推广到其他国家和地区等；创建或制定相互关联、支持的政策、开展能力建设（培训），也将促进这些措施被广泛地成功地采纳。

以下举5个范例加以说明，希望将来有更多的范例加入，解决具体需求，产生尽可能广泛的影响。

（1）免耕，也称倾斜挖掘或零耕地，因其重要的固碳功能而被广泛认可。免耕有助于把碳固定在土壤里，减少二氧化碳排放到空气中，还被认为是减少投入、保护土地和环境的“最佳管理战略”；免耕可留住作物残渣，使土壤被保护不受侵蚀（可减少90%的侵蚀），提高土壤生物多样性，减少氮肥用量（氮肥形成N_2O排放），改善水的渗透力（达60%）可为将来的庄稼利用，对耕地和农家肥的需求也少（少用燃料和农家肥从而减少CO_2和CH_4的排放）。John Landers自20世纪70年代开始在巴西推广免耕，他指出“利用最佳的免耕体系，1公顷的土壤每年可以吸收超过1吨的碳”。根据估计，目前全世界实行免耕的面积达1亿公顷，这说明免耕有很大潜能移除大气中的CO_2。

许多国家的农业部门已经把提高免耕（或减少耕地）的采纳力度定为目标，但是要采纳还有限制和障碍，这是众所周知的。Rattan Lal (2007)指出“免耕在东南亚微不足道”，采纳免耕（可产生多重利益）的主要是美洲、欧洲和Indo-Gangetic平原（印度）。东南亚土地拥有者缺乏资源、耕地面积少，而免耕需要一定的投入（杀虫剂和播种机器），还需要把作物秸秆留在田地里，而作物秸秆通常用作牲畜饲料和燃料。

（2）沼气（甲烷，CH_4）生产（把CH_4控制在厌氧消化池里）是目前利用牲畜粪便、其他农业残渣的有力手段，是可行的可推广的一种方法，否则，未经处理的牲畜粪便和其他农业残渣存放在开放的粪池里，或散落在农场上将产生大量的CH_4。目前，在选定的国家的农村和城市郊区推广使用沼气，近20年来中国在这方面处于领先。目前已有沼气池2200万座，每天有130万人口产生的CH_4进入到这些沼气池（2006年底的数据），每年生产65亿立方米的沼气，2010年将有5亿人使用沼气技术，生产550万kW（DuByne 2008）。到2020年，中国计划生产生产250亿立方米的沼气，为农村地区25%的农户提供能源。沼气生产有多种利益，减少CH_4排放只是其中一种，沼气的使用还减少了作为燃料的柴木和作物秸秆的使用，解决的不仅是烟尘污染，也就是尘埃排放（从单个家庭到全国性不同程度的排放），还解决了因伐树形成的土壤有机碳减少、土壤侵蚀、生产力降低等副作用的影响问题。沼气池的另一大好处是用沼气渣作生物化肥替代矿物化肥，提高土地的生产能力。

有些国家（如印度尼西亚）已经对残留作物（特别是稻草）的使用，是否过度使用开展调查。那些每年有2～3茬水稻的地方产生大量的稻草，过多的稻草影响下一茬的种植。沼气的生产过程是，农作物残余与某种启动催化剂（如尿素或动物粪便）混合之后产生沼气。已经有了原形沼气消化池，且具有很大的推广潜力，它能减少秸秆焚烧，减少温室气体排放，为农村提供清洁燃料。调查还包括对城区废料使用潜力的调查，特别是蔬菜市场产生的大量残余蔬菜，用来生产甲烷，为城区提供能源。目前在考虑的还有废纸的利用及其好处，利用废纸可大量减少垃圾或减少废纸焚烧产生的排放。

（3）化肥的平衡使用是减轻气候变化的核心〔主要指一氧化二氮（N_2O）的减少〕，同时获得更具有可持续性的发展，通过减少依赖高投入成本获得高产的做法对气候形成的不良影响，使农业更能适应气候的变化以及使农村地区减贫。这一实践活动有时指的是实地养分管理技术（site specific nutrient management，SSNM），自20世纪90年代中期在东南亚进行过深入研究。对于必要时积极地为作物施以营养物，实地养分管理技术提供了田间方法，需要时为庄稼提供养分。实地养分管理技术倡导的是合理地使用由土壤、植物残余、粪便和灌溉用水产生的本土营养物，而化肥则是本土营养物不足以满足实现水稻生产目标需要时的补充。东盟国家的研究表明，更平衡地使用化肥可减少迁地丧失，使水稻获得高产，而一氧化二氮的排放和以前一样多或更少。对其他作物品种（包括山地作物和混农林业）进行实地养分管理的潜力和要求还需调查。

为支持农民使用实地养分管理技术，东盟国家许多研究机构已经开发并测试了土壤肥力检测装备和化肥田间装备（后者用来检测农民购买化肥的质量），进一步确保减少化肥的使用。要为大范围的农作物开发和推广更多类似的田间装备，还需要更多的资源如人员、实验室、田间试验、培训、农民田间学校等。

（4） 轮作。多样化的作物轮种，特别是与豆类轮种，结合少耕或免耕可带来多重的、协同的效益。正面的效果有：提高土壤的生产能力，提高土壤有机碳含量，减少氮含量，改善土壤团聚度，提高水的渗透率、贮藏率和释放到作物根部的力度，从而提高雨水和灌溉水的用水效率，也提高土壤微生物和巨生物（特别是蚯蚓）含量，提高土壤孔隙度，把土壤有机碳贮存在更深的土壤层里；减少矿物化肥的投入，从而减少温室气体排放，因为矿物化肥在田间施用和在生产过程中都排放一氧化二氮。尤其减少石油和化肥成本。荷兰豆、扁豆、芥菜、油菜等秸秆少，而谷类作物秸秆多，两者轮种可减少秸秆垃圾负荷，有助于形成湿润气候。深根豆类作物如苜蓿或紫苜蓿有助于提高氮的循环率，有助于打破耕地形成的土壤层之间的挤压。也可以通过种植相互影响的作物来杀灭毗邻的植物或抑制其生长。谨慎选择品种对杂草控制大有帮助，减少对除草剂的需求（除草剂源自石油），减少田间需要使用的燃料；种植窒息作物也可获得相似的除草结果或减少杂草，种植这些作物还可产生增值作用，即减少土壤侵蚀，提高土壤肥力和土壤有机碳，这些作物自然分解时，又可以喂养土壤生物。

（5）生物燃料，许多可能的生物燃料方案还需调查，才能保证生物燃料和粮食生产、现有可耕地的可持续利用、边缘土地利用(更为重要)之间的平衡。如果使用方式正确（即严格按照保护性农业原则进行使用土地，如免耕、保证土壤表面覆盖层、轮种、间种、平衡的化肥使用等），使用肥力低的土地来生产生物燃料，取得“三赢”效果是有可能的。目前有些土地因为是陡坡或易流失使用率不高或退化了，可以用它们来种植矿物燃料的替代原料，提高地方就业和收入，而且因为作物的有机物和覆盖也会提高土地质量及其长期的持续性。

五、结论

气候变化是不可避免的，利用农业作为减轻气候变化和适应气候变化的战略已经为众人所知。农业部门以及依赖农产品为生的人们正通过实践活动实施这些措施，保证土地的可持续性。我们面临的问题是人口不断增长、饮食结构变化、石油、商品和化肥价格螺旋式上升，同时要维护粮食安全，因此，农业必须大幅度地降低投入与产出的比率。

但是，要更大范围地实施、推广这些战略，减轻全球对气候变化的影响，提高地方气候变化的适应能力保证粮食、水资源和生计安全，还存在各种挑战。要迅速地取得显著效果应该综合地应用这些战略，而不是单独地应用其中的某一种。各国应该努力以联合的方式采取这些措施，如建立对比性生态/气候区，建立区域网络等，谋取方法的统一性，共享技术、成功经验、培训和能力建设资源，实现区域性各种实践活动的均匀性；提供一个实践这些战略的框架并向其他地区推广，从而实现全球利益。当下的重点应集中在“现在可以开始干点什么”，采用已知的、适当的在别处已经成功实践过的以及已被农业部门采用作为新的“最佳实践和最佳选择”的技术。这么做的一个目的是确保广泛地采纳风险最低或无风险的方案，因此需要对最佳实践开展基准测试，对其影响进行监测、评估，展示正面（和负面）的事情。想办法使别人相信这种变革是必要的及相信变革的正面影响。经济、环境和社会指标都需要收集，以说明这些最佳实践具有跨部门的性质。

参考文献

1. Bai ZG, Dent DL, Olsson L and Schaepman ME 2008. Global assessment of land degradation and improvement 1: identification by remote sensing. Report 2008/01, FAO/ISRIC – Rome/Wageningen. pp 59.

2. Cribb, J. (2008). Tackling the world food challenge. Australian Academy of Technological Sciences and Engineering. Volume 151. August 2008. Available at: http://www.atse.org.au/index.php?sectionid=1207

3. Delgado, C.L (2003). Rising Consumption of Meat and Milk in Developing Countries Has Created a New Food Revolution. Journal of Nutrition, 133, November 2003.

4. DuByne, D. (2008). The Biogas Revolution. BBI Bioenergy Australasia. October 2008. p. 26-29.

5. FAO (2008a). Current world fertilizer trends and outlook to 2011/12, Food and Agriculture Organization of the United Nations, Rome 2008

6. FAO (2008b). Investing in Sustainable Agricultural Intensification the Role of Conservation Agriculture - *A Framework for Action*. Proceeding of a Technical Workshop, FAO (Rome). July 2008. Downloadable from: www.fao.org/ag/ca/

7. IPCC, 2007: *Climate Change 2007: Mitigation. Contribution of Working Group III to the Fourth Assessment Report of the Intergovernmental Panel on Climate Change*. B. Metz, O.R. Davidson, P.R. Bosch, R. Dave, L.A. Meyer (eds), Cambridge University Press, Cambridge, United Kingdom and New York, NY, USA.

8. Lal, R. 2007, ‘Carbon management in agricultural soils’, Mitigation and Adaptation Strategies for Global Change 12: 303–22.

9. Matthew, B. (2008). Planning for Change - Guidelines for national programmes on sustainable consumption and production. United Nations [UN] Environment Program. Waterside Press. pp 106.

10. Smith, P., D. Martino, Z. Cai, D. Gwary, H. Janzen, P. Kumar, B. McCarl, S. Ogle, F. O’Mara, C. Rice, B. Scholes, O. Sirotenko (2007) Chapter 8: Agriculture. In Climate Change 2007: Mitigation. Contribution of Working Group III to the Fourth Assessment Report of the Intergovernmental Panel on Climate Change [B. Metz, O.R. Davidson, P.R. Bosch, R. Dave, L.A. Meyer (eds)], Cambridge University Press, Cambridge, United Kingdom and New York, NY, USA.

11. Unger, P.W. (2006) Soil and Water Conservation Handbook – policies, practices, conditions and terms. Haworth Food and Agricultural Productes Press. London. p 248.

45 共同参与防治草原退化

Brant Kirychuk[1]

摘要

自20世纪30年代开始，加拿大经历了一段严重的草场退化期，这些草场中的大部分现已恢复，但花了长达几十年的时间。恢复过程是一个多方努力的结果，需要增强提高研究和技术开发力度，大规模扩大农业推广服务，实施项目以支持水资源开发和改善土地管理。中国目前也正面临着严峻的土地退化问题，几乎所有的草场都存在明显的土地沙漠化和土壤侵蚀问题，畜牧业生产未达到其高产的潜力，也无法与许多发达国家相比。但是，恢复中国重要的草场是有可能的，不过这需要在政策上和农业生产实践上作较大的改变，同时还要像其他国家开展草场恢复一样，实施项目并为农场提供充足的信息。必须要把农场看作一种商业，把高效高产的畜牧业作为农场的重点。这里所指的包括了整个生产系统的各个方面：放牧系统，牲畜管理，营养，健康，调查记录和市场营销。同时建成完善的畜牧产业还需要耐心、创新和全新的视角。

和世界上其他地方一样，加拿大曾经遭受严峻的土地退化，20世纪30年代最为明显。当时，社会、经济和环境问题同时出现，形成全国性的灾难。为扭转局面，立即采取了强有力措施。可以说加拿大的农业景观已经恢复，而且相对来说是具有可持续性的。这是几十年努力的结果。

由于对景观的脆弱性认识不足，加拿大于20世纪初采取了定居加拿大西部的全国移民政策，结果过多的移民在不适合农耕的土地上定居下来，他们缺乏适宜的农业技术和知识，因而在接下来的20年时间里引发了经济、社会和生态系统灾难。恢复之路漫长而艰难。

在平衡社会、畜牧业生产和草原景观等各种需求的过程中，加拿大经历了与世界上其他地方一样的困难，即“人太多，动物太多，草太少”。目前最能体现加拿大可持续农业发展之一的是适当开发利用大草原上的牧场。可持续牧场发展过程经历4个阶段：初期开发与定居；经济和环境危机引起社会动荡；恢复阶段——重点是提高牧场生产能力和牲畜生产率；以及最近一阶段，在技术和政策调整的基础上拓宽机构方法。为应对30年代的干旱和经济上的影响，发起了草原农场恢复管理局社区牧草项目（Prairie Farm Rehabilitation Administration，PFRA），该项目引用的模式：把可持续土地管理与加拿大生物多样性目标结合起来，这种模式得到了世界公认。项目恢复并保护了近100万公顷严重侵蚀和干旱的土地，体现了加拿大对土著草原做出的最巨大的恢复努力。现在草原农场恢复管理局管辖的牧场植被中85%为本土植被，这些牧场因为是保存下来的最大的本土草场体系而受到特别重视。

机构和技术创新使加拿大西部牧场（包括私有牧场和公共牧场）健康发展，承载能力不断提高，但同时也要求健康的牧场提供更多公共产品，满足各种社会需求如生物多样性、研究场地、生态系统保护、碳贮存、濒危品种栖息地、娱乐等。因此牧场管理者面临着在维持牧场获利同时还要实现额外的更具竞争的目标。而对牧场需求的不断扩大又促成了科技、

[1] 加拿大农业与农业食品部可持续农业发展项目经理

机构伙伴关系和工具的各种创新活动和教育、意识的提高，同时又促进了牧场生产能力和生物多样性的保护力度。

在国际发展合作项目中，人、牲畜、草场和政策创新相结合的加拿大经验直接发挥了作用。中加可持续农业发展项目（SADP）支持全球环境基金实现其减少土地退化、保护生物多样性、减轻气候变化各项目标。但是在“人太多、动物太多、草太少”这样的背景下，在土地开发利用、适用新技术上有必要借鉴加拿大的成功经验：尤其在对土地使用权、独立农民协会、有效的农村金融服务及对基层技术推广及意识制度进行公共投资有影响的政策与机构安排方面更需关注。如同在加拿大一样，在牧场和生物多样性保护活动中，最终的成功有赖于农牧民对社会、经济和环境目标这一互补性的认识力度。

中国和加拿大双方政府共同启动了可持续农业发展项目，目的是解决中国牧场和耕地严重退化的问题，由中国农业部和加拿大农业与农业食品部共同实施。项目重点是提高能力，解决中国西部农村地区面临的这一挑战，具体是：①适应可持续农业发展的土地资源管理制度；②加强可持续农业推广体系；③改善可持续土地资源管理的能力环境。

中国北方的草地总体上已经极度退化，畜牧生产已经到了崩溃的边缘。草场生产能力没有接近其潜力（图45-1），发达国家的畜牧生产体系中单个牲畜产品正在提高，而中国大部分畜牧生产体系没有任何提高，事实上是在下

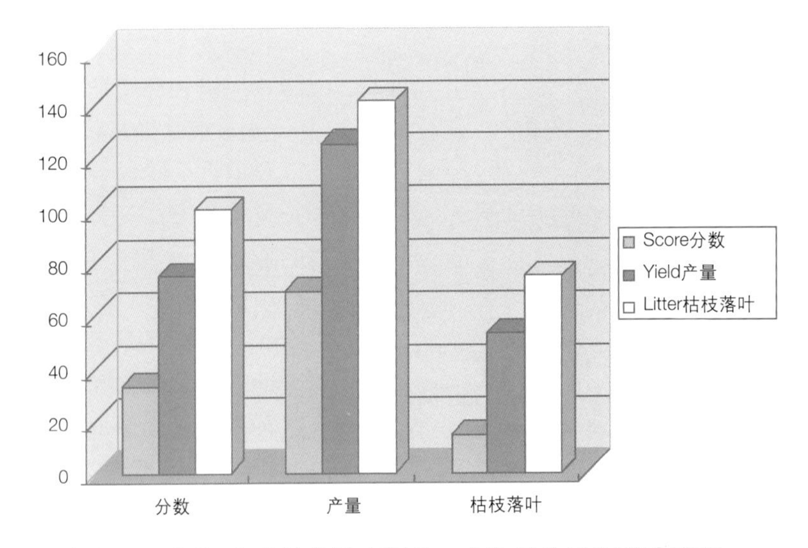

图45-1 内蒙古鄂温克旗3个牧场的健康评分、生物量和枯枝落叶情况

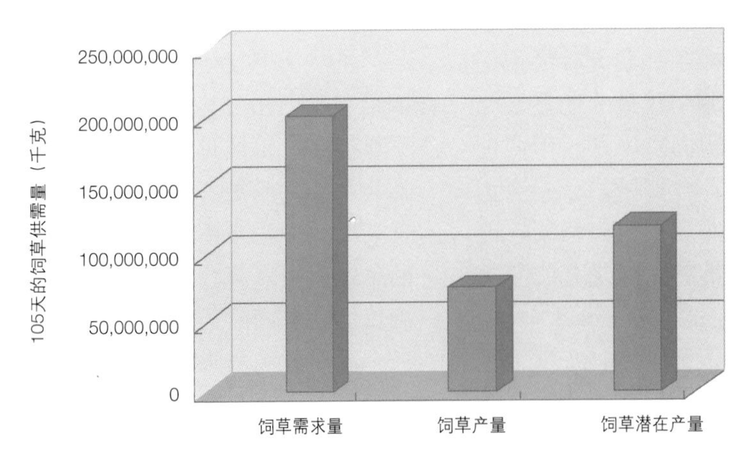

图45-2 陈巴尔虎夏季牧场放牧量大于可利用草料量

降。造成这一事实的原因有：牲畜头数大大超出草场的承受能力（图45-2）；保留了不稳定的牲畜；部分牲畜（奶牛）不适合草场环境；把草场上的牧草晒干当经济作物出售；缺乏充足的水资源导致生产能力下降。另外，干旱区草场的恢复期较长，需要各级政府有耐心并提供充足的资源。

中国已具备了恢复这些草场的技术和拥有具有良好畜牧知识的专家。关键问题似乎出在推广体系里。推广体系没发挥作用，没为牧民们提供有生产能力的、有利润的、可持续的畜牧生产体系所必需的信息。因此，SADP项目的重点放在开发模型推广体系上，如果成功，这些模式将在其他地方推广借鉴。SADP项目为专家们提供推广技能培训 ，使他们掌握可以与牧民们一起工作的技能和舒适水平。该模式采用的是以需求为基础的方法，服务农民，为他们提供所需要的关键技术和信息。另一个重点是提供一个全面农场方法，同时解决牲畜营养、健康、管理、放牧和市场营销等所有问题。目标是采用商业和科学导向方法，从更少量的牲畜中获得更多的生产率和经济利益

通过借鉴加拿大成功经验，项目成功地实施了以下几个方面的活动：

（1）推广技能培训

培训对象是直接为农牧民提供信息的部门，须注意的是农业和畜牧业的专业人才有知识有学问，他们大部分在技术领域工作，只是这些人无法把信息和建议送到牧民这一层。其中原因是负责把推广内容送达牧民的这些人没有受过推广培训，找不到与牧民一起工作的舒适感。SADP项目对主要专业人员开展培训，培养他们这些技能，再由他们培训别人。有一个突出的常规的问题需要解决，那就是缺乏开展推广活动需要的资金，同时还有偏见，因为许多推广人员出售工作投入，要解决这些问题，才能形成有信用的能发挥作用的推广体系。

这些给农牧民提供信息和建议的专业人员之间的差距很大，其原因是负责向农牧民进行推广的人没有受过推广培训，与农牧民一起工作也没有慰藉的感觉。SADP项目对主要专业人员开展培训，培养他们这些技能，再由他们培训别人。

有一个突出的需要解决的惯常问题，那就是缺乏开展推广活动需要的资金，同时还有偏见，因为许多推广人员出售工作投入，要解决这些问题，才能形成有信用的能发挥作用的推广体系。

（2）农民田间学校

近几年来，数以百计的农民个人参加了农民田间学校的培训。最初，SADP项目支助这些已经受过培训的人员主持开展农民田间学校的培训，培训时间通常是短暂的一天，内容是当地农牧民感兴趣的或是他们需要的主题，培训形式是边实践边学习、参与式的。许多村里有一系列培训内容，一年四季都有培训，解决生产问题。项目最后一年，这些已经受过培训的人员已经能够娴熟自由地开展工作，许多人员不需要项目支持就能开展田间培训，这是项目真正的一大成功。

（3）示范农场使用完全农场法

示范活动是为了让农民有直接的视觉感受，让他们目睹本地区不常见的那些实践活动，示范其实也是培训的一种工具。示范活动需要大量资源和后续服务才能成功。项目有针对性地开展了有限的质量示范活动，目标一直是在一个可能产生积极的生产、环境和经济效益的地区实践示范活动。放牧区的示范活动包括：各种放牧体系、草料贮存、牲畜营养、健康，记录和市场营销。根据本省情况，有2种方法供选择。一种方法是创建一个示范农场，示范所有的实践活动。这一方法在示范所有实践活动对一个农场产生的影响时是非常有效地、具有挑战性的是它要求一个乐意参与且有上进心的农民在短时间内同时实现这些必要的改变，由项目工作人员不间断跟踪、咨询。另一种方法是在一地区内选定一系列农场来实施一系列的活动，因此一个农场只实施一项或两项活动,很容易找到合作的农民,他们乐意并有效地在自己的农场中开展一种新的实践活动,通常做的都相当好，但要花较多时间奔波于几个农场来跟踪同一种示范活动。如何展示几项活动同时开展所产生的效益是相当困难的。

（4）简化牧草健康模式，示范牧草健康指南

许多国家已经开发了牧场健康评估体系。牧场健康评估体系在农场/牧场层面应用，用来监测牧场、确定管理影响。现在，中国还没有实践经验供农场层面的牧场管理规划借鉴，因此，具体什么样的牧场地应该被储存,对此还不知道。因为还没有一套完全的资料来确定其潜在的承载能力而且也不知道应该如何调整载畜量，以适用于全中国这么多不同生态条件的地方。针对如何简化监测牧场健康的方法使它适用于农场层面，乃至全中国这一问题，SADP项目广泛地开展了培训，与专家广泛探讨咨询，收到了非常积极的反馈意见，并一致认为它们可适用于全国。为了促进实施牧场健康模式，SADP项目与内蒙古草原勘察设计院和内蒙古农业大学联手编写了示范牧场健康指南。指南针对锡林郭勒盟实际情况编写，因为锡林郭勒盟有丰富的草场数据。指南将用来检测和证明健康模式是否适合在中国应用。

（5）针对农牧民的出版物

SADP项目实施期间，农民们表现出了对信息的渴望，包括通过推广活动和书面材料获得的信息。任何成功的推广活动都离不开书面参考资料，一方面是支持培训活动，另一方面供农民自己阅读。没有偏见的、最新的关于生产、管理和市场营销的参考资料并不多见，而要在中国推进可持续农业，这样的书面资料是非常必要的。针对这一问题，SADP项目用汉文和少数民族语言制作了出版物，现在农民们可以通过培训课获得这些书面材料，项目各个办公室也备有，项目网站也发布这些材料内容。

http://www.ccag.com.cn/english/index_sadp_eng.htm

http://www.ccag.com.cn/chinese/index_sadp_cn.htm

SADP项目的成功源于项目活动从小规模开始，然后以成功经验为基础逐渐扩大规模，源于项目建立了真正的中加实施机构伙伴关系，共同规划实施项目活动，这也为各项活动长期持续发展打下了基础。

加拿大和其他国家的经验说明，要恢复已经严重退化的土地是有可能的，需要各级政府、农业部门和农民们的共同承诺，开展创新活动，投入各种资源，同时还需要足够的耐心。恢复活动需要时间，畜牧生产要做出一定牺牲，草原畜牧业才能重新起步。

参考文献

Luciuk, G, M. Boyle, G. Brown, B. Kirychuk, and B. Sonntag. 2008. Too many people, too many livestock, too little grass – a Canadian perspective. Proceedings International Grassland/Rangeland Congress, Hohhot, PRC.

46 REDD和木质林产品碳储量变化

白彦锋　姜春前　中国林业科学研究院林业所

摘要

人类活动对自然资源的过度开发和干扰，造成了全球温室气体浓度的上升，全球变暖已经成为威胁人类生存和可持续发展的一项重要问题。森林在减缓全球气候变化过程中具有双重的作用，森林既是一个巨大碳库/汇，又是一个碳源。毁林和森林退化将会导致诸如大气温室气体增加、水土流失和生产力下降等一系列的生态问题，减少毁林和森林退化是减少温室气体排放的最直接的手段，因此减少发展中国家毁林和森林退化所致排放（REDD）已经成为国际气候变化谈判的重要议题。本文简要的介绍了REDD谈判的进展情况，阐释了毁林和森林退化的定义，指出森林退化定义确定是复杂的，为便于国家温室气体清单的计量和报告，要考虑定义的可行性、透明性和一致性。最后利用FAO数据以及储量变化法、生产法和大气流动法估算了我国1961～2000年木质林产品的碳储量，结果证明我国的木质林产品是一个碳库。

关键词

毁林；森林退化；定义；木质林产品；碳储量

以全球变暖为主要特征的全球变化正在威胁着人类的生存和发展，已经成为人类社会可持续发展面临的一项重大挑战。就如何减缓气候变化的问题，全球社会进行着不懈地努力，也开展了一系列的活动，通过联合国气候变化框架公约（UNFCCC）和京都议定书（Kyoto Protocol）等森林在全球气候变化中的作用是双重的，其破坏加速了全球气候的变化（Chomitz et al, 2006)。由于森林的转化或者不可持续的采伐或管理使得全球毁林和森林退化正在以一个警示的速度发生，毁林和森林退化导致的温室气体排放已经成为一个重要的碳源。由于毁林和森林退化后将导致土地退化，引起诸如水土流失、养分随着风或水流而损失掉以及土壤的物理化学特性发生改变，因此，在研究土地退化的驱动力问题时，研究毁林和森林退化也是一个非常必要和有意义的内容。

1. 全球的毁林现状

工业革命以来，全球毁林面积呈增加趋势，在20世纪50年代以前，毁林主要发生于北美和欧洲等温带地区以及热带亚洲和南美洲，在20世纪中叶以后，以热带亚洲和南美洲为主的毁林大幅上升。北美和欧洲(除前苏联外)的毁林基本遏止，并通过人工造林和退耕还林，森林面积呈增加趋势(FAO，1999a)，同期热带亚洲、拉丁美洲和非洲热带地区的毁林大幅增加，从而成为大气CO_2的主要排放源（Houghton，1996)。FAO（2005）估计自从1990年以来，发展中国家的毁林仍然是高水平的，这是林业部门产生的最大排放源。IPCC第四次评估报告（2007）估计每年热带森林的毁林造成的碳排放占当前碳排放的20%～25%，热带毁林包括毁林和退化排放对全球碳排放的作用已经推动了气候变化政策的谈判（Eliakimu Z. et al. 2007）。

2. REDD的谈判进展

减少来自发展中国家毁林和森林退化所致排放（REDD）是减缓温室气体排放的一种直

接有效的手段。为此，2001年在摩洛哥的马拉喀什举行了第7次缔约方会议（COP7），通过的《马拉喀什协定》（Marrakesh Accords），对毁林进行了明确的定义。《马拉喀什协定》（11./CP7）规定：由于基线和方法学问题，在第一承诺期毁林不是合格CDM项目。2005年7月，为雨林联盟的利益和借鉴京都议定书的灵活机制，从发达国家获得资金，巴布亚新几内亚和哥斯达黎加向UNFCCC秘书处建议在COP11临时议程中增加“减少发展国家毁林和森林退化所致排放（REDD）：激励机制”，并得到刚果、智利、中非共合国等一些国家的支持。该建议被列入当年在加拿大蒙特利尔召开的第11次缔约方大会临时议题。随后附属科技咨询机构（SBSTA）就REDD的相关的技术和方法学问题举行了相应的研讨会，但是许多发展中国家在毁林历史数据的收集方面还存在一定的难度。

减少发展中国家的毁林和森林退化所致碳排放包括在2007年年底巴厘岛气候变化第13次缔约方大会（COP13）的Decision 2/CP.13中，毁林和森林退化的排放得到了承认，并就“减少发展中国家毁林和森林退化所致排放：激励行动方针”作出决议，要求各缔约方于今年3月21日前，就减少发展中国家毁林和森林退化排放中涉及的突出的方法学问题以自愿的方式向秘书处提交意见。本次会议是在各缔约方提交的意见的基础上，针对方法学中的突出问题而进行的谈判。COP13的结论要保护森林的可持续管理和提高发展中国家森林碳储量。但是附件I缔约方可能要负担大部分的资金补偿，毁林严重的非附件I缔约方担心可以获得的补偿资金有限。

3. 毁林的含义

毁林是指由人类活动直接引起的林地向非林地的转变。该定义指出毁林是由于人类活动直接干扰引起的，不包括随后获得的再生森林的采伐，这被看作是一种森林管理活动。由自然扰乱，如野火、虫灾或暴风等造成森林覆盖的消失也不算作毁林，因为这些面积在多数情况下将会自然再生或在人的协助下再生森林（GPG—LULUCF，2000）。毁林的涵义包括三个方面：一是发生毁林的面积区域首先要符合森林定义的阈值，即毁林定义是以森林定义为基础，只有在符合森林定义范围内发生的毁林事件才能在国家清单进行计量和报告；二是发生的原因是由于人类活动的干扰，而非自然扰乱造成的；三是由林地转化为非林地，如农田、草地、定居地、道路，并且这种转化将不会发生逆转，或者说毁林是永久的。

4. 森林退化

森林退化也导致了森林碳储量的变化。由于目前所使用的森林退化定义模糊不确定性，使得精确的测量退化导致的碳储量变化是非常复杂的，报告的精确性会让成本增长。在过去有关土地利用变化中限定REDD和忽略了退化，但是在2007年巴厘岛会议上森林退化的碳排放得到了承认。

森林退化的涵义是以森林定义为基础的（张小全，2003）。就目前大多数森林退化的概念来看，有许多正在使用的定义并不是以清单GHG排放报告为目的的。森林退化的定义是一个复杂且模糊的概念，这主要取决于森林管理的目的。比如，如果森林目的完全是保护森林生态系统和组成以及功能，则一切的经济采伐活动都将看作是退化，即使管理是可持续的管理。如果管理的目的是为了获得木材，则采伐不应该看作是森林的退化。森林退化定义暗示了长期的生产力损失是很难评估的，特别是在土壤、水和景观领域的应用方面。诸如稀疏、采伐和更新等正常的森林管理活动，减少森林的郁闭度，不会减少生产力或森林的碳储量能力，事实上可能会增加。因而，仅有碳储量的减少并不能确定是否是森林退化（Lipper，2000）。同时目前采用的大多数的森林退化定义既包括人为因素引起的，也有自然因素引起的。以下是关于森林退化的一些定义：

欧洲委员会：森林退化是导致森林覆盖或农业利用区域自然资源生产潜力的损失的生物、物理化学过程。尽管一些森林面积可以通过天然或人工帮助更新，但是退化可能是持久的（European Commission. Forest in sustainable development)。

联合国粮食与农组织：森林退化是森林郁闭度或其储量的减少。为协调森林和森林变化定义，利用常规的方法可以测量，森林退化假设指定的郁闭度或储量的降低，通过采伐、火灾、风倒或其他事件，根据森林定义郁闭度不低于10%。在通常状况下，森林退化是森林整体供应潜力的长期降低，包括木材、生物多样性和其他任何产品或服务(FAO 2000b)。

国际热带木材组织(ITTO)将森林退化定义为：通过人类活动或比如火灾、山崩等自然灾害，所有这些森林或林地已经改变自然过程的正常作用。森林潜在效益(木材、生物多样性和其他产品或服务功能)的全面、长期降低。

联合国生物多样性保护公约组织(UNCBD)将森林退化定义为：人类活动引起的，通常和同一立地的天然林类型相比较，次生林的结构、功能、种类组成或正常的生产力的损失。因而，退化森林从既定立地提供产品和服务减少，仅维持生物多样性。退化森林生物多样性可能包括许多在郁闭植被中占优势非林木组成。生物多样性缔约方大会在综合FAO、CBD和ITTO关于森林退化定义的基础上，认为森林退化定义的核心需要包括三个方面：参考点；一致的变量集合；衡量森林生态系统变化的指标。

欧洲委员会、FAO和ITTO定义的退化是在很大程度上是协调一致的，主要指森林的生产潜力的丧失或下降，这个指标是模糊的，在实践操作中很难测量的，并且注意到森林退化包括人为因素和自然因素；但是FAO的定义给予退化以数量限定。CBD的定义中，指出了退化是由人为因素造成的，生物多样性缔约方大会综合各自定义基础上提出了退化所包含的核心问题。

IPCC指南（1997）指出退化森林或草地：过度或贫乏管理的森林或草地和可能减少生物量密度。在IPCC指南对退化森林和草地的定义包括了以下几个方面的内容：一是管理所指的是森林或草地的退化是人为因素造成的，而非自然因素造成的；二是这种管理是过度或者贫乏，因为适度的或可持续管理将会使森林的碳储量增加，并且这部分因森林可持续管理碳储量增加在国家温室气体清单中予以承认和体现；三是生物量密度的减少，即单位面积碳储量的减少，但是并没有涉及到变化的阈值。UN-FCCC-IPCC森林退化：人类直接活动引起的森林碳储量[森林价值]从时间T开始至少损失Y%，既不是合格的毁林或京都议定书3.4条款中规定的活动。在该定义中，对森林退化的动力因素、碳储量变化的时间范围和碳储量变化的阈值等问题给出了一个框架，并指出森林退化不是京都议定书3.4条款中规定的活动，指出了有别于毁林定义。从这些方面考虑比IPCC指南中的定义更加往前迈进了一步。虽然该定义给出了计量和报告的框架，但是对于具体的数值还没有给予确定，这主要是由于各个国家的具体国情不同，尤其是发展中国家在历史数据方面的缺乏，因此这就需要发达国家提供资金和转让技术来帮助发展中国家进行能力建设。

5. 我国木质林产品碳储量变化

森林采伐和木质林产品的使用改变了陆地生态系统和大气之间的碳平衡。木质林产品碳循环是陆地生态系统碳循环的一个重要组成部分。我国2004年木材产量到2004年达到5197.33万m^3，全国木材产品市场总供给量为30669万m^3（中国林业发展报告2005）。利用储量变化法、生产法和大气流动法来估算我国木质林产品的碳储量变化，结果显示目前我国的木质林产品库是一个碳库，并且这个碳库的碳储量不断的在增长。由于我国是木质林产品进口国，因此储量变化法估算的结果最高，其次是生产法，最后是大气流动法（图43-1）3种方法估算的2000年我国木质林产品的碳储量分别是477.0TgC、351.2TgC和308.9TgC。图43-1是利用FAO统计数据估算1961～2000年的碳储量变化结果。

6. 总结

由于森林的破坏或退化，尤其是热带雨林遭到严重的破坏，从全球的角度来看毁林正在成为继化石燃料温室气体排放的又一个重要的

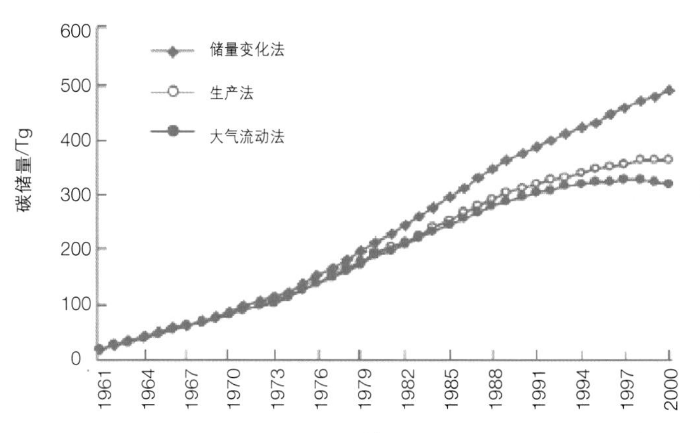

图46-1 利用FAO数据估算1961～2000年碳储量变化结果

排放源。为减少因毁林和森林退化造成的大气温室气体浓度的增加，在巴厘岛召开的COP13会议上承认了毁林和森林退化造成的碳排放，针对森林退化的定义复杂性，今后国际社会还将就这一问题展开讨论。

通过减少发展中国家的毁林和森林退化是减少排放的一种直接有效的手段，减少毁林最直接的方法就是开展森林保育，和造林/再造林一样，达到提高森林碳储量的目的。通过森林保育和植被恢复以及可持续的森林管理和增加森林面积的方法，减少毁林和森林退化，从而达到提高森林的碳储量。另一方面，对于采伐后的木质林产品要延长木质林产品的使用寿命减少排放。

参考文献

1. 张小全，侯振宏. 森林退化、森林管理、植被破坏和恢复的定义与碳计量问题[J]. 林业科学，2003，39(4):140～144

2. Collas P., Siddig E1., Fischlin A., et al. 根据京都议定书产生的补充方法和优良做法指南. In：GPG-LULUCF. 2000

3. Eliakimu Zahabu1, Margaret M. Skutsch et al. Reduced emissions from deforestation and Degradation. Afr. J. Ecol., 2007(45):451～453

4. European Commission. Forest in sustainable development.

5. http://glossary.eea.europa.eu/EEAGlossary/F/forest_degradation

6. FAO, State of the world's forests 1999. Rome. 1999a

7. FAO, State of the world's forests 2005. 153 pp

8. Houghton RA Converting terrestrial ecosystems from sources to sinks of carbon. Ambio. 1996, 25(4):267－272

9. K. M. Chomitz, P. Buys, G. De Luca, et al. World Bank. At Loggerheads Agricultural Expansion, Poverty Reduction, and Environment in the Tropical Forests. 2006

10. Lipper L. Forest degradation and food security. Unasylva 202, 2000Vol. 51: 24－31

11. http://www.biodiv.org/doc/meetings/cop/cop-06/information/cop-06-inf-26-en.pdf

12. Ad Hoc Technical Expert Group on Forest Biological Diversity under CBD (UNEP/CBD/SBSTTA 2001) http://www.biodiv.org/programmes/areas/forest/definitions.asp

13. http://www.cbd.int/doc/meetings/cop/cop-06/information/cop-06-inf-26-en.pdf

14. http://www.ipcc-nggip.iges.or.jp/public/gl/guidelin/ch5ref1.pdf. P5.7

15. http://www.ipcc-nggip.iges.or.jp/public/gpglulucf/gpglulucf_files/Task2/Degradation.pdf